U0799118

国防科技图书出版基金

声发射波束形成定位理论与方法

The Theory and Method of Acoustic Emission Beamforming Localization

何田　单颖春　刘献栋　著

国防工業出版社

·北京·

图书在版编目（CIP）数据

声发射波束形成定位理论与方法 / 何田，单颖春，刘献栋著. -- 北京 : 国防工业出版社，2025. 7.

ISBN 978 - 7 - 118 - 13726 - 2

Ⅰ. O422. 6

中国国家版本馆 CIP 数据核字第 2025CQ4302 号

※

国防工业出版社出版发行

（北京市海淀区紫竹院南路 23 号　邮政编码 100048）

雅迪云印（天津）科技有限公司印刷

新华书店经售

*

开本 710 × 1000　1/16　　**印张** 18¾　　**字数** 300 千字

2025 年 7 月第 1 版第 1 次印刷　　**印数** 1—1500 册　　**定价** 186. 00 元

（本书如有印装错误，我社负责调换）

国防书店：（010）88540777　　书店传真：（010）88540776

发行业务：（010）88540717　　发行传真：（010）88540762

致 读 者

本书由中央军委装备发展部**国防科技图书出版基金**资助出版。

为了促进国防科技和武器装备发展，加强社会主义物质文明和精神文明建设，培养优秀科技人才，确保国防科技优秀图书的出版，原国防科工委于1988 年初决定每年拨出专款，设立国防科技图书出版基金，成立评审委员会，扶持、审定出版国防科技优秀图书。这是一项具有深远意义的创举。

国防科技图书出版基金资助的对象是：

1. 在国防科学技术领域中，学术水平高、内容有创见，在学科上居领先地位的基础科学理论图书；在工程技术理论方面有突破的应用科学专著。

2. 学术思想新颖，内容具体、实用，对国防科技和武器装备发展具有较大推动作用的专著；密切结合国防现代化和武器装备现代化需要的高新技术内容的专著。

3. 有重要发展前景和有重大开拓使用价值，密切结合国防现代化和武器装备现代化需要的新工艺、新材料内容的专著。

4. 填补目前我国科技领域空白并具有军事应用前景的薄弱学科和边缘学科的科技图书。

国防科技图书出版基金评审委员会在中央军委装备发展部的领导下开展工作，负责掌握出版基金的使用方向，评审受理的图书选题，决定资助的图书选题和资助金额，以及决定中断或取消资助等。经评审给予资助的图书，由国防工业出版社出版发行。

国防科技和武器装备发展已经取得了举世瞩目的成就，国防科技图书承担着记载和弘扬这些成就，积累和传播科技知识的使命。开展好评审工作，使有限的基金发挥出巨大的效能，需要不断摸索、认真总结和及时改进，更需要国防科技和武器装备建设战线广大科技工作者、专家、教授，以及社会各界朋友的热情支持。

让我们携起手来，为祖国昌盛、科技腾飞、出版繁荣而共同奋斗！

国防科技图书出版基金
评审委员会

国防科技图书出版基金
2020 年度评审委员会组成人员

主任委员	吴有生
副主任委员	郝　刚
秘书长	郝　刚
副秘书长	刘　华
委员 （按姓氏笔画排序）	于登云　王清贤　甘晓华　邢海鹰　巩水利 刘　宏　孙秀冬　芮筱亭　杨　伟　杨德森 吴宏鑫　肖志力　初军田　张良培　陆　军 陈小前　赵万生　赵凤起　郭志强　唐志共 康　锐　韩祖南　魏炳波

前言

结构是各类工程装备、设施（例如飞行器、建筑、桥梁、运载工具、能源反应与存储设备等）的承力或功能主体，其健康状况直接关系到系统整体的寿命与安全。在各类结构中，薄板是一种应用广泛的承力结构。相对于厚板、实心梁等其他类型结构，薄板较脆弱，易在复杂的载荷环境和外部自然环境下发生损伤，甚至失效，进而影响设备正常工作，严重情况下甚至会导致重大灾难事故的发生。为保证结构的安全性，需要对运行中的结构进行损伤评估和管理。

各类损伤识别、监测或检测技术，一般都需提取特征量来确定损伤的发生、位置和程度等信息。无损检测技术可在不改变结构状态和使用性能且不伤害结构内部组织的前提下，对结构进行测试，并评估结构完整性、安全性等，是保证结构安全运行的重要技术手段，因此在现代工业生产和运行中得到广泛应用。当前，先进结构设计理论推动了轻量化结构大量使用，结构强度的裕度日益减小，因此需进一步使用新技术监测结构的完整性。在无损检测基础上发展起来的结构健康监测技术，可连续或定期提供有关结构状态的信息，已在航空航天、土木等领域得到重点关注，其主要内容包括损伤监测、定位、诊断和预测。其中，损伤监测与定位通常可同时进行，且是损伤精确诊断和准确预测的基础。

目前，针对结构健康监测与损伤定位技术已开展大量研究工作，取得了系列成果，并有一些探索性应用，但其在工程应用中的可靠性、精度、实时性、稳健性等仍亟须提升。而在诸多损伤探测与定位技术中，声发射技术因其实时、被动监测的特性，近年来得到了广泛关注。现阶段最常用的声发射损伤定位方法是时差定位法，但在大型和整体成型制造的工程结构实际应用中，由于结构和外部环境的影响，易导致时差定位方法准确度降低，有时会完全失效。因此本书将用于雷达、通信、水声定位等领域的阵列信号处理技术——波束形成法推广至声发射的损伤定位，并重点面向板状结构健康监测的损伤定位。在研究中，提出了典型边界下板状结构中声发射波传播有限元仿真方法，揭示了复杂结构中声发射波的传播规律，为复杂边界板状结构中声发射源定位奠定基础；将波束形成阵列信号处理方法引入板状结构声发射源定位应用中，并研究了传播特性、阵列参数等对定位性能的影响，在此基础上提出了一种较为稳健的声发射源定位算法；结合板波理论和时频分析方法，在分析薄板结构中声发射信号的传播特性对波束形成法定位影响的基础上，提出了一种高精度声发射源定位算法；针对同时双声发射源定位的难题，分别基于信号分离和陷波思想，提出了两种同时声发射源定位的波束形成方法；针对在线监测定位的需求，提出了单声发射源、同时双声发射源实时定位方法，开发了具有广泛适用性的快速寻源算法，显著提高了定位速度；最后，探索了声发射波束形成定位方法在旋转机械转静件碰摩和结构开裂焊点定位中的应用。本书是这些研究成果的总结和提炼，对损伤声发射定位理论的研究及工程应用都具有较好的参考价值。

本书共分为 8 章。第 1 章介绍了声发射技术原理、应用以及声发射定位技术的研究进展。第 2 章介绍了声发射波传播特性以及复杂结构中传播特性的仿真方法，分析了边界和温度对传播特性的影响规律。第 3 章将波束形成阵列信号处理方法引入到板状结构声发射源定位应用中，对传播特性、阵列参数等影响进行了分析，在此基础上，提出了一种较为稳健的 L 型阵列声发射波束形成定位方法。第 4 章介绍一种利用板波理论和时频分析对声发射信号进行预处理的方法，消减传播特性的影响，从而构建了高精度的声发射波束形成定位方法。第 5 章针对结构中同时出现两处损伤导致时差混淆难以定位的问题，详细介绍了两种同时双声发射源的定位方法。第 6 章针对实时在线定位的需求，讨论了未知波速的快速声发射波束形成定位方法和基于 Hilbert 曲线的快速定位算法。第 7 章针对应用波束形成法时出现的伪声源，介绍了辨识以及消除的方法。第 8 章介绍了声发射波束形成方法在旋转机械的转静子碰摩定位和结构开裂焊点定位中的应用。

本书系统阐述了声发射波束形成定位理论及方法，通过仿真和实验深入浅出地阐述了各类声发射波束形成定位方法的性能和特点，便于声发射定位领域的研究人员理解和使用。

北京航空航天大学交通科学与工程学院已毕业的研究生肖登红、郃俊飞、于海生、谢颖、刘耀光、祝思宁等为本书的撰写提供了许多有用的素材，符记、郭长东等在读研究生也为书稿的修订提供了较多帮助，在此特别感谢。

在本书的撰写过程中，除依据作者研究团队的科研成果外，还参考了国内外同行的相关文献，在此一并感谢。

同时，本书的研究内容得到了国家自然科学基金（50875010、51105018和51675023）、航空科学基金（2015ZD51049）、北京青年英才计划项目（YETP1116）的支持，在此一并表示感谢。最后特别感谢国防科技图书出版基金对本书出版的大力支持。

由于作者水平有限，书中不妥之处在所难免，敬请读者批评指正，以便日后修改完善。

目　录

Contents

第1章 绪论

1.1 概述

工程中有大量承受和传递各类载荷的结构，如飞机、航天器、高铁、车辆等运载工具机身，压力容器壳体与液体火箭燃料储罐等承压结构，桥梁、铁路、房屋等建筑结构等，这些结构的损伤可对装备或建筑整体性能产生不良影响，甚至导致损毁和人员伤亡。因此，为保证结构的安全和完整性，需要在设计到运行的各阶段对材料或结构进行损伤监测和评估，为设计、制造、维护维修等提供指导。

声发射技术是材料或结构动态无损检测与评估的重要方法之一。所谓声发射（acoustic emission，AE），是材料或结构中发生局部损伤时，能量快速释放并以瞬态弹性波形式进行传播的现象[1]。实际工程应用中，多种物理过程均可形成声发射源，从而产生声发射现象，例如，复合材料纤维断裂、疲劳裂纹扩展、界面摩擦、撞击以及一些化学过程等。声发射信号里面蕴含着关于结构损伤的重要信息，例如，损伤位置、损伤严重程度以及类型等。对传感器拾取的声发射信号进行分析，可识别材料或结构的某种状态。例如，可以通过在飞机机体上布置传感器，采集结构运行过程中可能由于原始内部损伤扩展或者突发性的外物打击引发的声发射信号，再结合板波理论、幅值与相位、群速度和相速度、到达时差、时频域分析等理论和方法挖掘信号中蕴含的故障信息，达到损伤评估和健康监测的目的。这种用仪器检测、记录、分析声发射信号和利用声发射信号推断声发射源位置、性质等的技术称为声发射技术，如图 1 – 1 所示。由于声发射技术具有连续、实时监测等特点，并且对于早期损伤（如裂纹的萌生和出现）和损伤演变（如裂纹扩展）十分敏感，已成为材料性能评价、结构健康监测的重要手段。

现代声发射技术起源于 20 世纪 50 年代初 Kaiser 在德国所做研究[2]。Kaiser 观察到铜、锌、铝、锡、铅和钢等金属和合金在形变过程中都有声发射现象。20 世纪 60 年代，航空航天领域对于获得动载荷状态下疲劳源扩展信息的需求，推进了声发射技术的应用和发展[3]。在诸多损伤探测与定位技

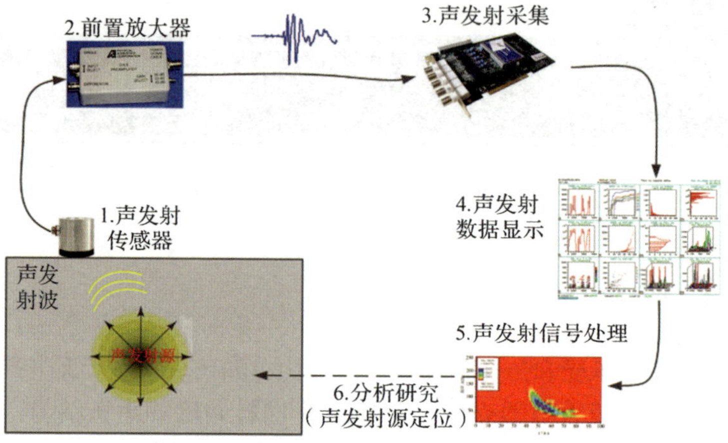

图 1－1　声发射检测原理

术中，声发射技术因其在线实时被动监测的特性，近年得到广泛研究。在动态损伤监测与定位等方面，声发射技术的优势主要有：被动式检测，测试过程中无须为被测对象提供额外能量；灵敏度高，可以监测到早期损伤的微弱特征信息；声发射信号来源于损伤本身，可实时监测整个物理动态变化过程；适用性较好，可对具有复杂几何形状的结构进行检测；检测范围广，少量的声发射传感器便可满足大面积探测的需求。上述优势使其在航空器、航天器、大型容器、大型游乐设施，以及一些机械产品的无损检测与健康监测中得到应用。

Farrar 和 Worden[4] 提出了结构健康监测的 5 个层次，分别是监测损伤发生、损伤定位、损伤类型划分、损伤程度评估和预测，规划了结构损伤检测与识别领域的 5 个主要阶段。由此可以看出，在采集结构内部的信号之后，定位是损伤类型划分、损伤程度评估和预测的基础和前提，声发射源位置的确定有助于进一步对材料或结构损伤做出评估。因此，定位方法的研究在结构健康监测领域中具有重要地位。源定位技术是声发射检测技术研究的核心问题之一，其定位准确程度是损伤监测的主要技术指标之一。声发射定位技术就是利用声发射传感器拾取弹性波信号，利用传播特性，例如衰减、到达时差或频散等信息，确定声发射源的位置，实现损伤源定位。

声发射定位一般需要借助同时采集的多个通道的声发射参数或波形来实现。目前商业声发射采集仪一般是多通道的，定位也是其基本功能之一。到目前为止，具体的声发射定位方法多种多样，分类也不尽相同。图 1－2 列出了目前人们常用的声发射信号源定位方法及其分类方式。

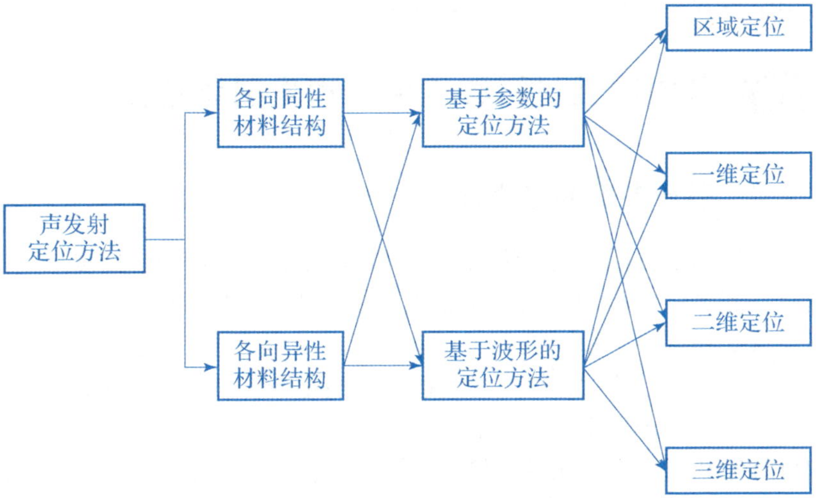

图1-2　常用的声发射定位方法分类

按照定位对象的材料性质，声发射定位方法可分为各向同性材料结构（大部分金属结构）定位、各向异性材料结构（多为复合材料，例如飞机常用的碳纤维增强复合材料结构）定位。

按照定位对象的维度，声发射定位方法可分为区域定位、一维定位（线定位）、二维定位和三维定位。二维定位又可分为平面（含曲面）定位（如飞机蒙皮）、柱面定位（如不考虑端部的储气罐）以及球面定位（如大型石油球罐）。

按照采用的信号情况，从信息的角度声发射定位方法可分为基于参数的定位方法（包括幅度/能量衰减定位、时差定位等）和基于波形的定位方法（模态声发射、波束形成法等）。

按照信号的连续特性又可分为突发信号定位和连续信号定位。大多数情况下，声发射信号为突发性信号，可使用突发信号定位方法进行源定位。连续信号定位多用于压力容器损伤定位，此时带压力的气体、液体泄漏产生的声发射信号为连续性信号。

按照同时声发射源的个数还可分为单声发射源定位、双声发射源定位等。

经过国内外学者的不懈努力，声发射定位技术领域已涌现出丰硕的研究成果。基于声发射信号特点并考虑在不同材料结构中的传播特性，结合多种优化算法，建立了适合不同应用场景的声发射源定位方法。传统方法中使用最广泛的是各向同性材料结构中基于到达时间的定位方法，但一些新兴的定位算法，例如声发射波束形成法、智能定位方法发展较快。在本章后续内容中，将详细介绍常用定位方法，并给出各类主要方法的研究进展。

1.2 各向同性材料结构中的声发射源定位

1.2.1 基于参数的定位方法

参数定位方法包括能量定位法、时差定位法、神经网络定位法等。能量定位法具有不需要波速和到达时差等信息、简单易实现的优势[5]，但是其能量衰减规律易受到材料参数、波模式的影响。李光海等[6]研究了金属材料高频疲劳下的声发射信号特性，推导声发射信号能量与材料疲劳循环次数之间的关系。褚亮等[7]应用声发射能量对模拟源进行一维线定位和平面定位，验证了方法的可行性和准确性。能量定位法使用较少，得到广泛使用的参数定位方法是基于到达时差（time difference of arrival，TDOA）的时差定位法。时差定位法具有提取信息简单、基于解析的方法计算量小等优势，但波速误差、传播过程中不可避免的多模态、频散和衰减现象等因素也会影响定位精度，对于复杂结构的定位误差较大。此外，神经网络在声发射定位领域也得到了较多应用。在本节中，主要介绍基于解析的时差定位方法、基于优化算法的时差定位方法和基于神经网络的定位方法。

1）基于解析的时差定位方法

基于解析的时差定位方法使用了传感器的位置和声在给定材料中的传播速度。这种方法通常假设传播速度在各个方向上都是恒定的，且在声发射源和定位传感器之间没有中断。Nakatani 等[8]提出了确定准确到达时差的两个修正方法：第一种方法是只考虑整个数据第一次出现的波谷和波峰；第二种方法与传感器在集群中的位置有关，建议把传感器放置得尽可能近。这些修改显著提高了定位精度。龙飞飞等[9]通过改变定位传感器组合，并结合模式识别技术，提出了一种 8－4－2－1 型伞状传感器阵列及定位方法。通过断铅实验验证了提出算法的定位效果，解决了罐底定位容易出现的漏定位和伪定位等问题。

基于到达时差测量存在异常值的现象，Zhou 等[10]在没有假设坐标分布的情况下，使用了一个三元核密度估计器，在到达时差离群点存在的情况下，该核密度估计器可以获得良好的定位精度和稳定性。此外，由于初始定位计算量大，该方法实时性较差，特别是在传感器较多的情况下。Baxter 等[11]通过创建人工声发射源来训练，提出了适用于复杂几何结构的声发射源定位方法，这种方法不需要知道传感器的位置或波速。利用这一方法，通过与记录的到达时间进行比较，来估计真正的声发射源的位置。金钟山等[12]详细分析了曲面和三维结构的时差声发射定位方法。Dong 和 Li[13]使用了无需预先测量波速的六传感器定位方法，数值模拟验证表明该方法具有较好的定位精度。

Dong 和 Li[14]介绍了一种定位微地震震源的三维方法。这种方法利用了 P 波和 S 波的到达时间来计算微震/声发射源的位置。采用自组织迁移算法以及全局优化法确定了源坐标和波速。该技术无须预先测量波速，减少了传感器的数量，同时仍能准确地定位声源。Gollob 等[15]通过识别不同节点之间的最快路径对标准 Dijkstra 算法进行了改进。利用同一声发射源产生的纵波来估计位置。然而，快速方法需要许多计算以及已知波速的矩阵。波速很大程度上又受到气压、温度和几何形状等因素的影响。此外，不同路径的预测速度并不总是相同的。Zhou 等[16]着重研究具有折射点的传播波，利用 Snell 定律求解折射点与到达时差方程的积分。到达时差方程需要转换为线性方程，然后迭代更新基于线性方程的数值解，以估计声发射源的最佳可能位置。然而，该算法存在一定的局限性，该方法要求每一层都具有各向同性频散性质，且其几何形状必须已知。此外，必须事先测量每一层的波传播速度。

Liu 等[17]通过结合基于频散曲线的两步 Akaike 信息准则和时间差矩阵，提出了一种能够在不考虑波速情况下精确定位复杂结构声发射源的新型定位方法，并给出了实现高精度定位的传感器布局优化方案。

Moon 等[18]采用连续小波变换获得了传感器间兰姆波的到达时间差。然后利用卡尔曼滤波技术连续跟踪冲击载荷的位置，提高估计结果。研究结果可用于核电站蒸汽发生器的实时健康监测。Dris 等[19]采用连续小波变换分析方法，确定不同声发射事件的到达时间，并利用扩展卡尔曼滤波同时估计撞击点的位置和特定频率下所涉及的兰姆波的群速度，实现多个连续运动声发射源的定位。

针对非连续复杂结构，Shang 等[20]提出一种基于解析解的最短 P 波行进路径和基于网格搜索的圆孔结构 AE/MS 事件源定位方法。在二维和三维圆孔结构中的综合测试和断铅应用测试都表明，所提出的定位方法具有良好的定位效果。Liu 等[21]基于分组传感器的解析解和数据场理论，提出了一种圆柱壳结构中声发射源定位方法，并利用断铅实验验证了所提出定位方法的可行性。Dong 等[22]通过激发声发射源并使用收集的波达时间识别未知区域中空白区域的形状、大小和位置，提出了一种针对含有未知空白区域结构的声发射源定位方法。通过断铅实验发现，所提出的方法与现有方法相比平均定位精度提高了

78%，在复杂结构潜在危险源的预测和控制中具有较大潜力。Wang 等[23]为了获得更适合未知夹杂物的非均质岩石材料波速模型，采用投影重建法构建了波速模型，并将提出的波速模型纳入基于到达时间的声发射源定位方法，经断铅测试发现，提出的波速模型可以显著提高未知夹杂物非均质岩石材料中声发射源定位的精度。

2）基于优化算法的时差定位方法

为了提高声发射源定位精度，国内学者对定位算法开展了广泛的研究，并提出了众多声发射源定位算法，其中最小二乘法、Geiger 定位法和单纯形法是几种常用的算法。王子维和阎少宏[24]将传统的 Geiger 定位算法与 Lebenberg_Marquardt 算法相结合，提出了基于 Lebenberg_Marquardt 的声发射源定位方法。通过改进 Geiger 算法的迭代方向与迭代步骤，极大地减少了算法的时间复杂度，提高了方法的定位精度。童国炜等[25]提出了一种融合 Geiger 定位方法、同伦算法以及牛顿梯度法的声发射源定位算法。该算法通过 Geiger 迭代实现对源定位信息的迭代更新，将更新信息的求解转变为对不适定问题的求解，从而实现声发射源的定位。经实验发现，所提方法可实现对声发射源位置信息的高精度求解。Kundu 等[26]提出了一种基于优化目标函数的声源预测方法。他们定义了一个目标函数，利用声波到附着在平板上的无源换能器的时间信息和声波从源点到接收传感器的传播方向。Liu 等[27]提出了一种单纯形法和网格搜索扫描联合的三维声发射源定位方法。该方法首先通过四面体迭代来缩小疑似声发射源区域的范围，然后对该区域进行网格划分和节点搜索以确定震源位置。实验验证结果表明：该方法相比单纯形定位法稳定性好；相比全局扫描法运算效率高。王丕彤等[28]通过引入基于平滑相干变换的双加权二次互相关时延估计算法计算声发射源信号的到达时间差，提出了一种用于复杂转子系统的声发射源定位算法。与常规的广义相关算法相比，该算法对复杂转子系统碰摩声发射源定位具有较高的定位精度。Ciampa 和 Meo[29]提出了一种基于局部牛顿迭代法的声发射定位方法。该方法通过结合无约束优化技术与局部牛顿迭代法求解非线性方程组，实现了冲击位置坐标和波速的精确评估，克服了传统三角定位法需预先估计声发射波群速度的局限性。Schumacher 等[30]将马尔可夫链蒙特卡罗算法和贝叶斯分析方法相结合，对标准 Geiger 方法进行了改进，其中后验概率密度函数表示所有源位置参数。通过使用贝叶斯方法和提出的方法，最大限度地减小了不确定性参数对精度的影响。张宇等[31]提出了一种网格映射概率成像定位方法，该方法首先通过矢量路径分析确定不同位置的声发射信号传播轨迹，其次在网格表面建立网格映射节点并计算各节点的理论路径差，最后利用 Akaike 信息准则确定信号到达时刻以计算传感器阵列的实际时间差，从而实现对撞击的快速精确定位。通过撞击实验验证了定位方法的可行性，平均绝对误差为1.15cm。

为解决声发射信号在从声源到换能器的过程中的失真问题，Klabaz等[32]使用了不同的目标函数来简化优化过程。将传统的阈值方法替换为获取的时间历程中的各种峰值，并在带有声源的碳环氧复合材料板上进行了验证。Hu和Dong[33]提出了A^*定位方法来解决固定波速处理不规则结构的相关问题。传感器网格的使用避免了手工的、重复的训练。而且利用了不需要预测速度的定位方法。此外，改进的A^*搜索算法用于在具有不规则空间的复杂结构中搜索最快的波路径。

随着智能优化算法热度的不断提高，基于智能优化算法的声发射源定位方法相继涌现，例如，代树红等[34]等通过改进鲸鱼算法提出了一种新的声发射源定位方法，经过与WOA算法、Geiger算法、最小二乘法的定位效果进行比较，证明了所提出算法在声发射源定位方面的可行性和有效性。王桂林等[35]将灰狼算法（GWO）引入到声发射源定位研究中，并针对其局部搜索能力欠佳的缺陷，修改收敛因子递减方式和淘汰最劣个体，提出基于种群记忆淘汰制的改进灰狼算法（BGWO）声发射源定位方法。通过预制裂隙岩石试件单轴压缩声发射实验验证了所提出方法在声发射源定位搜索效率、搜索精度、稳定性等方面的效果。杨道学等[36]提出了基于粒子群优化的未知波速声发射定位算法。该算法将岩石波速作为未知值，根据拾取到的时差建立基于最小二乘法原理的目标函数，利用粒子群优化算法，求解目标函数，寻得目标位置和波速。Lu等[37]提出了一种改进的粒子群优化算法进行定位，该算法不需要训练样本，也不需要调整特定参数。Li和Fu[38]提出了一种基于改进果蝇优化算法的独立变分模态分解的激光熔覆声发射源定位方法。该方法能有效优化内部参数，如模态数和惩罚参数，并能将原始声发射信号自适应分解为多个本征模态函数分量。其并在激光熔覆声发射源定位中验证了所提方法的有效性和优越性。最后，对不同加工参数产生激光熔覆声发射源的典型场景进行了推广。Mirgal等[39]提出了一种基于到达时间的迭代平面源（IPS）定位算法，并将所提出的定位算法结果与不同传感器网络布局（矩形、圆形和“之”字形分布）的进化粒子群优化（PSO）算法的结果进行比较，验证了定位结果的准确性。

3）基于神经网络的定位方法

在运用原始信号处理方法的基础上，神经网络允许更多丰富的频域信息输入，因此在声发射定位领域也得到了广泛的应用。Cheng等[40]基于人工神经网络，提出了一种针对实际结构的声发射源定位方法。该方法与经典到达时差方法相比，具有良好的优越性。Pang 等[41]提出了一种基于广义面积坐标和机器学习算法模型的新型声发射源定位方法，通过断铅实验验证了提出的方法的可行性。Zhou 等[42]基于 BP 神经网络和声发射波传播仿真，提出了声发射源定位模型。通过利用实验数据对训练后的网络模型进行验证后发现，有限元法是一种可靠的替代测试方法且所提出的定位模型具有良好的定位效果。Liu 等[43]基于时差映射的广义回归神经网络（GRNN－TDM），提出了一种新的声发射源定位方法。利用断铅实验，通过将时差映射中所有节点上传感器路径的时差数据作为训练输入数据，以网格节点的坐标作为训练输出数据，经学习和训练，成功预测了声发射源可能的位置。Blahacek 等[44]着重于对正确到达时差的计算。以声发射信号的幅值、持续时间和上升时间等标准参数为输入数据集，采用基于神经网络的定位算法进行定位。该算法成功地选择了最优参数集。选取均方根值作为最敏感的参数，可以对均方根值进行修改来提取能量参数以解决基于神经网络的方法存在的缺陷。吴鑫等[45]利用断铅实验模拟产生声发射信号，将声发射信号特征参数中的幅值、能量、振铃计数以及到达时差作为输入，断铅点真实坐标作为输出，构建卷积神经网络模型，并通过实验确定最优隐含层数等参数，最后通过交叉学习训练、交叉预测得出断铅点坐标，有效改善了声发射源位置对定位效果的影响。

1.2.2 基于波形的定位方法

1）基于模态声发射的定位方法

根据模态声发射理论，声发射传感器接收到的声发射信号是各种不同形式波的叠加[46]。由于不同形式波的波速、衰减规律等均不相同，这导致传统的到达时差法存在较大定位误差。这种情况下，只有分析具体的波形才能实现准确定位，而这需要对板波理论及其规律有深入的掌握。1999 年，Holford 和 Carter[47]通过分析兰姆波的传播来估计声发射源在长距离的位置。对信号应用一个高通频率滤波器（>100kHz）和一个低通频率滤波器（<100kHz）来分离波中的两种模式。计算得到在钢中高频和低频的波速分别为 5200m/s 和 3400m/s。采用 LabVIEW 软件实现该方法，通过测量纵波衰减来判断其在长程定位中的适用性。

许多工程实际中的复合结构属于薄板类型，其声发射波在 400kHz 频率以下，机械波主要以 S_0 模态与 A_0 模态两种模式传播。实际上，由于声发射应力波在不同的材料中的传播速度有所差异，且在同种材料的不同状态下速度也不尽相同。波速与频率之间的关系可用速度频散曲线来表示。因此，波速可通过特定的频率与已知的频散曲线相结合获得。Coverley 和 Staszewski[48]研究了金属结构中波传播的局部相互作用模拟方法及其应用，同时还涉及了压电陶瓷传感器扩散混合模型中的波传播。Jiao 等[49]开发了一种多模态频散算法，重点分析声发射信号，利用 Gabor 小波变换获得特定频率水平的单模态时间。He 等[50]研究了声发射波的频散现象及其对波束形成方法精度的影响，提出了一种将板波理论与小波包变换相结合来计算群速度的方法。Mostafapour 等[51]利用小波变换和跨时频谱理论对板状结构中频率变化的声发射源进行定位。通过小波包分解，选择频率范围为 0.125 ~0.25MHz 的信号包，结合频散曲线计算波速群速度，该算法具有较高的定位精度。

Grabowski 等[52]提出一种使用单个传感器估计源传感器距离的波数 - 频率映射方法，该方法的关键是补偿频散，并且需要的输入参数少。为使输出结果更可靠，基于时域变换，采用单个传感器对波形进行相移，通过与时间、空间域变换相结合来计算可能的最佳距离。由 Ebrahimkhanlou 和 Salamone[53]开发的三步法利用多模态边缘反射，仅用一个传感器来识别声发射源。首先，利用连续小波变换和基本兰姆波模态的频散曲线估计声发射源与目标的距离；然后，建立了一个解析模型，利用估计的距离来模拟边缘反射波；最后，利用仿真波形和实验波形之间的相关性来估计位置。在铝板上进行了断铅实验，验证了算法的有效性，并提出了一种概率方法，进一步研究了声发射源定位中的模糊性。该方法可以估计声发射源与传感器之间的直接距离，利用解析模型重建从边缘反射的声发射信号的包络线；利用置信边界估计声发射源的位置，针对定位误差进行了统计分析。Pearson 等[54]将时差映射与 Akaike 信息准则结合起来，解决了到达时刻识别精确度不高的问题，从而提高了时差定位法的精度。Liu 等[55]针对传统一维损伤定位方法难以确定平行钢丝索上损伤源空间位置的问题，提出了一种基于声发射信号传播路径和频散特性的三维定位方法。通过实验发现，所提出的方法可以准确确定损坏位置。樊保圣等[56]基于兰姆波频散特性和声发射检测技术，采取时频联合分析方法对铝薄板中声波模态进行识别；利用低频段频散不明显的扩展波的波速和同一频率同一模态波到达两传感器的时间差来实现声发射源的准确定位。缪祥垚等[57]利用兰姆波频散特性，估计不同频段信号的可能模态和传播速度，使用 Akaike 信息准则（Akaike information criterion，AIC）确定不同频段信号到达传感器的时间差，从而提出了一种使用单个声发射传感器对大型轴承表面损伤进行定位的方法，并通过在圆柱滚子推力轴承上进行的断铅实验，验证了该方法的有效性。

针对定位方法本身可能存在计算误差的情况，有学者引入概率统计方法进行研究。例如，Yan 和 Tang[58]考虑建模误差和测量噪声的不确定性，提出了一种板状结构声发射源定位贝叶斯方法，利用连续小波变换对声发射信号的时间信息进行了提取和测量，建立了贝叶斯参数识别方法，实现了声源位置和特定频率下波速的不确定性量化。同时，采用数据融合的方法，对多频率的定位结果进行融合，提高定位精度，降低最终定位结果的不确定性。王少锋等[59]将模态声发射理论与 morlet 小波时频方法相结合，提出了一种突发型声发射源定位方法。实验结果表明，该方法不仅能准确地识别 A_0、S_0 模态波并实现了对声发射源的精确定位。Perelli 等[60]提出了一种在具有频散和混响的板中声发射源的定位方法。该过程利用稀疏布置的传统压电传感器和三步处理框架进行定位，成功地克服了传统阈值方法检测到达时间的问题。Fu 等[61]提出了使用微纤维耦合器传感器（microfiber coupler sensor，MFCS）改进的源位置模态分析方法，该方法利用均方误差（mean squared error，MSE）来降低定位结构对频率选择的依赖性。通过实验验证了 MFCS 与 MSE 方法结合可行性，说明了该方法可以有效地应用于板状结构的平面定位。Dong 等[62]利用金豺优化算法优化变分模态分解参数并通过连续小波变换识别钢板上的兰姆波模式，提出了一种基于到达时间差和两个传感器之间几何关系的 AE 源定位算法。实验表明，该方法能有效识别声发射波模态并定位声发射源。Ebrahimkhanlou 和 Salamone[63]利用多模态边缘反射来识别 AE 源，提出了一种新的具有反射边界的各向同性板的声发射源定位方法。杨丽丽等[64]针对气体管道泄漏声发射信号的多模态、频散特性导致泄漏声发射源定位误差大的问题，提出了基于单一非频散模态的气体管道泄漏声发射定位方法。该方法提取泄漏声发射中单一非频散模态信号的互相关函数以及时延，进而采用单一非频散模态声速计算出泄漏位置。范志涵等[65]提出了一种基于软阈值滤波双曲线算法的航天器舱壁结构碎片撞击声发射定位技术，通过滤波提取了波速最快、频散较弱的 S0 模态成分进行定位，提高了定位精度。

2）基于波束形成的定位方法

作为一种用于传感器阵列定向信号传输或接收的信号处理技术，波束形成在声源定位领域得到广泛应用，并形成了多种定位算法，其中延迟叠加算法是声发射源定位的常用算法。2010 年，McLaskey 等[66]将波束形成技术引入到大型混凝土结构的声发射源定位中，发现波束形成定位方法具有传感器布置简单、采样率和时间同步要求低以及多声源定位等优势。何田等[67-69]引入近场波束形成法处理声发射信号，研究在小区域布置少量传感器来实现声发射源定位的新方法，并成功地将此方法应用于旋转机械转静件碰摩故障定位。

为了提高波束形成方法的精度，Liu 等[70]利用小波包分解对声发射信号进行处理，提出了一种基于声发射波束形成的焊接接头损伤定位方法。实验结果揭示了所提出的技术在准确估计故障位置方面的潜力。He 等[71]研究了 AE 波的频散效应及其对波束形成方法精度的影响，并提出了一种通过将板波理论与小波包变换相结合来计算群速度的方法。Tai 等[72]提出了 L 型阵列的快速 Bartlett 波束形成方法，在保持宽带 Bartlett 波束形成精度的同时显著提高了定位性能。该方法比传统波束形成速度快 224 倍。Wang 等[73]提出了一种基于波束形成和到达时差联合定位的节点定位方法。通过仿真和实验验证了该方法的有效性。仿真和实验结果表明，与到达时差方法和波束形成方法相比，该方法提高了定位的精度，大大减少了计算量。Mhamdi 和 Schumacher[74]提出了一种圆形相控阵，并将其与传统的到达时差技术进行了比较。结果表明，所提出的相控阵方法比传统的到达时差法准确度更高，此外与单个相控阵只能估计源的方向不同，两个圆形阵列能够估计源的方向和位置。He 等[75]通过引入希尔伯特曲线，提出了一种基于希尔伯特曲线的快速声发射波束形成定位方法。该方法与传统的波束形成方法相比，效率可以提高约 154 倍。

3）基于神经网络的定位方法

Ebrahimkhanlou 和 Salamone[76]使用堆叠自编码器和卷积神经网络来处理复杂的几何金属板，如用铆钉连接的加强筋。其想法是利用声发射波形的反射和混响模式以及它们的频散和多模态特性，仅用一个传感器实现源定位。Cheng 等[77]采用混合蛙跳算法（SFLA）对小波神经网络参数进行优化，并利用优化后的小波神经网络对信号源进行定位。摩擦声发射源定位实验结果表明，SFLA 计算简单有效，在网络结构和输入参数下定位准确。Liu 等[78]提出了一种基于卷积神经网络和图卷积网络（CNN – GCN）的双传感器 AE 定位方法。通过对 CNN – GCN 模型的训练、验证和测试发现，提出的方法可作为定位具有复杂耦合特征的发动机壳体故障源的有效方法。Vy 等[79]通过将声发射信号的时频图像与卷积神经网络模型相结合，提出了一种基于深度学习的损伤定位方法，并在混凝土面板的实验测试中验证了所提出方法的有效性。Huang 等[80]提出了一种基于 BP 神经网络的金属板内信号源定位方法。实验结果表明，训练后的模型能够较好地预测声发射源的位置。Ebrahimkhanlou 等[81]提出了一种用于声发射源定位和分类的预训练版本的堆叠自动编码器，并与三角剖分和机器学习方法进行了比较。另外，利用由复 Morlet 母小波和 8 阶复高斯生成的输入模式，验证了该方法的泛化能力。Pu 等[82]基于全连接网络的非对称自编码器提出了一种用于映射原始 AE 全波形与声源位置关系的深度学习模型。通过预测未参与模型训练的声发射源位置发现，该模型位置误差远小于需要配置先验信息的传统定位方法。Yang 和 Xu[83]提出了基于预训练堆栈降噪自编码器的框架，仅用普通和复杂金属面板中的声发射源进行训练。采用贝叶斯信息准则方法对用于坐标定位的预训练堆栈降噪自编码器的层数和隐藏节点数进行了优化。为了验证定位精度，采用了十倍交叉验证方法。此外，还对传感器数量的有效性进行了分析，并与支持向量机和人工神经网络等传统机器学习方法进行了比较。结果表明该方法显著提高了基于坐标的定位精度，在基于声发射的单传感器板状结构健康监测中是有效的。

1.3 各向异性材料结构中的声发射源定位

1.3.1 基于参数的定位方法

1）基于解析的时差定位方法

在各向异性材料中，声发射波在源和传感器之间的传播速度会受到材料属性不均匀的影响，使得到达时差算法的定位变得不那么可靠。除了波速的影响外，传感器的数量和定位算法的选择也会影响定位结果。为此，针对各向异性材料结构，Scholey 等[84]提出了“最佳匹配点搜索”方法，该方法将测得的 ΔT 组合与样本图进行比较，定位精度较高，但在板的边缘精度降低。Kundu 等[85]提出的定位方法不需要精确的到达时间。该方法对各向同性和各向异性板均有良好的应用效果。Eaton 等[86]利用时差映射方法对增强纤维复合材料损伤进行了早期识别。这种方法产生了相对一致的定位结果，在某些情况下，均方根误差减少了 30mm 以上。他们还通过热弹性应力分析验证了结果的正确性。Yin 等[87]利用到达时差对声源进行定位。这种技术既不需要材料特性的先验知识，也不需要密集的传感器阵列来定位各向同性和各向异性板中的声源。刘增华等[88]针对复合材料板内可能出现的纤维断裂、基体开裂等缺陷以及声波在不同传播方向的传播速度不一致且波速差异较大等问题，提出一种改进的时间差映射方法实现对复合材料板的声发射源定位。该方法采用的是预构建数据库方法，不需考虑波在板中的传播速度不一致以及波的传播多模态等问题，而且实验对传感器在板中的布置没有严格要求。Dong 等[89]提出了一种不需要提前知道波速的非均匀介质多步定位方法。在预测波速为 1350m/s 时，观察到精度提高了 15%。

2）基于优化算法的时差定位方法

由于弹性波速度的方向性较强，传统的三角测量方法无法准确预测各向异性板中声源的位置。Kundu 等[26]提出的基于优化目标函数的声源预测方法可克服这个问题。Hajzargerbashi 等[90]引入了新的目标函数来提高源定位精度，还提出了一种新的源定位算法。实验验证了目标函数和源定位算法在均匀各向异性板和非均匀各向异性板上的性能。Lim 等[91]基于椭圆波前形状定义目标函数，并采用迭代方法最小化目标函数，提出了用于各向异性材料的裂纹源定位方法。通过断铅实验验证了该方法的有效性和在噪声环境中的稳定性。Niri 等[92]提出了两种非线性卡尔曼滤波算法，即扩展卡尔曼滤波和无迹卡尔曼滤波，用于各向异性面板中声发射源的位置估计。

3）基于神经网络的定位方法

顾海贝等[93]使用 Levenberg - Marquardt 训练函数的神经网络算法在复合材料板上进行声发射定位，采用声波到达时间作为输入向量，训练得到了到达各个传感器的声波触发时间与板上坐标的良好映射关系。Wang 等[94]通过神经网络建立碳纤维复合材料损伤定位模型，提出了一种基于小波神经网络的声发射损伤源定位方法，并利用碳纤维复合板的声发射源定位实验验证了该方法的正确性。

1.3.2 基于波形的定位方法

1）基于模态声发射的定位方法

Surgeon 和 Wevers[95]减少了模态声发射定位所需的传感器数量。在已知两种模式的到达时间差和传播速度的情况下，利用在多个交叉层和单向碳纤维增强聚合物层上进行拉伸和弯曲测试时获得的信号，展示了如何使用一个传感器计算线性源位置。为了实现这一目标，他们使用两种不同的板波理论，并将结果与传统双传感器定位方案的结果进行比较。该方法可以准确估计声发射源的线性位置。

2）基于波束形成的定位方法

Nakatani 等[96]将具有目标函数的优化技术引入到波束形成中处理圆柱几何中与方向相关的兰姆波速度，通过将预测点与圆柱形复合壳体上的精确撞击点进行比较，验证了所提出的技术有效性。Wang 等[97]将时差盲定位方法与波束形成技术相结合，提出了一种复合材料结构声发射源的联合定位方法。通过断铅实验结果发现，所提出的方法不仅提高了时差盲定位方法的精度，同时降低了波束形成定位方法的定位计算成本。

3）基于神经网络的定位方法

Hao 等[98]采用 BP 神经网络对复合材料板的声发射源进行定位，通过实验发现 BP 神经网络可以通过学习将信号特征映射到声发射源。Sikdar 等[99]提出了一种基于 CNN 的深度学习框架，用于使用声发射信号来表征碳纤维增强复合材料板的损伤源。Zhao 等[100]提出了一种基于深度 CNN 和迁移学习的 CFRP 层合板损伤区域实时定位方法。该方法通过对预训练模型进行参数微调，能够极大地减少需要更新模型的参数和样本数量，提高模型的训练效率。通过实验验证表明，利用迁移学习和小数据集，可轻松适应新的复合结构。Guo 等[101]提出了一种基于 1D-CNN 的回归框架，用于复杂非均匀板中的声发射源定位。结果表明，1D-CNN 模型能够快速处理时间序列数据，且比 2D-CNN 模型更适合实时结构健康监测系统。Zhou 等[102]基于深度残差网络（Deep Residual Network，DRN）方法，通过对结构关键区域不同子区域产生的声发射信号进行分类和识别，提出了一种基于人工智能的声发射源定位方法。通过不同声发射源类型产生的声发射信号对 DRN 进行训练、验证和测试表明，所提出的 DRN 架构具有良好的定位潜力。Zhao 和 Chen 等[103]将图卷积神经网络引入到声发射源定位中，提出了一种基于时空图卷积网络（spatio-temporal graph convolutional network，STGCN）的复合材料板声发射源定位方法。通过在玻璃纤维增强塑料（glass fiber rein forced composite，GFRP）面板上对该方法进行实验验证发现，STGCN 方法在损伤源定位方面具有较高的性能。

1.4 面向结构健康监测的同时多源声发射定位方法

针对多声发射源定位的情况，Kosel 等[104]使用独立分量分析来解决传统时差定位方法失败的情况。他们首先分离两个同步声发射源的信号，然后对单个源使用到达时差方法进行定位。然而，这些方法缺乏对独立分量分析中获取的信号进行分组的策略。Sai 等[105]提出了一种基于光纤光栅传感网络的声发射多源定位方法，通过窄带激光滤波实现信号的解调。利用 Shannon 小波变换和时间反转聚焦成像定位，实现了单源和多源声发射定位。王亚飞等[106]采集岩石声发射信号，并由岩石双差定位法计算得到声发射定位图，对岩石变形场演化及声发射的时空演化进行分析。He 等[107]针对波束形成法同时定位两个声发射源时容易丢失微弱声发射源的问题，提出了一种基于波束形成和奇异值分解的方法。分析了不同频率、不同幅度和不同位置的两个声发射源的声发射数据和传播特性，引入奇异值分解方法对声发射信号进行预处理，解决了定位缺失的问题，可以有效地定位双声发射源。Tai 等[108]提出了一种新的双声发射源同步定位方法，通过频域加权陷波波束形成方法对结构中的两种耦合声发射波进行解耦，该方法能有效地对两个声发射源同时进行局部定位。祝思宁等[109]针对信号处理中的稀疏阵列有时会出现栅瓣和伪峰的现象，提出了基于频域加权零陷的未知真实声发射源数量的声发射定位与伪源辨识方法。通过在存在较多伪声发射源干扰情况下进行单声发射源和多声发射源的定位实验，验证了所提出方法的准确性。Yan 等[110]提出了一种利用声发射传感器阵列结合多信号分类算法和小波包分析的多泄漏源定位方法，并进行了实验评估。高频声发射传感器组装成线性阵列从多个泄漏源获取信号，并在频域上分析了泄漏信号的特性。该方法利用小波包分析从50～400kHz 频段提取信号的有用信息，利用多信号分类算法通过空间谱函数识别泄漏源的方向，通过放置在不同位置的声发射传感器阵列识别出的方向来定位泄漏源。

1.5 当前声发射定位领域需关注的问题

1.5.1 复杂边界结构中声发射波传播特性

声发射信号在结构中传播的本质是弹性波在固体结构中传播。声发射传感器拾取到的声发射信号是一系列不同模态弹性波的叠加，因此要实现准确定位，必须掌握结构中声发射信号的传播特性。

目前，多数定位方法是将声速假设为常数或方向的线性函数，与真实传播特性有差别。部分基于模态声发射分析的定位方法，限于分析手段，在应用中主要以理想平板中的声发射传播特性为理论基础。而对于实际的复合材料结构而言，一般不能用理想平板的传播特性替代。目前各种结构对于声发射定位技术而言还是“太复杂”，还需深入研究。具有复杂边界的结构中声发射传播特性准确定量分析难仍是制约大型结构损伤声发射定位理论和方法发展的关键问题。

1.5.2 抗噪声干扰

实际工程中，声发射信号极易受到噪声干扰，导致波形畸变，到达时间难以确定。参数定位方法中，声波到达的准确时刻是保证定位精度的必要条件，如时差定位方法虽是有效的声发射源定位方法，但是其精度高度依赖于到达时间的测量。多数声发射技术应用中的到达时间是通过给定阈值下的电压获得的。但是，如果采集到的信号幅度较小或混有强噪声，定位结果通常会偏离真实源。为获得准确的到达时差，有学者使用时频分析方法和波动理论确定声发射波的到达时间，但时频分析方法的准确性本身也受到噪声干扰。此外，时间平均法、AIC 准则法、高阶统计法和 AR 模型法等也可用来有效检测到达时间。但需指出的是，这些方法多是在稳定工况下测试验证的，而在实际工程中，一次检测下的声发射事件较多，噪声源及其特性变化非常显著，因此，如何在这些工况下找到稳健而精确的到达时间确定方法，值得进一步研究。此外，对于波形定位方法，噪声干扰也非常明显。相对于到达时间的确定，一些基于波形的分析方法，例如，波束形成法可表现出较强的稳定性。但无论是哪种方法，在实际工程中都需要特别关注噪声的干扰。

1.5.3 不确定声源情况下的定位

目前多数定位方法是假设只有一个声发射源，即使考虑多声发射源，也常假设仅存在两个声发射源。但在实际工程中，声发射源的个数可能变化，当存在同时声发射的情况，则应定位出多个声源。多声源定位的问题在于时差会产生混淆，此时不但需考虑同时声源定位的问题，还需要考虑伪声源的识别问题。波束形成法理论上能够定位同时多声发射源，因此在该类问题上具有应用前景。

1.5.4 结构传播特性变化情况下的声发射源定位

目前一些声发射定位方法虽然考虑了传播路径的复杂性，但少有考虑损伤扩展导致的传播路径改变进而导致传播特性发生显著变化的情况。这导致初始损伤定位较准，而随着损伤扩展定位误差越来越大。因此，发展结构传播特性变化情况下的声发射源定位方法，就有望跟踪损伤扩展点的路径，进而为损伤的定量评估提供参考。

1.6 小结

结构损伤识别与检测是结构健康监测的基础，声发射技术作为一种无损检测技术，因具有动态实时检测的优点，在无损检测中具有不可替代的地位，近年来得到了广泛研究和发展。损伤定位是结构损伤识别与检测的基础，在声发射源定位方面，时差定位法研究得最为广泛。但是时差定位法要求时差准确，否则定位误差将较大。此外，在工程实际应用和测试中，声发射信号常表现出多声发射源性质。但在多声发射源定位中，因相互耦合的声发射波引起了时差的混乱，会使时差定位法失效。波形定位法定位精度因受时差准确性的影响较小，故有其特有优点。近年来各种波形定位法也被提出，如波束形成定位法，其表现出了在多声发射源定位上的优势，值得以波束形成法为切入点，研究多声发射源便捷、自适应的定位方法。

参考文献

[1] 沈功田. 声发射检测技术及应用 [M]. 北京：科学出版社, 2015.

[2] 曾鹏. 冲击性岩石应力状态与声发射特征相关性研究 [M]. 北京：冶金工业出版社, 2019.

[3] 郑中兴. 材料无损伤检测与安全评估 [M]. 北京：中国标准出版社, 2004.

[4] FARRAR C R, WORDEN K. An introduction to structural health monitoring [J]. Philosophical Transactions of the Royal Society a – Mathematical Physical and Engineering Sciences, 2007, 365 (1851): 303 – 315.

[5] 朱祥军. 声发射检测中利用能量进行定位的新方法 [J]. 中国测试, 2011, 37 (1): 18 – 20.

[6] 李光海, 刘正义. 基于声发射技术的金属高频疲劳监测 [J]. 中国机械工程, 2004, (13): 77 – 81.

[7] 褚亮, 任会兰, 宁建国. 声发射能量定位方法与实验研究 [C]. //第五届全国计算爆炸力学会议论文摘要. 延安：中国力学学会爆炸力学专业委员会. 2012.

[8] NAKATANI H, KUNDU T, TAKEDA N. Improving accuracy of acoustic source localization in anisotropic plates [J]. Ultrasonics, 2014, 54 (7): 1776 – 1788.

[9] 龙飞飞, 钟时达, 李铎. 基于新型阵列的储罐底板声发射定位方法 [J]. 无损检测, 2024, 46 (2): 29 – 32.

[10] ZHOU Z, LAN R, RUI Y, et al. A new acoustic emission source location method using tri – variate kernel density estimator [J]. IEEE Access, 2019, 7: 158379 – 158388.

[11] BAXTER M G, PULLIN R, HOLFORD K M, et al. Delta T source location for acoustic emission [J]. Mechanical Systems and Signal Processing, 2007, 21 (3): 1512 – 1520.

[12] 金钟山, 刘时风, 耿荣生, 等. 曲面和三维结构的声发射源定位方法 [J]. 无损检测, 2002, (5): 205 – 211.

[13] DONG L, LI X, ZHOU Z, et al. Three – dimensional analytical solution of acoustic emission source location for cuboid monitoring network without pre – measured wave velocity [J]. Transactions of Nonferrous Metals Society of China, 2015, 25 (1): 293 – 302.

[14] DONG L, LI X. A. MICROSEISMIC/Acoustic emission source location method using arrival times of PS waves for unknown velocity system [J]. International Journal of Distributed Sensor Networks, 2013, 9 (10): 307489.

[15] GOLLOB S, KOCUR G K, SCHUMACHER T, et al. A novel multi – segment path analysis based on a heterogeneous velocity model for the localization of acoustic emission sources in complex propagation media [J]. Ultrasonics, 2017, 74: 48 – 61.

[16] ZHOU Z, RUI Y, ZHOU J, et al. Locating an acoustic emission source in multilayered media based on the refraction path method [J]. IEEE Access, 2018, 6: 25090 – 25099.

[17] LIU T, HAN C, WANG Q, et al. A method of acoustic emission source location for engine fault based on time difference matrix [J]. Structural Health Monitoring, 2023, 22 (1): 621 – 638.

[18] MOON Y S, LEE S K, SHIB K, et al. Identification of multiple impacts on a plate using the time – frequency analysis and the kalman filter [J]. Journal of Intelligent Material Systems and Structures, 2011, 22 (12): 1283 – 1291.

[19] DRIS E Y, DRAI R, BENTAHAR M, et al. Adaptive algorithm for estimating and tracking the location of

multiple impacts on a plate - like structure [J]. Research in Nondestructive Evaluation, 2020, 31 (1): 1 - 23.

[20] SHANG X, LIU C, LI X, et al. AE/MS event source location for circular hole - contained structures through an analytical solution - based shortest P - Wave travel path [J]. Rock Mechanics and Rock Engineering, 2023, 56 (5): 3339 - 3357.

[21] LIU C, SHANG X, MIAO R. Acoustic emission source location on a cylindrical shell structure through grouped sensors based analytical solution and data field theory [J]. Applied Acoustics, 2022, 192: 108747.

[22] DONG L, TAO Q, HU Q, et al. Acoustic emission source location method and experimental verification for structures containing unknown empty areas [J]. International Journal of Mining Science and Technology, 2022, 32 (3): 487 - 497.

[23] WANG Z, WU Z, CHU Z, et al. An improved wave velocity model for acoustic emission source localization in heterogeneous rock materials with unknown inclusions [J]. Journal of Engineering Mechanics, 2022, 148 (1): 04021122.

[24] 王子维, 阎少宏. 基于 Lebenberg_ Marquardt 的声发射源定位算法 [J]. 应用数学进展, 2024, 13 (4), 1327 - 1333.

[25] 童国炜, 徐华伟, 黄林铁, 等. 基于声发射定位算法的故障检测技术研究 [J]. 振动测试与诊断, 2022, 42 (5): 997 - 1001.

[26] KUNDU T, DAS S, MARTIN S A, et al. Locating point of impact in anisotropic fiber reinforced composite plates [J]. Ultrasonics, 2008, 48 (3): 193 - 201.

[27] LIU W, WANG H, XIAO Y, et al. Study on joint method of 3d acoustic emission source localization simplex and grid search scanning [J]. Applied Geophysics, 2024, 21 (3): 456 - 467.

[28] 王丕彤, 于洋. 基于时差法的复杂转子系统声发射源定位算法 [J]. 测控技术, 2024, 43 (2): 61 - 66.

[29] CIAMPA F, MEO M. Acoustic emission source localization and velocity determination of the fundamental mode A (0) using wavelet analysis and a Newton - based optimization technique [J]. Smart Materials and Structures, 2010, 19 (4): 045027.

[30] SCHUMACHER T, STRAUB D, HIGGINS C. Toward a probabilistic acoustic emission source location algorithm: A Bayesian approach [J]. Journal of Sound and Vibration, 2012, 331 (19): 4233 - 4245.

[31] 张宇, 刘嘉成, 冯舒, 等. 针对不连续带洞结构的声发射源定位方法研究 [J]. 仪器仪表学报, 2023, 44 (11): 282 - 289.

[32] KLABAZ M, HAJZARGARBASHI T, KUNDU T, et al. Locating the acoustic source in an anisotropic plate [J]. Structural Health Monitoring - an International Journal, 2012, 11 (3): 315 - 323.

[33] HU Q, DONG L. Acoustic emission source location and experimental verification for two - dimensional irregular complex structure [J]. IEEE Sensors Journal, 2020, 20 (5): 2679 - 2691.

[34] 代树红, 郑昊, 柳凯, 等. 基于改进鲸鱼算法的声发射定位方法 [J]. 实验力学, 2024, 39 (2): 223 - 236.

[35] 王桂林, 欧阳啸天, 梁锋, 等. 基于改进灰狼算法的岩石声发射定位研究 [J]. 工程地质学报, 2022, 30 (1): 234 - 241.

[36] 杨道学, 赵奎, 曾鹏, 等. 基于粒子群优化算法的未知波速声发射定位数值模拟 [J]. 岩土力学,

2019, 40 (S1): 494 – 502.
[37] LU S, JIANG M, SUI Q, et al. Acoustic emission location on aluminum alloy structure by using FBG sensors and PSO method [J]. Journal of Modern Optics, 2016, 63 (8): 742 – 749.
[38] LI Y, XU F. Acoustic emission sources localization of laser cladding metallic panels using improved fruit fly optimization algorithm – based independent variational mode decomposition [J]. Mechanical Systems and Signal Processing, 2022, 166: 108514.
[39] MIRGAL P, PAL J, BANERJEE S. Online acoustic emission source localization in concrete structures using iterative and evolutionary algorithms [J]. Ultrasonics, 2020, 108: 106211.
[40] CHENG L, XIN H, GROVES R M, et al. Acoustic emission source location using Lamb wave propagation simulation and artificial neural network for I – shaped steel girder [J]. Construction and Building Materials, 2021, 273: 121706.
[41] PANG D, JIANG Y, CAO Y, et al. A defect localization approach based on improved areal coordinates and machine learning [J]. Journal of Sensors, 2022 (1): 7309800.
[42] ZHOU W, LIANG Y Z, XUE S N, et al. Acoustic emission source location for composite tubes using finite element simulation and machine learning [J]. Nondestructive Testing and Evaluation, 2024: 1 – 23.
[43] LIU Z H, PENG Q L, LI X, et al. Acoustic emission source localization with generalized regression neural network based on time difference mappping method [J]. Experimental Mechanics, 2020, 60: 679 – 694.
[44] BLAHACEK M, CHLADA M, PREVOROVSKY Z. Acoustic emission source location based on signal features [J]. Advanced Materials Research, 2006, 13: 77 – 82.
[45] 吴鑫, 赵红霞, 罗筱毓, 等. 基于 BP 神经网络的岩石损伤声发射事件源定位研究 [J]. 中国安全生产科学技术, 2021, 17 (8): 36 – 42.
[46] 耿荣生, 沈功田, 刘时风. 模态声发射基本理论 [J]. 无损检测, 2002, (7): 302 – 306.
[47] HOLFORD K M, CARTER D C. Acoustic emission source location [J]. Key Engineering Materials, 1999, 167: 162 – 171.
[48] COVERLEY P T, STASZEWSKI W J. Impact damage location in composite structures using optimized sensor triangulation procedure [J]. Smart Materials & Structures, 2003, 12 (5): 795 – 803.
[49] JIAO J P, WU B, HE C. Acoustic emission source location methods using mode and frequency analysis [J]. Structural Control & Health Monitoring, 2008, 15 (4): 642 – 651.
[50] HE T, XIAO D, PAN Q, et al. Analysis on accuracy improvement of rotor – stator rubbing localization based on acoustic emission beamforming method [J]. Ultrasonics, 2014, 54 (1): 318 – 329.
[51] MOSTAFAPOUR A, DAVOODI S, GHAREAGHAJI M. Acoustic emission source location in plates using wavelet analysis and cross time frequency spectrum [J]. Ultrasonics, 2014, 54 (8): 2055 – 2062.
[52] GRABOWSKI K, GAWRONSKI M, BARAN I, et al. Time – Distance domain transformation for acoustic emission source localization in thin metallic plates [J]. Ultrasonics, 2016, 68: 142 – 149.
[53] EBRAHIMKHANLOU A, SALAMONE S. Acoustic emission source localization in thin metallic plates: A single – sensor approach based on multimodal edge reflections [J]. Ultrasonics, 2017, 78: 134 – 145.
[54] PEARSON M R, EATON M, FEATHERSTON C, et al. Improved acoustic emission source location during fatigue and impact events in metallic and composite structures [J]. Structural Health Monitoring – an International Journal, 2017, 16 (4): 382 – 399.
[55] LIU Z, LI S, LIU L. Investigation of wave propagation path and damage source 3D localization in parallel

steel wire bundle [J]. Structural Control and Health Monitoring, 2022, 29 (10): e3051.

[56] 樊保圣，闫小青，扶名福，等. 基于 Lamb 波频散特性的薄板声发射源定位方法研究 [J]. 固体力学学报，2011，32 (S1)：283 –287.

[57] 缪祥垚，伍星，柳小勤，等. 基于声发射 Lamb 波频散特性的轴承损伤单传感器定位 [J]. 振动与冲击，2023，42 (6)：196 –201.

[58] YAN G, TANG J. A bayesian approach for localization of acoustic emission source in plate – like structures [J]. Mathematical Problems in Engineering, 2015 (1): 247839.

[59] 王少锋，刘朋真，王道瑞，等. 基于 morlet 小波与模态分析的突发型声发射源定位研究 [J]. 传感技术学报，2017，30 (8)：1215 –1219.

[60] PERELLI A, DE MARCHI L, MARZANI A, et al. Acoustic emission localization in plates with dispersion and reverberations using sparse PZT sensors in passive mode [J]. Smart Materials and Structures, 2012, 21 (2): 025010.

[61] FU W, LIU Y, WANG L, et al. Minimum squared error method based on modal analysis for acoustic emission source location using microfiber coupler sensor [J]. Measurement, 2023, 220: 113406.

[62] DONG S, YOU J, EL – ATTAOUY M, et al. Investigation of Lamb wave modes recognition and acoustic emission source localization for steel plate based on golden jackal optimization VMD parameters and CWT [J]. Measurement, 2025, 242: 116103.

[63] EBRAHIMKHANLOU A, SALAMONE S. Acoustic emission source localization in thin metallic plates: A single – sensor approach based on multimodal edge reflections [J]. Ultrasonics, 2017, 78: 134 –145.

[64] 杨丽丽，谢昊飞，李帅永，等. 气体管道泄漏声发射单一非频散模态定位 [J]. 仪器仪表学报，2017，38 (4)：969 –976.

[65] 范志涵，张宇，芮小博. 航天器舱壁结构碎片撞击声发射定位技术研究 [J]. 仪器仪表学报，2020，41 (1)：178 –184.

[66] 王宗炼，任会兰，宁建国. 基于小波变换降噪的声发射源定位方法 [J]. 振动与冲击，2018，37 (04)：226 –232 +48.

[67] MCLASKEY G C, GLASER S D, GROSSE C U. Beamforming array techniques for acoustic emission monitoring of large concrete structures [J]. Journal of Sound and Vibration, 2010, 329 (12): 2384 –2394.

[68] 何田，肖登红，刘献栋，等. 基于近场波束形成法的声发射源定位研究 [J]. 振动工程学报，2012，25 (2)：199 –205.

[69] 何田，叶午，于海生，等. 转静件碰摩故障定位声发射波束形成方法 [J]. 北京航空航天大学学报，2015，41 (12)：2191 –7.

[70] 何田，刘耀光，陈亚农，等. 基于声发射波束形成法的转静件碰摩故障定位 [J]. 航空动力学报，2011，26 (10)：2207 –2213.

[71] LIU X, XIAO D, SHAN Y, et al. Solder joint failure localization of welded joint based on acoustic emission beamforming [J]. Ultrasonics, 2017, 74: 221 –232.

[72] HE T, XIAO D, PAN Q, et al. Analysis on accuracy improvement of rotor – stator rubbing localization based on acoustic emission beamforming method [J]. Ultrasonics, 2014, 54 (1): 318 –329.

[73] TAI J, HE T, PAN Q, et al. A fast beamforming method to localize an acoustic emission source under unknown wave speed [J]. Materials, 2019, 12 (5): 735.

[74] WANG X, LIU X, HE T, et al. A novel joint localization method for acoustic emission source based on time difference of arrival and beamforming [J]. Applied Sciences, 2020, 10 (22): 8045.

[75] MHAMDI L, SCHUMACHER T. A comparison between time – of – arrival and novel phased array approaches to estimate acoustic emission source locations in a steel plate [J]. Journal of Nondestructive Evaluation, 2015, 34: 1 – 13.

[76] HE T, TAI J, SHAN Y, et al. A fast acoustic emission beamforming localization method based on Hilbert curve [J]. Mechanical Systems and Signal Processing, 2019, 133: 106291.

[77] EBRAHIMKHANLOU A, SALAMONE S. Single – sensor acoustic emission source localization in plate – like structures using deep learning [J]. Aerospace, 2018, 5 (2): 50.

[78] CHENG X, ZHANG X, ZHAO L, et al. The application of shuffled frog leaping algorithm to wavelet neural networks for acoustic emission source location [J]. Comptes Rendus. Mécanique, 2014, 342 (4): 229 – 233.

[79] LIU T, WANG S, JIN Y, et al. A fault source localization method for aircraft engine casing with dual – sensors based on acoustic emission [J]. Structural Health Monitoring, 2024, 23 (4): 2443 – 2456..

[80] VY V, LEE Y, BAK J Y, et al. Damage localization using acoustic emission sensors via convolutional neural network and continuous wavelet transform [J]. Mechanical Systems and Signal Processing, 2023, 204: 110831.

[81] HUANG Y, TANG C, HAO W, et al. Acoustic source localization in metal plates using bp neural network [J]. Metals, 2023, 13 (4): 755.

[82] EBRAHIMKHANLOU A, DUBUC B, SALAMONE S. A generalizable deep learning framework for localizing and characterizing acoustic emission sources in riveted metallic panels [J]. Mechanical Systems and Signal Processing, 2019, 130: 248 – 272.

[83] PU Y, CHEN J, JIANG D, et al. Improved method for acoustic emission source location in rocks without prior information [J]. Rock Mechanics and Rock Engineering, 2022, 55 (8): 5123 – 5137.

[84] YANG L, XU F. A novel acoustic emission sources localization and identification method in metallic plates based on stacked denoising autoencoders [J]. IEEE Access, 2020, 8: 141123 – 141142.

[85] SCHOLEY J J, WILCOX P D, LEE C K, et al. Acoustic emission in wide composite specimens [J]. Advanced Materials Research, 2006, 13: 325 – 332.

[86] KUNDU T, DAS S, JATA K V. Point of impact prediction in isotropic and anisotropic plates from the acoustic emission data [J]. The Journal of the Acoustical Society of America, 2007, 122 (4): 2057 – 2066.

[87] EATON M J, PULLIN R, HOLFORD K M. Acoustic emission source location in composite materials using delta T mapping [J]. Composites Part A: Applied Science and Manufacturing, 2012, 43 (6): 856 – 863.

[88] YIN S, CUI Z, KUNDU T. Acoustic source localization in anisotropic plates with “Z” shaped sensor clusters [J]. Ultrasonics, 2018, 84: 34 – 37.

[89] 刘增华, 彭秋玲, 何存富, 等. 复合材料板声发射源定位的时间差映射方法 [J]. 声学学报, 2020, 45 (3): 385 – 393.

[90] DONG L, SHU W, HAN G, et al. A multi – step source localization method with narrowing velocity interval of cyber – physical systems in buildings [J]. IEEE Access, 2017, 5: 20207 – 20219.

[91] HAJZARGERBASHI T, KUNDU T, BLAND S. An improved algorithm for detecting point of impact in anisotropic inhomogeneous plates [J]. Ultrasonics, 2011, 51 (3): 317 - 324.

[92] LIM D G, LEE W G, KIM J, et al. A point Crack source location method without velocity Information in anisotropic plates [J]. Applied Sciences, 2022, 12 (21): 11081.

[93] NIRI E D, FARHIDZADEH A, SALAMONE S. Nonlinear Kalman Filtering for acoustic emission source localization in anisotropic panels [J]. Ultrasonics, 2014, 54 (2): 486 - 501.

[94] 顾海贝，刘武刚，孙飞，等. 基于神经网络算法的复合材料板声发射源定位 [J]. 导弹与航天运载技术，2012，(1)：49 - 52.

[95] WANG Y, LI H. Research on acoustic emission source localization of carbon fiber composite plate based on wavelet neural network [C] //2019 IEEE 10th International Conference on Mechanical and Aerospace Engineering (ICMAE). IEEE, 2019: 302 - 305.

[96] SURGEON M, WEVERS M. One sensor linear location of acoustic emission events using plate wave theories [J]. Materials Science and Engineering: A, 1999, 265 (1 - 2): 254 - 261.

[97] NAKATANI H, HAJZARGARBASHI T, ITO K, et al. Impact localization on a cylindrical plate by near - field beamforming analysis [C] //Sensors and Smart Structures Technologies for Civil, Mechanical, and Aerospace Systems 2012. SPIE, 2012, 8345: 292 - 302.

[98] WANG X, YIN F, WAN Z. A joint acoustic emission source localization method for composite materials [J]. Sensors, 2023, 23 (12): 5473.

[99] HAO W, HUANG Y, ZHAO G. Acoustic sources localization for composite pate using arrival time and BP neural network [J]. Polymer Testing, 2022, 115: 107754.

[100] SIKDAR S, LIU D, KUNDU A. Acoustic emission data based deep learning approach for classification and detection of damage - sources in a composite panel [J]. Composites Part B: Engineering, 2022, 228: 109450.

[101] ZHAO J, XIE W, YU D, et al. Deep transfer learning approach for localization of damage area in composite laminates using acoustic emission signal [J]. Polymers, 2023, 15 (6): 1520.

[102] GUO S, DING H, LI Y, et al. A hierarchical deep convolutional regression framework with sensor network fail - safe adaptation for acoustic - emission - based structural health monitoring [J]. Mechanical Systems and Signal Processing, 2022, 181: 109508.

[103] ZHOU Y, LIANG M, YUE X. Deep residual learning for acoustic emission source localization in a steel - concrete composite slab [J]. Construction and Building Materials, 2024, 411: 134220.

[104] ZHAO Z, CHEN N Z. Spatial - Temporal graph convolutional networks (STGCN) based method for localizing acoustic emission sources in composite panels [J]. Composite Structures, 2023, 323: 117496.

[105] KOSEL T, GRABEC I, KOSEL F, Intelligent location of two simultaneously active acoustic emission sources [J]. Aerospace Science and Technology, 2005, 9 (1): 45 - 53.

[106] SAI Y, JIANG M, SUI Q, et al. Multi - Source acoustic emission localization technology research based on FBG sensing network and time reversal focusing imaging [J]. Optik, 2016, 127 (1): 493 - 498.

[107] 王亚飞，柴文革，宋义敏. 双差定位法在岩石声发射中的应用 [J]. 无损检测，2020，42 (8)：25 - 29.

[108] HE T, XIE Y, SHAN Y, et al. Localizing two acoustic emission sources simultaneously using

beamforming and singular value decomposition [J]. Ultrasonics, 2018, 85: 3 – 22.

[109] TAI J, LIU X, WANG X, et al. An adaptive localization method of simultaneous two acoustic emission sources based on energy filtering algorithm for coupled array signal [J]. Mechanical Systems and Signal Processing, 2021, 154: 107557.

[110] 祝思宁, 李洋, 肖登红, 等. 频域加权陷波多声发射源定位与伪源辨识方法 [J]. 测控技术, 2023, 42 (6): 92 – 98.

[111] YAN Y, SHEN Y, CUI X, et al. Localization of multiple leak sources using acoustic emission sensors based on MUSIC algorithm and wavelet packet analysis [J]. IEEE Sensors Journal, 2018, 18 (23): 9812 – 9820.

第2章 声发射波在结构中的传播特性

声发射定位方法是基于声发射波在结构中的传播信息来实现的，例如，传播过来的声发射信号到达传感器的时间。因此，了解声发射波在结构中的传播特性对于提高声发射源定位精度具有重要的作用。起主要承载作用的壁板结构大量应用于空间站密封舱、飞机机翼、机身筒段等部件中[1]。工程装备中的壁板结构形式多样，但大致可分为规则形状的平板和带有曲面的板状结构，例如，飞机是由大量的金属或复合材料平板结构以及不规则的曲面类板状结构组成。要对结构中的损伤源进行定位，需要事先了解声发射波在板状结构中的传播特性。

声发射信号本质是在介质中传播的弹性波，测量得到的声发射信号是各种模态弹性波的叠加。对于边界简单的结构，本章将结合 Navier 方程和相关的边界条件，引入位移势函数法，介绍声发射波在结构中传播特性分析方法。对于边界复杂的结构，本章也将介绍基于有限元仿真的弹性波传播特性求解方法。

2.1 无限体积固体中的弹性波

弹性波是应力波的一种，是扰动或外力作用引起的应力和应变在弹性介质中传递的形式。在弹性介质中，质点间存在着相互作用的弹性力。声发射波在结构中的传播实际上是弹性波的传递过程。为了解声发射波的传播特性，首先简要介绍无限体积固体中的弹性波传播情况。为说明板中的弹性波传播特性，本节简单介绍固体中应力与应变的关系，相关细节可参见文献[2-3]。

2.1.1 固体中应力与应变的关系

假设无限体积固体（不考虑边界的反射）中一点 A，坐标为 (x,y,z)，由于某种原因产生位移，在 x、y、z 方向的位移分量分别为 ξ、η、ζ；设与 A 相邻的 C 点坐标为 $(x+\mathrm{d}x,y+\mathrm{d}y,z+\mathrm{d}z)$，其位移为 $\xi+\mathrm{d}\xi$、$\eta+\mathrm{d}\eta$、$\zeta+\mathrm{d}\zeta$。利用泰勒级数展开，略去二阶及二阶以上的微量，可得 A 与 C 点的位移差为

$$
\begin{cases}
\mathrm{d}\xi = \dfrac{\partial \xi}{\partial x}\mathrm{d}x + \dfrac{\partial \xi}{\partial y}\mathrm{d}y + \dfrac{\partial \xi}{\partial z}\mathrm{d}z \\
\mathrm{d}\eta = \dfrac{\partial \eta}{\partial x}\mathrm{d}x + \dfrac{\partial \eta}{\partial y}\mathrm{d}y + \dfrac{\partial \eta}{\partial z}\mathrm{d}z \\
\mathrm{d}\zeta = \dfrac{\partial \zeta}{\partial x}\mathrm{d}x + \dfrac{\partial \zeta}{\partial y}\mathrm{d}y + \dfrac{\partial \zeta}{\partial z}\mathrm{d}z
\end{cases}
\tag{2-1}
$$

从式（2－1）可见，固体中的形变可用如下9个应变分量来描述，即

$$
\begin{bmatrix}
\dfrac{\partial \xi}{\partial x} & \dfrac{\partial \xi}{\partial y} & \dfrac{\partial \xi}{\partial z} \\
\dfrac{\partial \eta}{\partial x} & \dfrac{\partial \eta}{\partial y} & \dfrac{\partial \eta}{\partial z} \\
\dfrac{\partial \zeta}{\partial x} & \dfrac{\partial \zeta}{\partial y} & \dfrac{\partial \zeta}{\partial z}
\end{bmatrix}
\tag{2-2}
$$

为了简化分析采用如下符号：

$$
\begin{cases}
\dfrac{\partial \xi}{\partial x} = \varepsilon_{xx}, \dfrac{\partial \eta}{\partial y} = \varepsilon_{yy}, \dfrac{\partial \zeta}{\partial z} = \varepsilon_{zz} \\
\dfrac{\partial \eta}{\partial x} + \dfrac{\partial \xi}{\partial y} = \varepsilon_{xy} = \varepsilon_{yx} \\
\dfrac{\partial \xi}{\partial z} + \dfrac{\partial \zeta}{\partial x} = \varepsilon_{xz} = \varepsilon_{zx} \\
\dfrac{\partial \zeta}{\partial y} + \dfrac{\partial \eta}{\partial x} = \varepsilon_{yz} = \varepsilon_{zy} \\
\dfrac{\partial \eta}{\partial x} - \dfrac{\partial \xi}{\partial y} = 2\Omega_z \\
\dfrac{\partial \xi}{\partial z} - \dfrac{\partial \zeta}{\partial x} = 2\Omega_y \\
\dfrac{\partial \zeta}{\partial y} - \dfrac{\partial \eta}{\partial x} = 2\Omega_x
\end{cases}
\tag{2-3}
$$

图2－1所示的二维模型可用于描述固体的形变。取原来的一小体元 $ABCD$ 经形变后成为菱形 $A'B'C'D'$。从图2－1可以清楚看到，ε_{xx} 就是代表长度为 $\mathrm{d}x$ 的线段沿 x 轴的简单地相对“伸长”，称为 x 方向的伸长应变。ε_{yy} 同样为长度为 $\mathrm{d}y$ 的线段沿 y 轴相对“伸长”，ε_{zz} 为沿 z 轴的相对“伸长”。从图2－1还可看到，形变的另一特征是小体元形变成菱形，其两棱边的夹角发生了变化。

这一夹角的变化就代表了小体元切应变大小。考虑到形变量是微量，所以 x 方向棱边绕轴 Oz 的旋转角为：$\theta_1 \approx \tan\theta_1 = \dfrac{\partial \eta}{\partial x}$，$y$ 方向棱边绕 Oz 轴的旋转角

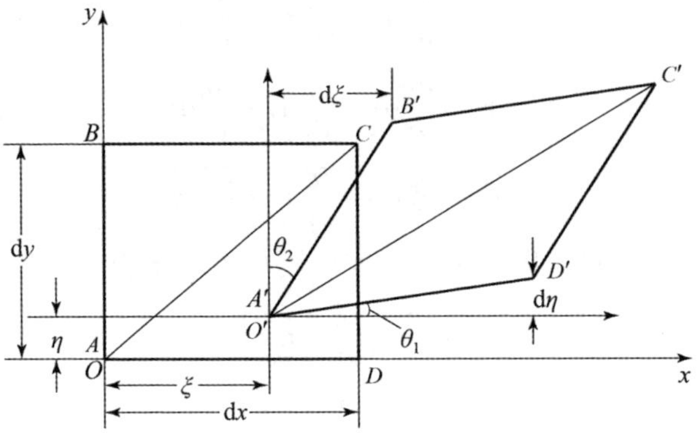

图 2-1　二维模型

为：$\theta_2 \approx \tan\theta_2 = \dfrac{\partial \xi}{\partial y}$，于是，$\theta_1 + \theta_2 = \varepsilon_{xy} = \varepsilon_{yx}$ 就是小体元在 xOy 平面的切形变，称为 xOy 平面的切应变。同样从图 2-1 可知 $\theta_1 - \theta_2 = \dfrac{\partial \eta}{\partial x} - \dfrac{\partial \xi}{\partial y}$。这就是对角线 AC 转动角度的 2 倍，因而 Ω_z 就相当于小体元绕 z 轴的旋转。类似地可以指出，Ω_y 为绕 y 轴的旋转，Ω_x 为绕 x 轴的旋转。显然这些旋转量对体元的形变没有贡献，类似地，还可以得到 yOz 平面的切应变 $\varepsilon_{xy} = \varepsilon_{zy}$ 以及 xOz 平面的切应变 $\varepsilon_{xz} = \varepsilon_{zz}$。根据以上分析可知，描述固体中的形变可以不必用式（2-2）中的 9 个应变分量，而只要用如下的 6 个：3 个伸长应变 ε_{xx}、ε_{yy}、ε_{zz}，3 个切应变 ε_{xy}、ε_{yz}、ε_{zx}。

2.1.2　固体中的应力

从固体中取出一个小体元 dV，当固体形变时该小体元将受到周围相邻部分对其表面产生的作用力，即应力。由于固体可产生切形变，所以作用在小体元上的应力，除了法向应力外还存在方向与作用表面相切的切应力。小体元的表面上一般存在 9 个应力分量，如图 2-2 所示，用符号 $T_{ij}(i,j = x,y,z)$ 来表示，表示作用在 i 面（与 i 轴垂直的表面）上方向指向 j 轴的应力，例如，T_{xx} 表示作用在 x 面（与 x 轴垂直的表面）上方向指向 x 轴的应力，T_{xy} 表示作用在 x 面方向指向 y 轴的应力，以此类推。当 $i=j$ 时，它表示法向应力，当 $i \neq j$ 时，表示切应力。这 9 个应力分量可写为

$$\begin{bmatrix} T_{xx} & T_{xy} & T_{xz} \\ T_{yx} & T_{yy} & T_{yz} \\ T_{zx} & T_{zy} & T_{zz} \end{bmatrix} \tag{2-4}$$

一般这9个应力分量并不完全独立，它们具有对称性，即 $T_{ij}=T_{ji}$。因此，只要用6个应力分量就可完全确定固体的应力特性。再进一步分析图2-2的小体元，由于各表面受有切应力，所以它们对中心轴将产生力矩，例如，绕 x 轴的力矩等于 $\mathrm{d}M_x=(T_{yz}\mathrm{d}x\mathrm{d}z)\mathrm{d}y-(T_{zy}\mathrm{d}x\mathrm{d}y)\mathrm{d}z$。根据动量矩守恒定律，该力矩应等于小体元绕 x 轴的转动惯量乘以角加速度，且转动惯量等于 $\rho\mathrm{d}x\mathrm{d}y\mathrm{d}z\left[\left(\frac{\mathrm{d}y}{2}\right)^2+\left(\frac{\mathrm{d}z}{2}\right)^2\right]$。由于 $\mathrm{d}x$ 为微量，因此转动惯量属于线度的5级微量，它与3级微量相比可以忽略，于是可近似得：$\mathrm{d}M_x=0$。进一步得到 $(T_{yz}\mathrm{d}x\mathrm{d}z)\mathrm{d}y-(T_{zy}\mathrm{d}x\mathrm{d}y)\mathrm{d}z=0$，即 $T_{yz}=T_{zy}$。同理可得 $T_{xz}=T_{zx}$，$T_{xy}=T_{yx}$。

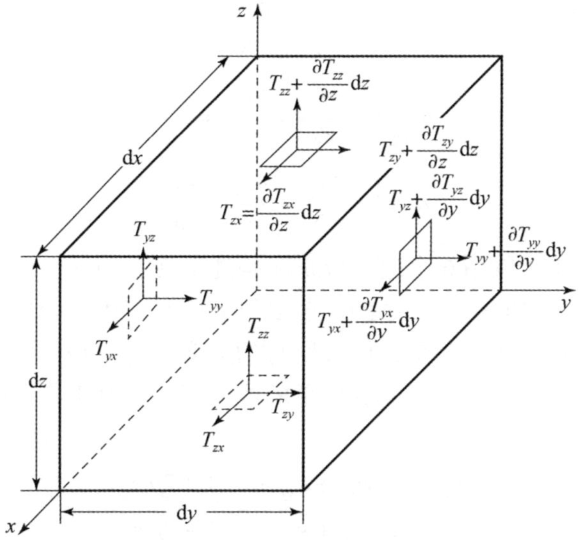

图2-2 小体元

2.1.3 固体中的弹性波方程

先来研究一下小体元在 x 方向的受力情形，从图2-2中可以看出，作用在该小体元 x 方向的分力由如下3部分组成：

（1）作用在垂直于 x 轴表面的 x 方向的分力：

$$F'_x=\left(T_{xx}+\frac{\partial T_{xx}}{\partial x}\mathrm{d}x-T_{xx}\right)\mathrm{d}y\mathrm{d}z \tag{2-5}$$

（2）作用在垂直于 y 轴表面的 x 方向的分力：

$$F''_x=\left(T_{yx}+\frac{\partial T_{yx}}{\partial y}\mathrm{d}y-T_{yx}\right)\mathrm{d}x\mathrm{d}z \tag{2-6}$$

(3) 作用在垂直于 z 轴表面的 x 方向的分力：

$$F'''_x=\left(T_{zx}+\frac{\partial T_{zx}}{\partial z}\mathrm{d}z-T_{zx}\right)\mathrm{d}x\mathrm{d}y \tag{2-7}$$

将式 (2-5) ~ 式 (2-7) 这 3 部分的分力加起来就是作用在小体元上的 x 方向的合力，即

$$F_x=\left(\frac{\partial T_{xx}}{\partial x}+\frac{\partial T_{yx}}{\partial y}+\frac{\partial T_{zx}}{\partial z}\right)\mathrm{d}x\mathrm{d}y\mathrm{d}z \tag{2-8}$$

设 ρ 为媒质密度，则根据牛顿第二定律就可建立小体元在 x 方向的运动方程，同理可得 x、y、z 方向的运动方程，即

$$\begin{aligned}\rho\frac{\partial^2\xi}{\partial t^2}&=\frac{\partial T_{xx}}{\partial x}+\frac{\partial T_{yx}}{\partial y}+\frac{\partial T_{zx}}{\partial z}\\ \rho\frac{\partial^2\eta}{\partial t^2}&=\frac{\partial T_{xy}}{\partial x}+\frac{\partial T_{yy}}{\partial y}+\frac{\partial T_{zy}}{\partial z}\\ \rho\frac{\partial^2\zeta}{\partial t^2}&=\frac{\partial T_{xz}}{\partial x}+\frac{\partial T_{yz}}{\partial y}+\frac{\partial T_{zz}}{\partial z}\end{aligned} \tag{2-9}$$

对于固体媒质可以用 6 个应变分量来描述形变，用 6 个应力分量来描述应力，而应变与应力之间是有关系的。假设研究的是产生小变形情形，在这种情况下应变与应力具有线性关系，而且所有的应变分量对每一应力分量都应有贡献，所以每一应力应该是 6 个应变分量的线性函数，对于各向同性固体，广义虎克定律可简化为

$$\begin{aligned}T_{xx}&=\lambda(\varepsilon_{xx}+\varepsilon_{yy}+\varepsilon_{zz})+2\mu\varepsilon_{xx}\\ T_{yy}&=\lambda(\varepsilon_{xx}+\varepsilon_{yy}+\varepsilon_{zz})+2\mu\varepsilon_{yy}\\ T_{zz}&=\lambda(\varepsilon_{xx}+\varepsilon_{yy}+\varepsilon_{zz})+2\mu\varepsilon_{zz}\\ T_{yz}&=\mu\varepsilon_{yz}\\ T_{zx}&=\mu\varepsilon_{zx}\\ T_{xy}&=\mu\varepsilon_{xy}\end{aligned} \tag{2-10}$$

式中：λ 称为拉梅 (Lamé) 常数 (拉梅的第一个参数)，$\lambda=2\mu G/(1-2\mu)$，μ 也是拉梅常数 (拉梅的第二个参数)；G 为剪切模量，表示单位切应变对应的切应力。

将各向同性固体广义虎克定律式 (2-10) 代入运动方程，再利用式 (2-3) 就可得到一组方程：

$$\rho\frac{\partial^2\xi}{\partial t^2}=(\lambda+\mu)\frac{\partial\Delta}{\partial x}+\mu\nabla^2\xi$$

$$\rho \frac{\partial^2 \eta}{\partial t^2} = (\lambda + \mu) \frac{\partial \Delta}{\partial y} + \mu \nabla^2 \eta \tag{2-11}$$

$$\rho \frac{\partial^2 \zeta}{\partial t^2} = (\lambda + \mu) \frac{\partial \Delta}{\partial z} + \mu \nabla^2 \zeta$$

式中：$\Delta = \frac{\partial \xi}{\partial x} + \frac{\partial \eta}{\partial y} + \frac{\partial \zeta}{\partial z} = \varepsilon_{xx} + \varepsilon_{yy} + \varepsilon_{zz}$；$\nabla^2 = \frac{\partial^2}{\partial x^2} + \frac{\partial^2}{\partial y^2} + \frac{\partial^2}{\partial z^2}$。

用 $\boldsymbol{u} = \xi \boldsymbol{i} + \eta \boldsymbol{j} + \zeta \boldsymbol{k}$ 来表示质点的位移矢量，式（2－11）可写成矢量形式为

$$\mu \nabla^2 \boldsymbol{u} + (\lambda + \mu) \nabla (\nabla \cdot \boldsymbol{u}) = \rho \frac{\partial^2 \boldsymbol{u}}{\partial t^2} \tag{2-12}$$

上式称为 Navier 方程，代表了在均匀、各向同性介质中，用位移 $\boldsymbol{u}$ 表示的弹性波传播方程。波动方程只是在应用了媒质的基本物理特性以后推导得出的，并没有考虑具体声发射源的状况及边界上的状况，因此它反映的是均匀、各向同性固体介质中弹性波这个物理现象的共同规律，至于具体的弹性波传播特性还必须结合具体声发射源及具体边界状况来确定。

2.1.4 横波和纵波

在不考虑体力的情况下，式（2－12）Navier 控制方程也可写为

$$\mu (\nabla \cdot \nabla) \boldsymbol{u} + (\lambda + \mu) \nabla (\nabla \cdot \boldsymbol{u}) = \rho \frac{\partial^2 \boldsymbol{u}}{\partial t^2} \tag{2-13}$$

式中：$\boldsymbol{u} = [x_1, x_2, x_3]^{\mathrm{T}}$ 为位移矢量；ρ 为媒质密度；x_1、x_2、x_3 分别为沿着 x、y 和 z 方向的位移。

利用 Helmholtz 分解，可把位移 $\boldsymbol{u}$ 变换为

$$\boldsymbol{u} = \nabla \phi + \nabla \times \psi \quad (\nabla \cdot \psi = 0) \tag{2-14}$$

式中：$\nabla \phi$ 是标量势函数的梯度；$\nabla \times \psi$ 是零散度矢量势函数的旋度。

设 ∇^2 为拉普拉斯算子，则存在如下矢量恒等式

$$\nabla^2 \boldsymbol{u} = \nabla \nabla \cdot \boldsymbol{u} - \nabla \times \nabla \times \boldsymbol{u} \tag{2-15}$$

将式（2－14）和式（2－15）代入 Navier 方程（2－13），可得

$$\nabla \left[(\lambda + 2\mu) \nabla^2 \phi - \rho \frac{\partial^2 \phi}{\partial t^2} \right] + \nabla \times \left[\mu \nabla^2 \psi - \rho \frac{\partial^2 \psi}{\partial t^2} \right] = 0 \tag{2-16}$$

式（2－16）若要成立，则该方程左端的两项应均为零，于是可得到两个独立的运动方程：

$$\frac{\partial^2 \phi}{\partial t^2} = \frac{1}{c_{\mathrm{L}}^2} \nabla^2 \phi \tag{2-17}$$

$$\frac{\partial^2 \psi}{\partial t^2}=\frac{1}{c_{\mathrm{T}}^2}\nabla^2\psi \tag{2-18}$$

式中：c_{L} 和 c_{T} 分别为纵波和横波波速，其与拉梅常数的关系为

$$c_{\mathrm{L}}=\sqrt{\frac{\lambda+2\mu}{\rho}} \tag{2-19}$$

$$c_{\mathrm{T}}=\sqrt{\frac{\mu}{\rho}} \tag{2-20}$$

图 2－3 为纵波和横波这两种不同形式波中质点的运动形式。式（2－17）和式（2－18）的通解分别为

$$\phi=\phi_0 \mathrm{e}^{\mathrm{i}(k_{\mathrm{L}}z-\omega t)} \tag{2-21}$$

$$\psi=\psi_0 \mathrm{e}^{\mathrm{i}(k_{\mathrm{T}}z-\omega t)} \tag{2-22}$$

式中：ϕ_0、ψ_0 均为任意初始常数；z 是波传播方向；t 是时间；$\omega=2\pi f$ 是圆频率；k_{L} 和 k_{T} 分别是纵波和横波的波数。

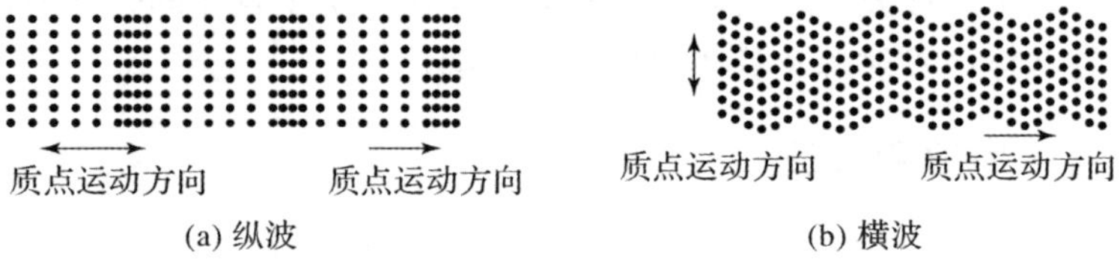

图 2－3　体波中质点的运动方式

2.2 自由板中声发射波的传播特性

由 2.1 节可知，弹性波在无限大固体材料中是以纵波和横波两种基本波形传播，也就是“体波”。由于结构尺寸无限大，体波始终在结构内部传播，波的模态成分较为单一。当介质存在边界时，波与边界接触的过程中将会发生反射与折射现象，以及纵波和横波两种基本波形之间的相互转换。当介质为板状或管状等规则形状时，弹性波在传播过程中会发生多次反射，并在介质内经过相互干涉，也就产生了导波。

导波存在多种类型，按照波的传播方式划分，主要有瑞利波、斯通利波和兰姆波 3 种不同形式的导波。瑞利波存在于半无限大固体表面上。斯通利波则存在于两不同特性介质的交界面处。兰姆波是在自由板中传播的平面弹性波，在板的上、下表面应力为零，存在多种模态的波，且波的模态结构随着频率的改变而变化。本书研究的对象主要是自由板问题，属于兰姆波范畴。以下介绍自由板中的兰姆波传播的基本理论。

图 2 -4 为一无限大自由板结构，厚度为 $2h$。x_1、x_3 分别为沿着 x 和 z 方向的位移。O 为坐标原点，位于无限大自由板的中性面。在 $x_3 = \pm h$ 平面上应力为零，即 $\sigma_{31}(x_1, +h)=0$、$\sigma_{33}(x_1, +h)=0$、$\sigma_{31}(x_1, -h)=0$、$\sigma_{33}(x_1, -h)=0$。

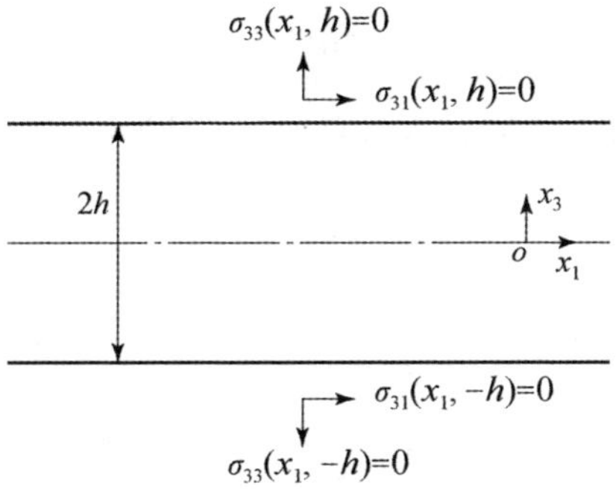

图 2 -4　无限大自由板的截面示意图

式（2 -17）和式（2 -18）分别控制纵波和横波，可具体写为

$$\begin{cases}\dfrac{\partial^2\phi}{\partial x^2}+\dfrac{\partial^2\phi}{\partial z^2}=\dfrac{1}{c_{\mathrm{L}}^2}\dfrac{\partial^2\phi}{\partial t^2}\\[2ex]\dfrac{\partial^2\psi}{\partial x^2}+\dfrac{\partial^2\psi}{\partial z^2}=\dfrac{1}{c_{\mathrm{T}}^2}\dfrac{\partial^2\psi}{\partial t^2}\end{cases} \tag{2-23}$$

假设式（2 -23）的解为如下形式的谐波解：

$$\begin{cases}\phi=\Phi(z)\mathrm{e}^{\mathrm{i}(kx-\omega t)}\\ \psi=\Psi(z)\mathrm{e}^{\mathrm{i}(kx-\omega t)}\end{cases} \tag{2-24}$$

式中：k 为波数；$k=\omega/c_p$；ω 为圆频率；c_p 为相速度。这些解代表 x_1 方向的行波和 x_3 方向的驻波。将这些解代入式（2 -23），可得未知函数 ϕ 和 ψ 的控制方程，其解如下：

$$\begin{cases}\phi=[A_1\sin(pz)+A_2\cos(pz)]\mathrm{e}^{\mathrm{i}(kx-\omega t)}\\ \psi=[B_1\sin(qz)+B_2\cos(qz)]\mathrm{e}^{\mathrm{i}(kx-\omega t)}\end{cases} \tag{2-25}$$

其中，系数 A_1、A_2、B_1、B_2 待定，参数 p、q 满足如下关系式

$$p^2=\frac{\omega^2}{c_{\mathrm{L}}^2}-k^2, q^2=\frac{\omega^2}{c_{\mathrm{T}}^2}-k^2 \tag{2-26}$$

$$x_1=\frac{\partial\phi}{\partial x}+\frac{\partial\psi}{\partial z}=\mathrm{i}k\phi+\frac{\partial\psi}{\partial z} \tag{2-27}$$

$$x_3=\frac{\partial\phi}{\partial z}+\frac{\partial\psi}{\partial x}=\frac{\partial\phi}{\partial z}+\mathrm{i}k\phi \tag{2-28}$$

则

$$\sigma_z=\lambda\left(\frac{\partial x_1}{\partial x}+\frac{\partial x_3}{\partial z}\right)+2\mu\frac{\partial x_3}{\partial z}=\lambda\left(\frac{\partial^2\phi}{\partial x^2}+\frac{\partial^2\phi}{\partial z^2}\right)+2\mu\left(\frac{\partial^2\phi}{\partial z^2}-\frac{\partial^2\psi}{\partial x\partial z}\right)\quad(2-29)$$

$$\tau_{zx}=\mu\left(\frac{\partial x_3}{\partial x}+\frac{\partial x_1}{\partial z}\right)=\mu\left(2\frac{\partial^2\phi}{\partial x\partial z}-\frac{\partial^2\psi}{\partial x^2}+\frac{\partial^2\psi}{\partial z^2}\right)\quad(2-30)$$

通过傅里叶变换将空间域转入波数域，傅里叶正逆变换公式如下：

$$\tilde{f}(k)=\int_{-\infty}^{+\infty}f(x)\mathrm{e}^{-\mathrm{i}kx}\mathrm{d}x\quad（正）\quad(2-31)$$

$$f(x)=\frac{1}{2\pi}\int_{-\infty}^{+\infty}\tilde{f}(k)\mathrm{e}^{\mathrm{i}kx}\mathrm{d}k\quad（逆）\quad(2-32)$$

根据傅里叶变换式（2－31），可得到波动方程及其通解转换到波数域的形式，即

$$\begin{cases}\dfrac{\partial^2\tilde{\phi}}{\partial z^2}+p^2\tilde{\phi}=\dfrac{1}{c_{\mathrm{L}}^2}\dfrac{\partial^2\tilde{\phi}}{\partial t^2}\\[2ex]\dfrac{\partial^2\tilde{\psi}}{\partial z^2}+q^2\tilde{\psi}=\dfrac{1}{c_{\mathrm{T}}^2}\dfrac{\partial^2\tilde{\psi}}{\partial t^2}\end{cases}\quad(2-33)$$

$$\begin{cases}\tilde{\phi}(z)=[A_1\sin(pz)+A_2\cos(pz)]\mathrm{e}^{-\mathrm{i}\omega t}\\\tilde{\psi}(z)=[B_1\sin(qz)+B_2\cos(qz)]\mathrm{e}^{-\mathrm{i}\omega t}\end{cases}\quad(2-34)$$

同理，由式（2－27）~式（2－30）可得到位移和应力在波数域中的表达式，即

$$\begin{cases}\tilde{x}_1=\mathrm{i}k\tilde{\phi}+\dfrac{\partial\tilde{\psi}}{\partial z}\\[2ex]\tilde{x}_3=\dfrac{\partial\tilde{\phi}}{\partial z}-\mathrm{i}k\tilde{\psi}\\[2ex]\tilde{\tau}_{zx}=\mu\left(2\mathrm{i}k\dfrac{\partial\tilde{\phi}}{\partial z}+k^2\tilde{\psi}+\dfrac{\partial\tilde{\psi}}{\partial z^2}\right)\\[2ex]\tilde{\sigma}_z=\lambda\left(-k^2\tilde{\phi}+\dfrac{\partial^2\tilde{\phi}}{\partial z^2}\right)+2\mu\left(-k^2\tilde{\phi}-\mathrm{i}k\dfrac{\partial\tilde{\psi}}{\partial z}\right)\end{cases}\quad(2-35)$$

由此可把式（2－35）作进一步分解，即变换为对称和反对称模态两

部分：

$$\begin{cases}\tilde{x}_1^S=[\mathrm{i}kA_2\cos(pz)+qB_1\cos(qz)]\mathrm{e}^{-\mathrm{i}\omega t}\\ \tilde{x}_2^S=[-pA_2\sin(pz)-\mathrm{i}kB_1\sin(qz)]\mathrm{e}^{-\mathrm{i}\omega t}\\ \tilde{\tau}_{zx}^S=\mu[-2\mathrm{i}kpA_2\sin(pz)+(k^2-q^2)B_1\sin(qz)]\mathrm{e}^{-\mathrm{i}\omega t}\\ \tilde{\sigma}_z^S=\mu[(k^2-q^2)A_2\cos(pz)-2\mathrm{i}kqB_1\cos(qz)]\mathrm{e}^{-\mathrm{i}\omega t}\end{cases}\tag{2-36}$$

$$\begin{cases}\tilde{x}_1^A=[\mathrm{i}kA_1\sin(pz)-qB_2\sin(qz)]\mathrm{e}^{-\mathrm{i}\omega t}\\ \tilde{x}_2^A=[pA_1\cos(pz)-\mathrm{i}kB_2\cos(qz)]\mathrm{e}^{-\mathrm{i}\omega t}\\ \tilde{\tau}_{zx}^A=\mu[2\mathrm{i}kpA_1\cos(pz)+(k^2-q^2)B_2\cos(qz)]\mathrm{e}^{-\mathrm{i}\omega t}\\ \tilde{\sigma}_z^A=\mu[-(k^2-q^2)A_1\sin(pz)+2\mathrm{i}kqB_2\sin(qz)]\mathrm{e}^{-\mathrm{i}\omega t}\end{cases}\tag{2-37}$$

由式（2-36）和式（2-37）可得

$$\begin{cases}\tilde{\tau}_{zx}^S\big|_{z=d}=-\tilde{\tau}_{zx}^S\big|_{z=-d}\\ \tilde{\tau}_{zx}^A\big|_{z=d}=\tilde{\tau}_{zx}^A\big|_{z=-d}\\ \tilde{\sigma}_z^S\big|_{z=d}=\tilde{\sigma}_z^S\big|_{z=-d}\\ \tilde{\sigma}_z^A\big|_{z=d}=-\tilde{\sigma}_z^A\big|_{z=-d}\end{cases}\tag{2-38}$$

图2-5为质点的运动形态。无限大自由板结构的表面应力为零，可表示为

$$\begin{cases}\tau_{zx}\big|_{z=h}=\tau_{zx}^S\big|_{z=h}+\tau_{zx}^A\big|_{z=h}=0\\ \tau_{zx}\big|_{z=-h}=\tau_{zx}^S\big|_{z=-h}+\tau_{zx}^A\big|_{z=-h}=0\\ \sigma_z\big|_{z=h}=\sigma_z^S\big|_{z=h}+\tau_{zx}^A\big|_{z=h}=0\\ \sigma_z\big|_{z=-h}=\sigma_z^S\big|_{z=-h}+\sigma_{xz}^A\big|_{z=-h}=0\quad(|x|>a)\end{cases}\tag{2-39}$$

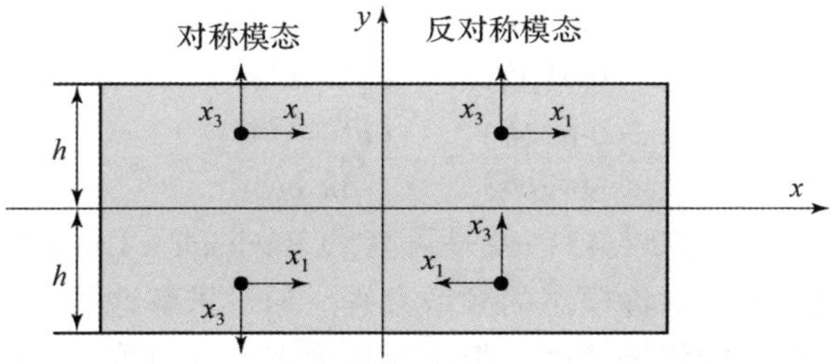

图2-5　对称和反对称模态的运动形态

根据傅里叶变换把式（2－39）表示为在波数域中的形式，即

$$
\begin{cases}
\tilde{\tau}_{zx}\big|_{z=h}=\tau_{zx}^{S}\big|_{z=h}+\tau_{zx}^{A}\big|_{z=h}=0\\
\tilde{\tau}_{zx}\big|_{z=-h}=\tau_{zx}^{S}\big|_{z=-h}+\tau_{zx}^{A}\big|_{z=-h}=0\\
\tilde{\sigma}_{z}\big|_{z=-h}=\sigma_{z}^{S}\big|_{z=h}+\tilde{\sigma}_{z}^{A}\big|_{z=h}=0\\
\tilde{\sigma}_{z}\big|_{z=h}=\tilde{\sigma}_{z}^{S}\big|_{z=-h}+\tilde{\sigma}_{z}^{A}\big|_{z=-h}=0\quad(|x|>a)
\end{cases}
\tag{2-40}
$$

根据式（2－38）和式（2－40）可得到无限大自由板结构表面的零应力边界条件为

$$
\begin{cases}
\tilde{\tau}_{zx}^{S}\big|_{z=h}=0\\
\tilde{\tau}_{zx}^{A}\big|_{z=h}=0\\
\tilde{\sigma}_{z}^{S}\big|_{z=h}=0\\
\tilde{\sigma}_{z}^{A}\big|_{z=h}=0\quad(|x|>a)
\end{cases}
\tag{2-41}
$$

由式（2－36）～式（2－38）可得到关于系数 A_1、A_2、B_1 和 B_2 的齐次方程组为

$$
\begin{cases}
\begin{bmatrix}-2\mathrm{i}kq\sin(ph) & (k^2-q^2)\sin(qh)\\(k^2-q^2)\sin(ph) & -2\mathrm{i}kq\cos(qh)\end{bmatrix}\begin{bmatrix}A_2\\B_1\end{bmatrix}=\begin{bmatrix}0\\0\end{bmatrix}\\
\begin{bmatrix}2\mathrm{i}kq\cos(ph) & (k^2-q^2)\cos(qh)\\(k^2-q^2)\sin(ph) & 2\mathrm{i}kq\sin(qh)\end{bmatrix}\begin{bmatrix}A_1\\B_2\end{bmatrix}=\begin{bmatrix}0\\0\end{bmatrix}
\end{cases}
\tag{2-42}
$$

假设系数矩阵的行列式为零，则方程组（2－42）具有非平凡解，于是可以得到：

$$
\begin{cases}
D_S=(k^2-q^2)^2\cos(ph)\sin(qh)+4k^2qp\sin(ph)\cos(qh)=0\\
D_A=(k^2-q^2)^2\sin(ph)\cos(qh)+4k^2qp\sin(ph)\sin(qh)=0
\end{cases}
\tag{2-43}
$$

进一步根据式（2－43）可得

$$
\frac{\tan(qh)}{\tan(ph)}=-\frac{4k^2qp}{(q^2-k^2)^2}\tag{2-44}
$$

$$
\frac{\tan(qh)}{\tan(ph)}=-\frac{(q^2-k^2)^2}{4k^2qp}\tag{2-45}
$$

式（2－44）和式（2－45）就是著名的 Rayleigh－Lamb 频散方程，分别为兰姆波对称模态和反对称模态的频散方程。通过求解这些方程即可得到波在板内传播的特定频率的传播速度。板中对称模态与反对称模态质点振动位移情况如图 2－6 所示。

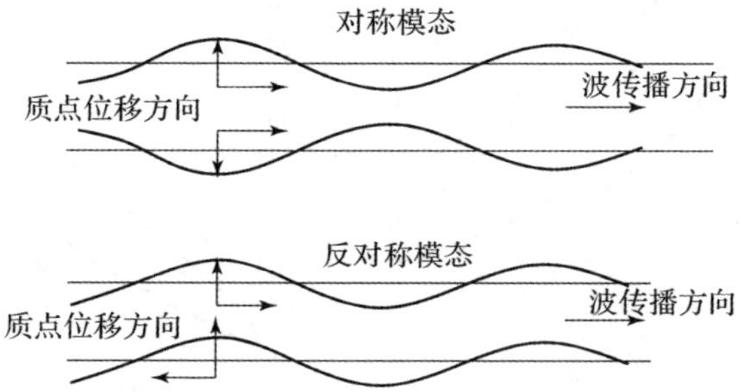

图2-6 板中对称模态与反对称模态质点振动位移情况

导波在自由板结构中的传播速度包括相速度和群速度。群速度是一族频率相近的弹性波在结构内的整体传播速度，本质上就是能量传播的速度。

群速度 c_g 的计算公式为

$$c_g = \frac{d\omega}{dk} \tag{2-46}$$

分析式（2-44）和式（2-45）所示的频散方程，可看出相速度 c_p 和群速度 c_g 均与板厚 h、频率 ω 有关。频散方程可用于描述和预测相速度和群速度随频率的变化关系。在板中可将导波分为2类：①对称模态 S_0，S_1，S_2，…；②反对称模态 A_0，A_1，A_2，…。

1）频散曲线

频散方程式（2-44）和式（2-45）不能得到解析解，只能通过数值方法进行求解，从而获得频散曲线。图2-7所示的是2mm厚钢板（材料参数见表2-1）的频散曲线，分别是波长、波数、相速度和群速度随频率的变化曲线。可看出在厚度为2mm的钢板频散曲线中，对于每个频点下至少存在对称模态（S_0）和反对称模态（A_0）这两个不同的基本模态波。当频率增大时，其他一些高阶的模态（如 S_1，S_2，S_3，…或 A_1，A_2，A_3，…）会逐步出现。而且所有模态波的相速度 c_p 和群速度 c_g 均与频率相关，这就是兰姆波的多模态和频散特性。

2）波形结构

波形结构是指一些场量，例如，位移、应力、能量流等在波导截面上的分布情况。在这些物理量中，截面的位移分布可明确显示波形结构。研究波结构随频厚积 fh 增加（沿某一特定模态）而变化这一现象非常必要，图2-8给出了 S_0 和 A_0 模态在不同频厚积条件下所对应的波形，可清楚地看出质点位移的方向。

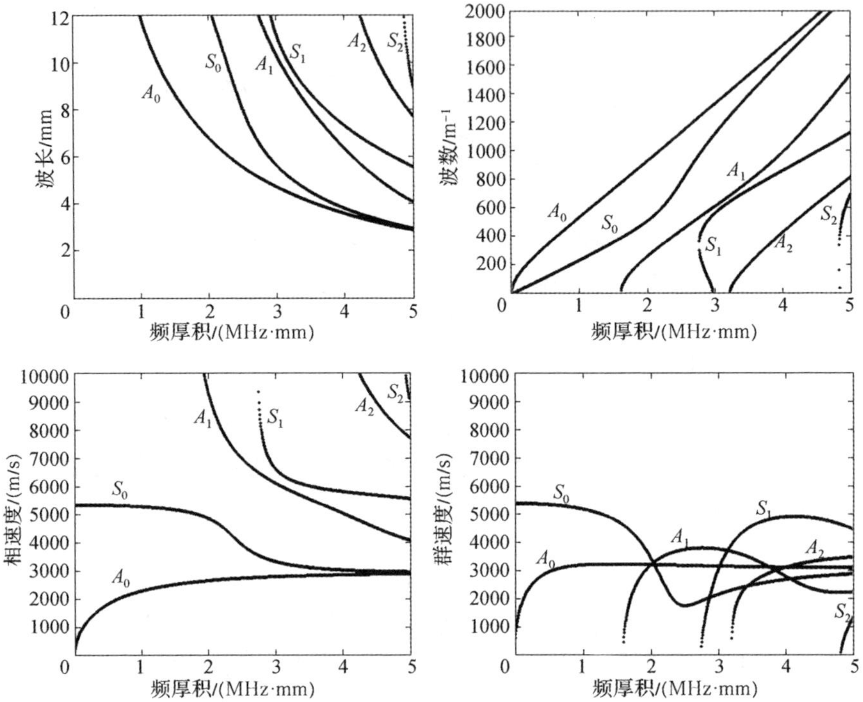

图 2－7　2mm 厚钢板中的频散曲线

表 2－1　钢板材料特性参数

密度 ρ/(kg/m^3)	泊松比 μ	弹性模量 E/GPa
7850	0.3	210

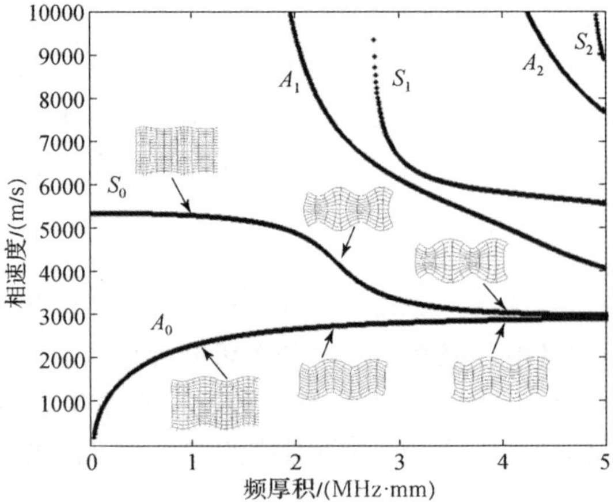

图 2－8　不同频厚积条件下所对应的波形

图 2 -9 给出了频厚积 fh 在 0.2MHz · mm 时两个基本模态的截面位移。S_0 模态波的位移包含离面位移和面内位移，且以离面位移占主导，也就是 U_y 分量。A_0 模态波的位移即为面内位移，也就是只有 U_x 分量。对称模态不能简单地认为是一种面内模态，当沿这种模态运动时，面内位移与离面位移之比发生了变化，尤其要注意的是结构的外表面发生了变化。同样，反对称模态不能认为只有离面位移值。

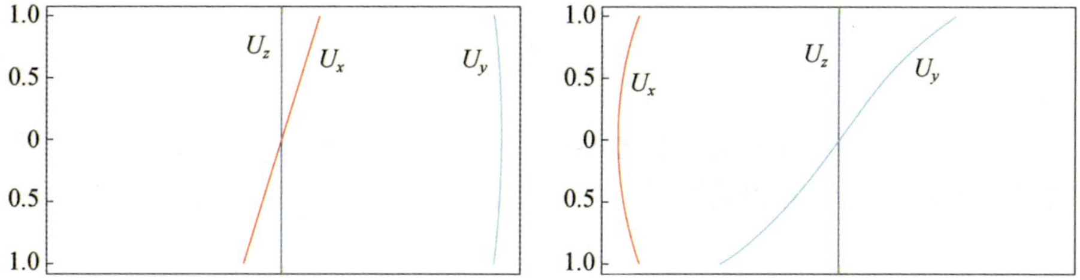

(a) S_0模态　　(b) A_0模态

图 2 -9　频厚积为 2MHz 时钢板不同模态波的结构

2.3 复杂结构中声发射波传播特性

有限元方法可用于揭示复杂的结构中导波传播特性。近年来，不断有学者应用有限元方法对板件中的声发射信号和传播特性进行仿真，并取得了系列成果。有限元模型需有边界，因此在边界上需给出合理的假设条件。然而，有限元模型的边界会导致波反射和叠加问题，对声发射特征的提取造成困难。为了跟理论进行对比，或者使用局部结构进行模拟来减小计算量，都需要对有限元边界进行处理，以期获得需要的边界反射特性。本节介绍一种消除板结构的边界所产生的反射波的建模方法。利用商业有限元软件 ABAQUS，在有限元模型中引入了无限单元的同时，结合瑞利阻尼实现了从波导结构的边界消除反射。

2.3.1 弹性波传播特性的有限元仿真方法

由于声发射波频率高、波长短，因此在 ABAQUS/Explicit 显式计算中，有两个因素影响着计算精度和效率：积分时间步长和单元尺寸。

1）积分时间步长

显式计算过程是在整个时间内通过一系列小的时间增量来实现积分。中心差分运算的稳定性具有条件约束性，且稳定性约束约等于弹性波穿过模型中最小尺寸单元所用的时间。为了避免数值解的不稳定性，在 ABAQUS/Explicit 模块中需设置稳定的时间增量步 Δt。

$$\Delta t \approx \frac{l_{\mathrm{emin}}}{c_{\mathrm{T}}} \tag{2-47}$$

式中：l_{emin}是网格中最小单元尺寸；c_{T} 是纵波波速。Δt 通过如下经验公式估计：

$$\Delta t = \frac{l_{\mathrm{emin}}}{\sqrt{2} \cdot c_{\mathrm{T}}} \tag{2-48}$$

图 2-10 分别给出了线性四边形单元、线性三角形单元、二次三角形单元中的最小单元尺寸中的相关解释，如线性四边形单元的最小单元尺寸是两个节点间的最短距离。

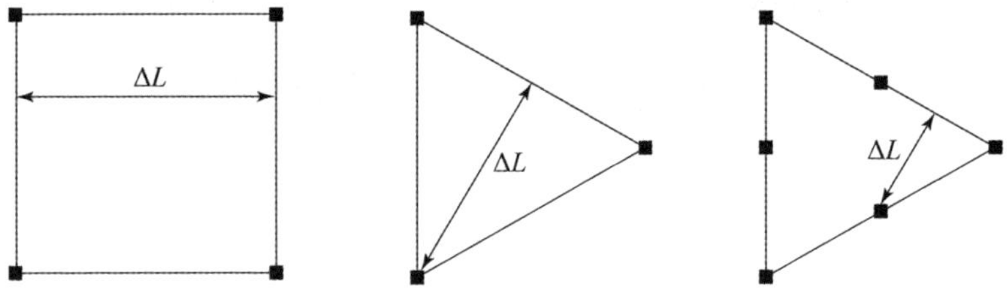

(a) 线性四边形单元　(b) 线性三角形单元　(c) 二次三角形单元

图 2-10　网格中最小单元尺寸说明

实际操作中采用 ABAQUS/Explicit 中的自动时间步计算，可以得到较好的计算结果。但是必须考虑两个因素：①如果计算时间步过长，则不能获得精确的高频振动信息，并且求解过程有可能会不收敛；②如果计算时间步过短，则会消耗过多的计算时间。对于时间步和最大分析频率 $f_{\max}$ 之间的关系，有如下经验公式：

$$\Delta t \approx \frac{1}{20 f_{\max}} \tag{2-49}$$

2）单元尺寸

必须合理选择单元尺寸，才能保证准确地捕捉到结构中传播的声发射波。文献［4］建议对于单元尺寸的选择，至少保证每个波长内有 10 个节点。文献［5］和文献［8］使用更多的节点。这一经验公式为

$$l_{\mathrm{e}} = \frac{1}{20 k_{\max}} \tag{2-50}$$

且

$$k_{\max}=\frac{1}{\lambda_{\min}} \tag{2-51}$$

式中：l_e 是单元长度；$\lambda_{\min}$是最短波长；$k_{\max}$是最大的波数（此处定义的波数 k 与前面各节中波数存在 2π 的关系）。

最短的声发射波长可通过横波速度 c_T 近似计算得到，且在仿真过程中最大分析频率已给出，于是可导出如下计算关系式

$$l_e=\frac{\lambda_{\min}}{20}\approx\frac{c_T}{20f_{\max}} \tag{2-52}$$

3）采样定理

除了考虑积分时间步长的单元准则和单元长度外，还要考虑采样频率以保证不出现信号混叠。根据采样定理可知，采样频率必须不小于两倍的信号最高频率，即采样时间间隔满足：

$$\Delta t\leqslant\frac{1}{2f_{\max}} \tag{2-53}$$

2.3.2 声发射反射波抑制方法研究

当不同模态的声发射波到达模型边界时，将与边界发生硬接触，从而形成反射波，并且与直达波进行叠加。系统边界形成的反射波其波形复杂、混乱，难以用于声发射源的准确定位，因此制约了有限元法在声发射模拟中的应用。显然消除反射波获得无反射的声发射波，具有重要意义。

消除边界条件造成的反射波等同于模拟波无障碍地全部通过边界。如何消除反射波是波动研究领域的一个热点问题，并且取得了大量的研究成果，例如，无限元、无反射边界条件、多层吸收技术。此外，一些学者还提出了基于商业有限元分析软件的反射波消除方法，例如，ABAQUS 中的无限元单元、COMSOL 频域分析模块中的完美匹配层、ABAQUS 中的多层吸收阻尼等。无限元单元已成功地应用于电磁场、声学等波动仿真领域。PML 技术可以很好地消除边界条件造成的反射波，通常可以消除 99.99% 的反射波。通过对不同参数进行优化设计可以提高 PML 消除反射波的能力，但是难以确定吸收层的最佳参数。此外，除无限元法，其他消除边界条件的技术均无法用于薄壁圆筒结构。鉴于此，本章给出了一种结合无限元和瑞利阻尼的反射波消除方法。

首先，用 ABAQUS 软件自带的一个实例说明无限元单元在消除反射波中

的性能。在模型的周边布置无限元，等同于在边界条件处添加了阻尼材料，进而最大程度地减小反射。ABAQUS 中的无限元单元主要有适用于实体模型的 CIN3D8、平面二维模型的线性单元 CINPE4。

1）瑞利阻尼理论

设系统的动力学方程为

$$\boldsymbol{M}\ddot{\boldsymbol{u}} + \boldsymbol{C}\dot{\boldsymbol{u}} + \boldsymbol{K}\boldsymbol{u} = \boldsymbol{f} \tag{2-54}$$

式中：$\boldsymbol{M}$、$\boldsymbol{K}$ 和 $\boldsymbol{C}$ 分别为质量、刚度和阻尼矩阵。

瑞利阻尼的阻尼矩阵是由质量矩阵和刚度矩阵按比例组合构成，即

$$\boldsymbol{C} = C_M\boldsymbol{M} + C_K\boldsymbol{K} \tag{2-55}$$

式中：C_M 和 C_K 表示为质量和刚度阻尼系数。

如图 2-11 所示，无限元可以很大程度上削弱反射信号的能量，并且反射信号的幅值要明显低于直达波的幅值。由于反射波的能量要明显低于直达波，在相同结构特性作用下，反射波的能量要先于直达波衰减殆尽。鉴于此，为了实现更好地消除反射信号，获得更为纯净的声发射信号，本章在无限元的基础上，对有限元模型施加瑞利阻尼以进一步衰减反射信号。C_M 值过大也会导致稳态增量步的变小，C_K 通常会对计算的效率有很大的影响（例如，时间增量会变得很细小）。因此，应该避免使用 C_K 定义阻尼，以免对显示分析造成负面影响。

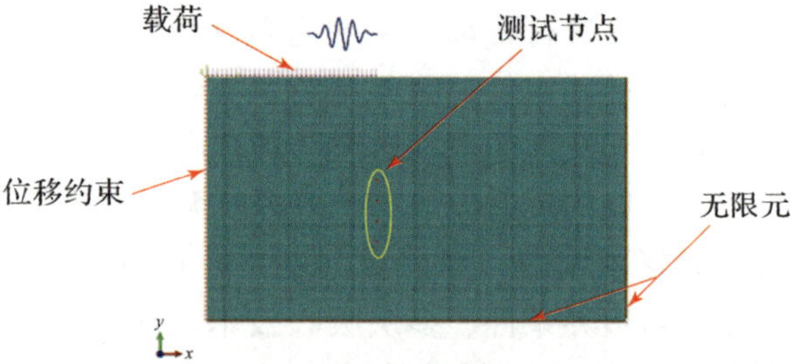

(a) 有限元模型

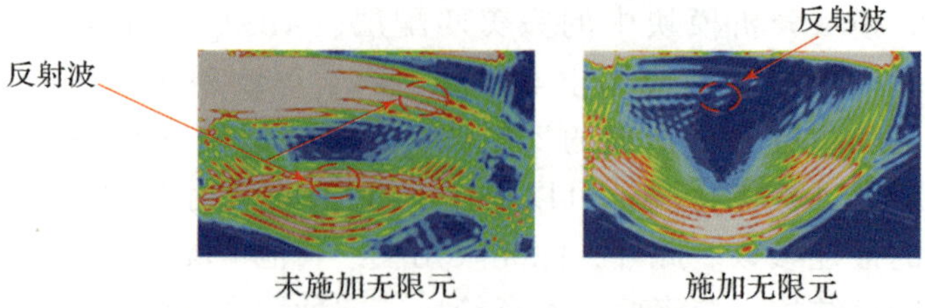

(b) 1.6μs时刻的波场快照

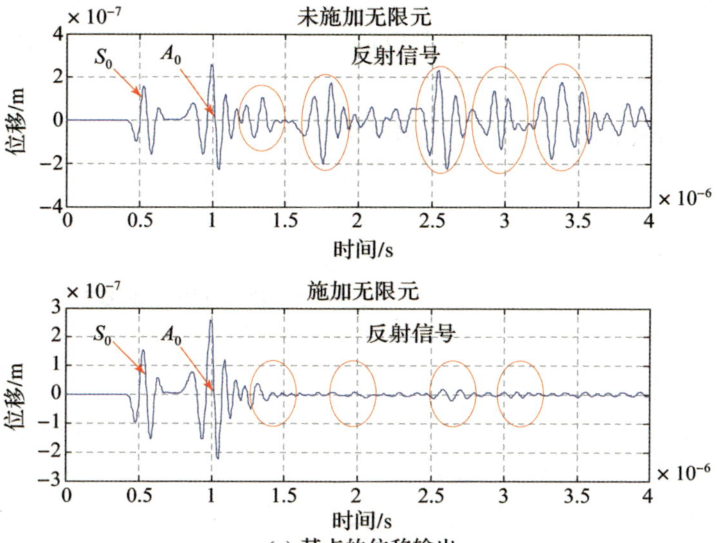

(c) 某点的位移输出

图2-11　ABAQUS仿真案例

2）有限元模型

为测试无反射边界的效果，以平板和带有焊缝的薄壁圆筒这两种结构作为研究对象，进行仿真。图2-12中板试件为500mm×150mm×5mm钢板，声发射信号取自标记位置的测试节点。

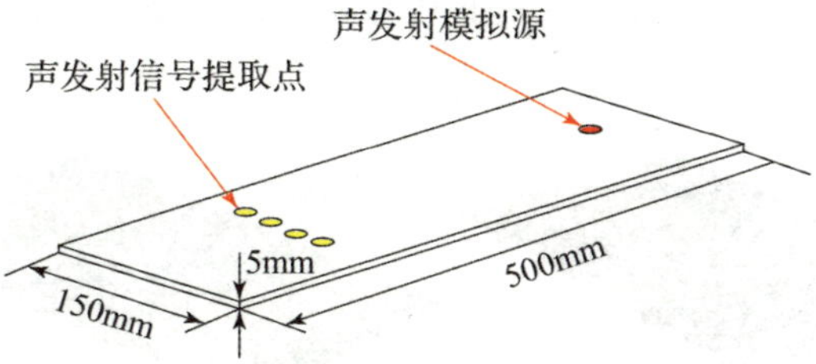

图2-12　各向同性钢板示意图

3）声发射源

声发射产生于固定的发射源或是某一位置的断裂破坏等，在实验室中，可以通过在试件表面上折断铅笔芯（简称“断铅”）的方式获得。在仿真过程中，考虑到模拟冲击、分层或裂纹的扩展，需要加载如三角形或阶跃函数的瞬态激励。为了激发出声发射信号，施加一个力（三角函数$f(t)$）模拟瞬态激励。在本模型中，采用力偶极子来模拟声发射源。如图2-13所示，选取两个相距1mm的节点，在两节点上分别加载大小为1N的集中力。研究对象为均质钢板，弹性模量为 $E=209\times10^{9}\mathrm{N/m^2}$，泊松比为 $\upsilon=0.3$；密度为 $\rho=7800\mathrm{kg/m^3}$。板的长度和宽度分别为 500mm、150mm，厚度为 5mm，相邻两测试节点之间的距离为 30mm。

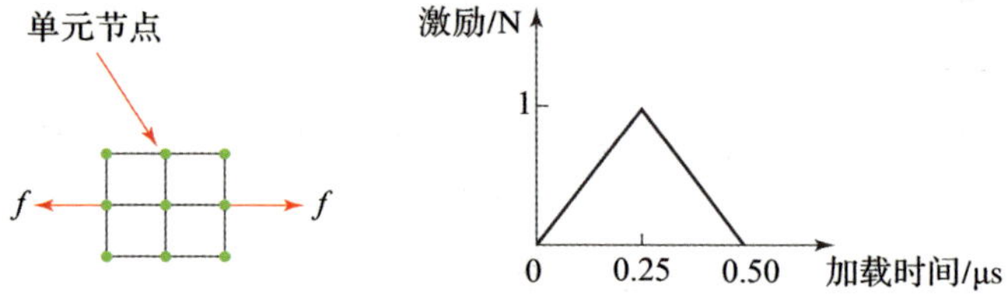

图 2 – 13　模拟声发射源

4）有限元仿真结果与分析

为了验证所提出方法的效果，建立两个有限元模型：仅用无限单元处理的模型、结合无限单元和瑞利阻尼处理的模型。仿真结果如图 2 – 14 所示。图 2 – 14（a）所示为在 3 个不同时间点上，声发射波传播的快照。可以清晰地看到，当只有无限单元处理时（右上和右下两幅图），在板的边界上波的反射是非常明显的。左下角图的情景是时间为 140μs 时，结合无限元和瑞利阻尼的模型上的波传播情况，可以看到没有明显的声发射波反射回来。然而，在声发射的时域信号中还是可发现反射波。测试节点测试的位移结果如图 2 – 14（b），上部分时域图为仅用无限元处理模型的声发射时域信号，下部分时域图为结合无限元和阻尼的模型的声发射时域信号。可以看到后者消除反射的效果更加明显。本例证实了无限元法能够消除不利的反射，在瑞利阻尼的帮助下，可获得更好的消除反射效果。

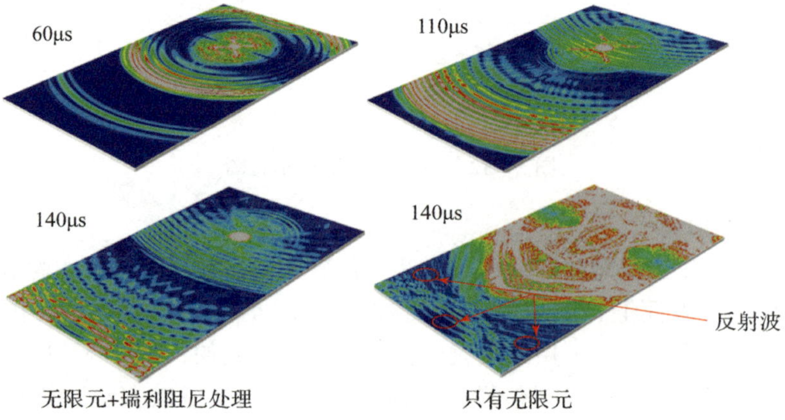

(a) 声发射波传播快照

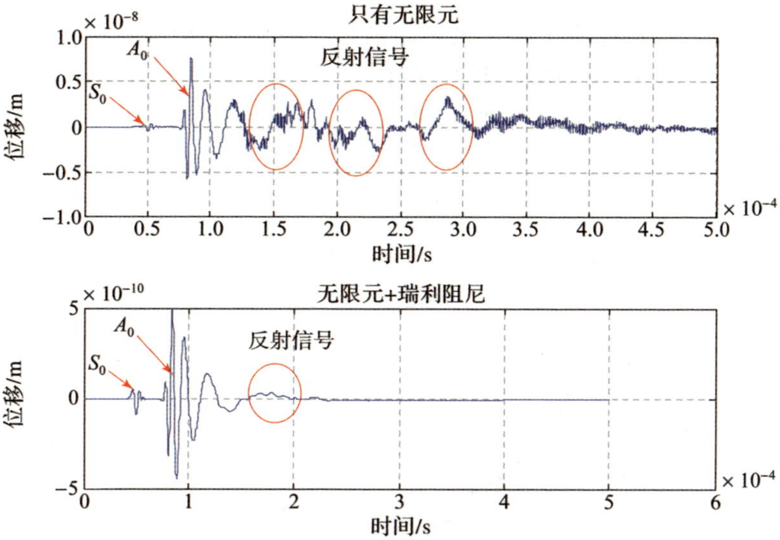

(b)一测试节点的时域信号

图 2－14　声发射仿真结果对比

为研究质量阻尼系数 C_M 对反射波的衰减作用，在仿真过程中改变 C_M 的值，然后对比反射消除效果。反射系数 $R(I)$ 为反射波的幅值 A_2 与直达波的幅值 A_1 的比值（如图 2－15 所示），于是可得

$$R(I)=\frac{A_2}{A_1} \tag{2-56}$$

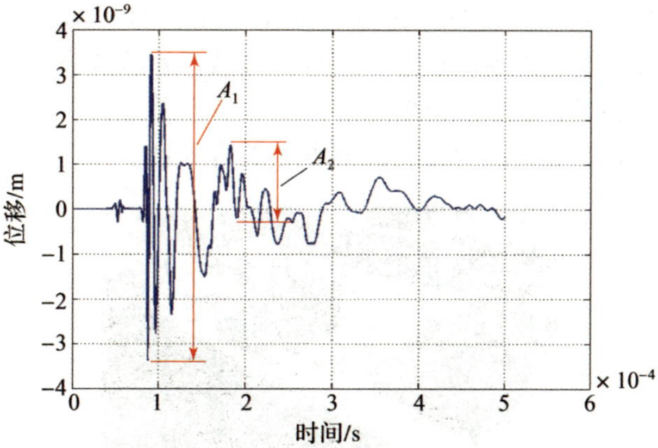

图 2－15　反射系数的定义

图 2－16 是反射系数 $R(I)$ 随 C_M 的变化规律。在阻尼增加的初始阶段，随着 C_M 的增大，$R(I)$ 急剧下降，最后逐渐趋于稳定。当 C_M 的值为 5×10^4 时，反射系数 $R(I)$ 的值为 0.016，当 C_M 的值为 8×10^4 时，反射系数 $R(I)$ 的值为 0.001。然而 C_M 的值不能无限制地增大，否则通过仿真得到的声发射信号的波形会发生畸变。

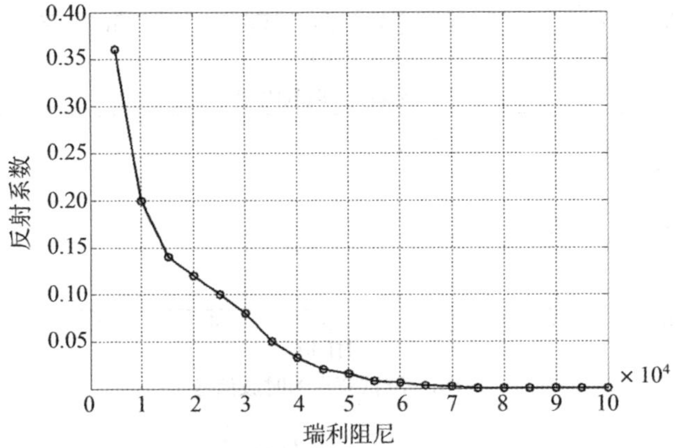

图 2－16　瑞利阻尼对反射系数的影响

为了验证有限元模型的准确性，在钢板上进行断铅声发射模拟实验。钢板试样为 500mm（长）×150mm（宽）×5mm（厚），采样频率为 3MHz，如图 2－17 所示。测得的声发射信号时域波形如图 2－18 所示。应用 AGU－Vallen 公司小波分析软件对声发射信号分析以得到模态成分，并将得到的结果和该尺寸材料中的频散曲线的解析解进行对比，如图 2－19 所示。对比图 2－19（a）和（b）可知，信号中的主要成分均是反对称模态 A_0，且均与频散曲线重合。在实验信号中，因反射较强且存在噪声信号，导致反对称模态 A_0 信号能量减弱，而仿真信号中因采用了消除反射信号的方法，反射信号较少，直达信号占主导地位。这验证了本章所研究消除反射波方法的有效性。

图 2－17　钢板断铅声发射模拟实验

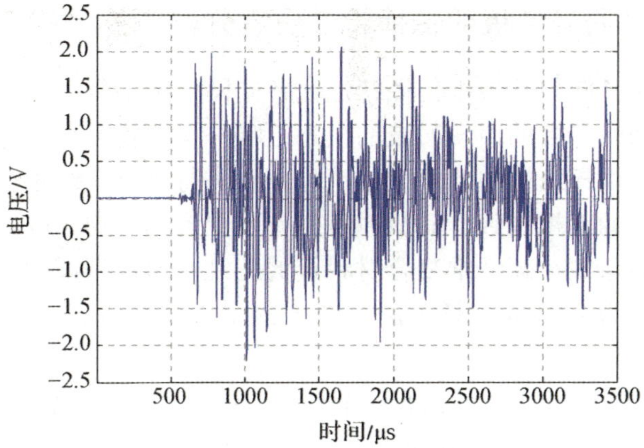

图 2－18　声发射信号时域波形

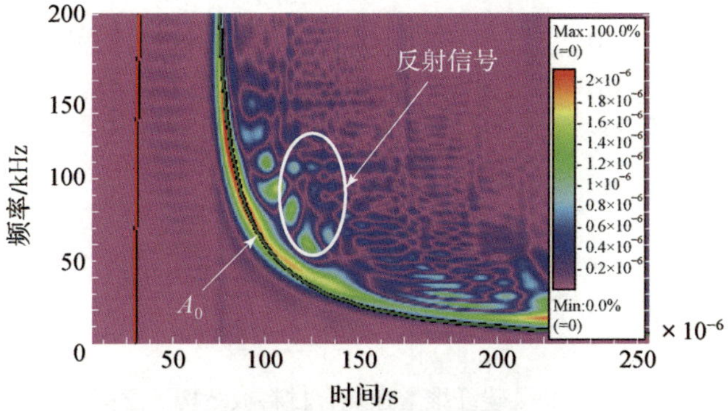

(a) 仿真信号的小波变换结果

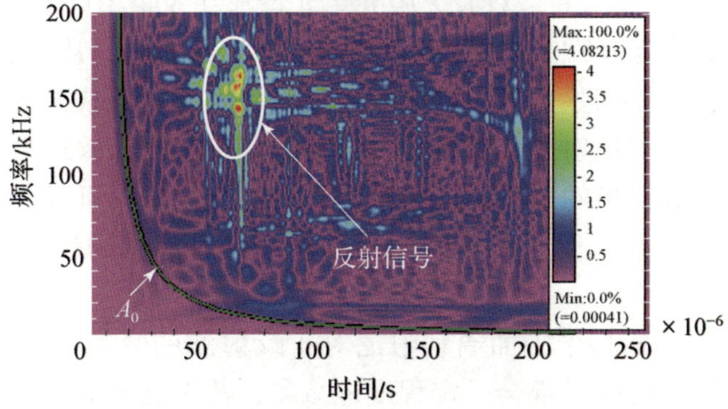

(b) 实验信号的小波变换结果

图 2－19　声发射信号时频分析对比

2.3.3 各向异性板的传播特性仿真分析

声发射波在各向异性板中传播特性比各向同性板中复杂得多。在异性板结构中，沿某一轴向传播的声发射波的模态不唯一，包含多种不同模态。本节将针对正交各向异性板结构中的反射波消除方法进行研究。该正交各向异性板的几何尺寸与前述的钢板一致，其材料特性参数是参考文献［6］给出的某碳纤维复合材料板的参数。碳纤维复合材料板的三维几何模型如图 2－20 所示，其中碳纤维的方向为 x 轴向，密度 $\rho=1570\mathrm{kg/m^3}$。弹性常数矩阵为（各数据的单位为 GPa）

$$\boldsymbol{C}=\begin{bmatrix}147.1 & 4.11 & 4.11 & 0 & 0 & 0\\ 0 & 10.59 & 3.09 & 0 & 0 & 0\\ 0 & 0 & 10.59 & 0 & 0 & 0\\ 0 & 0 & 0 & 3.75 & 0 & 0\\ 0 & 0 & 0 & 0 & 5.97 & 0\\ 0 & 0 & 0 & 0 & 0 & 5.97\end{bmatrix} \tag{2-57}$$

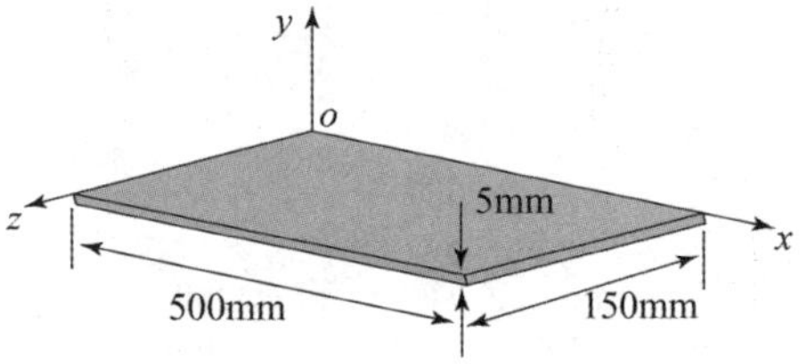

图 2－20　碳纤维增强复合材料板结构示意图

图 2－21（a）表示的是只有无限元单元情形在 3 个不同时刻的波场快照，以及结合无限元单元和瑞利阻尼模型在 20μs 的波场云图。从图 2－21（b）中可以看出本章提出的消除边界条件引起的反射波的方法可获得较为纯净的声发射信号，能明显衰减反射波。分析规则钢板、薄壁圆筒、碳纤维增强复合材料板这三种不同仿真模型的声发射波传播特性的仿真结果，可得到如下结论。

（1）无限元可衰减反射信号的能量，并且反射信号的幅值要明显低于直达波的幅值。

（2）在有限元模型中施加瑞利阻尼对于反射波的衰减具有积极作用，使得反射波和直达波的能量都会一定程度地减弱，甚至衰减消失。由于反射波的能量明显低于直达波，在相同结构特性作用下，反射波的能量要先于直达波衰减殆尽。

（3）选择合适的瑞利阻尼中的质量阻尼系数 C_M 可在不影响系统稳定性的

前提下有效衰减反射波。C_M 值增大有限制，否则仿真得到的声发射波形会发生畸变。

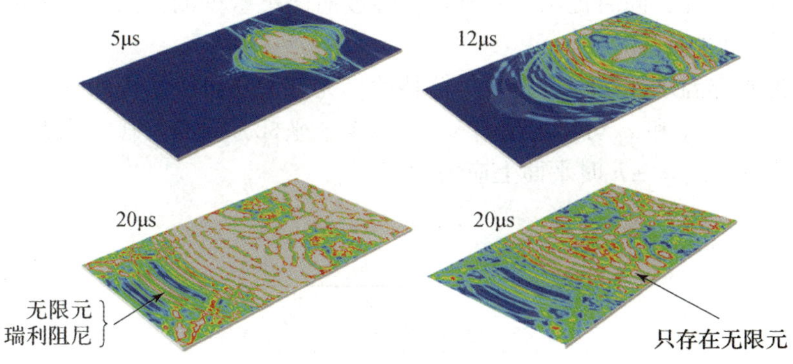

(a) 波传播云图

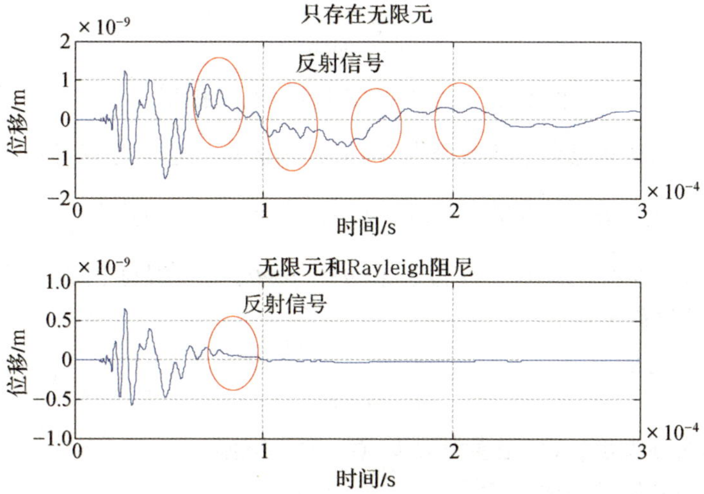

(b) 声发射时域信号波形图

图 2-21　正交各向异性板结构的声发射有限元仿真结果

2.4 非均匀温度场对声发射波传播特性的影响规律

2.4.1 温度场下的频散特性

温度是影响声发射波传播特性的重要外界环境因素，因此测试中应考虑其影响。在结构健康监测和无损检测领域中，传感器采集到的信号与频散特性密切相关。频散特性与弹性模量和几何形状有关，而这二者均受到温度的较大影响。Dodson 等[7]从频散方程中参数与温度的相关性出发，推导出了含有温度参数的频散方程，同时提出了一种计算导波对热灵敏度的方法，以揭示温度场对兰姆波的影响规律。

首先研究温度场下声发射波传播特性。无限大自由板结构如图所示，其厚度为 $2h$。x_1、x_2 和 x_3 分别为沿着 x、y、z 3 个坐标方向的位移。原点位于板的中面，为此，$x_3=\pm h$ 时平面上应力为零。

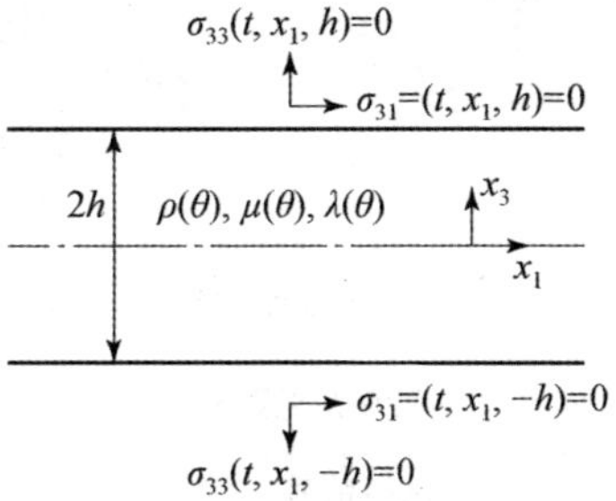

图 2－22　无限大自由板的结构示意图

假设 θ 表示温度参数，温度条件为$(\boldsymbol{x},t)=\theta(t)$。运动方程可写为

$$(\lambda(\theta)+\mu(\theta))\nabla\nabla\boldsymbol{u}(\boldsymbol{x},t)+\mu(\theta)\nabla^2(\boldsymbol{x},t)=\rho(\theta)\frac{\partial^2\boldsymbol{u}(\boldsymbol{x},t)}{\partial t^2} \quad (2-58)$$

式中：θ 是温度参数；$\rho(\theta)$ 是密度；$\lambda(\theta)$、$\mu(\theta)$ 为与温度相关的拉梅系数；$\boldsymbol{u}(x_1,x_3,t)$ 是位移矢量。

温度的改变量为

$$\theta=\boldsymbol{\Theta}-\boldsymbol{\Theta}_0 \quad (2-59)$$

式中：$\boldsymbol{\Theta}$ 是实际温度；$\boldsymbol{\Theta}_0$ 是参考温度（一般为室温）。

板厚的温度属性可表示为

$$h=h_0(1+\alpha\theta) \quad (2-60)$$

式中：h_0 是参考温度条件下的板厚的一半；α 是线性热膨胀系数。材料的密度可表示为

$$\rho(\theta)=\frac{\rho_0}{(1+\alpha\theta)^3} \quad (2-61)$$

式中：ρ_0 是参考温度条件下的密度值。

运动方程的 Helmholtz 分解为

$$\boldsymbol{u}=\nabla\boldsymbol{\phi}+\nabla\times\boldsymbol{\Psi} \quad (2-62)$$

式中：$\boldsymbol{\phi}(x_1,x_3,t)$ 是标量势；$\boldsymbol{\Psi}(x_1,x_3,t)$ 是矢量势。

将式（2－62）中的 Helmholtz 分解代入运动方程（2－58）中可以得到

$$\nabla^2\boldsymbol{\phi}(x_1,x_3,t)=\frac{1}{v_{\mathrm{L}}(\theta)^2}\frac{\partial^2\boldsymbol{\phi}(x_1,x_3,t)}{\partial t^2} \tag{2-63}$$

$$\nabla^2\boldsymbol{\Psi}(x_1,x_3,t)=\frac{1}{v_{\mathrm{T}}(\theta)^2}\frac{\partial^2\boldsymbol{\Psi}(x_1,x_3,t)}{\partial t^2} \tag{2-64}$$

式中：$v_{\mathrm{L}}(\theta)=\sqrt{\dfrac{\lambda(\theta)+2\mu(\theta)}{\rho(\theta)}}$，$v_{\mathrm{T}}(\theta)=\sqrt{\dfrac{\mu(\theta)}{\rho(\theta)}}$分别是各向同性自由介质中的纵波速度和横波速度。

为了简化求解过程，引入时间－空间傅里叶变换。对于任意的函数 $h(x_1,t)$，时间－空间傅里叶变换可以表示为

$$\hat{h}(k,\omega)=\int_{-\infty}^{\infty}\int_{-\infty}^{\infty}h(x_1,t)\mathrm{e}^{-\mathrm{i}(kx_1+\omega t)}\mathrm{d}x\mathrm{d}t \tag{2-65}$$

逆变换为

$$h(x_1,t)=\frac{1}{4\pi^2}\int_{-\infty}^{\infty}\int_{-\infty}^{\infty}\hat{h}(k,\omega)\mathrm{e}^{\mathrm{i}(kx_1+\omega t)}\mathrm{d}k\mathrm{d}\omega \tag{2-66}$$

式中：ω 是圆频率；k 是波数；$\mathrm{i}=\sqrt{-1}$为虚数。

对式（2－63）和式（2－64）应用傅里叶变换，可以得到

$$\frac{\partial^2\bar{\phi}(k,x_3,\omega)}{\partial x_3^2}-q^2\bar{\phi}(k,x_3,\omega)=0 \tag{2-67}$$

$$\frac{\partial^2\bar{\psi}(k,x_3,\omega)}{\partial x_3^2}-s^2\bar{\psi}(k,x_3,\omega)=0 \tag{2-68}$$

式中：$q^2=k^2-k_{\mathrm{L}}^2$；$s^2=k^2-k_{\mathrm{T}}^2$；$k_{\mathrm{L}}=\omega/v_{\mathrm{L}}(\theta)$；$k_{\mathrm{T}}=\omega/v_{\mathrm{T}}(\theta)$。式（2－67）和式（2－68）的解可以写成

$$\bar{\phi}(k,x_3,\omega)=C_1\sinh(qx_3)+C_2\cosh(qx_3) \tag{2-69}$$

$$\bar{\psi}(k,x_3,\omega)=C_3\sinh(sx_3)+C_4\cosh(sx_3) \tag{2-70}$$

式中：C_1、C_2、C_3、C_4 是任意常数，取决于边界条件。

线性应变－位移关系为

$$S_{ij}(\boldsymbol{x},t)=\frac{1}{2}(u_{i,j}(\boldsymbol{x},t)+u_{j,i}(\boldsymbol{x},t)) \tag{2-71}$$

各向同性线性热弹方程为

$$\sigma_{ij}(\boldsymbol{x},t)=\lambda(\theta)S_{ij}(\boldsymbol{x},t)\delta_{ij}+2\mu(\theta)S_{ij}(\boldsymbol{x},t)-(3\lambda(\theta)+2\mu(\theta))\alpha_0\delta_{ij}\theta(\boldsymbol{x},t) \tag{2-72}$$

式中：$S_{ij}(\boldsymbol{x},t)$、$\sigma_{ij}(\boldsymbol{x},t)$、$\alpha_0$ 分别是应变、应力、各向同性热膨胀系数。

将式（2－69）和式（2－70）代入式（2－62）中，且基于应变关系式（2－62）和应力关系式（2－63）可以得出应力σ_{33}、σ_{31}如下：

$$\begin{aligned}\sigma_{33}(k,x_3,\omega)=&(\lambda(\theta))(q^2-k^2)+2\mu(\theta)q^2)C_1\sinh(qx_3)+(\lambda(\theta)\times(q^2-k^2)+\\&2\mu(\theta)q^2)C_2\cosh(qx_3)+2\mu(\theta)\mathrm{i}ksC_3\cosh(sx_3)+2\mu(\theta)\mathrm{i}ksC_4\times\\&\sinh(sx_3)-(3\lambda(\theta)+2\mu(\theta)\alpha_0\hat{\theta}(\omega)\end{aligned}\tag{2-73}$$

$$\begin{aligned}\sigma_{31}(k,x_3,\omega)=&2\mu(\theta)\mathrm{i}kqC_1\cosh(qx_3)+2\mu(\theta)\mathrm{i}kqC_2\times\sinh(qx_3)-\\&\mu(\theta)(\kappa^2+s^2)C_3\sinh(sx_3)-\mu(\theta)(k^2+s^2)C_4\cosh(sx_3)\end{aligned}\tag{2-74}$$

无限大自由板的表面应力为零，即

$$\sigma_{33}(x_1,\pm h,t)=\sigma_{31}(x_1,\pm h,t)=0\tag{2-75}$$

傅里叶变换后可以得到

$$\sigma_{33}(k,\pm h,\omega)=\sigma_{31}(k,\pm h,\omega)=0\tag{2-76}$$

然后代入式（2－73）和式（2－74），可以得出

$$\begin{aligned}&[(k^2+s^2)C_2\cosh(qh)+2\mathrm{i}ksC_3\cosh(sh)]\pm[(k^2+s^2)C_1\sinh(qh)+\\&2\mathrm{i}ksC_4\sinh(sh)]-(3\lambda(\theta)+2G(\theta))\alpha_0\hat{\theta}(\omega)=0\end{aligned}\tag{2-77}$$

$$\begin{aligned}&[2\mathrm{i}kqC_1\cosh(qh)]-[(k^2+s^2)C_4\cosh(sh)\pm\\&[2\mathrm{i}kqC_2\sinh(qh)-(k^2+s^2)C_3\sinh(sh)]=0\end{aligned}\tag{2-78}$$

边界条件（2－77）和边界条件（2－78）写成矩阵的形式，即

$$\begin{aligned}&\begin{bmatrix}(k^2+s^2)\cosh(qh) & 2\mathrm{i}ks\cosh(sh)\\ \pm 2\mathrm{i}kq\sinh(qh) & -(k^2+s^2)\sinh(sh)\end{bmatrix}\begin{bmatrix}C_2\\C_3\end{bmatrix}+\\&\begin{bmatrix}\pm(k^2+s^2)\sinh(qh) & 2\mathrm{i}ks\sinh(sh)\\ 2\mathrm{i}kq\cosh(qh) & -(k^2+s^2)\cosh(sh)\end{bmatrix}\begin{bmatrix}C_1\\C_4\end{bmatrix}-\\&\begin{bmatrix}\dfrac{3\lambda(\theta)+2G(\theta)}{G(\theta)}\alpha_0\hat{\theta}(\omega)\\0\end{bmatrix}=\begin{bmatrix}0\\0\end{bmatrix}\end{aligned}\tag{2-79}$$

值得注意的是，产生的热应力会影响动态响应过程。同时，热应力会影响用于获取弹性波幅值的计算过程。对于速度计算过程，热应力项可通过分解方程（2－79）得

$$\begin{bmatrix}(k^2+s^2)\cosh(qh) & 2\mathrm{i}ks\cosh(sh)\\ \pm 2\mathrm{i}kq\sinh(qh) & -(k^2+s^2)\sinh(sh)\end{bmatrix}\begin{bmatrix}C_2\\C_3\end{bmatrix}=\begin{bmatrix}-\beta_1\\-\beta_2\end{bmatrix}\tag{2-80}$$

$$\begin{bmatrix} \pm(k^2+s^2)\sinh(qh) & 2iks\sinh(sh) \\ 2ikq\cosh(qh) & -(k^2+s^2)\cosh(sh) \end{bmatrix}\begin{bmatrix} C_1 \\ C_4 \end{bmatrix}=\begin{bmatrix} -\gamma_1 \\ -\gamma_2 \end{bmatrix} \quad (2-81)$$

式中：β_1、β_2、γ_1 和 γ_2 是任意常数，且

$$\beta_1+\gamma_1=-\frac{(3\lambda(\theta)+2\mu(\theta))}{\mu(\theta)}\alpha_0\hat{\theta}(\omega) \quad (2-82)$$

$$\beta_2+\gamma_2=0 \quad (2-83)$$

假设$[D_2,D_3]^{\mathrm{T}}$、$[D_1,D_4]^{\mathrm{T}}$分别为式（2-80）和式（2-81）的解，同时 $B_i=C_i-D_i$，且 B_i 为任意常数，则式（2-80）和式（2-81）可以写为

$$\begin{bmatrix} (k^2+s^2)\cosh(qh) & 2iks\cosh(sh) \\ 2ikq\sinh(qh) & -(k^2+s^2)\sinh(sh) \end{bmatrix}\begin{bmatrix} B_2 \\ B_3 \end{bmatrix}=\begin{bmatrix} 0 \\ 0 \end{bmatrix} \quad (2-84)$$

$$\begin{bmatrix} (k^2+s^2)\sinh(qh) & 2iks\sinh(sh) \\ 2ikq\cosh(qh) & -(k^2+s^2)\cosh(sh) \end{bmatrix}\begin{bmatrix} B_1 \\ B_4 \end{bmatrix}=\begin{bmatrix} 0 \\ 0 \end{bmatrix} \quad (2-85)$$

为了确定非零任意常数 B_i，其系数矩阵的行列式必等于零，于是导出频散方程

$$4k^2sq\sinh(qh)\cosh(sh)+(k^2+s^2)^2\cosh(qh)\sinh(sh)=0 \quad (2-86)$$

$$4k^2sq\cosh(qh)\sinh(sh)+(k^2+s^2)^2\sinh(qh)\cosh(sh)=0 \quad (2-87)$$

式（2-86）和式（2-87）分别表示的是对称模态和反对称模态。

频散方程如下所示：

$$-\frac{(k^2+s^2)^2}{4k^2sq}=\left[\frac{\tanh(qh)}{\tanh(sh)}\right]^{\pm 1} \quad (2-88)$$

式中：+1 对应对称模态；-1 对应反对称模态。波数 k 可以通过如下公式得到

$$k=\frac{\omega}{c_p} \quad (2-89)$$

通过式（2-88）即可求出频散曲线。

由此可见，温度场形成的热应力不影响频散曲线的样式。但是由于波速取决于材料特性，而材料特性受温度的影响，因而频散曲线的数值受温度影响。图2-23为不同温度下钢板的频散曲线，包括波数、波长、相速度、群速度随频率的变化曲线。

由图2-23可以看出，随着温度的升高，不同模态的速度减小，但是频散曲线的形状未发生变化。此外，温度对于 S_0 模态和 A_0 模态的影响不同。S_0 模态对于温度较为敏感，变化较大，而 A_0 模态则较为平缓。

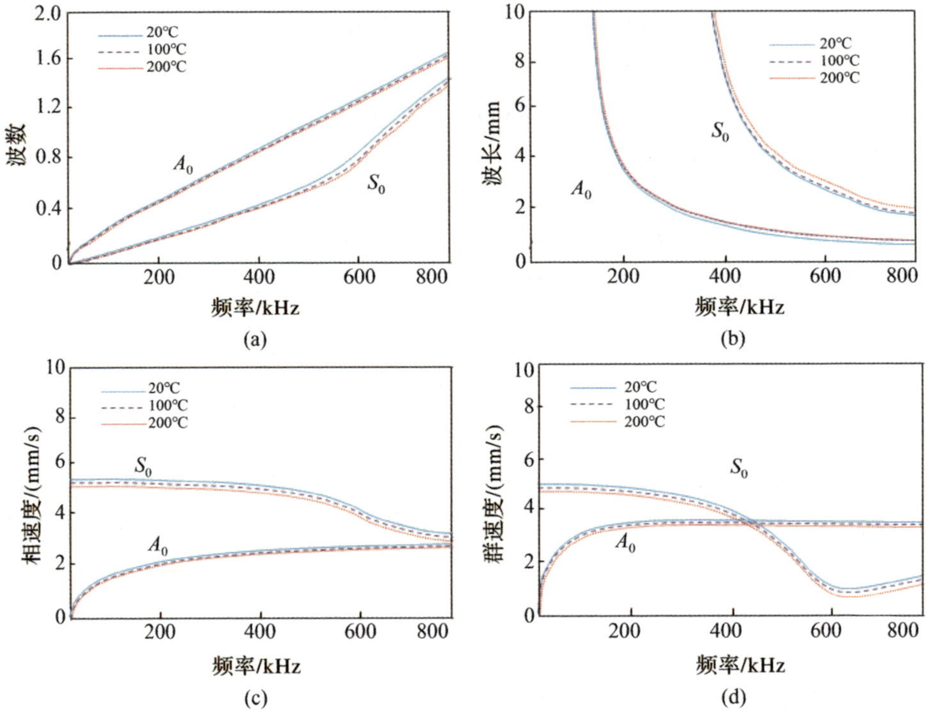

图 2－23　温度场对钢板频散特性的影响

2.4.2　声发射热弹耦合有限元数值模拟方法

本节使用热弹耦合有限元数值方法对声发射传播特性进行仿真，并分析温度场对声发射波在板状结构中传播特性的影响。

目前，ABAQUS 中关于热弹耦合分析[9]的处理有以下两种方法。

（1）顺序热弹耦合分析：如果温度场影响位移或者应力，但是位移或者应力不影响温度场时，可进行顺序热弹耦合分析。在分析过程中，先进行单一的传热分析，然后将热分析结果通过预定义场作为边界条件加载到应力分析中。在应力分析过程中，温度场随着温度和位置的变化而改变，但是温度场不受应力分析结果的影响。

（2）全耦合热弹耦合分析：适用于同时求解应力/位移以及温度场的问题，应力场与温度场相互影响。

结合前面建立的基于无限元和瑞利阻尼的声发射反射波消除方法，引入温度场分析，基于 ABAQUS 顺序热弹耦合分析方法形成本章所研究的声发射热弹耦合有限元数值模拟方法，整个过程的流程如图 2-24 所示。

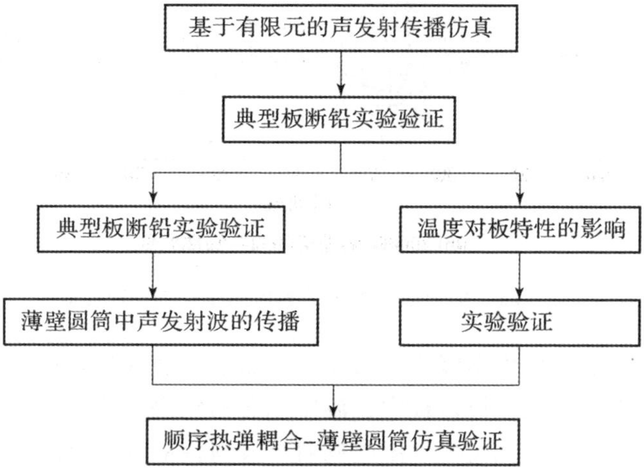

图 2-24　声发射热弹耦合有限元数值模拟流程

2.4.3　温度对声发射波传播的影响

参考 Marzani[10] 的实验结果，建立与之相对应的仿真模型，以此来验证仿真方法的正确性。研究对象为尺寸是 400mm(长)×350mm(宽)×1.58mm(厚)的一块铝合金板；环境温度为 -40～60℃，每隔 10℃测试一次；激励信号为中心频率为 350kHz、长度为 4.5 个周期的正弦信号。Marzani 的实验中温度场恒定，如图 2-25（a）所示，实验中测得的兰姆波波形如图 2-25（b）所示。从图中可以看出，温度对于兰姆波的幅值和相位均有影响。

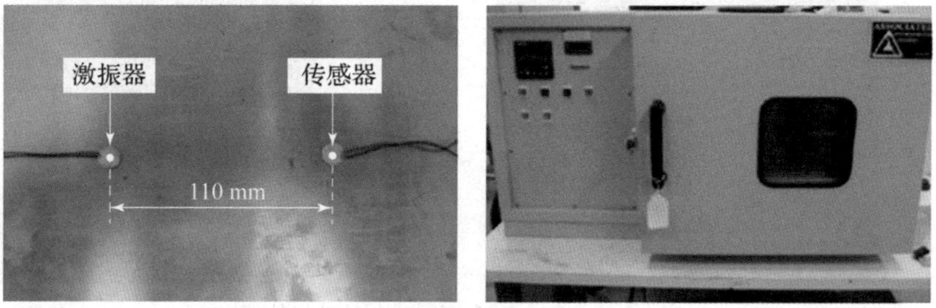

(a) 实验现场

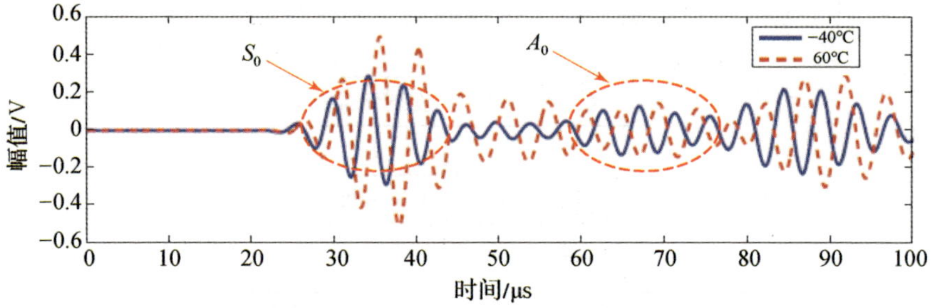

(b) 200kHz激励得到的兰姆波波形

图 2－25　均匀温度场对兰姆传播特性的影响实验

由于铝板变形对板中温度场的影响极其微弱，故在仿真过程中选择顺序热弹耦合的分析方法。在分析过程中，温度场分析结果作为边界条件被导入到声发射传播特性分析中，从而得到温度场对声发射传播的影响结果。图 2－26 是仿真结果，其中，图 2－26（a）是两个不同时刻的波场快照图，图 2－26（b）是两个极端温度条件（－40℃ 和 60℃）下的弹性波时域信号。为更清楚地了解弹性波信息，采用小波变换对测得的信号进行时频分析，结果如图 2－26（c）所示。在时频分析结果中加入频散曲线，可以看出该信号中主要包括 S_0 和 A_0 两种信号，且 A_0 的能量要明显强于 S_0 信号。分析图 2－26（b）可知，60℃ 时与 －40℃ 的波形相比波达时刻延迟，表明声发射波传播速度降低。与实验结果相比较，可以发现二者特性一致。

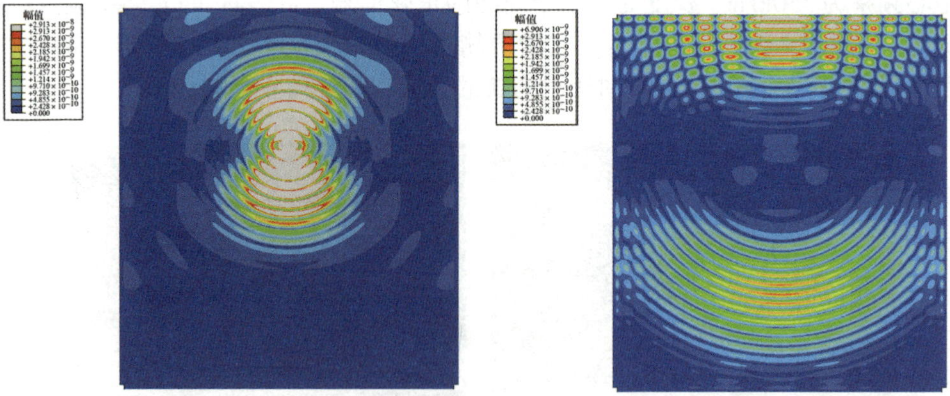

(a) 两个不同时刻的波场快照

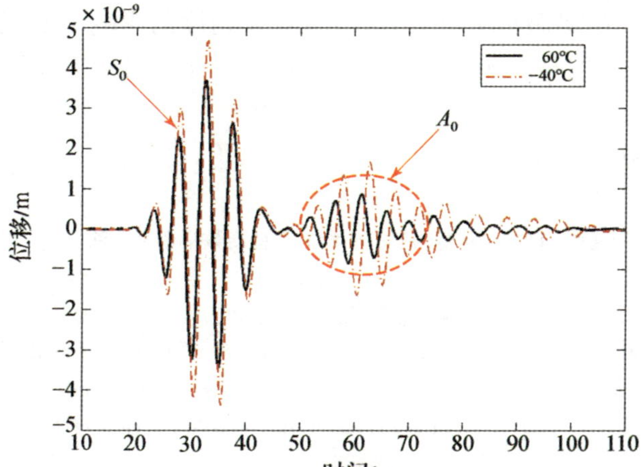

(b)−40℃和60℃下的弹性波时域信号

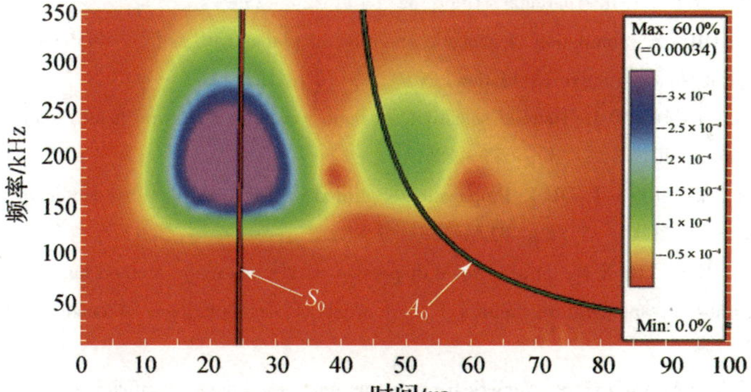

(c) 小波变换时频图

图 2-26　铝板兰姆波传播仿真结果

2.5 小结

虽然国内外学者在声发射源定位领域进行了系列研究，在理论和工程中也取得了相应成果。然而，固体中传播的声发射波具有频散、多模态等特性，使得薄板结构中声发射源定位问题十分复杂。同时，声发射定位效果还受到声发射源特性、材料特性、传感器特性、噪声等因素的影响。这些因素导致声发射定位结果在很大程度上依赖测试人员的经验和技术，给声发射技术的推广应用制造了障碍。

本章结合弹性波理论介绍了理想薄板中的声发射波传播特性；然后，介绍了一种能对非理想薄板结构中损伤声发射源及其传播特性仿真的方法；最后，讨论了温度场对频散特性的影响规律及对定位精度的影响，发现温度场不影响频散曲线的样式，但是影响频散曲线的数值，对定位结果有所影响。

参考文献

[1] 田阔，孙志勇，李增聪．面向结构静力实验监测的高精度数字孪生方法［J］．航空学报，2024，45（7）：429134.

[2] 杜功焕，朱哲民，龚秀芬．声学基础［M］．南京：南京大学出版社，2001.

[3] 罗斯．固体中的超声导波［M］．高会栋，崔寒茵，王继锋，译．北京：科学出版社，2019.

[4] ALLEYNE D，CAWLEY PETER. A two – dimensional fourier transform method for the measurement of propagating multimode signals［J］. The Journal of the Acoustical Society of America，1991，89（3）：1159 –1168.

[5] MOSER F，JACOBS L J，QU J. Modeling elastic wave propagation in waveguides with the finite element method［J］. NDT & E International，1999，32（4）：225 –234.

[6] SAUSE M，HORN S. Simulation of acoustic emission in planar carbon fiber reinforced plastic specimens［J］. Journal of Nondestructive Evaluation，2010，29（2）：123 –142.

[7] DODSON J C，INMAN D J. Thermal sensitivity of lamb waves for structural health monitoring applications［J］. Ultrasonics，2013，53（3）：677 –685.

[8] SEIFRIED R，JACOBS L J，QU J. Propagation of guided waves in adhesive bonded components［J］. NDT & E International，2002，35（5）：317 –328.

[9] XIAO D H，HE T，LIU X D， et al. Novel dispersion curves extraction Method for waveguides affected by nonuniform transient temperature field［J］. Journal of Computational Acoustics. 2015，23（2）：1550007.

[10] MARZANI A，SALAMONE S. Numerical prediction and experimental verification of temperature effect on plate waves generated and received by piezoceramic sensors［J］. Mechanical Systems and Signal Processing，2012，30：204 –217.

第3章

声发射源定位的波束形成法及其特性

声发射源定位技术是声发射检测技术研究的核心问题之一，其定位准确程度是源定位技术的主要技术指标。基于阵列信号处理方法的声发射波束形成法在声发射源定位方面具有较大优势，但是由于声发射波在板结构中的传播特性复杂，波束形成法的定位精度仍然受到较大的影响。为了实现板状结构中声发射源的精确定位，发展出稳健、高精度的声发射源定位方法，须对声发射波束形成法及其特性进行研究。

波束形成是基于传声器阵列测量的一种阵列信号处理方法，其基本原理是通过空间阵列接收数据的相位差来确定一个或几个待估计参数，广泛应用于声源识别以及雷达、声纳、通信、地震勘探、射电天文和医用成像等多种领域。

波束形成方法的核心思想是依据阵列的测量信号，在空间的不同角度（或位置）进行聚焦，当聚焦角（点）与信号入射方向（位置）一致时，系统具有较大的输出，而当聚焦角（点）与信号入射方向（位置）不一致时，系统输出很小。对不同方位（点）进行扫描便能识别出信号的入射方位或位置。

传统波束形成也叫延时－累加波束形成，一般把阵列各通道的权重系数取为1，然后研究阵列形状、大小、传声器个数、传声器的布置形式、声源与阵列之间距离等参数对声源识别精度的影响。传统波束形成算法的种类繁多，按声波传播方式，可分为平面波入射（远场）波束形成和球面波入射（近场）波束形成；按信号处理方法，可分为时域波束形成和频域波束形成。

3.1 波束形成基本原理

3.1.1 传统波束形成基本原理

经典的波束形成大都基于延时－累加思想，如下：

$$b(t) = \sum_{i=0}^{N-1} w_i \cdot e_i(t - \tau_i) \tag{3-1}$$

式中：$e(t)$为基阵信号，也是阵列接收到的信号；w为加权系数；τ为信号延时；$b(t)$为波束形成器的输出信号。

通过对 w 的控制，可以使针对于某一目标点的输出达到最优，图 3－1 为一般波束形成系统示意图。

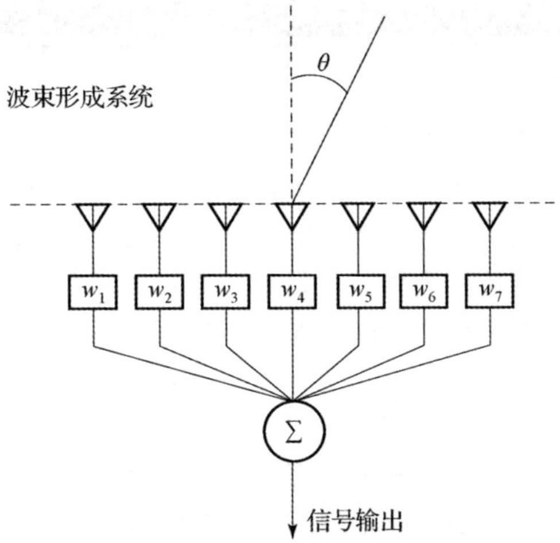

图 3－1　波束形成系统

3.1.2　时频域波束形成的基本算法

1）一维远场时域波束形成

根据 Mailloux[1] 的经验公式，当点声源与阵列原点之间的距离 r 满足条件 $r \leqslant 2L^2/\lambda$ 时，声源属于近场声源，其中 L 为阵列的最大尺寸，λ 为声源的波长。此时声源的传播规律应按球面波传播进行分析。如 $r \geqslant 2L^2/\lambda$，则声源属于远场，传播规律可按平面波传播规律进行分析。

延时－累加波束形成方法是最简单、最常用的波束形成方法，该方法计算简单，可以很好地阐述波束形成的原理和思想。

如图 3－2 所示，在空间 xOy 平面摆放一个平面阵列，阵列中含有 M 个传声器，传声器的位置为 $\boldsymbol{r}_m(m=1,2,\cdots,M)$，接收来自远处的一列平面波。波束形成的过程是将每个传声器接收的信号相对参考传声器进行时延，使得所有传声器对于同一个聚焦方向或聚焦点来说，接收的是同一个瞬间的波前，使所有传声器接收的信号同相位，然后求和，则该聚焦方向辐射信号同相相加，得以增强；而其他不同方向上的信号则会减弱。

波束形成的输出为

$$b(\boldsymbol{\kappa},t) = \sum_{m=1}^{M} w_m x_m(t - \Delta_m(\boldsymbol{\kappa})) \tag{3-2}$$

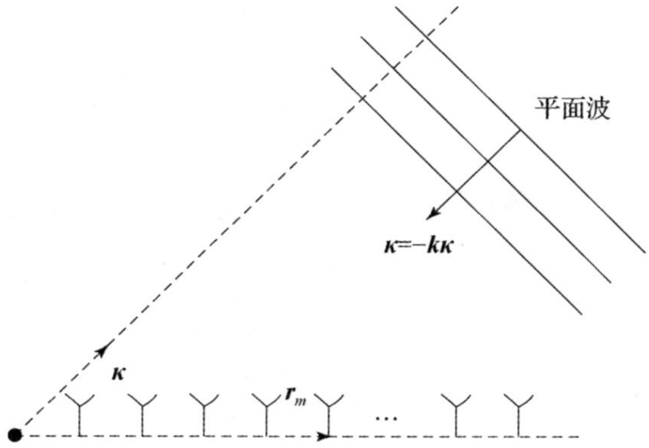

图3－2　平面波波束形成示意图

式中：M 是传声器的个数；w_m 是第 m 个传声器通道的加权系数；$x_m(t)$ 是第 m 个传声器测得的复声压信号。$\Delta_m(\boldsymbol{\kappa})$ 是当信号聚焦到 $\boldsymbol{\kappa}$ 方向时，第 m 个传声器相对于参考点的时延，选择适当的时延 $\Delta_m(\boldsymbol{\kappa})$ 使得来自 $\boldsymbol{\kappa}$ 方向的信号在相加之前，被调整到具有相同相位的同一波前。由图3－2中几何关系可得，$\Delta_m(\boldsymbol{\kappa}) = \dfrac{\boldsymbol{\kappa} \cdot \boldsymbol{r}_m}{c}$，$\boldsymbol{\kappa}$ 为声波入射方向单位向量，$\boldsymbol{r}_m$ 是第 m 个传声器到参考点矢径，$\boldsymbol{\kappa} \cdot \boldsymbol{r}_m$ 是 $\boldsymbol{r}_m$ 在 $\boldsymbol{\kappa}$ 方向的投影，c 是声波传播速度。当取 $\Delta_m(\boldsymbol{\kappa})$ 时，其他方向的信号没有调整到同相位，具有一定的随机性，所以相加后不会得到增强，这样就实现了对信号的空间选择作用，即对信号实现了空间滤波。

以上是阵列聚焦到无穷远处时，入射声波视为平面波时的延时求和波束形成方法。平面波是一种波型比较简单的声波，它的假设条件是测量距离无穷远。但是，为了尽可能多地获得声源信息，在一定的条件下减小了测量距离，这时候应用平面波模型就不再合适了。而实际中声源的形状又是多种多样的，要从数学上严格求解这些形状不规则的具体声源产生的声场，是十分困难的。因此理论上往往进行一定的假设和简化。任何形状的声源，只要尺寸比波长小得多，或者考虑的频率很低，都可以看作是点声源，点源的组合可以用来处理复杂声源的辐射。

2）一维近场时域波束形成

当阵列聚焦到有限距离处的点声源处时，入射声波为球面波，如图3－3所示。波束形成方法的计算公式为

$$b(\boldsymbol{r},t) = \frac{1}{M}\sum_{m=1}^{M} w_m x_m(t - \Delta_m(\boldsymbol{r})) \tag{3-3}$$

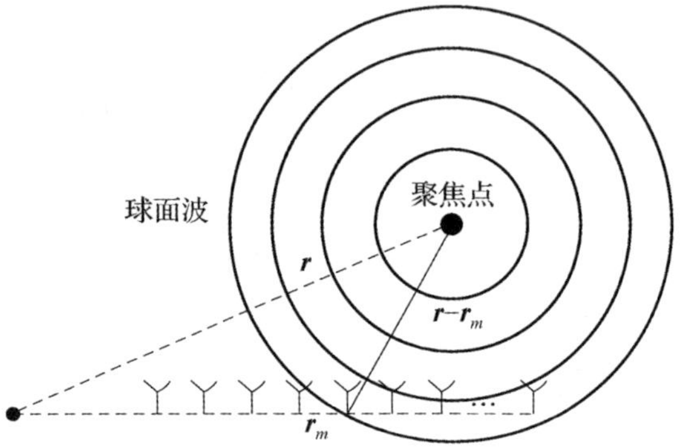

图 3-3　球面波示意图

式中：$\Delta_m(\boldsymbol{r})=\dfrac{|\boldsymbol{r}|-|\boldsymbol{r}-\boldsymbol{r}_m|}{c}$表示第 m 个传声器相对于参考点的时延，$|\boldsymbol{r}|$是参考点到聚焦点的距离，$|\boldsymbol{r}|-|\boldsymbol{r}-\boldsymbol{r}_m|$是第 m 个传声器与参考点之间的距离差，其余变量意义同式（3-2）。

3）一维频域波束形成

对延时求和波束形成式（3-2）进行傅里叶变换，则得到波束形成的频域计算公式为

$$B(\boldsymbol{\kappa},\omega)=\sum_{m=1}^{M}w_m x_m(\omega)\mathrm{e}^{-\mathrm{j}\omega\Delta_m(\boldsymbol{\kappa})}=\sum_{m=1}^{M}w_m x_m(\omega)\mathrm{e}^{-\mathrm{j}\boldsymbol{k}\boldsymbol{r}_m} \tag{3-4}$$

式中：ω 表示声源简谐振动的圆频率；$\boldsymbol{k}=-k\boldsymbol{\kappa}$ 是阵列聚焦方向 $\boldsymbol{\kappa}$ 的声辐射波矢量，$k=\omega/c$ 称为波数，因为 $\boldsymbol{k}=-k\boldsymbol{\kappa}$，可以用 $B(\boldsymbol{k},\omega)$来表示 $B(\boldsymbol{\kappa},\omega)$。

通过选择合适的时延 $\Delta_m(\boldsymbol{\kappa})$，或者说选择一定的波矢 $\boldsymbol{k}=-k\boldsymbol{\kappa}$ 就可以将阵列聚焦到 $\boldsymbol{\kappa}$ 方向。为了更好地定位声源位置，希望仅仅接收来自 $\boldsymbol{\kappa}$ 方向的声波信号，但是如果空间中存在其他的声源信号，阵列所测得的信号是多个声源信号的叠加。

对式（3-3）进行傅里叶变换，则得球面波的频域波束形成方法为

$$B(\boldsymbol{r},\omega)=\frac{1}{M}\sum_{m=1}^{M}w_m x_m(\omega)\mathrm{e}^{-\mathrm{j}\omega\Delta_m(\boldsymbol{r})} \tag{3-5}$$

时域波束形成方法可以一次性识别出整个频带的声源位置，而频域波束形成方法可以对感兴趣的某个窄带内声源进行分析识别，这样更有利于分析不同频率的声源的分布情况。

虽然以上介绍的都是一维传统波束形成算法，但是一维与二维之间并没有本质的区别，只是传声器的布置方式不同而已，因而以上的一维传统波束形成

算法完全可用于二维传统波束形成算法。

3.1.3 阵列模式

阵列模式只与测量阵列中的传声器位置有关，对阵列的性能有较大影响。

当阵列聚焦到 $\boldsymbol{\kappa}$ 方向时，为了测评其他非 $\boldsymbol{\kappa}$ 方向上的信号所“泄漏”的能量，假设有来自于 $\boldsymbol{k}_0$ 方向、声压为 x_0 的平面波，$\boldsymbol{k}_0 \neq \boldsymbol{k}$，如图 3 - 4 所示。

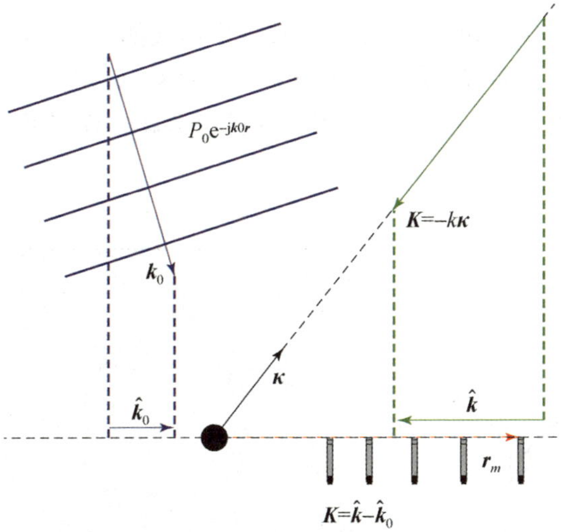

图 3 - 4 非聚焦声波入射图

则传声器所测量的声压大小为

$$x_m(\omega) = x_0 \mathrm{e}^{-\mathrm{j}\boldsymbol{k}_0 \boldsymbol{r}_m} \tag{3-6}$$

则由式（3 - 4）可以得出，此时，波束形成的输出为

$$B(\boldsymbol{\kappa},\omega) = x_0 \sum_{m=1}^{M} w_m \mathrm{e}^{\mathrm{j}(\boldsymbol{k}-\boldsymbol{k}_0)\boldsymbol{r}_m} \equiv x_0 \boldsymbol{W}(\boldsymbol{k}-\boldsymbol{k}_0) \tag{3-7}$$

式中：w_m 表示第 m 通道的权重系数，令 $\boldsymbol{K} = \boldsymbol{k} - \boldsymbol{k}_0$，则

$$W(\boldsymbol{k}-\boldsymbol{k}_0) = W(\boldsymbol{K}) = \sum_{m=1}^{M} w_m \mathrm{e}^{\mathrm{j}\boldsymbol{K}\boldsymbol{r}_m} \tag{3-8}$$

式中：$W(\boldsymbol{K})$称为阵列模式或者阵列的指向性图案。当所有的加权系数都为 1 时，阵列的指向性图案仅仅由阵元间的几何关系确定，由此也可以看出阵列的布局对波束形成结果具有很大的影响。

由于传声器位置 $\boldsymbol{r}_m$ 为 xy 平面内矢量，无 z 分量，所以只须考虑在（k_x，k_y）上的阵列模式 $W(k_x,k_y)$，即只须考虑 $\boldsymbol{k}_0$ 和 $\boldsymbol{k}$ 在阵列平面内的投影。因

而 $|\boldsymbol{K}| = |\boldsymbol{k}-\boldsymbol{k}_0| = ||\boldsymbol{k}|\sin\theta - |\boldsymbol{k}_0|\sin\theta_0| \leqslant |\boldsymbol{k}||\sin\theta+\sin\theta_0|_{\max}$，其中，$|\boldsymbol{k}|\sin\theta$、$|\boldsymbol{k}_0|\sin\theta_0$ 是 $\boldsymbol{k}$ 和 $\boldsymbol{k}_0$ 在阵列平面内的投影。$|\boldsymbol{k}| = |\boldsymbol{k}_0| = \omega/c$ 为波数的大小，ω 为信号的角频率，θ_0 为入射信号与阵列法向的夹角，即入射方位角，θ 为聚焦方向与阵列法向的夹角，即聚焦方向角。θ_0 为未知量，总是在整个半空间内取值，而 θ 总是在目标区域以内取值。因而，阵列模式的自变量的取值范围为 $|\boldsymbol{K}| \leqslant \dfrac{\omega}{c}(1+\sin\theta_{\max})$，波数域内的上述区域也称为阵列模式的可视区域。

对于如图 3－5 所示的圆形阵列，其阵列模式如图 3－6 所示。当聚焦方向与入射方向一致时，即 $(k_x,k_y)=(0,0)$ 时，$W(k_x,k_y)$ 有最大值，即阵列模式在此处出现最大值，称为主瓣。由于空间频率泄露，而导致其他聚焦方向出现的峰值，称为旁瓣。

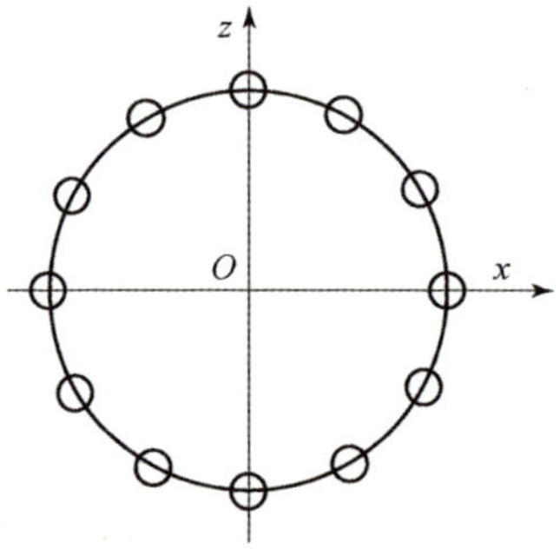

图 3－5　均布圆形阵列

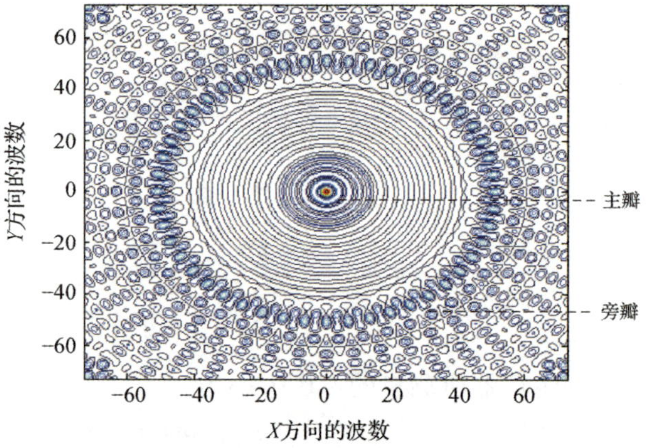

图 3－6　圆形阵列的阵列模式图

阵列模式的旁瓣幅度决定了分析结果中假源的幅度，当然，自由阵列模式的可视区域内的旁瓣才起作用，该区域外的旁瓣对分析结果没有影响。阵列模式的主瓣宽度与系统的分辨率有密切关系，一般主瓣越窄的阵列分辨率越高。性能良好的测量阵列应当具有较窄的主瓣和较低的旁瓣。

3.1.4　空间采样定理

时域采样定理说明，一个频谱受限的信号 $f(t)$，如果频谱只占据 $-\omega_m \sim \omega_m$ 的范围，则信号 $f(t)$ 可以用等间隔的采样值唯一地表示。而采样间隔必须不大于$\frac{1}{2f_m}$（其中 $\omega_m = 2\pi f_m$），或者说，最低采样频率为$2f_m$，为采样频率。通常把最低允许的采样频率 $f_s = 2f_m$ 称为“奈奎斯特频率”，把最大允许的采样间隔 $T_s = \frac{\pi}{\omega_m} = \frac{1}{2f_m}$称为“奈奎斯特间隔”。

与时域采样定理相类似，当阵列在空间采样时，对于一个空间采样间隔为 d 的一维均匀阵列，其所获得的空间采样波数为

$$K_s = \frac{2\pi}{d} \tag{3-9}$$

式中：d 类比于 t；K 类比于 f。于是对于“抽样距离为 d”的信号，在波数域其重复间隔为 $K_s = \frac{2\pi}{d}$，为避免空间混淆，这个间隔必须大于两倍的信号波数，即 $K_s \geqslant 2 \times \frac{2\pi}{\lambda}$，得 $d \leqslant \frac{\lambda}{2}$，这就是通常所要求的传声器间隔。

还可以这样理解：空间采样波数也就是式（3-8）中阵列模式的自变量 $\boldsymbol{K}$ 绝对值所能取到的最大值，如果超出该最大值，将导致空间频率混叠，使得系统的输出中周期性地出现幅度很大的假源。这种因空间频率混叠而引起的假源称为重影。由阵列模式自变量 $\boldsymbol{K}$ 与信号频率的对应关系，即可求出输入信号所能允许的最高频率。

3.1.5 延时累加波束形成性能分析

延时累加波束形成可以分别在时域和频域上进行，延时累加波束形成的目的是希望形成一个空域滤波器，使探视点源产生的信号通过，而其他偏离探视点的信号被过滤。如图3-7所示（图3-7中，如果各通道信号通过波束控制延迟线后直接乘以权重系数相加输出即为普通的延时求和波束形成系统，如果通过波束控制延迟线后再进一步通过各级单位延迟单元，然后乘以权重系数相加输出即为自适应波束形成系统）。

图3-7中A、B、C代表声源表面上的点声源，第 m 个传声器通道接收到的信号[2]：

$$X_m(t) = X_{Am} + X_{Bm} + X_{Cm} \tag{3-10}$$

式中：

$$X_{im} = \mathrm{j}\frac{k_i \rho_0 c_0}{4\pi r_{im}} Q_{i0} \mathrm{e}^{\mathrm{j}\omega_i (t - r_{im}/c)} \quad (i = A, B, C)$$

式中：r_{im}表示点声源 i 到第 m 个传声器的距离；ω_i 表示点声源 i 产生声波的角

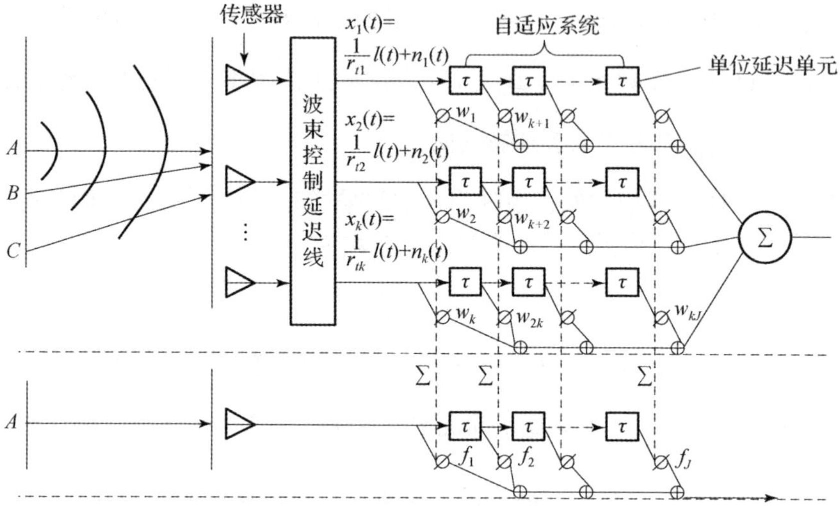

图 3-7　硬约束波束形成系统

频率；$k_i = \dfrac{\omega_i}{c_0}$为对应点声源 i 的波数；ρ_0 是空气密度；c_0 是声波在空气中传播速度；$Q_{i0} = 4\pi r_{i0}^2 u_{ia}$ 称为点源强度；r_{i0}，u_{ia} 分别为点源 i 的半径和脉动速度幅值。

假定以 A 为探视点源，期望能得到点源 A 产生的信号，各通道信号到达波束控制延迟线时，为了使各通道中 A 信号分量同相。针对式（3-10），对第 m 通道的处理为延时到 $t + r_{Am}/c$，因而通过波束控制延迟线后第 m 传声器的信号为

$$X'_m(t) = X_m(t + r_{Am}/c) \tag{3-11}$$

各通道信号相加：

$$X_A(t) = \sum_{m=1}^{M} w_m X_m(t + r_{Am}/c) \tag{3-12}$$

把式（3-10）代入式（3-12），令权重 $w_m = 1(m = 1,2,\cdots,M)$，得

$$X_A(t) = \left(\sum_{m=1}^{M}\frac{1}{r_{Am}}\right)\mathrm{j}\frac{k_A\rho_0 c_0}{4\pi}Q_A\mathrm{e}^{\mathrm{j}\omega_A t} + \sum_{m=1}^{M}\left(\mathrm{j}\frac{k_B\rho_0 c_0}{4\pi r_{Bm}}Q_B\mathrm{e}^{\mathrm{j}\omega_B(t - r_{Bm}/c + r_{Am}/c)} + \mathrm{j}\frac{k_C\rho_0 c_0}{4\pi r_{Cm}}Q_C\mathrm{e}^{\mathrm{j}\omega_C(t - r_{Cm}/c + r_{Am}/c)}\right) \tag{3-13}$$

为了消除传播距离的影响，定义

$$X'_A(t) = \mathrm{j}\frac{k_A\rho_0 c_0}{4\pi}Q_A \mathrm{e}^{\mathrm{j}\omega_A t} + \left(1\Big/\left(\sum_{m=1}^{M}\frac{1}{r_{Am}}\right)\right)\sum_{m=1}^{M}\left(\mathrm{j}\frac{k_B\rho_0 c_0}{4\pi r_{Bm}}Q_B \mathrm{e}^{\mathrm{j}\omega_B(t-r_{Bm}/c+r_{Am}/c)} + \mathrm{j}\frac{k_C\rho_0 c_0}{4\pi r_{Cm}}Q_C \mathrm{e}^{\mathrm{j}\omega_C(t-r_{Cm}/c+r_{Am}/c)}\right) \tag{3-14}$$

式（3－14）第一项为探视点源 A 不考虑传播距离产生的信号，后一项为其他点源产生的信号或者其他干扰。延时－累加波束形成方法以式（3－14）作为探视点源 A 不考虑传播距离产生信号的估计。从式（3－14）可以看到，尽管延时累加波束形成输出中包含了探视点源产生的无畸变的目标信号（第一项），但同时包含其他点源或干扰的信号（第二项），尽管其他点源信号在各传声器通道中是不同相的，但当探视点源是弱声源，或者存在多个声源时，其他点源或干扰的存在将不能忽略。

3.1.6 数值仿真

由阵列分辨率公式 $R(\theta)=a\dfrac{\lambda z}{D\cos^3\theta}$ 可知，阵列形状、声源波长 λ、声源与阵列之间的距离 z、声源偏离阵列法线角度 θ、阵列最大直径 D 等都对声源的识别精度有很大的影响。应当注意，当 $R(\theta)$ 值越小，识别精度越高；值越大识别精度越低。以下分别对上述参数的影响进行仿真分析，仿真系统如图3－8所示。传声器阵列位于 xOy 平面。

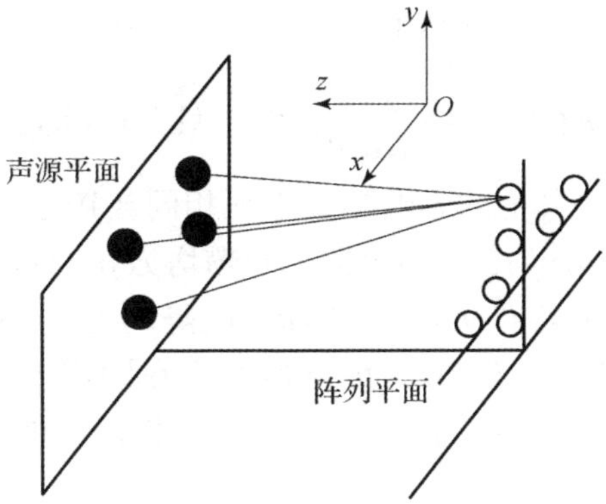

图3－8　仿真系统示意图

1）阵列形状对仿真结果的影响

上文提到的阵列分辨率公式中，a 代表阵列形状对识别结果分辨率的影响，以下通过仿真分析阵列形状对声源识别分辨率的影响，试图找出一种能更好的用于声源识别的阵列形状。

仿真中分别采用3种典型的阵列，它们分别为十字型阵列、圆型平面阵列和矩形平面型阵列，如图3-9~图3-11所示。为了比较不同阵列的优劣性，分别进行3组仿真，仿真过程中使用时域波束形成方法。

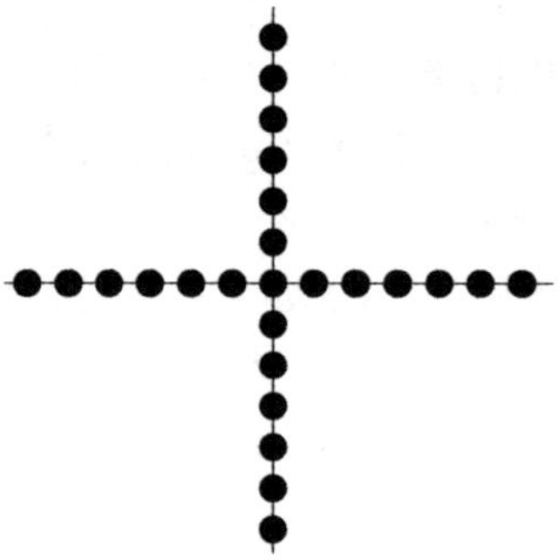

图3-9　十字型阵列

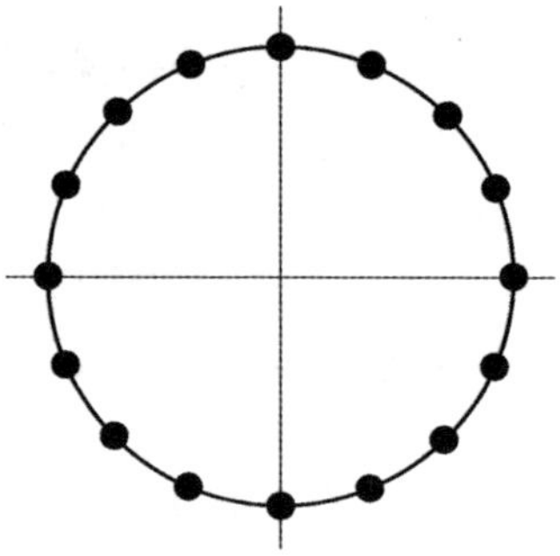

图3-10　圆型平面阵列

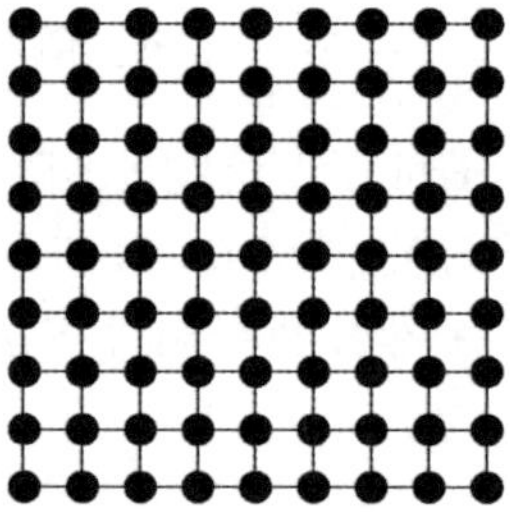

图3-11　矩形平面型阵列

阵列分辨率公式 $R(\theta)=a\dfrac{\lambda z}{D\cos^3\theta}$，由于只考虑阵列形状对仿真结果的影响，所以分辨率公式中其他的影响参数必须相同或接近。十字型阵列由25个传声器组成，xy 方向均布13个传声器，间隔均为0.15m；矩形平面型阵列81个传声器组成，xy 方向均布 9×9 传声器，间隔均为0.15m；圆型平面阵列由32个传声器组成，半径为0.8m，传声器均布在圆周上。考虑声源频率均为1000Hz，阵列位于 xOy 平面，声源位于 $Z=1$ 平面，同一组仿真中声源位置一样。

第一组仿真：声源只有一个，坐标为（0.3m,0.3m,1m）。图3-12~图3-14分别为应用十字型阵列、圆型平面阵列、矩形平面型阵列进行声源识别的结果。由图3-12~图3-14可以发现，在只存在一个声源的情况下，3种阵列均能很好地识别出声源的位置，而且由3个识别结果的平面图可以看出，声源旁瓣形状与阵列的形状存在一定的相似关系。

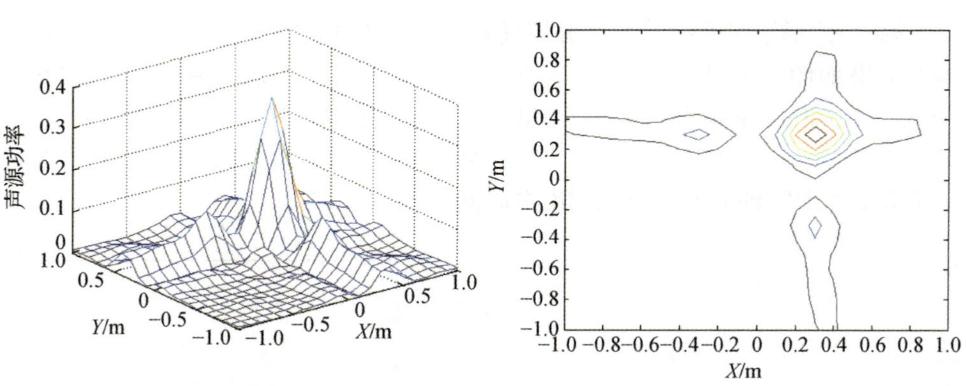

(a) 三维立体图　　(b) 二维等高线图

图 3－12　应用十字型阵列对单声源进行识别的结果

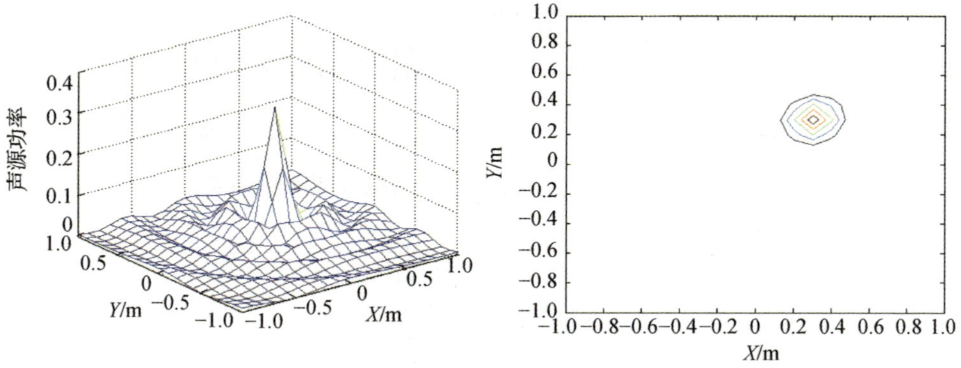

(a) 三维立体图　　(b) 二维等高线图

图 3－13　应用圆型阵列对单声源进行识别的结果

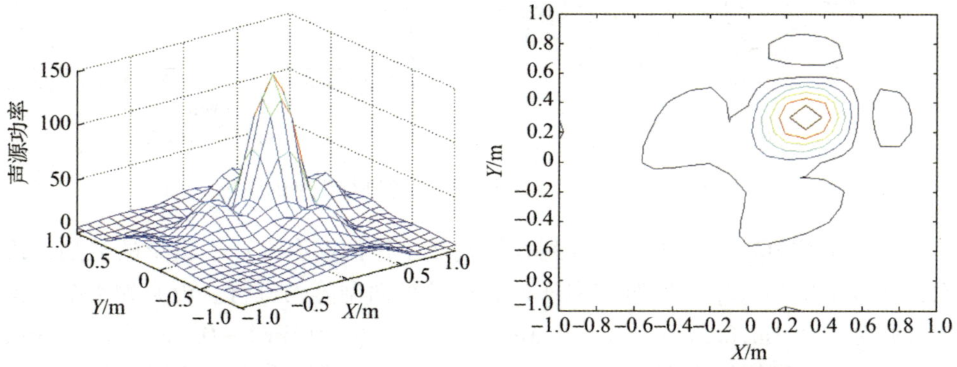

(a) 三维立体图　　(b) 二维等高线图

图 3－14　应用矩形平面型阵列对单声源进行识别的结果

第二组仿真：声源 2 个，声源位置分别为(−0. 3m,0. 3m)、(0. 3m, −0. 3m)，识别结果如图 3 − 15 ~ 图 3 − 17 所示。可以看出，当在（−0. 3m,0. 3m)、(0. 3m, −0. 3m) 两位置存在两声源时，应用十字型阵列进行识别的结果中在对角位置（0. 3m,0. 3m)、(−0. 3m, −0. 3m) 产生了 2 个虚源，而圆型阵列与矩形平面型阵列能较好地识别出声源的位置。

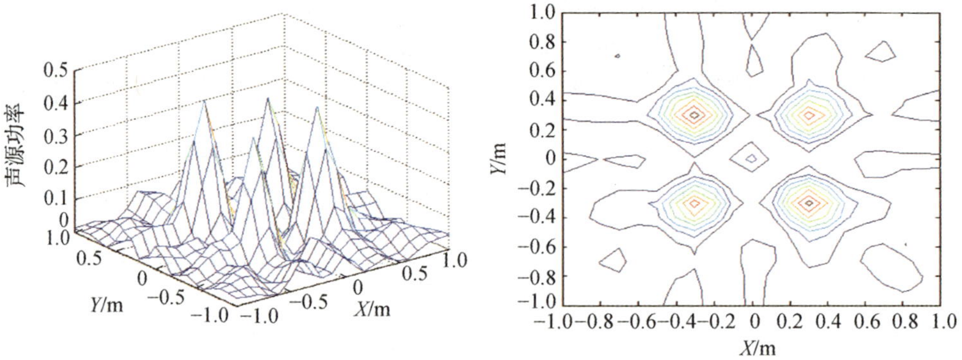

(a) 三维立体图　　(b) 二维等高线图

图 3 − 15　应用十字型阵列对两声源进行识别的结果

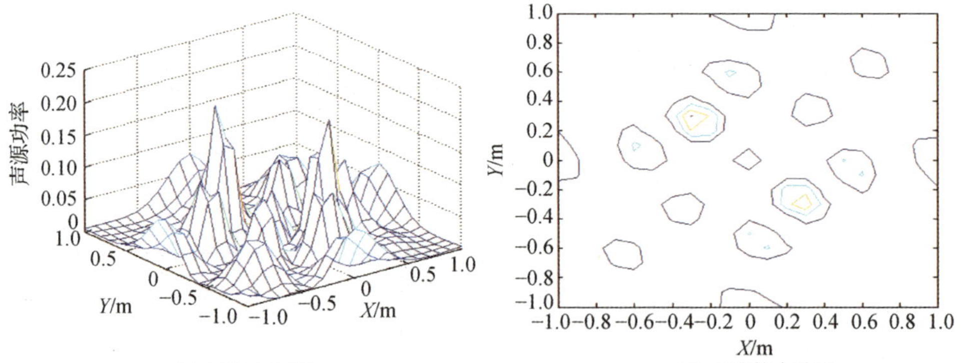

(a) 三维立体图　　(b) 二维等高线图

图 3 − 16　应用圆型阵列对两声源进行识别的结果

第三组仿真：由于十字型阵列在识别 2 个声源时存在产生重影的缺陷，因而，在以下的仿真中只针对圆型阵列和矩形平面型阵列进行。声源为 4 个，位置分别为（0. 3m,0. 3m)、（−0. 3m,0. 3m)、（−0. 3m, −0. 3m)、（0. 3m, −0. 3m)，识别结果如图 3 − 18、图 3 − 19 所示。可以看出，圆型阵列出现了多个假声源，而矩形平面型阵列能够精确识别 4 个声源的位置。

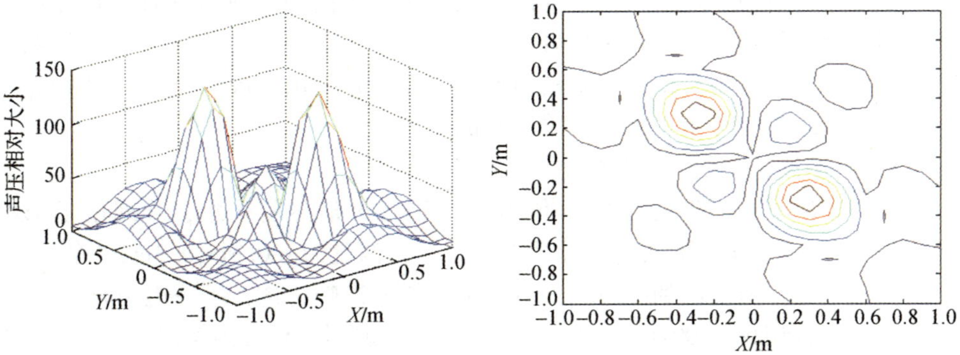

(a) 三维立体图　　(b) 二维等高线图

图 3－17　应用矩形平面型阵列对两声源进行识别的结果

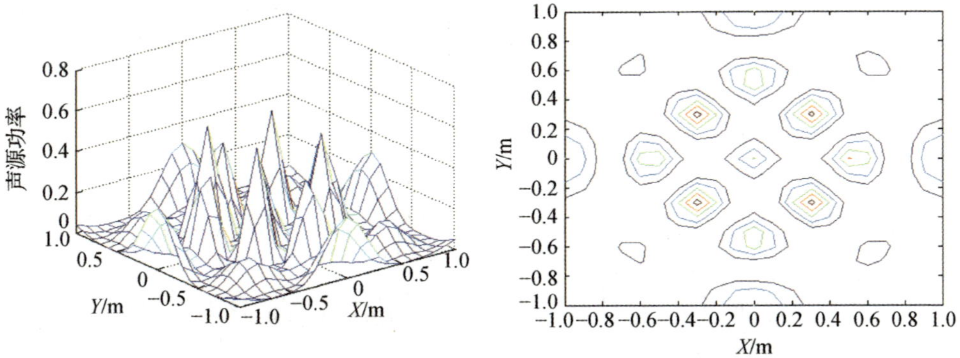

(a) 三维立体图　　(b) 二维等高线图

图 3－18　应用圆型阵列对两声源进行识别的结果

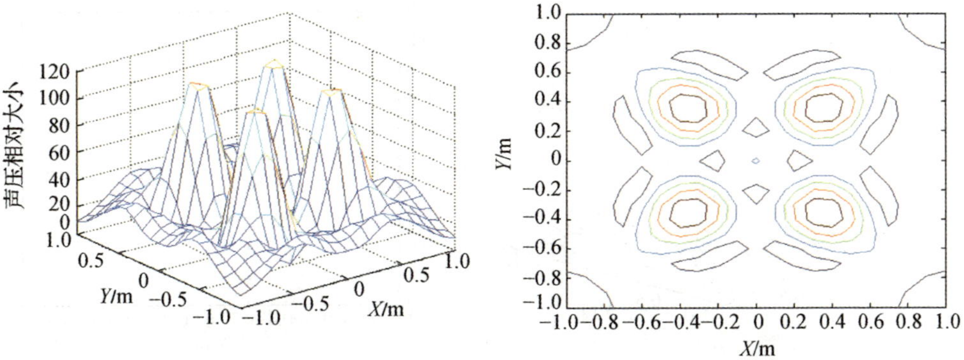

(a) 三维立体图　　(b) 二维等高线图

图 3－19　应用矩形平面型阵列对四声源进行识别的结果

由以上 3 组仿真可以得出这样的结论：矩形平面型阵列的识别效果比十字型阵列和圆型阵列的识别效果要好，特别是对于多声源存在的情况。十字型阵列在存在 2 个不平衡于传声器轴的声源时会在对角处出现虚假声源；圆型阵列在存在 4 个声源时会出现大量对称分布的虚假声源。

2）声源波长对仿真结果的影响

采用矩形平面型阵列（9×9 传声器）进行声信号的采集，阵列位于 xOy 平面，声源位于 $z=1$ 平面，声源个数为 1 个，位置为（0.3m,0.3m），传声器间隔为 0.15m。为了得到声源波长对识别结果的影响，进行了一组仿真：声源频率分别取 300Hz、500Hz、1000Hz、2000Hz，识别结果如图 3－20～图 3－23 所示。由 4 个图可以看出，声源频率越高，识别结果中主瓣宽度越窄，分辨率越好。这是由于分辨率公式中声源波长项位于分子中。

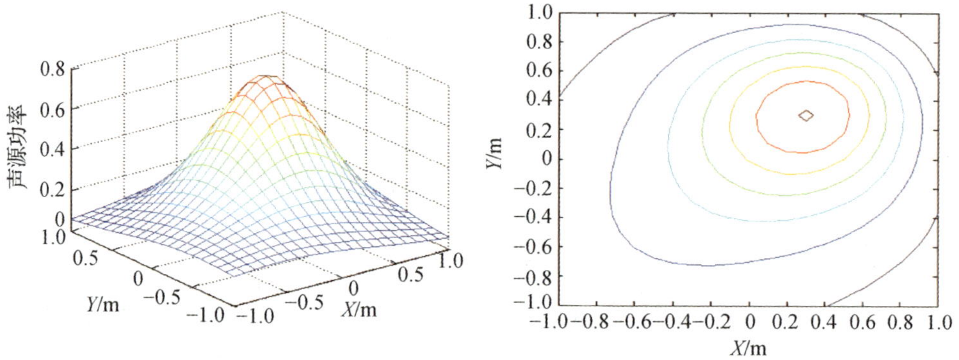

(a) 三维立体图　　(b) 二维等高线图

图 3－20　应用矩形平面型阵列对 300Hz 单声源进行识别的结果

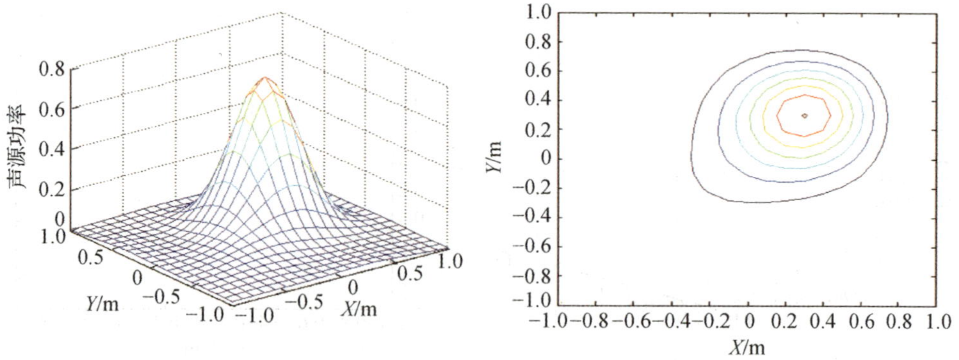

(a) 三维立体图　　(b) 二维等高线图

图 3－21　应用矩形平面型阵列对 500Hz 单声源进行识别的结果

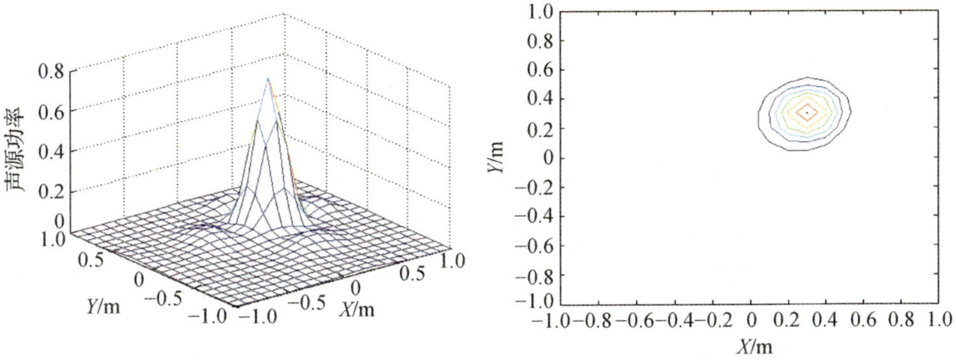

(a) 三维立体图　　(b) 二维等高线图

图 3－22　应用矩形平面型阵列对 1000Hz 单声源进行识别的结果

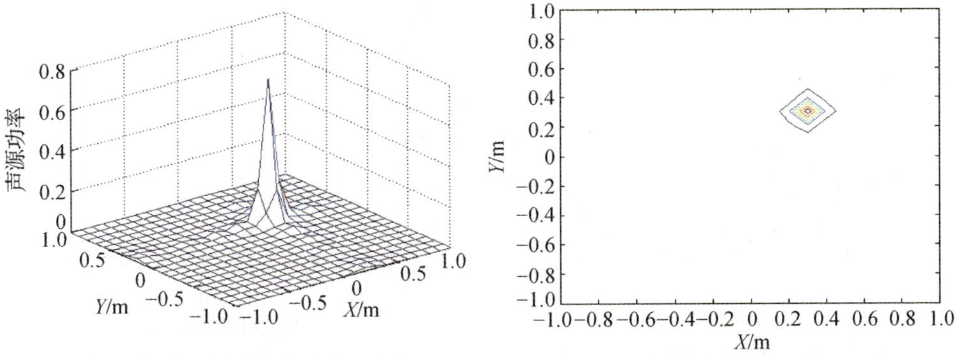

(a) 三维立体图　　(b) 二维等高线图

图 3－23　应用矩形平面型阵列对 2000Hz 单声源进行识别的结果

3）声源偏离阵列中心法线角度对识别结果的影响

采用矩形阵列（9×9 传声器）采集信号，阵列位于 xOy 平面，声源位于 $z=1$ 平面，声源个数为一个，频率为 1000Hz，传声器间隔为 0.15m，为了得到声源偏离阵列中心法线角度对识别结果的影响，进行了一组仿真：声源分别位于（0,0）、（0.3m,0.3m）、（1.5m,1.5m），点（0,0）是阵列的中心点，识别结果如图 3－24～图 3－26 所示。

由图 3－24～图 3－26 可以看出，声源偏离阵列中心法线越远，分辨率越差。这是因为声源偏离阵列中心线的角度余弦项位于分辨率公式分母，角度越大，余弦越小，$R(\theta)$越大，识别精度越差。

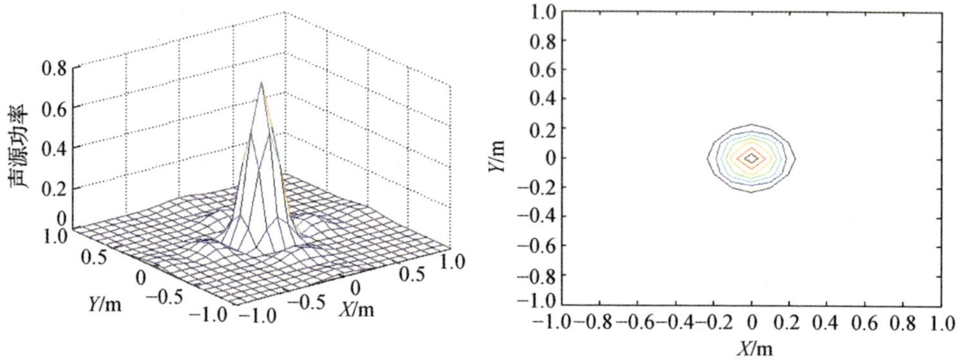

(a) 三维立体图　　(b) 二维等高线图

图 3－24　应用矩形平面型阵列对声源位于（0,0）时进行识别的结果

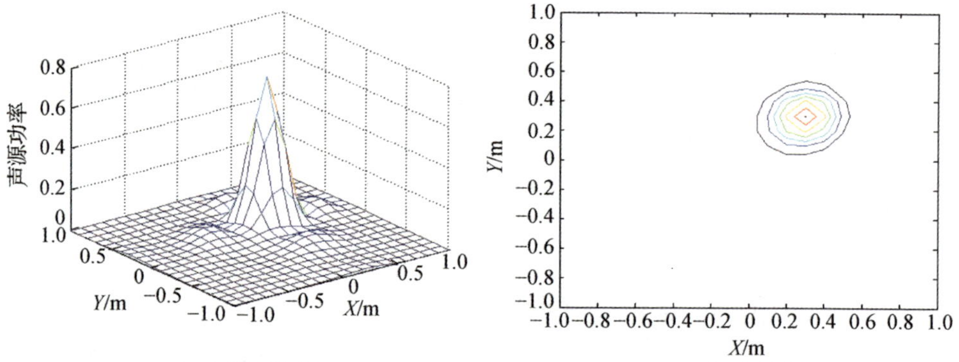

(a) 三维立体图　　(b) 二维等高线图

图 3－25　应用矩形平面型阵列对声源位于（0.3m,0.3m）时进行识别的结果

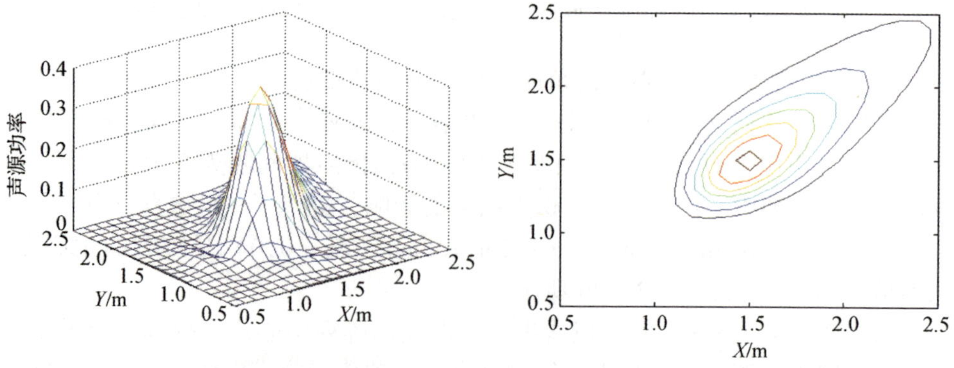

(a) 三维立体图　　(b) 二维等高线图

图 3－26　应用矩形平面型阵列对声源位于（1.5m,1.5m）时进行识别的结果

4）阵列最大直径对识别结果的影响

采用矩形阵列进行信号的采集，阵列位于 xOy 平面，考虑有声源两个，分别位于(0.3m,0.3m)、(−0.3m,0.3m)，声源频率均为1000Hz，为了得到阵列最大直径对识别结果的影响，进行了以下一组仿真：阵列均为9×9矩形平面型阵列，传声器间隔分别为0.075m、0.15m，识别结果如图3－27、图3－28所示。

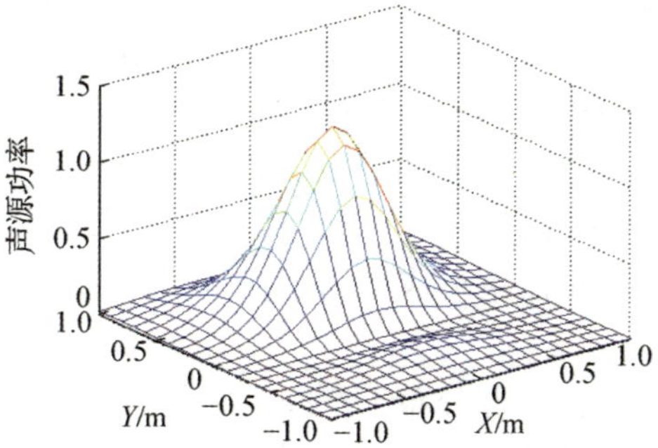

(a) 三维立体图

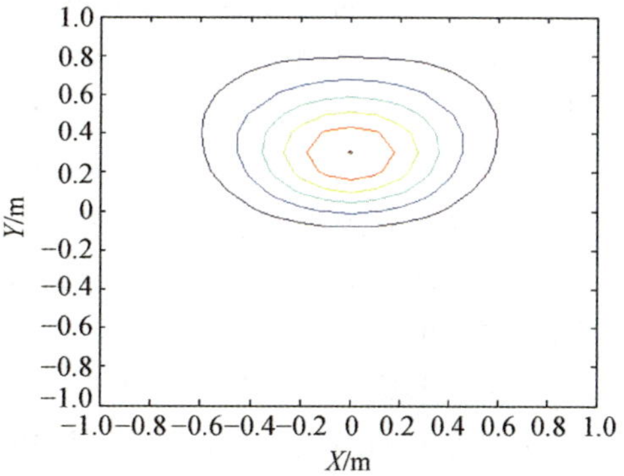

(b) 二维等高线图

图3－27　矩形平面型阵列中传声器间隔为0.075m时的识别结果

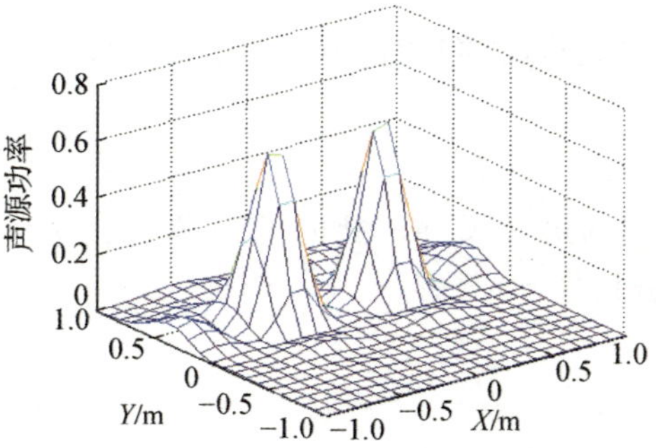

(a) 三维立体图

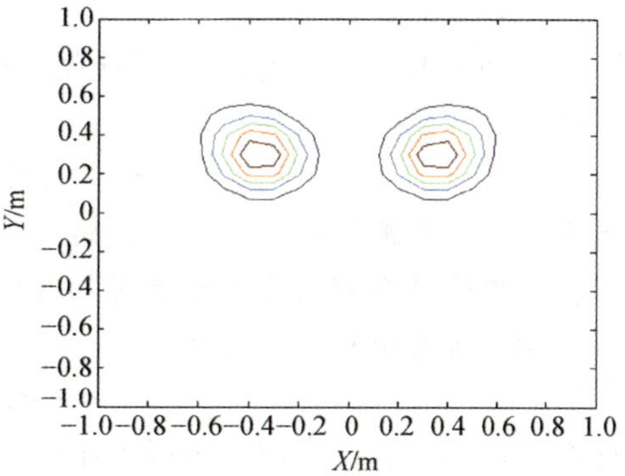

(b) 二维等高线图

图3－28　矩形平面型阵列中传声器间隔为0.15m时的识别结果

由图3－27、图3－28可以看出，同样是9×9矩形平面型阵列，当传声器间隔为0.075m时，阵列已经不能区分两个声源，当传声器间隔为0.15m时，阵列能够区分开两个声源。当最大直径过小的时候，$R(\theta)$ 过大，识别精度太差，则不能把两个声源分开。

3.2 声发射源定位的延时波束形成法

3.2.1 声发射延时叠加波束形成定位原理

波束形成法是一种阵列信号处理方法，广泛应用于声纳、噪声源识别、雷达探测、地震源勘探和通信等领域。McLaskey 等[3-4]较早将波束形成法引入到结构损伤无损检测中，研究结果表明相对于时差定位法而言，波束形成法使用少量传感器，且布置方式灵活。然而，他们的研究对象是大型土木建筑结构，这与板状结构无论是在结构方面还是材料特性方面都有显著不同。由第 2 章可知，这将导致声发射波在结构中传播特性的差异性，如声发射波的模态发生改变。因此，需要结合经典板波理论，评估波束形成法用于板状结构中声发射源定位的可能性。

在波束形成阵列信号处理方法中将一组传声器分布于空间固定位置上，测量空间位置上的声场。然后通过相关的信号处理方法对该阵列获得的信号进行分析，提取包含声源详细信息的重要特征[5]。波束形成阵列信号处理方法有多种算法可以实现，其中延时－累加应用尤为广泛。根据声源与阵列距离的远近，波束形成算法可分为近场和远场波束形成法。具体到数学方面，Mailloux 提出了有效的经验公式[1]。

正如 3.1 节中提到，设 r 为声源与阵列原点之间的距离，当 r 存在如下关系式：

$$r \leqslant 2L^2/\lambda \tag{3-15}$$

式中：λ 为声源的波长；L 为传感器阵列的最大尺寸。此时的声源为近场声源，应采用球面波的传播规律对其进行分析。

当 r 满足如下关系式：

$$r \geqslant 2L^2/\lambda \tag{3-16}$$

此时的声源为远场声源，可以采用平面波的传播规律对其进行分析。

本节主要介绍延时－累加波束形成方法在声发射源定位中的效果。考虑到在二维空间上进行板中声发射源定位，因此选用布置形式较为简单的均匀直线阵列。其他阵列形式将在 3.5 节进行详细讨论。本书研究的板状结构与声发射传感器阵列的尺寸较小，因此适合采用近场波束形成法。延时－累加波束形成法的原理如图 3－29 所示。假设入射声波为球面波，当传感器阵列聚焦到有限距离处的点声源时，阵列的输出如式（3－3）所示。

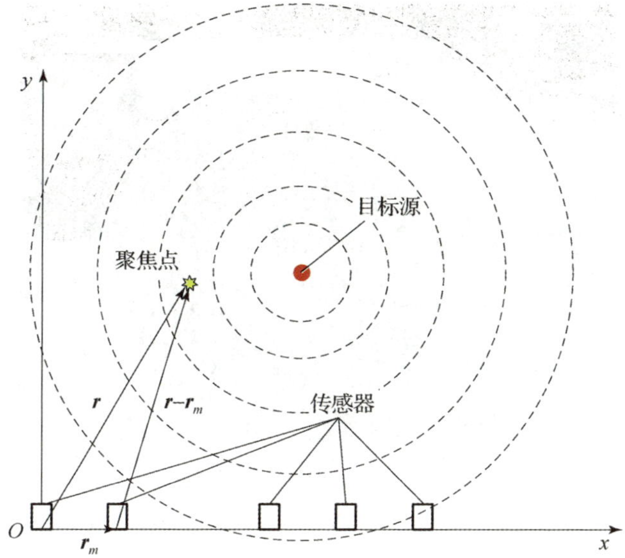

图 3-29　延时-累加波束形成原理示意图

对于目标源本身，阵列各传感器测得的信号在叠加之前，通过式中 $\Delta_m(\boldsymbol{r})$ 操作可将信号调整到同一波前。而对于其他聚焦点，信号则不会调整到同一波前。$\Delta_m(\boldsymbol{r})$ 由 $\boldsymbol{r}$ 和 $\boldsymbol{r}_m$ 的表示可由图 3-29 所示的几何关系计算得到。

波束形成法的输出为 b 对时间的积分，即阵列输出 $B(\boldsymbol{r})$（由于输出具有能量的含义，后面用输出能量来指代 $B(\boldsymbol{r})$），最大输出能量位置代表了声发射源位置。

3.2.2　声发射延时叠加波束形成定位实验

断铅是目前声发射检测技术中较为常用的一种声发射源模拟方法，应用广泛。将铅笔芯以一定的角度（大约 30°）放置于被测物体上表面，然后折断铅芯，瞬间释放出的信号即为模拟声发射信号，采样频率 2.5MHz。实验中所用钢板的尺寸为 1000mm(长)×800mm(宽)×5mm(厚)，传感器布置及断铅位置如图 3-30 和图 3-31 所示。

首先，对声发射波在钢板中的传播速度进行测量。在钢板上断铅，利用到达时差法进行计算，得到声发射波在钢板中的传播速度约为 4800m/s。如图 3-31 所示，以最左边的传感器中心位置为原点建立坐标系，分别在图中标出的 3 个位置进行断铅，即距离传感器阵列较近位置 1#(30mm,300mm)、距离传感器阵列较远位置 2#(90mm,600mm) 和 3#(380mm,300mm)，即图中距离声发射传感器阵列较远较偏位置的点。

图 3-30　钢板断铅实验

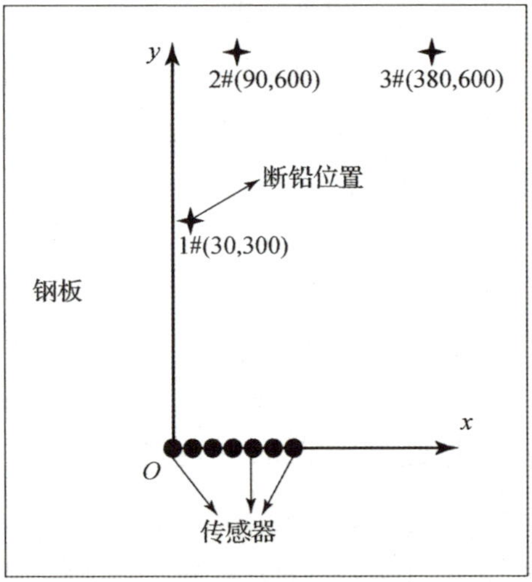

图 3-31　传感器布置及断铅位置示意图

图 3-32 为所测得钢板断铅信号的时域波形及其频谱结构图。声发射信号的能量主要分布于 $f \leqslant 0.4$MHz 频率段，频厚积 $fd \leqslant 2$MHz · mm。根据第 2 章的分析可知：在钢板中传播的声发射信号主要为 S_0 和 A_0 两种基础模态波。由于扩展波的速度比弯曲波快，当声发射传播一定距离后，S_0 和 A_0 将很好地分离。因此，可以通过设置门限的方式对 S_0 和 A_0 进行模态选择。所设置的门限值仅用于声发射波形的选取，而不涉及各到达时刻的确定，因此门限值较容易确定，且对声发射源定位结果影响较小。在本节中，为了能实现 S_0/A_0 波的选择，分别设置较小/较大的门限。

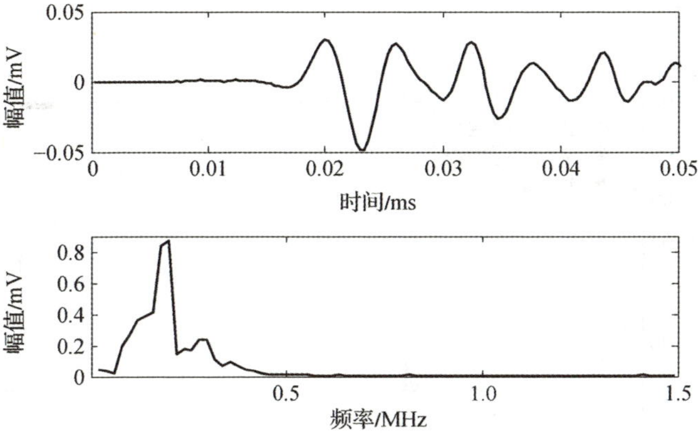

图3－32　断铅声发射信号及其幅值谱

此外，由于钢板存在边界，当声发射波由断铅位置传播到边界时会发生模态转换、反射、折射现象，以致使声发射波在钢板中来回传播，造成 S_0 和 A_0 这两种波形的叠加，并可能产生其他模态。鉴于此，使用声发射波束形成法对声源进行定位时，需采取适当的措施以避免钢板中反射波对定位结果的影响。本节在实验中采取的具体措施是：将传感器远离边界布置；选取的用于波束形成法的数据段不能太长，推荐使用直达波中100个以内的采样点数据。

以1#声发射源为例，通过设置较小的门限值以便获取 S_0 波。然后利用波束形成法对声发射源进行识别、定位。阵列的能量输出如图3－33所示，能量值进行归一化处理。文中将阵列输出最大的聚焦点视为识别声源的位置。3个断铅声发射源点的位置的波速形成阵列识别结果如图3－34～图3－36所示。识别声发射源位置与真实断铅位置的对比见表3－1。

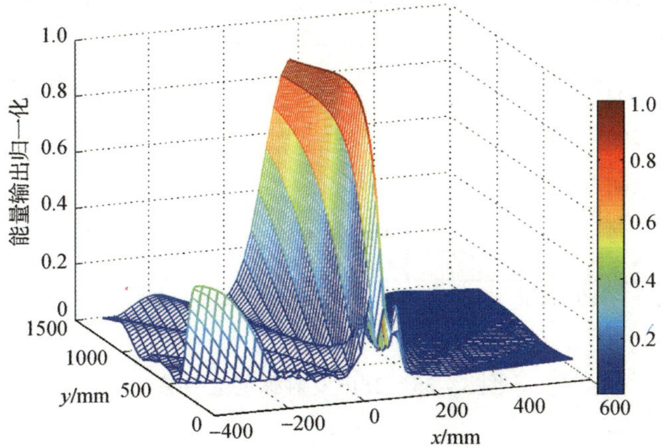

图3－33　断铅声发射信号波束形成阵列输出能量图

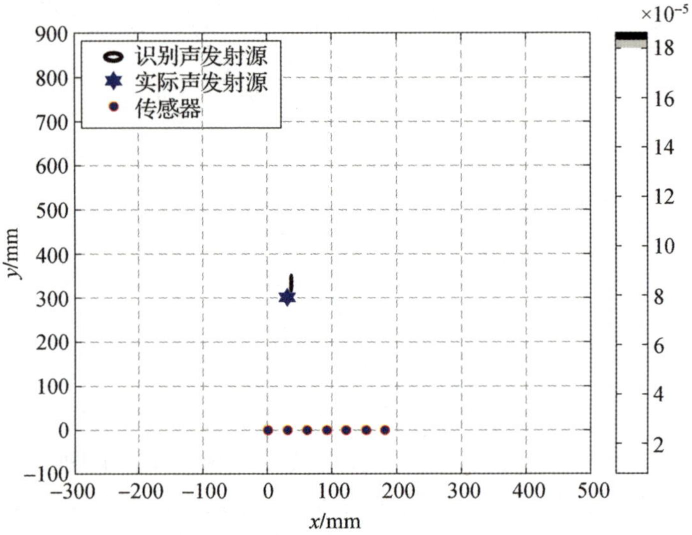

图 3－34　1#声发射源定位结果

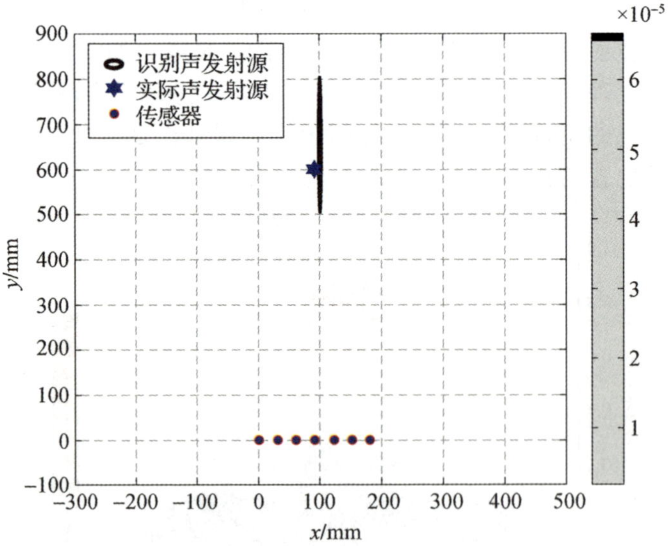

图 3－35　2#声发射源定位结果

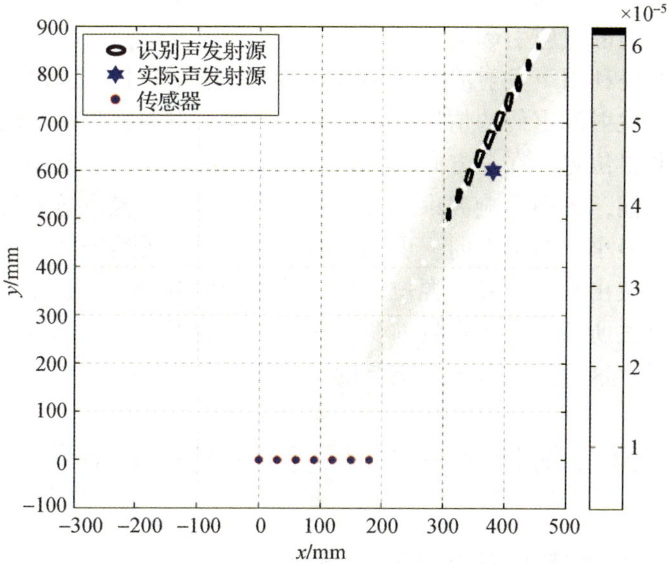

图 3－36　3#声发射源定位结果

表 3－1　各声发射源实际位置和识别位置对比

序号	声发射源位置坐标/mm		
	1#	2#	3#
实际位置	(30,300)	(90,600)	(380,600)
识别位置	(30,298)	(90,620)	(400,704)

图 3－34 是利用声发射波束形成法对距传感器阵列较近位置的 1#声发射源进行声发射源定位的结果。由图可见，定位出的声发射源位置和实际声发射源的位置基本重合，x 方向位置相同，y 方向相差 2mm，定位效果好。定位出的声发射源所在区域呈条状分布，在垂直于传感器阵列的方向较长，平行于阵列方向较窄，这是由于直线阵列的波束形成算法和声发射波的频散效应所致。由此可以得到直线阵列波束形成法的一个重要特征——指向性。具体表现为在传感器阵列布置方向的平行坐标轴上具有较高的定位精度，在传感器阵列布置方向的垂直坐标轴上则具有相对较低的定位精度。

图 3－35 是利用声发射波束形成法对距传感器阵列较远位置的 2#声发射源进行声发射源定位的结果。可看出，在 x 方向，识别出的声源位置与真实断铅位置重合；在 y 方向，二者相差 20mm。定位出的声发射源区域也呈条状分

布。真实声发射源在该区域离传感器较近的位置，不在识别区域的中心，而这是声发射波的频散效应引起的。

图 3－36 是利用声发射波束形成法对距传感器阵列较远较偏位置的 3#声发射源进行声发射源定位的情形。可以看出，在 x 方向，识别出的声源位置基本靠近实际断铅位置；在 y 方向，二者相差较大。这是由于断铅位置距离传感器阵列较远较偏，进而影响波束形成法的定位精度。但是，这种影响对于 x 方向的结果要明显小于对 y 方向。识别出的声发射源位置呈条状分布，而且指向阵列中心。定位出来的声发射源位置呈一系列的离散点源，这主要是频散现象和波束形成算法所致。真实声发射源不在识别区域的中心，而在该区域离传感器较近的位置，这也是频散现象引起的。

3.3 声发射传播特性对定位精度的影响研究

3.3.1 板中声发射信号波型及截止频率

1）板中声发射信号

由第 2 章可知，板中声发射波有对称模态和反对称模态两种，各自的特征方程为

$$\frac{\tan(qh)}{\tan(ph)} = -\frac{4k^2pq}{(q^2-k^2)^2} \tag{3-17}$$

$$\frac{\tan(qh)}{\tan(ph)} = -\frac{(q^2-k^2)^2}{4k^2pq} \tag{3-18}$$

式中：$p^2 = \frac{\omega^2}{c_L^2} - k^2$；$q^2 = \frac{\omega^2}{c_T^2} - k^2$；$k$ 为沿板水平方向的波数；h 为板厚度的一半；ω 为角频率；c_L 为板中纵波的声速；c_T 为板中横波的波速。

理论上，板中声发射波的频率方程有无穷多解，即扩展波和弯曲波有无穷多阶，且各阶扩展波和弯曲波都存在相速度随频率变化的现象，即频散现象。但对于实际结构，受尺寸和形状限制，在特定的频厚积处会出现截止频率，其内部传播的弯曲波和扩展波的数量是有限的。

某板的材料为 HP295 钢，厚度为 3mm。求解式（3－17）、式（3－18）。便可得到最低阶扩展波 S_0 和最低阶弯曲波 A_0 的频散曲线如图 3－37 所示，频散曲线图中横轴表示频厚积，纵轴为波的相速度。可见，S_0 和 A_0 的传播速度都与频率有关，这就是所谓的“频散”现象。可以看出当频率低于 0.5MHz 时，A_0 和 S_0 的群速度都与各自的相速度很接近。但是，当频率超出这个范围

之后，各自的相速度则偏离于群速度。声发射波束形成法是基于传感器测试离面位移的延迟信息进行源定位的，因此在实际的声发射源定位中采用群速度，而不是相速度。从群速度频散曲线中可以看出，声发射波的群速度随着模态和频率的变化而发生改变。因此，对于声发射波束形成法，应当考虑多模态和频散效应等因素对定位精度的影响。

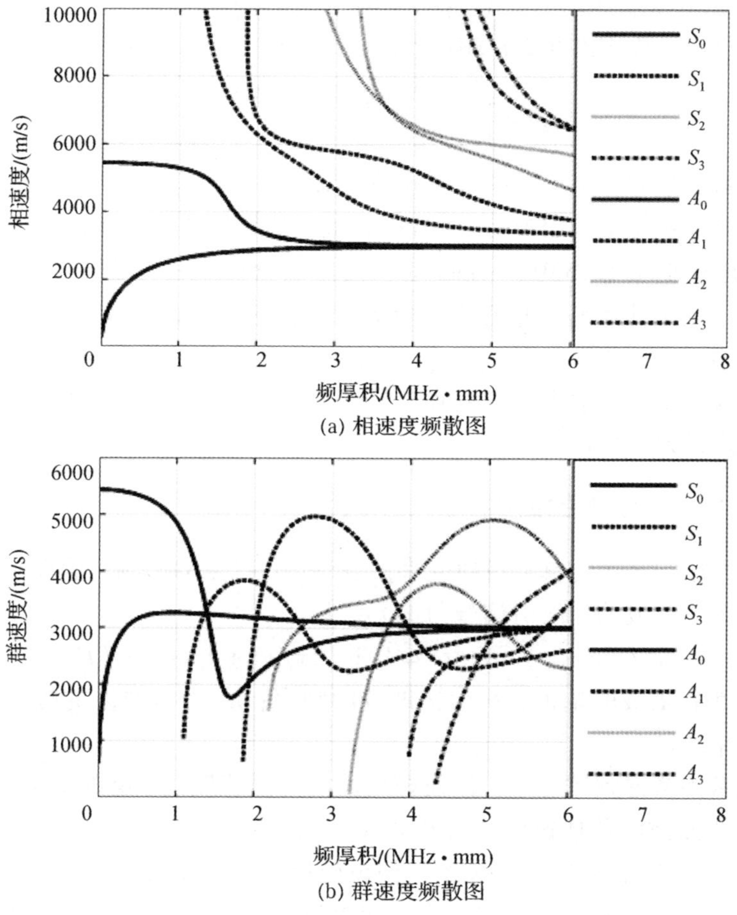

图 3-37　3mm 厚 HP295 钢板的频散曲线

2）截止频率

随着频厚积的增加，板中将会逐步出现一些高阶次的模态波，从而在某些特定的频厚积 fh 处形成截止频率。如图 3-37 所示的钢板频散曲线，位于这些点时波的相速度无穷大，而群速度趋于零。

关于截止频率的计算，可令 $k \to 0$。对于对称模态：

$$\begin{cases}\dfrac{\tan(qh)}{\tan(ph)}=-\dfrac{4k^2pq}{(q^2-k^2)^2} \\ k\to 0\end{cases} \tag{3-19}$$

由式（3-19）得在截止频率处的 fd 值为

$$fd=\begin{cases}[c_{\mathrm{T}},2c_{\mathrm{T}},3c_{\mathrm{T}},\cdots] \\ [c_{\mathrm{L}}/2,3c_{\mathrm{L}}/2,5c_{\mathrm{L}}/2,\cdots]\end{cases} \tag{3-20}$$

同理，反对称模态在截止频率处的 fd 值为

$$fd=\begin{cases}[c_{\mathrm{T}}/2,3c_{\mathrm{T}}/2,5c_{\mathrm{T}}/2,\cdots] \\ [c_{\mathrm{L}},2c_{\mathrm{L}},3c_{\mathrm{L}},\cdots]\end{cases} \tag{3-21}$$

通过截止频率和声发射信号的频谱范围，可以判断板内声发射信号的模态成分。在频厚积小于 3.05MHz · mm 时，板内的扩展波只存在模态阶次最低的 S_0。当频厚积小于 1.65MHz · mm 时，板内的弯曲波只存在模态阶次最低的 A_0，此时，板内只有 S_0、A_0 存在。可见，在板中传播的声发射信号包含的模态一般不会太多，通常只有 S_0、A_0。传播特性最主要的是多模态和频散现象。实际工程应用中，频散现象导致波束形成法定位精度不准的主要原因是无法获得准确的声发射波传播速度。

3.3.2 多模态的影响

在本章中，采用仿真分析研究多模态对定位结果的影响。假设包含一个弯曲波和一个扩展波的声发射信号为 $x(t)$，即

$$x(t)=x_{\mathrm{s}}(t)+x_{\mathrm{a}}(t)=A_{\mathrm{s}}\sin(2\pi f_{\mathrm{s}}t)+A_{\mathrm{a}}\sin(2\pi f_{\mathrm{a}}t) \tag{3-22}$$

式中：A_{s} 为扩展波的幅值；f_{s} 为扩展波的频率；A_{a} 为弯曲波的幅值；f_{a} 为弯曲波的频率。

在此暂不考虑频散现象，假设扩展波的传播速度 $v_{\mathrm{s}}=4800\mathrm{m/s}$，频率 $f_{\mathrm{s}}=120\mathrm{kHz}$；弯曲波的传播速度 $v_{\mathrm{a}}=2800\mathrm{m/s}$，频率 $f_{\mathrm{a}}=75\mathrm{kHz}$。阵列传感器间距 $d=0.04\mathrm{m}$，传感器数目 $L=18$ 个。假设坐标原点位于阵列最左边的传感器，坐标轴 x 方向沿着阵列的水平方向，坐标轴 y 方向沿着阵列的垂直方向。声发射源位置为（200mm,500mm）。假设两种波幅值相等，重构时选用弯曲波的速度 $v_{\mathrm{a}}=2800\mathrm{m/s}$，阵列输出如图 3-38（a）所示。从图中可见，由于两个波的速度不一样，导致识别出两种声发射源。其中，弯曲波由于定位速度正确，识别出的声发射源位置正确反映了实际的源位置；但扩展波成分的实际速度比定位速度快，导致其识别出的声发射源位置比实际要远，成为伪声发射源。

重构时选用扩展波的速度 $v_s=4800\text{m/s}$，阵列输出如图 3－38（b）所示，同样，由于两个波的速度不一样，导致识别出两个声发射源。其中，扩展波由于定位速度正确，识别出的声发射源位置正确反映了实际的源位置；弯曲波成分的实际速度比定位速度小，在较近的位置出现一个伪声发射源。因此，当声发射信号中含有多个模态时，可能产生明显的伪声发射源。可见，两种定位速度下定位出的相近声发射源点即可认为是实际声发射源。

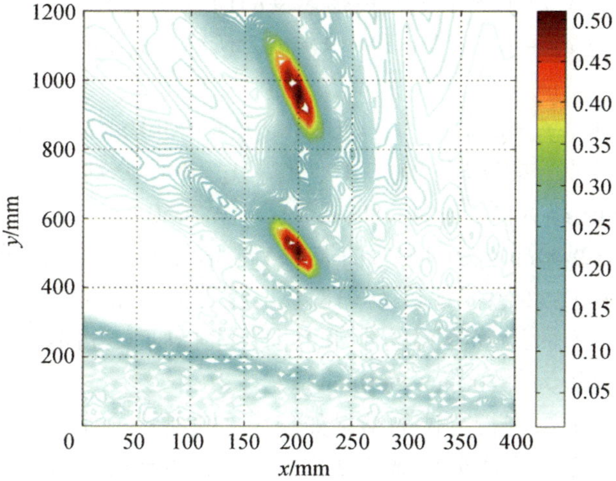

(a) 以弯曲波速度v_a=2800m/s的定位结果

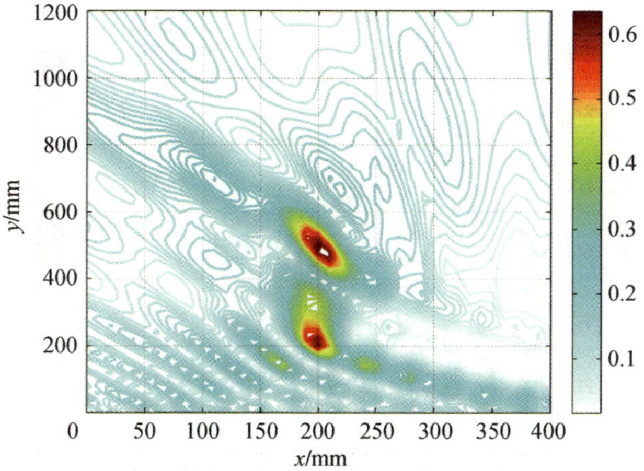

(b) 以扩展波速度v_s=4800m/s定位结果

图 3－38　含两模态成分的声发射波束形成定位结果

3.3.3 频散效应的影响

频散效应可以离散为多个传播速度不一致的“模态”考虑。此处的“模态”与前述模态在物理上有本质区别（前述模态按波的传播方式不同划分，此处的所谓“模态”按频率划分），在信号处理上却无本质区别——仅仅是传播速度不同。

考虑弯曲波 $A(t)$ 由 5 个不同传播速度的信号成分组成：

$$A(t)=A_1\sin(2\pi f_1 t)+A_2\sin(2\pi f_2 t)+A_3\sin(2\pi f_3 t)+A_4\sin(2\pi f_4 t)+A_5\sin(2\pi f_5 t) \tag{3-23}$$

式中：$f_1=40\text{kHz}$、$f_2=60\text{kHz}$、$f_3=80\text{kHz}$、$f_4=100\text{kHz}$ 和 $f_5=120\text{kHz}$ 分别为弯曲波的 5 个信号成分的频率；A_1、A_2、A_3、A_4 和 A_5 分别为 5 个信号成分的幅值，在此，假设都为 1；$v_1=1800\text{m/s}$、$v_2=2050\text{m/s}$、$v_3=2300\text{m/s}$、$v_4=2550\text{m/s}$ 和 $v_5=2800\text{m/s}$ 分别为弯曲波的 5 个信号成分的传播速度。阵列传感器间距 $d=0.04\text{m}$，传感器数目 $L=18$ 个。假设坐标原点位于阵列最左边的传感器，坐标轴 x 方向沿着阵列的水平方向，坐标轴 y 方向沿着阵列的垂直方向。声发射源位置为（200mm,500mm）。

利用波束形成法进行定位的结果如图 3－39 所示。如果频散效应导致幅值在相差不大的多个频率成分传播速度相差较大，可能带来较大的定位误差。因此，需要减小频散效应的影响。

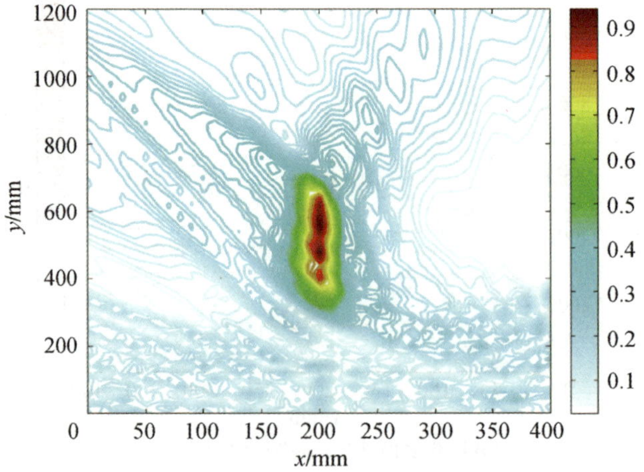

图 3－39 存在频散现象的声发射波束形成定位结果

3.3.4 定位所用传播速度的影响

频散现象导致不同频率的信号需要利用不同的波速进行定位。实际工程中常用断铅实验预先获得声发射波的传播速度，但该速度与实际碰摩声发射信号传播速度有差异。因此需要研究声发射波束形成法对于定位速度的容错能力。

采用均匀直线阵列，声发射传感器数量为 7 个，间隔 3cm 等间距布置。以阵列中第一个声发射传感器的中心作为原点，以阵列水平方向为 x 轴，阵列垂直方向为 y 轴，建立坐标系。假设声发射源为中心频率为 0.25MHz 的正弦波，声发射源坐标为（200mm,800mm），并假设声发射波以 4200m/s 的速度在结构中传播。为考察波速对波束形成定位精度的影响，选取一系列的定位速度用于波束形成法。定位出的声发射源在 x 和 y 两个方向的坐标变化值如图 3－40 所示。分析可知，当定位速度大于 2100m/s 时，声发射波束形成法都在 x 方向具有较高的定位精度，y 方向则误差较大。当定位速度位于 4600～5000m/s 的范围内时，声发射波束形成法能很好地识别出 x 和 y 两方向的位置，定位精度很高。综上可知，直线型阵列声发射波束形成法在阵列方向定位精度较高，且较为稳健，而在阵列的垂直方向则定位误差较大。

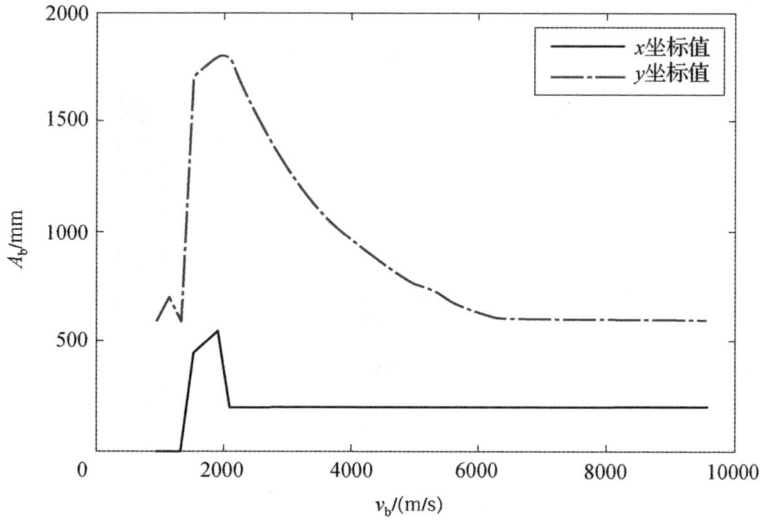

图 3－40　速度对定位结果的影响

3.3.5 传感器阵列尺度的影响

考虑到实际结构中，声发射传感器布置太多会导致测试成本上升，因此，本节讨论基于少量传感器的波束形成方法定位精度。假设坐标原点位于阵列最左边的传感器，坐标轴 x 方向沿着阵列的水平方向，坐标轴 y 方向沿着阵列的垂直方向。声发射源位置为（200mm,500mm）。在这种情况下，无论是扩展波的传播速度 $v_s=4800\mathrm{m/s}$，还是弯曲波的传播速度 $v_a=2800\mathrm{m/s}$，都只得到一个波包，输出的定位点情况如下：$v_s=4800\mathrm{m/s}$，偏近；$v_a=2800\mathrm{m/s}$，偏远。原因可能是阵列宽度较小，导致主瓣较宽，分辨不出两个峰值，如图 3－41 所示。

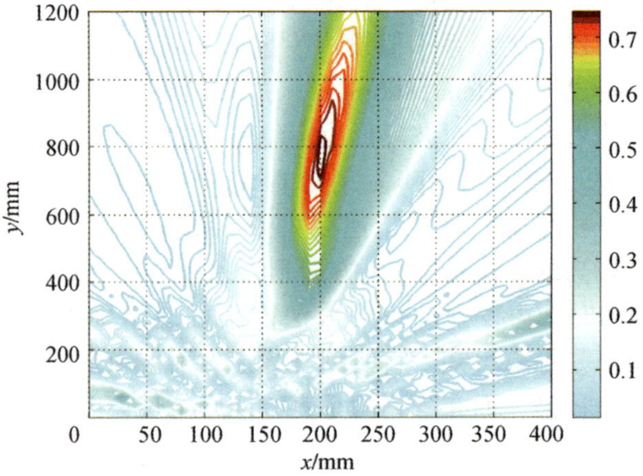

(a)以弯曲波速度v_s=2800m/s的定位结果

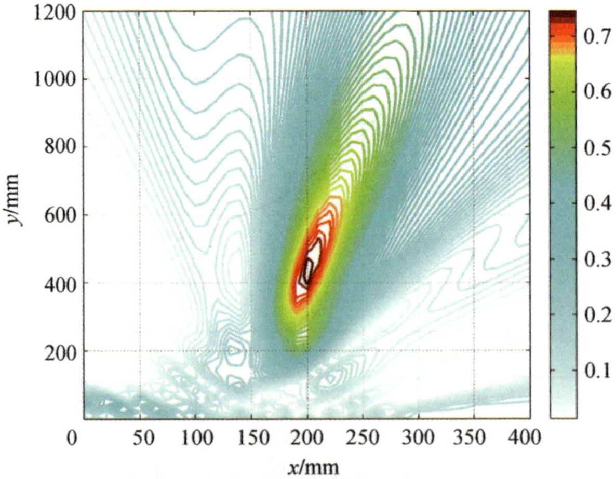

(b) 以扩展波速度v_s=4800m/s定位结果

图 3－41　传感器数量不足的声发射波束形成定位结果

已知某一阵列的阵列指向性函数为 W，假设某时刻有两列波同时到达传感器阵列。k_1 和 k_2 分别是两列波的波数，且满足 $k_1=k_2=k$。令两列波的幅值都

为1，可得到波束的输出为[6]

$$B(k,\ \omega)=W(k-k_1)+W(k-k_2) \tag{3-24}$$

当阵列尺度较大时，分辨率高，能够有效识别出两个波包，如图3-42（a）所示。如果阵列的尺寸较短，则分辨率降低，两个输出的叠加为一个波包，如图3-42（b）所示。因此，当阵列尺度受限制时（如传感器数量不足或结构布置尺寸有限），需要考虑阵列分辨率对定位精度的影响。

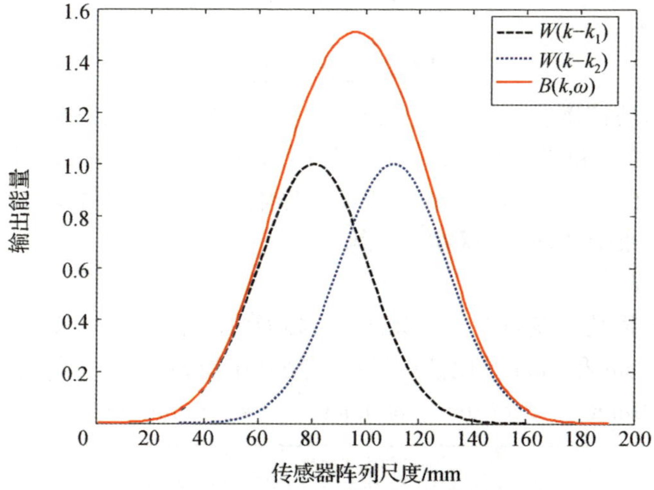

(a) 18个传感器的定位结果

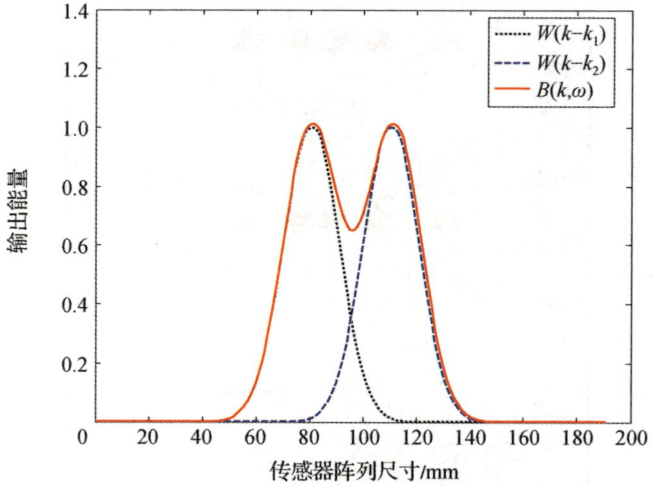

(b) 8个传感器的定位结果

图3-42　传感器数量变化时的声发射波束形成定位结果

3.4 温度场分布对定位性能的影响

纵波和横波的波速大小取决于材料的弹性模量 E、泊松比 ν 和密度 ρ。具体的计算公式如下：

$$c_{\mathrm{L}} = \sqrt{\frac{E(1-\nu)}{\rho(1+\nu)(1-2\nu)}} \tag{3-25}$$

$$c_{\mathrm{T}} = \sqrt{\frac{E}{2\rho(1+2\nu)}} \tag{3-26}$$

式中：c_{L} 为纵波速度；c_{T} 为横波速度；E 为弹性模量；ρ 为密度；ν 为泊松比。

式（3－25）和式（3－26）中的各项参数均与温度有关。显然，温度场影响结构中的波速，进而对定位结果造成影响，本节将通过实验研究温度场分别对声发射波束形成法定位精度的影响。

1）实验设计

传感器布置及声发射源位置如图 3－43 所示。薄钢板的长、宽、厚分别为 1000mm、800mm 和 5mm。模拟声发射源是利用断铅获得，断铅位置分别为 1#（－90mm，600mm）、2#（0mm，600mm）、3#（60mm，600mm）、4#（90mm，

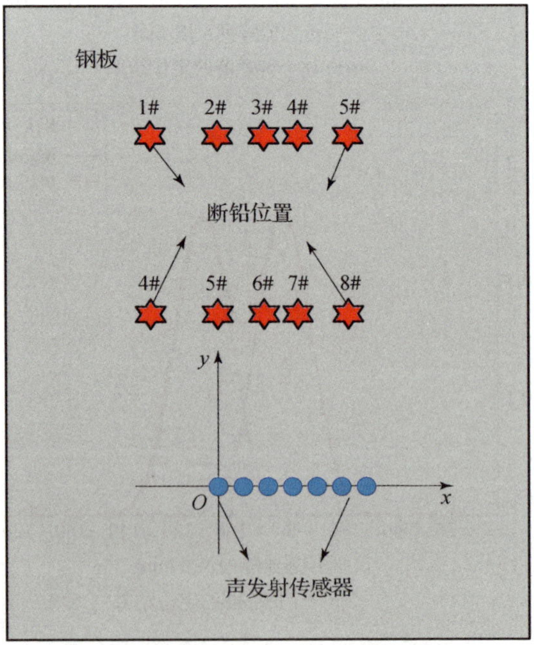

图 3－43　传感器布置及声发射源位置示意图

600mm)、5#(180mm,600mm)、6#(－90mm,300mm)、7#(0mm,300mm)、8#(60mm,300mm)、9#(90mm,300mm)、10#(180mm,300mm)。

2）室温下（均匀温度场）的定位效果

进行多次断铅，采用到达时差法对钢板中的声发射波波速进行测定。声发射波在钢板中的传播速度约为5400m/s。利用波束形成法对声发射源进行定位，各声发射源点的定位结果如表3－2所列。从表中可看出，对于所有声发射源点，均匀直线阵列能较好地识别出 x 方向的位置。图3－44所示为1#(－90mm,600mm)声源波束形成能量图。从图中可以看出，均匀直线阵列在 x 方向的分辨率高于 y 方向。此外从表3－2中可以看出，对于1#～10#所有声发射源的定位结果，直线型声发射波束形成法在阵列方向（x 轴方向）具有很高的定位精度，而在垂直于传感器阵列方向（y 轴方向）则存在误差。

表3－2　声发射源实际位置和识别位置对比　　单位：mm

位置坐标		AE源									
		1#	2#	3#	4#	5#	6#	7#	8#	9#	10#
实际AE源位置	x	－90	0	60	90	180	－90	0	60	90	180
	y	600	600	600	600	600	300	300	300	300	300
识别AE源位置	x	－90	0	60	100	180	－90	0	60	90	180
	y	571	578	620	634	620	298	291	284	305	347

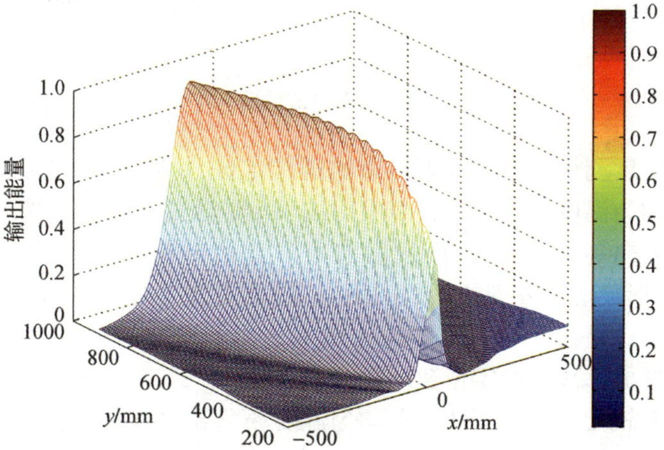

图3－44　1#声发射源的波束形成阵列输出能量图

3）非均匀温度场对声发射波束形成定位结果的影响

采用电炉直接加热的方式获得非均匀温度场。为了获得整个钢板表面的温度场分布，预先在钢板上以一定的间距绘制网格，然后采用激光红外测温仪对网格各点的温度进行测量。电炉加热过程中，某时刻表面的非均匀温度场如图 3 - 45 所示。在该温度场下测量点 S_1(0,600mm) 与点 S_2(300mm,0) 之间的声发射波传播速度，这两点之间声发射信号经过的温度变化梯度最大，距离最远。这两点之间速度在常温下测得为 5100m/s，当钢板表面的温度场不均匀，不同位置的温差达 194℃时（相对于室温），测得的声发射波的传播速度之间的差别可达 10%。

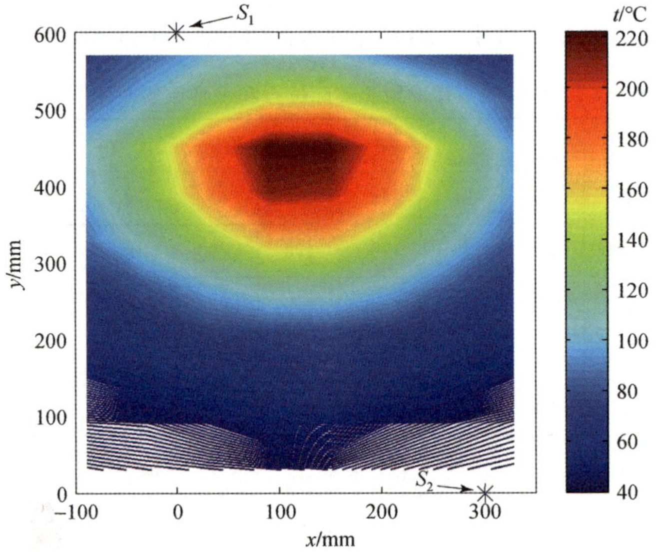

图 3 - 45　钢板表面形成的非均匀温度场

基于该速度利用声发射波束形成法进行定位，结果如表 3 - 3 所列。可以看出，在非均匀温度场作用下，声发射波束形成法的定位结果受到了影响：对于阵列水平方向（x 方向），声发射波束形成法的定位精度较高，误差小于 10mm（波束形成法中阵列的扫描间距）。阵列垂直方向（y 方向）的误差则较大。究其原因，是在非均匀温度场作用下，声发射波的真实传播速度受到影响，而波束形成算法中的定位速度仍为 5100m/s，二者之间的误差导致定位得到的结果偏差较大。综上所述，非均匀温度场可导致声发射波束形成法定位精度变差。

表 3-3 声发射源实际位置和识别位置对比 单位：mm

位置坐标		AE 源				
		1#	2#	3#	4#	5#
实际 AE 源位置	x	-90	0	60	90	180
	y	600	600	600	600	600
室温识别 AE 源位置	x	-90	0	60	100	180
	y	571	578	620	634	620
不均匀温度场识别结果	x	-90	0	50	90	170
	y	606	678	739	690	641

3.5 不同波束形成阵列参数对定位性能影响分析

3.3 节和 3.4 节研究了声发射信号的传播特性、波速误差、温度场分布等因素对声发射波束形成定位结果的影响。除此之外，阵列本身的性能对于声发射源定位也有影响。声发射信号的高频特性使得声发射传感器的使用成本较高，使用传感器的数量会受到限制，因此不能完全按照声音信号的波束形成法布置传感器。目前，大多数关于波束形成法的研究集中于声学、雷达领域，很少涉及到声发射领域。因此有必要对声发射波束形成法做进一步研究。

波束形成法的定位性能主要受传感器阵列形式、定位速度、传感器阵列的最大直径（即孔径）和传感器的间距等参数的影响。孔径是最大的传感器距离，具体来说，即直线阵列的孔径顺阵列方向为第一个传感器到最后一个传感器之间的距离，圆型阵列的孔径为圆形直径，而十字型阵列的孔径为某方向第一个传感器到最后一个传感器之间的距离。

本节应用有限元数值仿真获得信噪比高的声发射信号，然后利用波束形成算法进行定位，对相关的参数（包括阵列形式、定位速度和孔径）对定位性能的影响进行分析。

3.5.1 基于有限元的声发射信号构建及分析

本节根据第 2 章所构建的基于有限元法的声发射仿真方法来获得用于波束形成性能分析的声发射信号。仿真中用的结构为钢板，尺寸为 1000mm(长) × 800mm(宽) ×5mm(厚)，材料特性为：密度 $\rho = 7.8 \times 10^3 \text{kg/m}^3$，弹性模量 E

$=209\times10^9\mathrm{N/m^2}$，泊松比 $\upsilon=0.3$。按照如图 3－46 所示方式对声发射传感器进行布置。

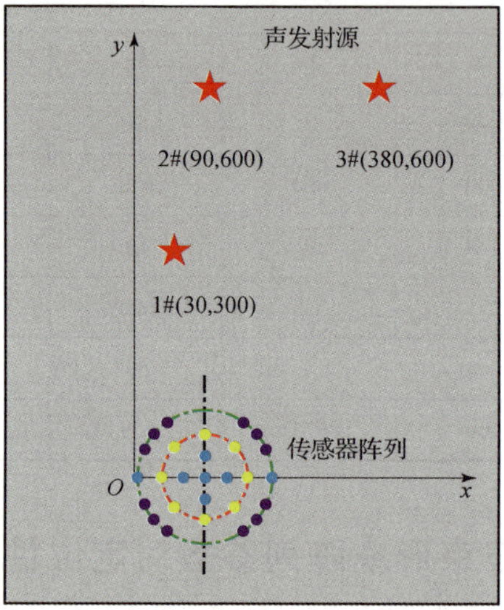

图 3－46　传感器布置及声发射源位置示意图

图 3－47 为有限元仿真得到的声发射信号的时域波形及其频谱结构。可以看出，仿真得到的声发射信号的能量主要集中在 400kHz 以下的频段。根据导波理论，此时钢板中只存在 S_0 和 A_0 两个基础模态波。

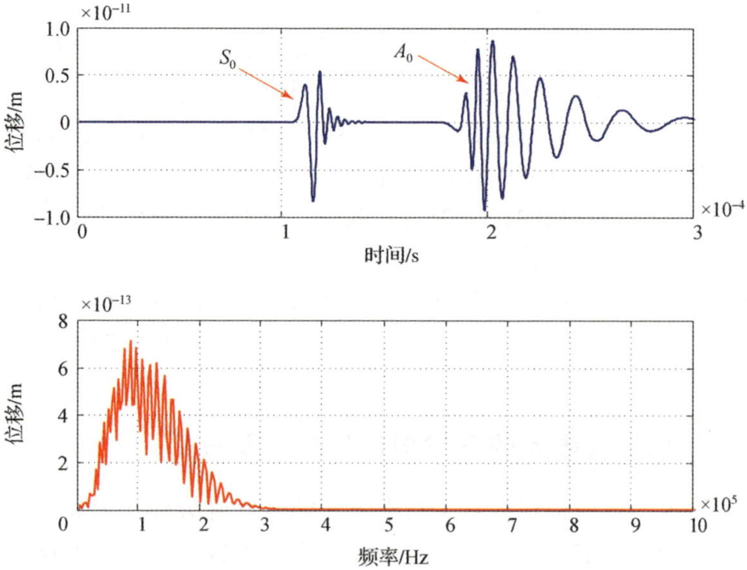

图 3－47　声发射信号的时域波形及频谱图

3.5.2 不同阵列形式的波束形成法定位性能分析

通过设置小的门限即可从仿真声发射信号中获取 S_0 波，进而用于声发射波束形成定位研究。本节从4个方面来分析声发射波束形成法的定位性能。

1）波束形成的阵列形式

传统的波束形成法有以下几种基本形式：直线型阵列、圆型阵列、十字型阵列和平面阵列等。由于平面阵列需要较多的声发射传感器，测试成本高，少见使用。本章主要研究前3种阵列形式对定位性能的影响。不同阵列形式的基本参数如表3-4所列。分别采用这3种不同的阵列形式通过波束形成法对声发射源进行定位。不同阵列形式的定位结果对比见表3-5，可以清晰地看到，3种阵列形式在离阵列中心较近的1#声源和在阵列中心线上的2#声源都有很好的定位精度。而在离传感器阵列较远且偏离阵列中心较大的3#声源，十字型阵列和圆型阵列的定位精度要优于直线型阵列。

表3-4　声发射传感器阵列的主要参数　　孔径单位：mm

阵列形式	传感器数量	孔径
直线型（大）	7	180
直线型（小）	5	120
十字型（大）	13	180
十字型（小）	9	120
圆型（大）	12	180
圆型（小）	8	120

表3-5　不同阵列形式的声发射定位结果　　坐标单位：mm

阵列形式	声发射源位置	定位结果(x,y)
直线型(大)	1#	(30,300)
	2#	(90,604)
	3#	(384,617)
十字型(大)	1#	(30,300)
	2#	(90,601)
	3#	(383,602)

续表

阵列形式	声发射源位置	定位结果(x,y)
圆型(大)	1#	(30,301)
	2#	(90,602)
	3#	(385,607)

图3－48为利用直线型（大）声发射传感器阵列对1#声发射源的定位能量输出结果。云图中能量输出最大的位置即是波束形成法所识别的声发射源位置。最大峰值所在区域及主瓣宽度，其他的小峰值部分即为旁瓣，有一定的干扰作用。主瓣宽度越小，且与旁瓣的区分明显，则定位精度高，定位性能好。星点为真实声发射源位置，菱形点为识别的声发射源位置。

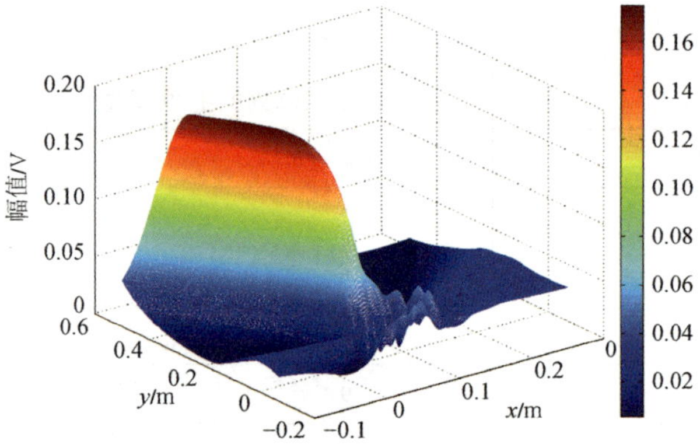

(a) 波束形成阵列输出能量图

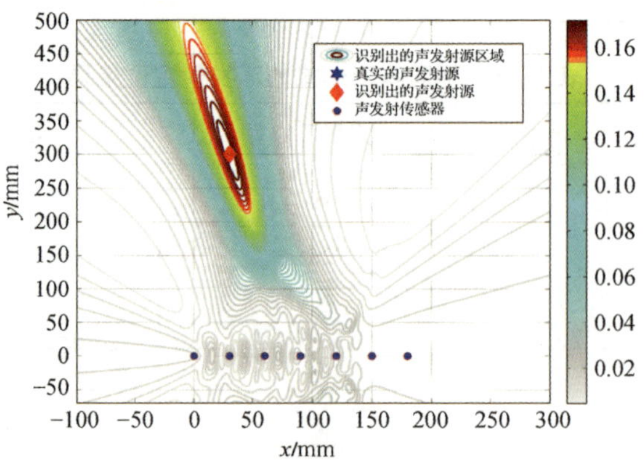

(b) 声发射源定位结果

图3－48　1#声发射源直线型（大）阵列定位结果

为了对不同传感器阵列的声发射源定位结果进行更清楚地对比，以1#声发射源为例，分别采用不同传感器阵列（均为大阵列）进行声源定位，结果如图3－49～图3－51所示。左侧图为阵列能量输出云图，右侧图为阵列能量输出平面云图。对于直线传感器，可以很明显地看出，在传感器阵列的另一方向对称地存在一个虚假的声源。这是直线型阵列波束形成法的局限性。而十字型阵列和圆周型阵列则能很好地消除这一弊端。

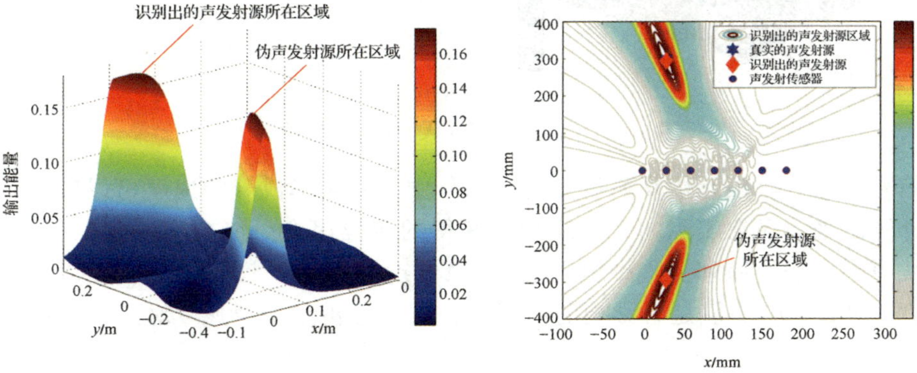

图3－49　直线型阵列（大）的定位结果

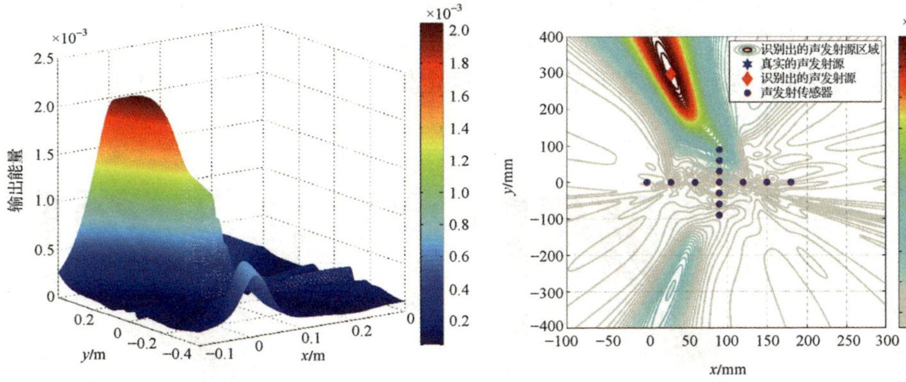

图3－50　十字型阵列（大）的定位结果

2）速度选择对定位精度的影响

在空气介质中，声波的传播速度与其频率无关，然而对于在板状结构中传播的声发射波，根据第2章的弹性波基本理论可知声发射波存在频散现象。单一模态波的传播速度会随着频率的改变而发生改变。在本节中，声发

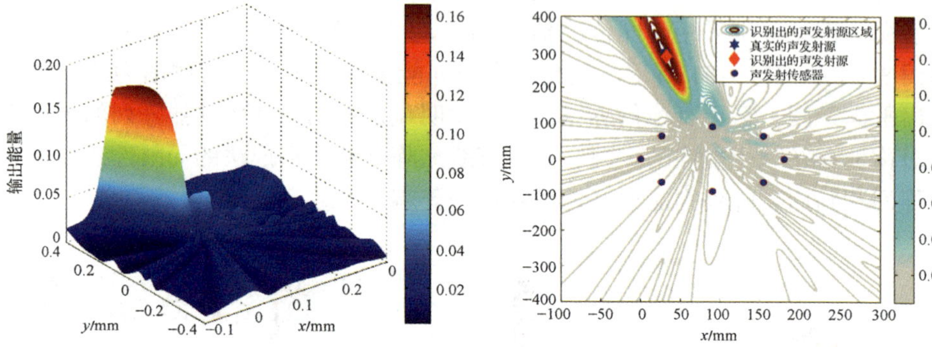

图 3-51　圆型阵列（大）的定位结果

射信号是通过有限元仿真所得到的，信号中主要频率成分的速度可以较精确地计算出来。而在实际的工程应用中获得的定位速度可能会有一定的偏差。从波束形成法的原理公式中可以看到，$\Delta_m(\boldsymbol{r})$ 是由等式计算得到，所以波的速度 c 对 $\Delta_m(\boldsymbol{r})$ 的值是有影响的。因此，需要分析定位波速 c 对定位精度的影响。

本节以直线、十字、圆这三种阵列形式（均为大阵列），对 3#声发射源进行定位。仿真信号中 S_0 模态波的传播速度为 5400m/s，在此基础上对定位中使用的速度进行改变。具体改变方式如下：在 5000 ~ 6000m/s 范围内，以 100m/s 作为递增量，对速度进行逐一改变。图 3-52 ~ 图 3-54 显示了三种传感器阵列在不同的定位速度下的声发射源定位结果。三个声发射源点的定位结果见表 3-6 ~ 表 3-8。

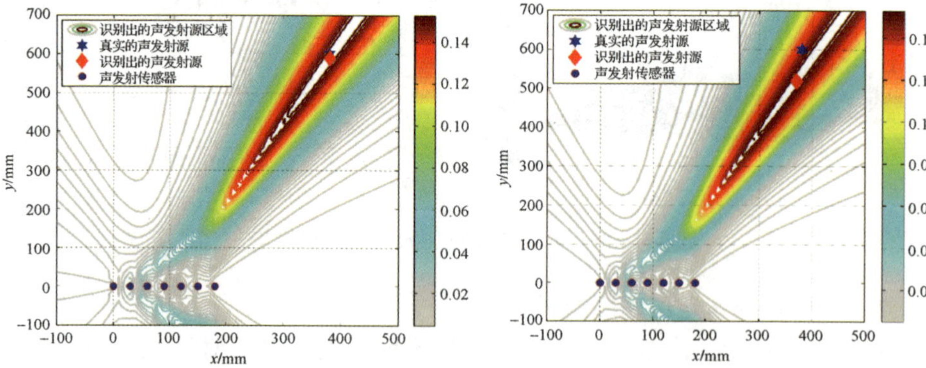

(a) 定位速度–5400m/s　　(b) 定位速度–5700m/s

图 3-52　直线型阵列（大）在不同定位速度下的结果

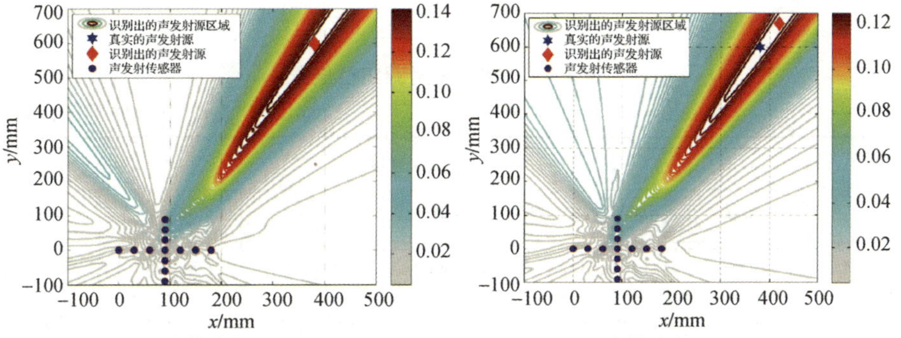

(a) 定位速度-5400m/s　　(b) 定位速度-5700m/s

图 3-53　十字型阵列（大）在不同定位速度下的结果

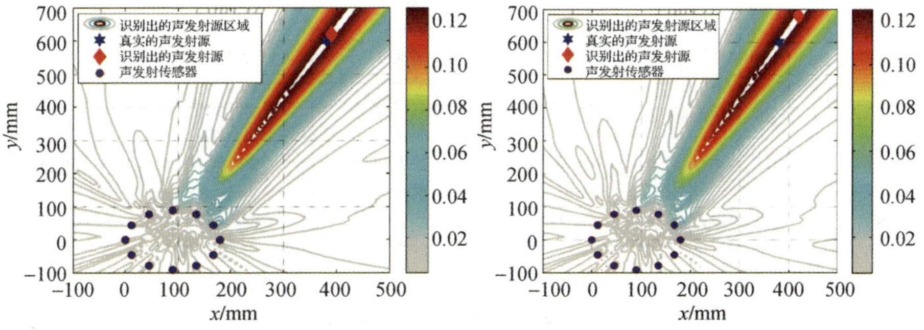

(a) 定位速度-5400m/s　　(b) 定位速度-5700m/s

图 3-54　圆型阵列（大）在不同定位速度下的结果

表 3-6　1#声发射源定位结果

速度单位：m/s；坐标单位：mm

阵列	速度					
	5000	5100	5200	5300	5400	5500
直线型	(28,296)	(29,298)	(30,298)	(30,299)	(30,300)	(32,302)
十字型	(30,299)	(30,300)	(30,300)	(30,300)	(30,300)	(30,300)
圆型	(26,288)	(28,291)	(28,292)	(29,295)	(30,298)	(31,305)

阵列	速度				
	5600	5700	5800	5900	6000
直线型	(32,303)	(32,305)	(32,305)	(33,307)	(33,307)
十字型	(30,300)	(30,300)	(30,300)	(30,301)	(30,301)
圆型	(32,310)	(34,312)	(37,316)	(38,318)	(40,323)

表 3-7　2#声发射源定位结果

速度单位:m/s;坐标单位:mm

阵列	速度					
	5000	5100	5200	5300	5400	5500
直线型	(88,595)	(88,595)	(89,596)	(90,598)	(90,600)	(91,600)
十字型	(90,598)	(90,600)	(90,600)	(90,600)	(90,600)	(90,600)
圆型	(83,589)	(83,591)	(85,592)	(86,595)	(88,595)	(89,597)

阵列	速度				
	5600	5700	5800	5900	6000
直线型	(92,602)	(92,602)	(93,603)	(93,605)	(93,608)
十字型	(90,600)	(90,600)	(90,600)	(90,601)	(90,601)
圆型	(95,602)	(98,605)	(99,605)	(101,607)	(105,611)

表 3-8　3#声发射源定位结果

速度单位:m/s;坐标单位:mm

阵列	速度					
	5000	5100	5200	5300	5400	5500
直线型	(398,651)	(391,643)	(387,620)	(383,630)	(381, 598)	(385,580)
十字型	(368,582)	(372,591)	(378,596)	(380,598)	(380,600)	(391,612)
圆型	(223,268)	(278,375)	(316,453)	(371,594)	(390,611)	(406,628)

阵列	速度				
	5600	5700	5800	5900	6000
直线型	(389,570)	(390,550)	(375,520)	(371,510)	(368,480)
十字型	(400,630)	(420,670)	(430,690)	(440,690)	(440,690)
圆型	(420,630)	(420,680)	(440,680)	(450,680)	(480,690)

3 种阵列形式中，在定位速度 c 有偏差时，对于直线型阵列，可以看到 c 对 x 方向的定位精度的影响较小，而对 y 方向的定位精度有较大的影响。而对于十字型阵列在 x 向和 y 方向都有较好的稳定性。而圆型阵列的定位精度受定位速度的影响较大。

3）阵列孔径对定位性能的影响

阵列孔径是影响波束形成定位性能的一个重要参数。以 2#声发射源点作为研究对象，对比三种不同阵列形式在不同阵列孔径下，对定位结果的影响，结果如图 3-55～图 3-57 所示。定位速度为 5400m/s。从图中的定位结果可以看到，3 种阵列形式的阵列孔径越大，定位精度越高。然而大的尺寸必然要使用较多的传感器，所以在实际工程中要综合考虑这些因素。1#、2#、3#声发射源点的定位结果见表 3-9～表 3-11。

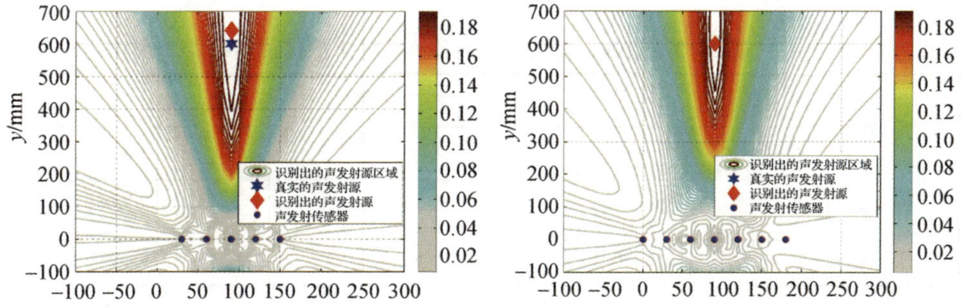

(a) 直线型阵列(小)定位结果　　(b) 直线型阵列(大)定位结果

图 3-55　直线型阵列在不同阵列孔径下的定位结果

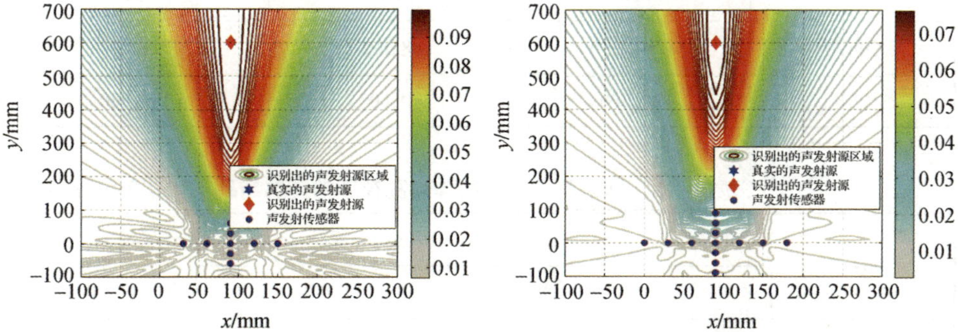

(a) 十字型阵列(小)定位结果　　(b) 十字型阵列(大)定位结果

图 3-56　十字型阵列在不同阵列孔径下的定位结果

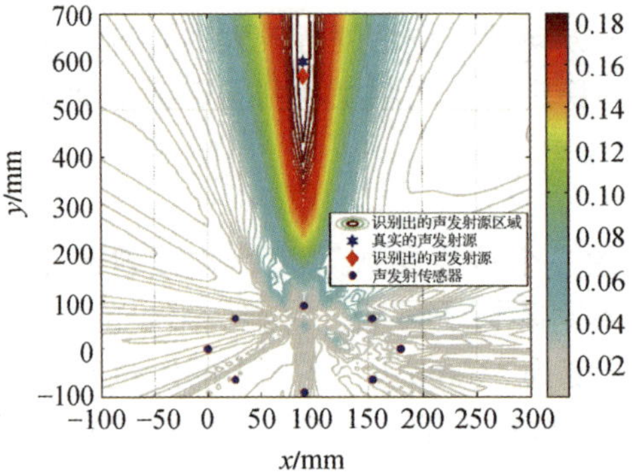

(a) 圆型阵列(小)定位结果

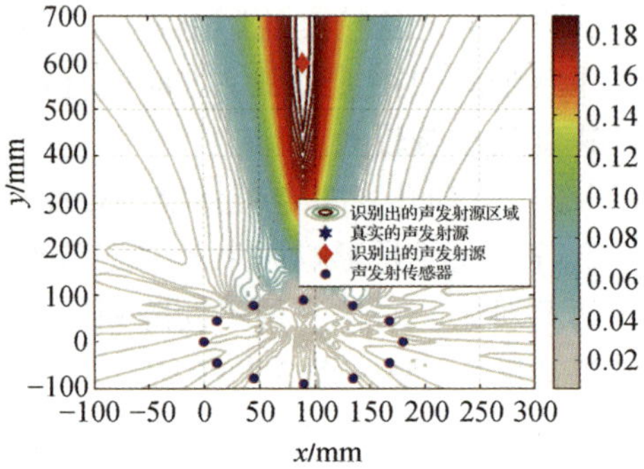

(b) 圆型阵列(大)定位结果

图 3－57　圆型阵列在不同阵列孔径下的定位结果

表 3－9　直线型阵列在不同阵列孔径下的定位结果　　单位：mm

阵列	声源		
	1#	2#	3#
小阵列	(29,298)	(88,640)	(377,559)
大阵列	(30,300)	(90,600)	(379,598)

表 3－10　十字型阵列在不同阵列孔径下的定位结果　　单位：mm

阵列	声源		
	1#	2#	3#
小阵列	(29,299)	(88,598)	(379,594)
大阵列	(30,300)	(90,600)	(380,600)

表 3－11　圆型阵列在不同阵列孔径下的定位结果　　单位：mm

阵列	声源		
	1#	2#	3#
小阵列	(25,291)	(84,538)	(372,583)
大阵列	(30,298)	(88,595)	(375,591)

4）传感器间距对定位性能的影响

当声发射传感器阵列在声发射波传播方向聚焦时，阵列的能量输出会增强。能量输出最大的部分称为主瓣，能量集中部分的宽度称为主瓣宽度，主瓣宽度越小，定位精度越高。传感器阵列是对输入信号进行空间采样，应该满足不出现虚假的信号，即在波束形成中不出现虚假的主瓣。这就要求传感器的间距应满足一定的条件，不能太大。而对于声发射波束形成而言，由于声发射信号的频率很高，要满足以上的条件就要求传感器间距很小，这在工程应用中很难保证，因此就要求根据实际情况保证间距最小。如果传感器间距过大会产生能量较大的旁瓣，甚至会出现虚假声源。如图3-58所示。当传感器间距为30mm时，主瓣能量集中，几乎没有旁瓣。而当传感器间距增大至60mm时，在能量输出结果中形成较大的旁瓣，也就是虚假声源。

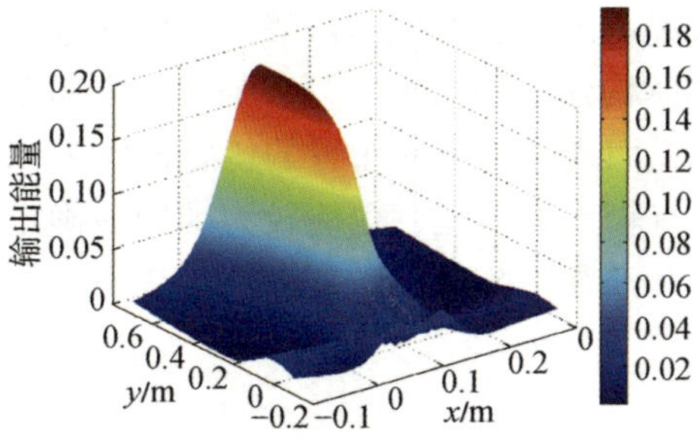

(a) 传感器间距30mm

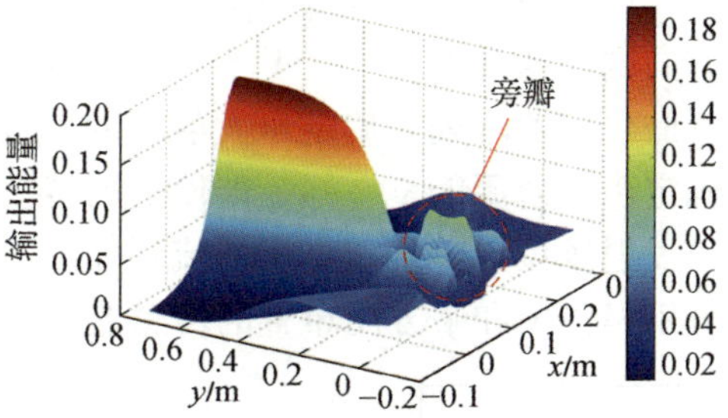

(b) 传感器间距60mm

图3-58　声发射传感器间距对定位性能的影响

根据以上仿真结果，可以得出以下结论。

（1）在相同阵列孔径的情况下，3种阵列形式都可以获得较高的定位精度。其中，直线型阵列以较少的传感器数量和简单布置形式，同时也可以获得较高的定位精度，在实际工程应用中更实用。

（2）定位波速 c 对直线阵列 x 方向的定位精度的影响不大，而对 y 方向的定位精度有明显的影响。

（3）3种阵列形式的阵列孔径越大，定位精度越高，但相应的传感器数量也增多。

（4）鉴于声发射波束形成的特殊性，应根据工程实际选择最小的传感器间距，以保证好的定位性能。

3.6 声发射源稳健定位 L 型阵列方法

根据第 3.5 节关于声发射波束形成法的性能分析可知，直线型阵列波束形成法在传感器阵列方向具有较高的定位精度，而在传感器阵列垂直方向则定位精度较差，表现出明显的阵列指向性。

鉴于此，本节提出了一种基于 L 型阵列和波束形成法的稳健声发射源定位方法。相对于传统单一直线阵列，L 型阵列在定位过程中无需准确的波速，且在阵列水平及其垂直方向上均具有较高的定位精度。该方法易于安排传感器布局，从而更加便捷、可靠。

3.6.1 直线型阵列特性分析及 L 型阵列的提出

声发射波束形成法在垂直于阵列方向表现出明显的速度依赖性，而在阵列方向则与速度无关[7]。基于这一特性，本章构建一种 L 型阵列，通过 x 方向布置的传感器阵列来确定声发射源的 x 坐标，而通过 y 方向布置的传感器阵列来确定声发射源的 y 坐标。即使所测得波速有较大的误差，也能较为准确地确定声发射源位置。定位方法的流程如图 3-59 所示。S_{xi} 和 S_{yi}（$i=1,2,3,\cdots,n$）分别是沿 x 和 y 方向布置的传感器。

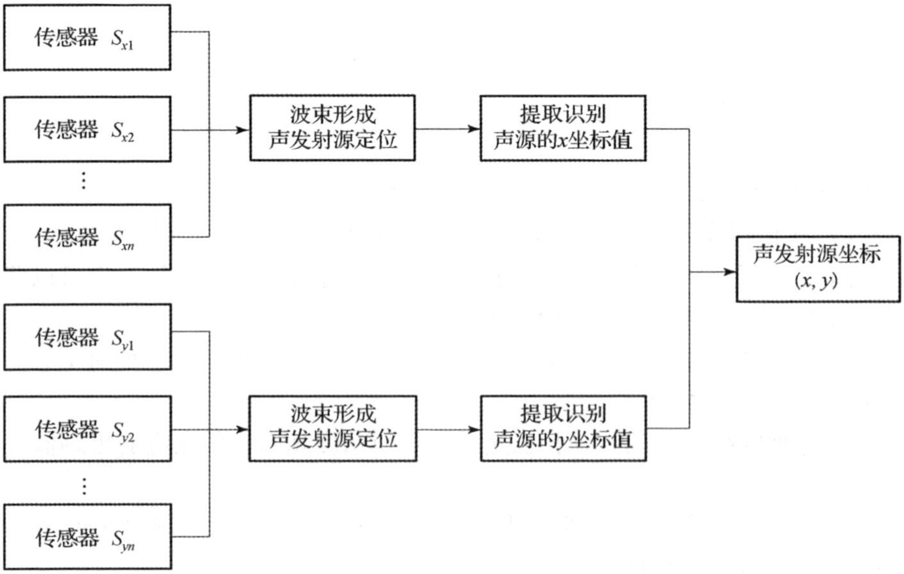

图 3-59　基于 L 型阵列的定位方法流程图

3.6.2 L型阵列的声发射波束形成法定位性能

为了验证本章提出的用于声发射源定位方法的正确性，通过有限元仿真获取声发射信号并用于定位计算。国内外许多学者采用有限元法模拟声发射源以及研究声发射波在板结构中的传播特性[8-11]。这些研究成果表明，有限元法可用于声发射模拟。通过仿真可获得高信噪比的声发射信号，有利于发展出用于声发射信号处理的方法和技术。相对于真实的声发射信号而言，在仿真过程中可以确定声发射信号的绝大部分有用信息，如声发射源位置、声发射源类型、声发射源指向、声发射源时间历程等。

仿真模型为一各向同性矩形钢板，长、宽、厚分别为500mm、500mm、5mm。材料特性参数取弹性模量 $E = 2.09 \times 10^{11}\,\text{N/m}^2$，泊松比 $\upsilon = 0.3$，密度 $\rho = 7.8 \times 10^3\,\text{kg/m}^3$。根据板波理论，钢板中的纵波、横波速度分别为5940m/s、3230m/s。在钢板的 x 和 y 方向分别布置两个传感器阵列，如图3-60所示。

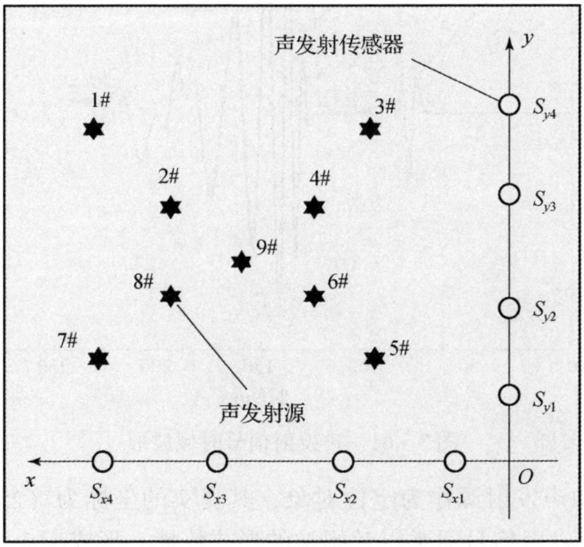

图3-60 仿真中声发射源及传感器布置示意图

水平方向的传感器阵列距离钢板上边界50mm，垂直方向的传感器阵列距离钢板下边界50mm，传感器间距为120mm，x 轴正向指向钢板的左侧，y 轴正向垂直于水平传感器阵列方向。x 轴和 y 轴的交点即为坐标原点。声发射模拟源分布在钢板的9个不同位置。模拟声发射源位置分别为1#(340mm,340mm)、2#(280mm,280mm)、3#(150mm,340mm)、4#(210mm,280mm)、5#(150mm,150mm)、6#(210mm,210mm)、7#(340mm,150mm)、8#(280mm,

210mm）、9#(250mm,250mm)。模拟声发射源如第 2 章所述，将两大小相同、方向相反的集中力作用在两水平方向相邻的节点上，其中集中力的大小为 1N。

S_{x2} 声发射传感器测得的 2#模拟声发射源时域波形如图 3 – 61 所示。从图中可以很清晰地看到 S_0 波要先于 A_0 波到达传感器，这是由于 S_0 波的速度比 A_0 波快。同时也能发现 A_0 波的能量（幅值）要明显大于 S_0 波。关于这一点，Gorman[12]进行过相关研究，并且指出在板结构表面断铅时，形成的声发射信号的主要成分是 A_0 波。如果在板的边缘断铅时，激发的信号则主要包含 S_0 波。这一结论也被 Hamstad[13]通过各向同性板以及 Sause[11]通过各向异性板所验证。

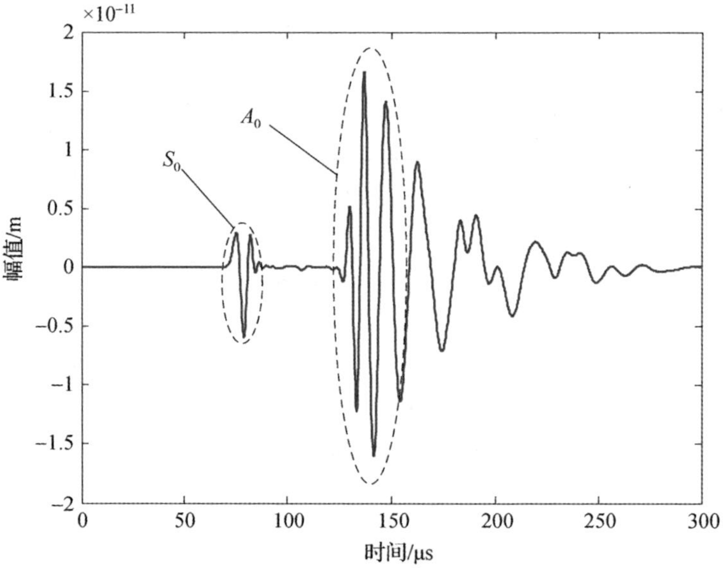

图 3 – 61　声发射信号时域波形

选取 9#模拟声发射源作为定位对象，其真实的坐标为（250mm,250mm）。在板状结构中声发射信号通常以兰姆波的形式传播，形成一个波包，里面含有不同模态的波，具有不同的群速度和相速度。根据前面的分析可知，仿真得到的信号里面只存在 S_0 和 A_0 两种不同模态的波。因此，后续的定位工作中将分别根据这两种波进行研究。

1）基于 S_0 模态波的声发射源定位结果

均匀直线阵列能量分布如图 3 – 62 所示，图 3 – 62（a）和（b）分别显示的是水平和垂直方向的阵列输出结果。从图中可以看出，沿阵列方向的输出旁瓣较小，具有较高的分辨率，而在阵列垂直方向旁瓣和主瓣混在一起，分辨率较差。选取不同的定位速度，2000～6000m/s，两个方向的定位结果如图3－63所示。图中的曲线表示的是在不同定位速度下所得到的声发射源的 x 和 y 坐标。可以看出，两个均匀直线阵列对于速度误差都有一定的容错能力，但是 x 和 y 方向的容错能力不同。水平方向的传感器阵列可以很好地用于定位声发射源的 x 坐标，垂直方向的传感器阵列则可以很好地用于定位声发射源的 y 坐标。因此，这两个传感器阵列可以互相补偿，从而消除对定位速度的依赖。

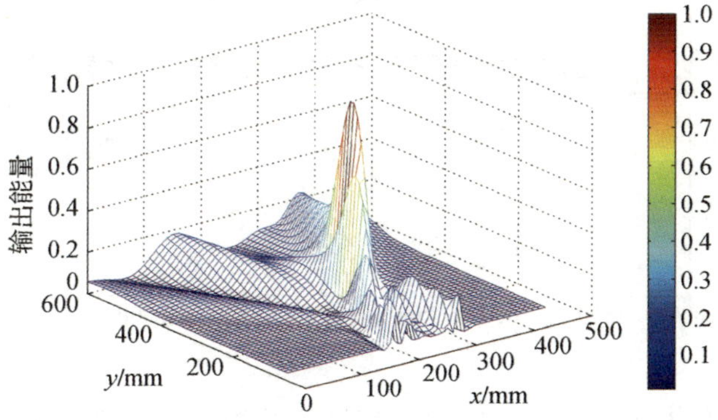

(a)

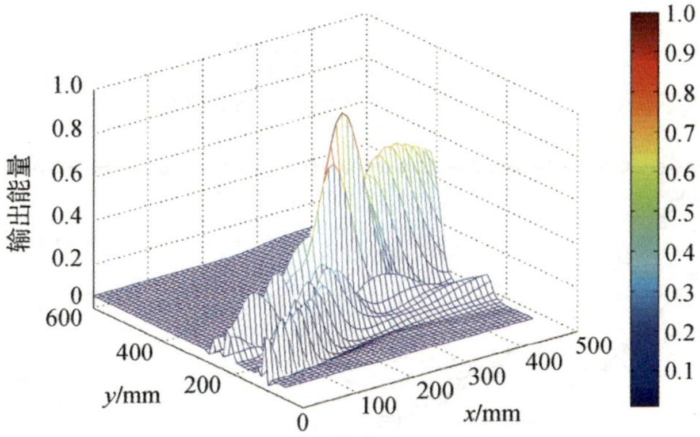

(b)

图3－62　均匀直线阵列声发射波束形成阵列输出能量图

2）基于 A_0 模态波的声发射源定位结果

本部分工作将研究基于 A_0 模态波的双阵列定位结果。图3－64是当定位速度为2000～6000m/s之间时的定位结果，以及不同定位速度下所确定的声发射源的 x 和 y 坐标。

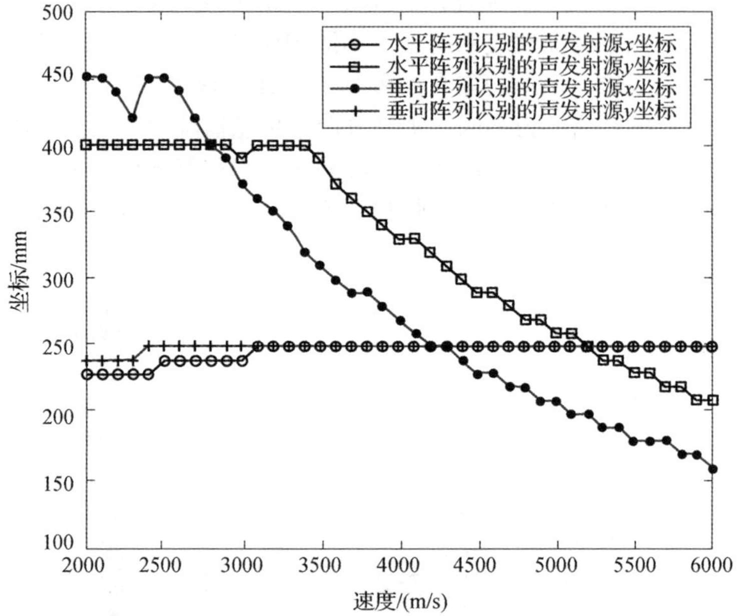

图 3-63　定位速度对 S_0 模态波声发射源定位结果的影响

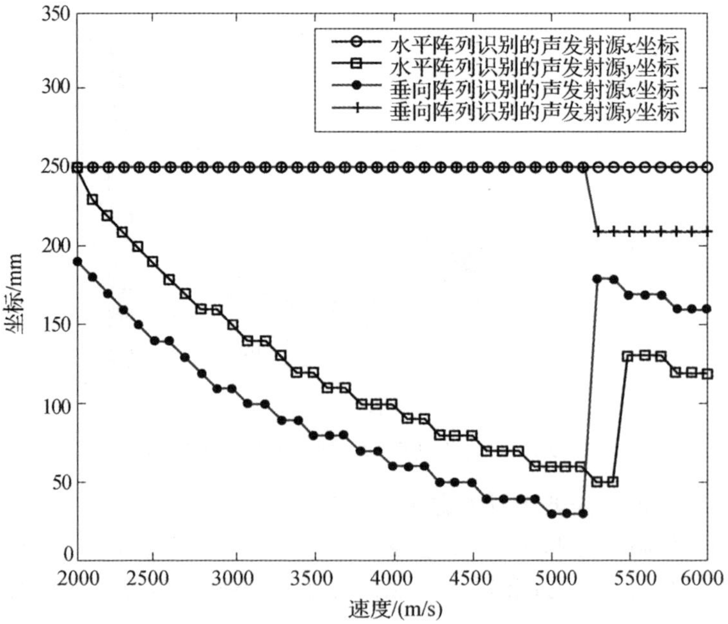

图 3-64　定位速度对 A_0 模态波声发射源定位结果的影响

可以看出，基于波束形成法的双传感器阵列对于定位速度具有较大的容错能力。但是两个方向的容错能力并不相同。与基于 S_0 模态波的声发射源定位结果类似，当 A_0 模态波用于声发射源定位时，水平方向的传感器阵列可以很好地用于定位声发射源的 x 坐标，垂直方向的传感器阵列则可以很好地用于定位声发射源的 y 坐标。此外，对于水平方向和垂直方向的两个传感器阵列的定位结果，均受到阵列垂直方向的速度误差的影响。因此，这两个传感器阵列可以互相补偿，从而消除对定位速度的依赖性。

3）其他声发射源定位结果

其他声发射源定位结果如表3－12和表3－13所列。表3－12列出了基于 S_0 模态波的声发射源定位结果，可以看出通过双阵列传感器方法利用 S_0 波可以很好的定位出声发射源，并且所有声发射源的定位精度较高。同时可以看出2#、4#、6#、8#声发射源的定位精度要高于1#、3#、5#、7#，也就是说靠边的精度差一些，靠近阵列中心定位精度相对要高。

表3－12　基于 S_0 模态波的声发射源定位结果

定位速度/(m/s)	声发射源/mm							
	1#		2#		3#		4#	
	x	y	x	y	x	y	x	y
	340	340	280	280	150	340	210	280
4000	340	360	280	280	150	350	210	280
4500	340	360	280	280	150	340	210	280
5000	350	350	280	280	150	350	210	280
5500	350	350	280	280	150	380	210	280
6000	350	340	280	280	150	370	210	280
定位速度/(m/s)	声发射源/mm							
	5#		6#		7#		8#	
	x	y	x	y	x	y	x	y
	150	150	210	210	340	150	280	210
4000	150	140	210	210	350	150	280	210
4500	150	140	210	210	340	150	280	210

续表

定位速度/(m/s)	声发射源/mm							
	5#		6#		7#		8#	
	x	y	x	y	x	y	x	y
	150	150	210	210	340	150	280	210
5000	150	140	210	210	340	150	280	210
5500	150	140	210	210	330	150	280	210
6000	150	120	210	210	330	150	280	210

表 3－13 列出了基于 A_0 模态波的声发射源定位结果，可以看出通过双阵列传感器方法利用 A_0 波可以很好地定位出声发射源，并且所有声发射源的定位精度较高。同时也可以看出，2#、4#、6#、8#声发射源的定位精度要高于 1#、3#、5#、7#，也就是说靠边的定位精度差一些，靠近阵列中心定位精度相对要高，这一点与 S_0 模态波的情形类似。

表 3－13　基于 A_0 模态波的声发射源定位结果

定位速度/(m/s)	声发射源/mm							
	1#		2#		3#		4#	
	x	y	x	y	x	y	x	y
	340	340	280	280	150	340	210	280
2000	340	290	260	260	150	380	210	260
2500	340	290	260	260	150	370	210	290
3000	340	290	280	260	120	320	220	290
3500	370	260	280	260	120	320	220	290
4000	360	280	280	300	120	370	220	290
定位速度/(m/s)	声发射源/mm							
	5#		6#		7#		8#	
	x	y	x	y	x	y	x	y
	150	150	210	210	340	150	280	210
2000	140	150	210	210	370	180	270	220
2500	160	140	210	210	370	180	280	220

续表

定位速度/(m/s)	声发射源/mm							
	5#		6#		7#		8#	
	x	y	x	y	x	y	x	y
	150	150	210	210	340	150	280	210
3000	160	140	210	210	320	180	280	220
3500	160	160	210	210	380	180	280	220
4000	130	160	210	240	360	120	280	220

因此，可以得出如下结论，靠近阵列中心的声发射源定位精度要比靠边的精度高。对比 S_0 模态波和 A_0 模态波的整体定位效果可知，S_0 要优于 A_0。这可能是由于 A_0 频散大，包含反射波，定位效果比 S_0 差一些。在其他的声发射源点也可以得到类似的结果。在实际工程应用中，由于 A_0 的能量要明显强于 S_0，其抗干扰能力较强，因此推荐使用 A_0。

3.6.3 钢板的声发射源定位实验及结果分析

实验中所使用的钢板的尺寸为 500mm × 500mm × 5mm，传感器布置如图 3 – 65 所示。实验过程中有 9 处声发射源，相应的坐标为 1#(450mm,

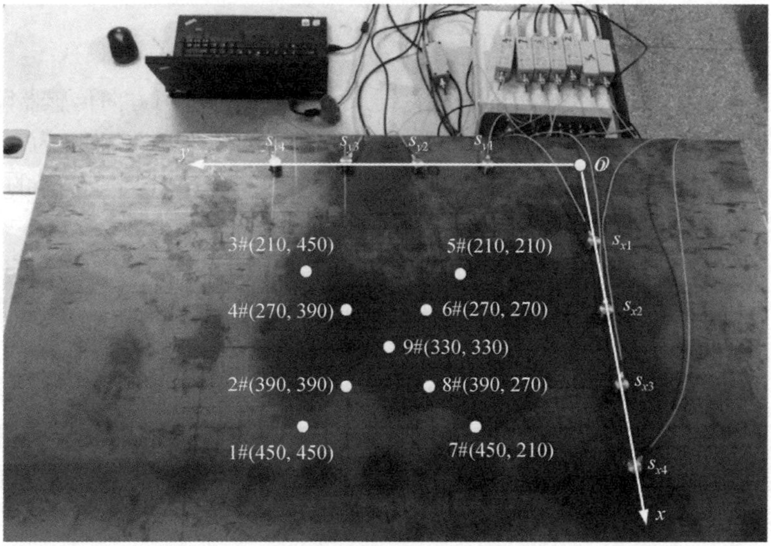

图 3 – 65　传感器布置方式及声发射源位置示意图

50mm)、2#(390mm,390mm)、3#(210mm,450mm)、4#(270mm,390mm)、5#(210mm,210mm)、6#(270mm,270mm)、7#(450mm,210mm)、8#(390mm,270mm)、9#(330mm,330mm)。采样频率为3MHz。图3-66是一个断铅信号的时域波形，可以看出A_0波的能量（幅值）要明显大于S_0波，并且有很多反射信号。

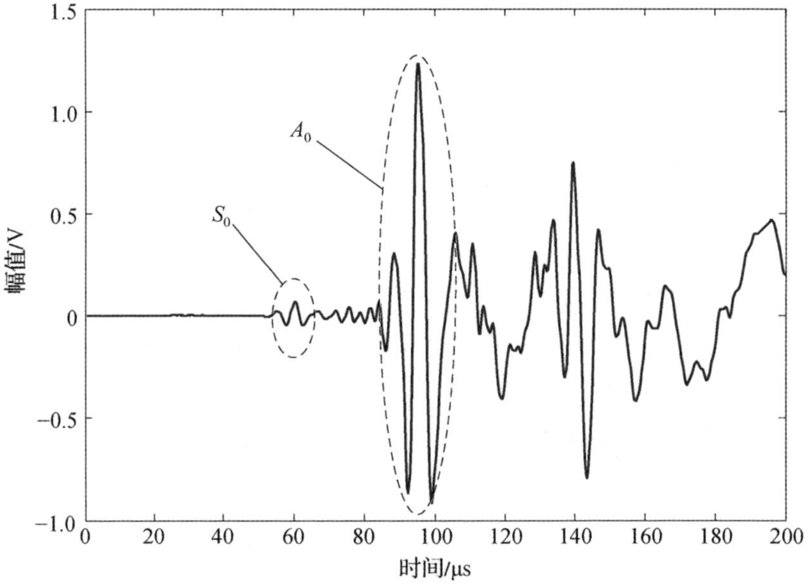

图3-66　断铅信号的时域波形

图3-67是经过阵列输出的归一化结果，水平和垂直两方向传感器阵列的定位结果分别如图3-67（a）和（b）所示。真实的声发射源坐标为（330mm，330mm）。从图中可以看出，沿阵列方向的输出旁瓣较小，具有较高的分辨率，而在阵列垂直方向旁瓣和主瓣混在一起，分辨率较差。

基于S_0模态波和A_0模态波的定位结果分别如表3-14和表3-15所列。可以看出无论是S_0模态波还是A_0模态波用于声发射源定位时，本章研究的基于波束形成的双阵列定位方法可以较好地定位出声发射源位置。同时可以看出2#、4#、6#、8#声发射源的定位精度要高于1#、3#、5#、7#。对比S_0模态波和A_0模态波的整体定位效果可知，S_0要优于A_0。这可能是由于A_0频散大，包含反射波，定位效果比S_0差一些。在其他的声源点也可以得到类似的结果。所得结果与上一节相似。

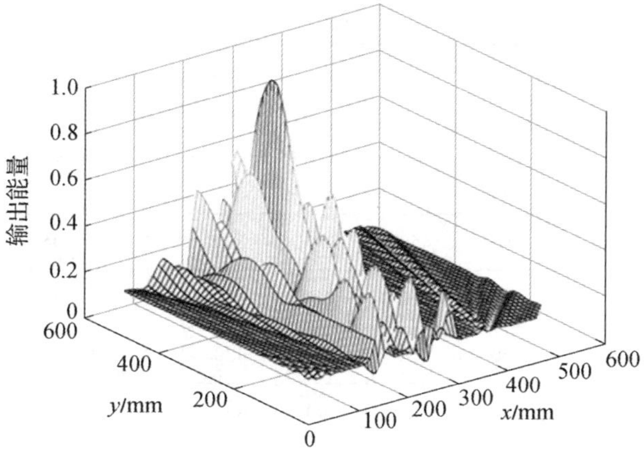

(a) 水平传感器阵列

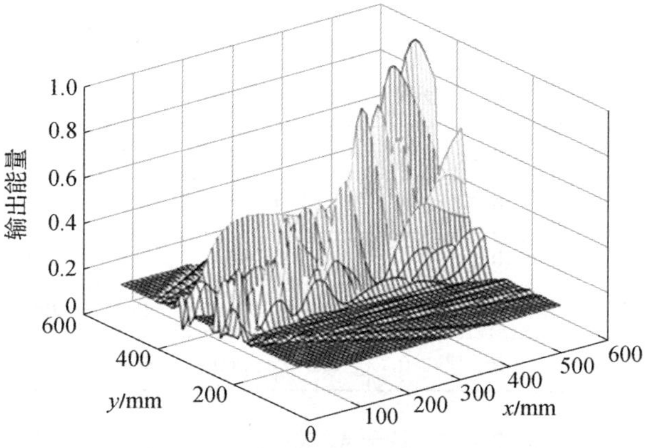

(b) 垂直传感器阵列

图 3－67　声发射波束形成阵列输出能量图

表 3－14　基于 S_0 模态波的定位结果

定位速度/(m/s)	声发射源/mm							
	1#		2#		3#		4#	
	x	*y*	*x*	*y*	*x*	*y*	*x*	*y*
	450	450	390	390	210	450	270	390
2000	440	450	390	390	210	460	260	390
2500	450	460	390	390	200	460	260	390

续表

定位速度/(m/s)	声发射源/mm							
	1#		2#		3#		4#	
	x	y	x	y	x	y	x	y
	450	450	390	390	210	450	270	390
3000	450	460	390	390	200	470	260	390
3500	450	460	390	420	200	470	260	390
4000	450	460	390	420	200	470	260	390

定位速度/(m/s)	声发射源/mm							
	5#		6#		7#		8#	
	x	y	x	y	x	y	x	y
	210	210	270	270	450	210	390	270
2000	210	250	270	260	470	260	390	290
2500	210	240	270	260	470	230	390	260
3000	210	240	260	260	460	220	390	260
3500	210	250	260	260	460	220	390	260
4000	210	250	260	260	460	220	390	270

表 3-15　基于 A_0 模态波的定位结果

定位速度/(m/s)	声发射源/mm							
	1#		2#		3#		4#	
	x	y	x	y	x	y	x	y
	450	450	390	390	210	450	270	390
2000	450	410	330	330	210	450	320	390
2500	470	410	390	330	210	460	270	420
3000	470	450	390	390	210	460	270	420
3500	470	450	390	390	210	460	270	420
4000	470	450	390	390	210	460	270	420

续表

定位速度/(m/s)	声发射源/mm							
	5#		6#		7#		8#	
	x	y	x	y	x	y	x	y
	210	210	270	270	450	210	390	270
2000	200	210	300	290	460	250	420	270
2500	200	210	270	290	450	210	420	270
3000	210	210	270	290	470	210	420	270
3500	210	210	270	260	470	210	420	300
4000	210	210	270	260	420	230	420	300

3.6.4 碳纤维增强复合材料板的声发射源定位实验及结果分析

碳纤维复合材料板的尺寸为500mm(长)×500mm(宽)×2.5mm(厚)，共有18层铺层，每层厚度为0.12mm，铺层方向的顺序为［45°/0°/－45°/90°/0°/45°/0°/－45°/0°］$_S$。如图3－68所示，在碳纤维板表面布置8个声发射压电传感器组成的双传感阵列，两个传感器相距50mm。声发射源位置为1#(200mm,200mm)、2#(200mm,350mm)、3#(350mm,350mm)、4#(350mm,200mm)、5#(275mm,275mm)。水平方向的直线型传感器阵列所采集到的某一个声发射源的声发射信号如图3－69所示。通过钢板和碳纤维板的声发射信号对比表明，碳纤维板中的声发射信号较钢板的复杂，最明显的特征就是A_0模态波的波包与钢板中的不同。

进一步地对比各传感器采集到的同一个声发射源产生的声发射信号，发现A_0模态波的波包存在明显的差异。这可能是由于A_0模态波在传播过程中受到了严重的频散及反射波的影响。若直接将这些A_0模态波用于声发射波束形成，定位精度显然不高。在此只采用S_0模态波进行声发射波束形成法定位。先取一个声发射源作为定位对象，其坐标为（275mm,75mm)，波束形成能量归一化分布如图3－70所示。从图中可以很清晰地看出识别出的声发射源位置，即为能量最大的区域。

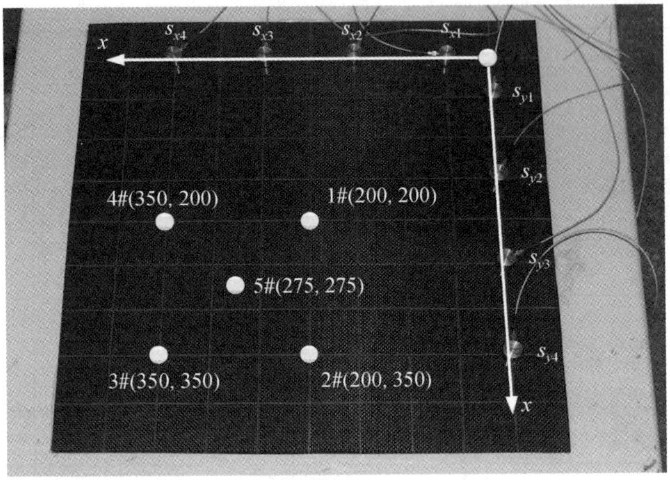

图 3－68　碳纤维复合材料板声发射实验

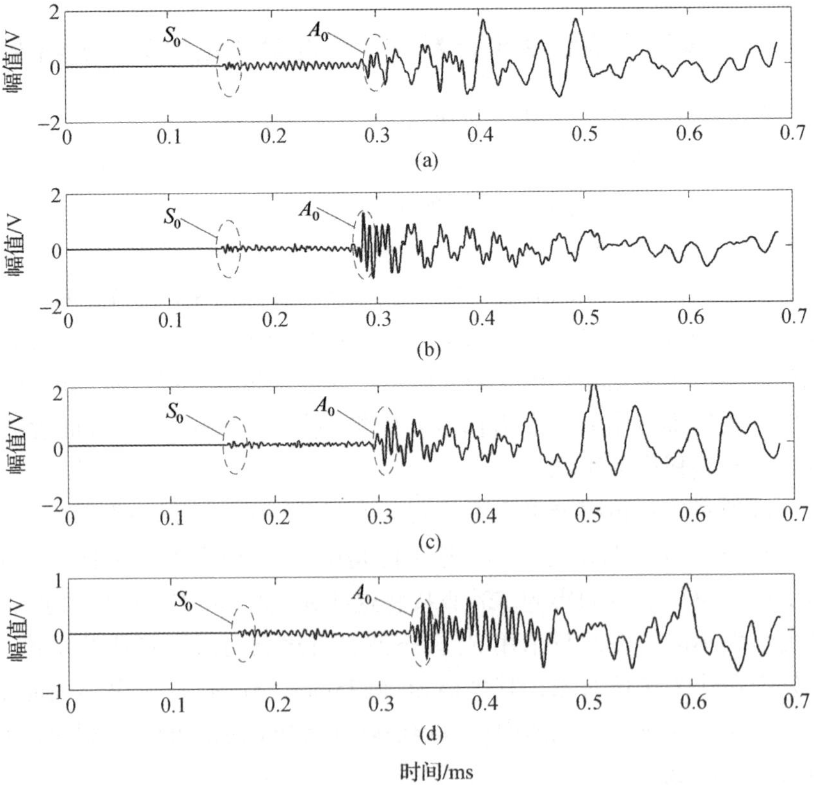

图 3－69　声发射信号的时域波形

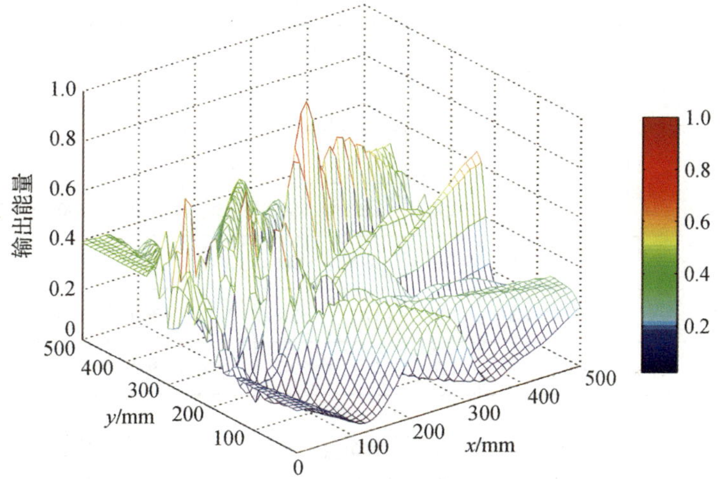

图 3-70 波束形成阵列输出能量图

所有声发射源的定位结果如表 3-16 所列。分析表中的定位结果可知，当 S_0 模态波用于声发射源定位时，定位精度较高。当定位速度比真实波速低很多时，定位精度有所下降，识别出的声发射位置与真实声源位置有所偏离。因此，在实际应用过程中，当波速未知时，在定位过程中可以选取相对较大的波速。对比钢板与碳纤维板的定位结果，可以看出在碳纤维板上的定位精度整体上要比钢板稍低，但可以满足实际工程的需要。

表 3-16 声发射源的定位结果

定位速度/(m/s)	声发射源/mm									
	1#		2#		3#		4#		5#	
	x	*y*	*x*	*y*	*x*	*y*	*x*	*y*	*x*	*y*
	200	200	200	350	350	350	350	200	275	275
5000	190	200	190	360	310	420	300	240	260	280
5500	190	200	190	360	310	420	300	210	260	280
6000	190	200	180	400	310	410	370	210	260	280
6500	190	200	180	300	320	320	370	210	260	280
7000	210	200	180	390	320	390	370	210	260	280
7500	210	200	180	380	320	370	370	210	260	280

续表

定位速度/(m/s)	声发射源/mm									
	1#		2#		3#		4#		5#	
	x	y	x	y	x	y	x	y	x	y
	200	200	200	350	350	350	350	200	275	275
8000	210	200	180	380	320	370	360	210	260	280
8500	190	200	180	370	320	360	360	210	260	280
9000	190	200	180	360	320	360	360	210	260	280

这种无须测量准确波速的声发射源定位方法，通过在被测试对象表面沿长（x）、宽（y）两个方向分别布置一个均匀的直线传感器阵列，可较好地识别出声发射源的 x 和 y 坐标，具有较高的定位精度。该方法无需测量准确的波速，定位精度对于速度的容错能力较好。主要有如下定位规律。

（1）基于波束形成法的 L 型阵列定位方法在速度方面具有很好的容错能力，且这两个传感器阵列可以互相补偿，从而消除对定位速度的依赖。此外，在定位性能方面，靠边的声发射源精度差一些，靠阵列中心定位精度相对要高。

（2）对比 S_0 模态波和 A_0 模态波的整体定位效果可知，S_0 要优于 A_0。这可能是由于 A_0 频散大，包含反射波，定位效果比 S_0 差一些。在实际工程应用中，如果测得的声发射信号的信噪比较高，在声发射源定位的过程中，S_0 波是比较好的选择。反之，如果信噪比较低，由于 A_0 的能量要明显大于 S_0 波，其抗干扰能力较强，推荐使用 A_0 波。

（3）碳纤维复合板中的声发射源定位实验表明，所提出的双阵列方法能够解决各向异性材料板中的声发射源定位问题。对比钢板与碳纤维板的定位结果，可以看出碳纤维板的定位精度整体上要比钢板的低。这是由于碳纤维板中的声发射信号比钢板中的声发射信号复杂，特别是由于 A_0 模态波在传播过程中受到了严重的频散效应及反射波的影响。若直接将这些 A_0 模态波用于声发射波束形成，定位精度显然不高。在实际的复合材料板定位应用中，尽可能使用 S_0 模态波。

3.7 小结

本章对声发射波束形成法的定位性能进行了介绍，总结如下。

（1）声发射波在结构中的传播特性会影响波束形成法的定位精度。

（2）声发射波束形成法的定位精度具有很大的速度依赖性，定位精度受定位速度的影响，同时在阵列方向具有一定的速度稳定性，定位精度较高。

（3）非均匀温度场对声发射波束形成法的定位结果有影响，但是由于阵列方向具有一定的速度稳定性，声发射波束形成法也能够在特定的阵列方向能得到满意的精度。

（4）波束形成法的阵列参数对声发射源的定位结果有影响，在实际工程应用中，应当根据需求选择合适的参数，以保证良好的定位性能。

参考文献

[1] MAILLOUX R J. Phased array antenna handbook [M]. Boston: Artech House, 1994.

[2] 杜功焕，朱哲民，龚秀芬. 声学基础 [M]. 南京：南京大学出版社，2001.

[3] MCLASKEY G C, GLASER S D. Hertzian impact: experimental study of the force pulse and resulting stress waves [J]. The Journal of the Acoustical Society of America, 2010, 128 (3): 1087 – 1096.

[4] MCLASKEY G C, GLASER S D, GROSSE C U. Beamforming array techniques for acoustic emission monitoring of large concrete structures [J]. Journal of Sound and Vibration, 2010, 329 (12): 2384 – 2394.

[5] 何田，肖登红，刘献栋，等. 基于近场波束形成法的声发射源定位研究 [J]. 振动工程学报，2012，25 (2)：199 – 205.

[6] 肖登红. 板状结构损伤声发射定位理论及方法研究 [D]. 北京：北京航空航天大学，2014.

[7] HE T, XIAO D, PAN Q, et al. Analysis on accuracy improvement of rotor – stator rubbing localization based on acoustic emission beamforming method [J]. Ultrasonics, 2014, 54 (1): 318 – 329.

[8] MOSER F, JACOBS L J, QU J. Modeling elastic wave propagation in waveguides with the finite element method [J]. NDT & E International, 1999, 32 (4): 225 – 234.

[9] HAMSTAD M A, OGALLAGHER A, GARY J. A wavelet transform applied to acoustic emission [J]. Journal of Acoustic Emission, 2002, 20: 39 – 61.

[10] FAN Z, LOWE M, CASTAINGS M, et al. Torsional waves propagation along a waveguide of arbitrary cross section Immersed in a perfect fluid [J]. The Journal of the Acoustical Society of America, 2008, 124 (4): 2002 – 2010.

[11] SAUSE M, HORN S. Simulation of acoustic emission in planar carbon fiber reinforced plastic specimens [J]. Journal of Nondestructive Evaluation, 2010, 29 (2): 123 – 142.

[12] GORMAN M R. Plate wave acoustic emission [J]. The Journal of the Acoustical Society of America, 1991, 90 (1): 358 – 364.

[13] HAMSTAD M A, O GALLAGHER A, GARY J. Effects of lateral plate dimensions on acoustic emission signals from dipole sources [J]. Journal of Acoustic Emission, 2001, 19: 258 – 274.

第4章 基于板波理论和时频分析的声发射源定位方法

从第3章可以看出，要减小误差、去除伪模态、提高波束形成法的定位精度，需对测试过程以及测试得到的声发射波进行以下工作。

(1) 减小模态数量。可先根据式（3-19）计算结构中的模态截止频率，然后可根据各模态分量的频带范围，利用滤波选择信号的频率成分来减小模态数量。

(2) 减小频散效应。频率越宽，频散效应越明显，因此，需要限制信号的频率范围。

(3) 获得较准确的定位速度。直线阵列波束形成法在阵列方向的定位精度较高，对定位速度的容错能力较强，而在阵列垂直方向的定位精度受速度影响较大。因此，为获得较为精确的定位精度，应减小定位速度的误差。预先测试时常难以描述损伤声发射信号成分的传播速度，而通过板波理论确定传播速度较可行[1]。

(4) 消除阵列尺度的影响。考虑到待检测的区域大小以及测试成本，难以在测试区域内布置大量传感器。因此，在实际测试过程中常存在传感器数量不足的问题。因此，需要探索消除阵列尺度影响的测试方法。

为此，本章介绍结合板波理论和时频分析的声发射定位方法。

4.1 基于板波理论和小波包分解的高精度声发射源定位方法

4.1.1 降低多模态和频散效应影响的小波包频带选取方法

1）小波变换与小波包分解

小波变换广泛应用于现代数据处理领域[2]，小波变换是一种多分辨率分析方法，其过程可以参考相关的文献[3-5]。小波变换可将信号在不同的频带内进行分解，具体分解过程如图4-1所示。首先，将原始信号 S 分解为 a_1 和 d_1

两部分子信号，其中，a_1 部分只含有信号 S 中的低频成分，d_1 部分只含有信号 S 中的高频成分；接着在下层分解过程中，将低频部分 a_1 分解为 a_2 和 d_2 两部分子信号，其中 a_2 部分只含低频成分，d_2 部分只含高频成分，据此对信号进行多次分解。从小波的分解结构示意图可知，小波变换在每一次分解过程中，仅进行低频部分的分解。因此，低频信号部分在频域内的分辨率较高，而在时域内的分辨率较低；高频信号部分则在频域内的分辨率较低，而在时域内的分辨率较高。也就是说，其在高频频段频率分辨率较差，而在低频频段时间分辨率较差。

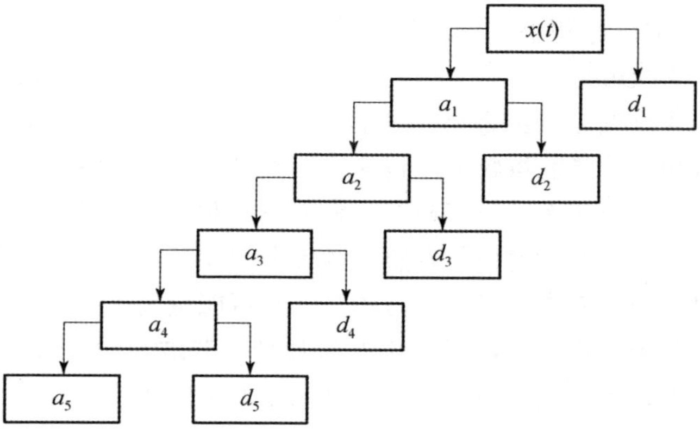

图4-1　小波三层分解示意图

小波包分解是比小波分析更精细的一种分解，具有比小波变换更广泛的应用价值。以小波包分解第三层系数 $w_{3j}(j=0,1,2,3,4,5,6,7)$ 的重构信号 $x_{3j}(j=0,1,2,3,4,5,6,7)$ 表示第三层从低频到高频的8个频率成分的信号特征。则信号 S 可以表示为

$$x=x_{30}+x_{31}+x_{32}+x_{33}+x_{34}+x_{35}+x_{36}+x_{37} \tag{4-1}$$

在小波包分解中，各层小波包分解可认为是带通或低通滤波器。当一个采样频率为 f_s 的信号经过 i 层分解后，第 i 层所有子信号的频率为

$$\left\{\left[0,\frac{f_s}{2^{j+1}}\right],\left[\frac{f_s}{2^{j+1}},\frac{2f_s}{2^{j+1}}\right],\left[\frac{2f_s}{2^{j+1}},\frac{3f_s}{2^{j+1}}\right],\cdots,\left[\frac{(2^j-1)f_s}{2^{j+1}},\frac{f_s}{2}\right]\right\} \tag{4-2}$$

若将信号的最高频率成分看成1，最低频率成分看成0，则各频率成分所代表的具体频带如表4-1所列。

本节使用小波包分解获取频带信号能量较大、包含模态不多、频散效应相对较小的声发射信号分量，以提高波束形成法的定位精度。

表 4-1　各频率成分所代表的频率范围　　　单位：MHz

各低层频率成分	所代表的频率范围	各高层频率成分	所代表的频率范围
S_{30}	0 ~ 0.125	S_{34}	0.500 ~ 0.625
S_{31}	0.125 ~ 0.250	S_{35}	0.625 ~ 0.750
S_{32}	0.250 ~ 0.375	S_{36}	0.750 ~ 0.875
S_{33}	0.375 ~ 0.500	S_{37}	0.875 ~ 1.000

2）基于传播特性和小波包分解选择频带信号

分析频散曲线可知，只有到达一定频率，才会出现较高阶模态。另外，随频率的变化，各阶模态的频散效应不同。因此，可通过小波包的频带能量分解，选择获取频带信号能量较大、包含模态不多、频散效应相对较小的低频段信号分量进行定位，从而减小多模态、频散效应对定位的影响。

需要说明的是，声发射信号在整个频带上的能量并非均匀分布，在进行频带能量选择时，还需考虑声发射信号本身的频带能量大小，综合考虑选择合适的频带。在本章中，将选择合适的小波包频带以获取只包含 A_0、S_0 两种模态且子带能量相对较大的频带重构信号，并用于波束形成法定位。

4.1.2　基于板波理论的定位速度计算

频散现象导致在较宽的频带范围内，各频率成分声发射波的速度差异较大。如果分别以两种波速进行定位，会出现伪声源，而两种定位速度下定位出的相近声发射源点即可认为是实际声发射源。

如果阵列分辨率不足以定位出两个声发射源位置，这时可对定位速度进行校正。考虑速度变化带来的非线性效应，使用速度校正经验公式：

$$v = \left(\frac{v_1 + v_2}{2}\right) \tag{4-3}$$

式中：v_1 为 S_0 模态波的速度；v_2 为 A_0 模态波的速度；v 为校验之后的速度。

采用均匀直线阵列，声发射传感器数量为 7 个，间隔 3cm 等间距布置。以阵列中第一个声发射传感器的中心作为原点，以阵列水平方向为 x 轴，阵列垂直方向为 y 轴，建立坐标系。假设声发射源为中心频率为 0.25MHz 的正弦波，声发射源坐标为（200mm, 800mm），并假设扩展波的传播速度 v_s = 4800m/s，弯曲波的传播速度 v_a = 2800m/s。利用校正式（4-3）计算定位所需的波速为 3800m/s，之后进行波束形成法定位，图 4-2 是利用校正速度定位的结果，可见，定位点接近真实声发射源。

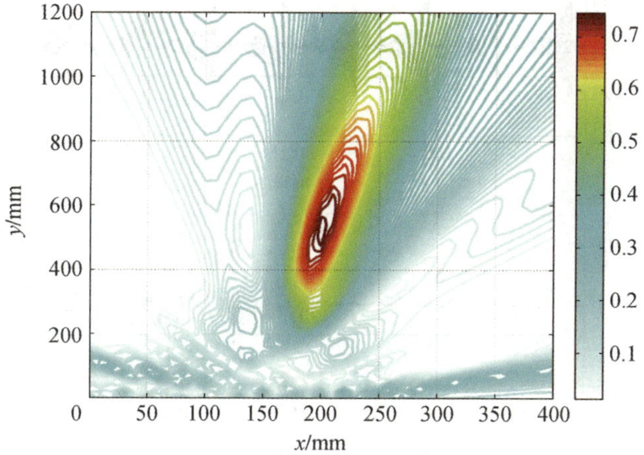

图 4-2 校正速度用于波束形成的定位结果

4.1.3 高精度声发射源定位方法的实验验证

1）实验装置及测试过程

为了验证改进声发射波束形成法的效果，进行旋转机械碰摩定位研究。转静件碰摩故障模拟实验台如图 4-3 所示，材料为钢，7 个声发射传感器布置在薄壁圆筒的一端。薄壁圆筒厚 3mm，直径为 320mm。坐标原点位于最上端传感器中心，各传感器间隔为 47.3mm。在薄壁圆筒上多次测试得到的传播速度为 2700～3100m/s。利用转盘上的模拟叶片与薄壁圆筒碰摩，声发射信号采样频率为 2.5MHz。某一通道的实验数据如图 4-4 所示，可以看出碰摩过程中声发射信号冲击特征明显，在下次碰摩之前逐渐衰减。

图 4-3 碰摩模拟实验台

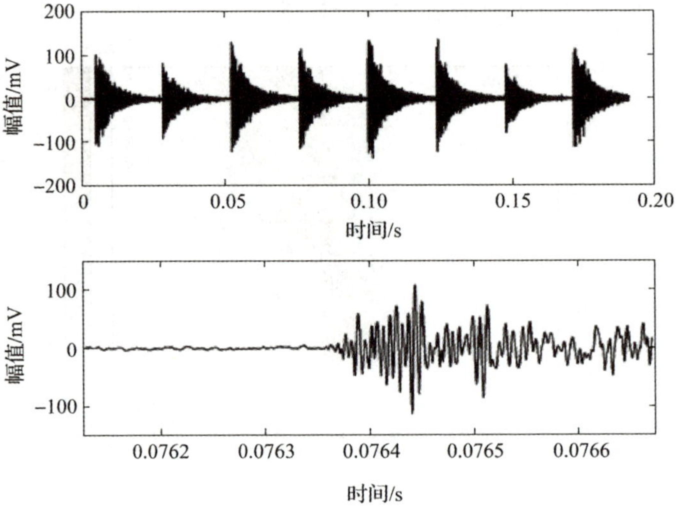

图 4－4　碰摩时某通道的部分时域波形

从波形放大图中可以看出：①在下次碰摩到来之前，上次碰摩的声发射信号基本衰减完毕；②由于声发射信号传播距离短，碰撞引起的扩展波和弯曲波没有明显分离。停机后，经测量薄壁圆筒上的痕迹得到碰摩区域位于 x：160～170mm，y：205～220mm 区域。

2）结果对比

直接利用波束形成法进行定位的效果如图 4－5 所示。阵列输出的能量集中位置有两处（信号包含的模态较多且频散效应严重），而且都偏离碰摩区域，因此定位不准确。利用本章的方法重新对碰摩进行定位，首先对碰摩信号

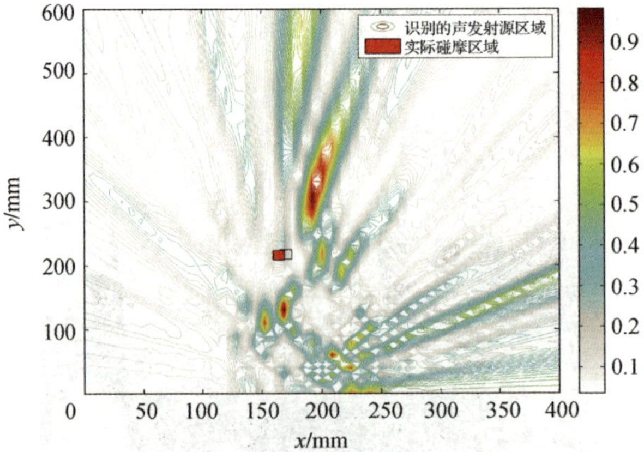

图 4－5　直接应用波束形成法的定位结果

的进行傅里叶变换，得到图4-6（b）所示的频谱图，可见声发射能量主要集中在0~0.5MHz范围内；利用小波包变换进行三层分解，提取频段为S_{32}段信号分量（0.078~0.117MHz，该段信号分量能量较大，通过计算截止频率可知，信号里面只包含A_0和S_0两种模态，且两者的频散效应在该区间都相对较低）。根据图4-7频散曲线可知，位于0.078~0.117MHz频段之间的S_0波传播速度范围为5415~5427m/s，A_0波传播速度范围为2450~2742m/s。

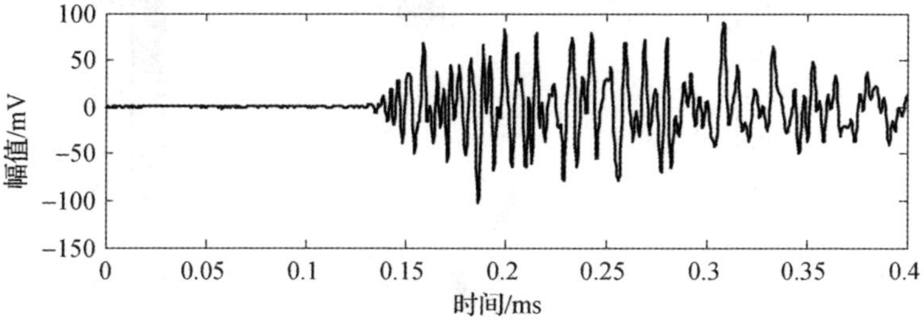

(a)

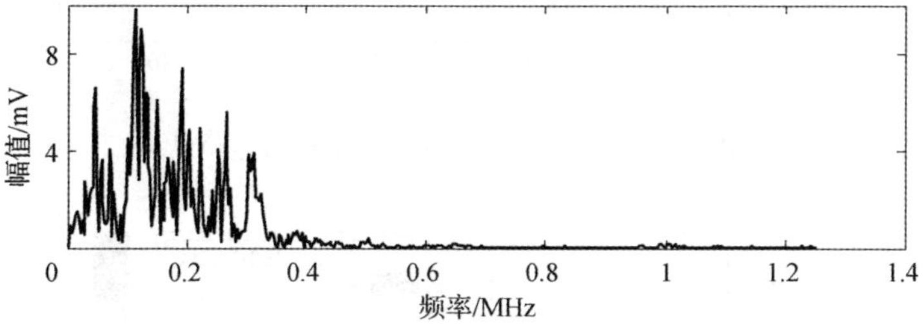

(b)

图4-6　碰摩声发射信号

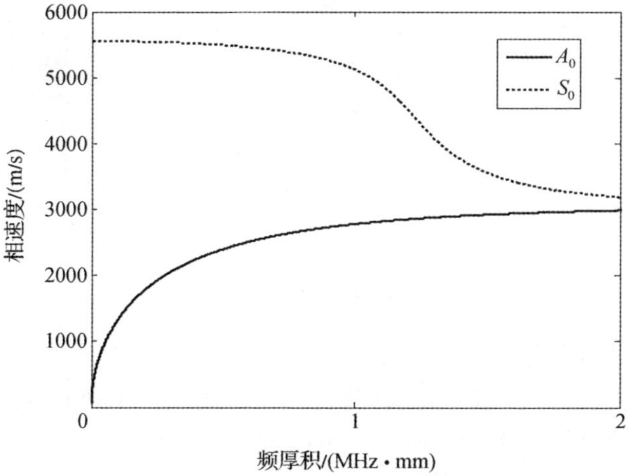

图4-7　钢板的相速度频散曲线

选取 S_0 模态波用于波束形成法，当定位波速取 5400m/s 时，定位结果如图 4－8 所示，可以看出，识别出的声发射源位于真实声发射源位置的下方。选取 A_0 模态波用于波束形成法，当定位波度取 2700m/s 时，定位结果如图 4－9 所示，从图中可以看出识别出来的声发射源位于真实声发射源位置的上方。

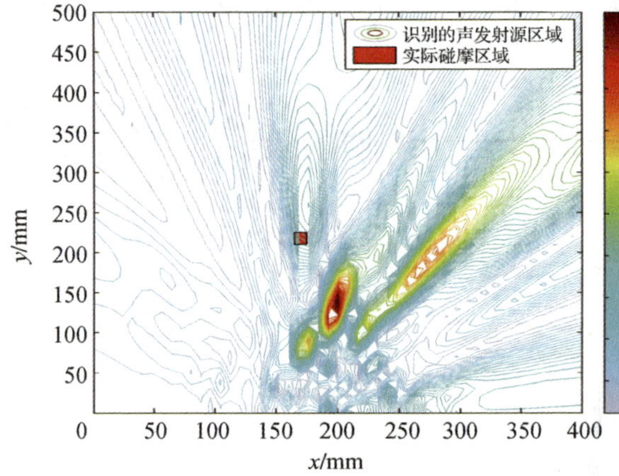

图 4－8　基于 S_0 模态的波束形成法定位结果

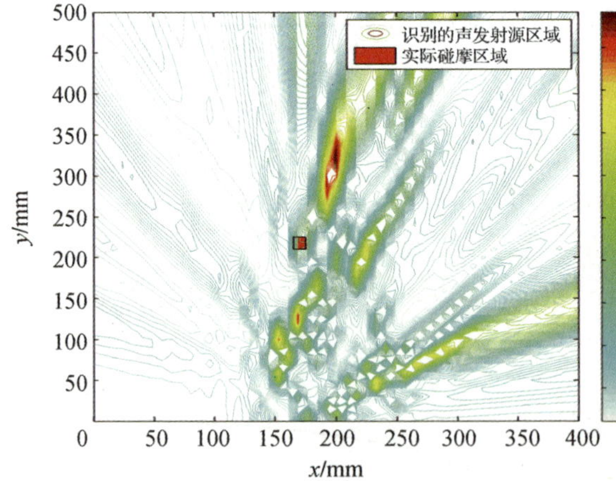

图 4－9　基于 A_0 模态的波束形成法定位结果

S_0 波传播速度的平均值是 5421m/s，A_0 波传播速度的平均值是 2596m/s，基于平均值利用校正式（4－3）计算得到定位速度为 4008m/s，之后进行波束形成法定位，结果如图 4－10 所示，可以看出只存在一个较大的波包，且 y 向的输出与实际的碰摩区域接近。

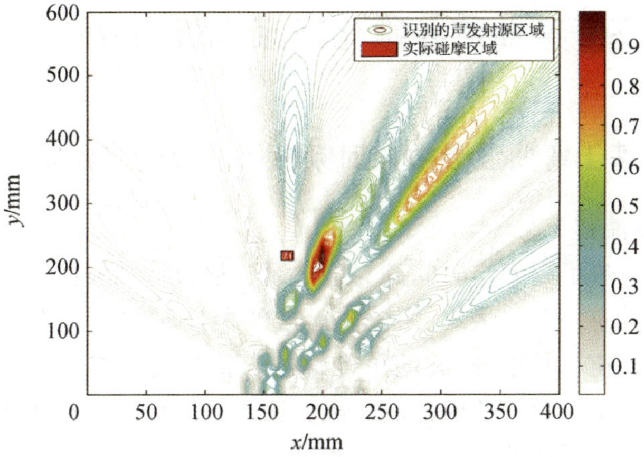

图 4-10　应用板波理论的波束形成法定位结果

产生定位误差的原因主要有两个方面。①x 方向的误差：根据碰摩声发射信号定位出的位置是碰摩起始（非常轻微的碰摩）的区域，早于碰摩痕迹明显（较强的碰摩阶段）的区域。实验中转子叶片的移动方向是 x 负方向，于是定位出的声发射源在 x 方向的位置偏离实际碰摩区域，即 $x=200\text{mm}$。②y 方向的误差：多模态导致了伪声发射源，速度误差导致定位点偏离实际声发射源位置。可见，本节提出的方法可较准确地识别出碰摩故障的纵向位置。

通过上述对比分析可得出以下结论。

（1）当声发射信号中含有多个模态时，会产生明显伪声发射源。根据此分析可得出，两种定位波速下定位出的相近声发射源点即可认为是真实声发射源。频散效应导致幅值在相差不大的多个频率成分传播速度相差较大，这可带来较大定位误差，因此需减小频散效应的影响。

（2）阵列尺度受限时，例如，传感器数量不足或结构布置尺寸有限，需考虑阵列分辨率对定位精度的影响。当出现分辨率不足时，可考虑应用本章的经验公式以校正速度的方式进行定位点校正。

（3）通过小波包的频带分解，选择获取频带信号能量较大、包含模态不多、频散效应相对较小的信号分量进行波束形成定位，可在一定程度上消除多模态和频散现象对定位结果的影响；结合小波包频带分解和频散曲线，可从理论上得到合适的信号成分速度，进而避免门限选择不当导致的测试速度误差。

4.2 基于弯曲波参数化时频分析的单传感器定位方法

4.2.1 基于弯曲波参数化时频分析的单传感器定位原理

1）方法及流程

时频曲线反映了频率与时间的对应关系，通过弯曲波的频散曲线可以获得频率与速度的对应关系。最终，构建 A_0 波的传播时间 t_{A_0} 与群速度 c_g 的关系。基于这个思想，建立基于 A_0 波的单传感器定位方法。需要说明的是，通过该方法只能获得声发射源与传感器的距离，而不是坐标，严格来讲是单传感器定距方法。如果已知损伤的先验位置，则结合定位出的损伤源距离某些情况下也能判断损伤具体位置。

若 A_0 模态波中频率为 f_1 的分量到达传感器的时间为 $t_{A_0}(f_1)$，频率 f_2 的分量到达时间为 $t_{A_0}(f_2)$，则传播距离 L 为

$$L = [t_{A_0}(f_1) - t_0] \cdot c_g(f_1) \tag{4-4}$$

$$L = [t_{A_0}(f_2) - t_0] \cdot c_g(f_2) \tag{4-5}$$

式中：$c_g(f_1)$ 和 $c_g(f_2)$ 分别为 A_0 波对应频率的群速度；t_0 为声发射源开始时间。

声发射信号传播距离可表示为

$$L = [t_{A_0}(f_1) - t_{A_0}(f_2)] / \left[\frac{1}{c_g(f_1)} - \frac{1}{c_g(f_2)}\right] \tag{4-6}$$

基于弯曲波频散时频特性的单传感器定位流程为：

（1）首先，通过参数化时频分析的方法提取信号中 A_0 波的时频特性；

（2）其次，通过时频图提取每一时刻幅值的最大值作为时频图的“脊线”，得到时间 t 与频率 f 之间的关系；

（3）再次，运用 A_0 波的理论频散曲线，获得群速度 c_g 与频率量 f 之间的关系；

（4）最后，在脊线函数拐点附近选择两个频率点，得到时差和速度差，代入式（4-6）即可得到定位距离。

2）基于仿真信号时频分析的单波定位

弯曲波 A_0 的时频特性是影响定位准确性的关键因素。传统的基于傅里叶变换的信号处理方法仅在时间或频率单个域内对信号进行分析，无法获取频率随时间变化的信息，为此，需发展出同时兼顾时域和频域的时频分析方法。本

节采用基于样条调频小波变换（spline - kernelled chirplet transform，SCT）的参数化时频方法[6-7]，采用能辨识伪声源的仿真方法获得传播距离为200mm、300mm、400mm下的时频图和脊线图，如图4-11和图4-12所示。从时频图中可看出 A_0 在时频分布上符合理论频散曲线的趋势，具体方法将在7.2节中介绍。

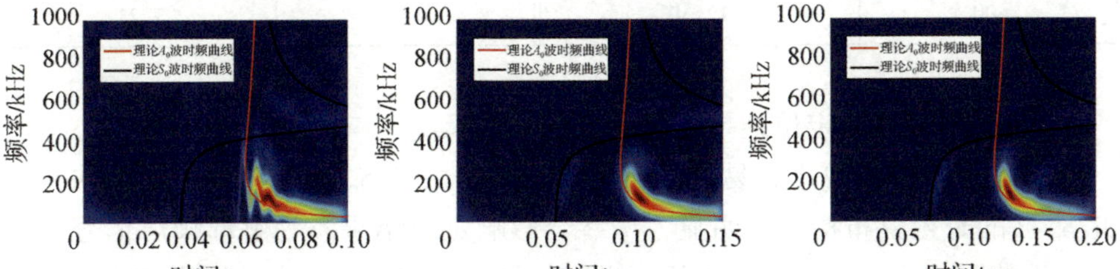

(a) 200mm　(b) 300mm　(c) 400mm

图4-11　仿真信号时频特征图

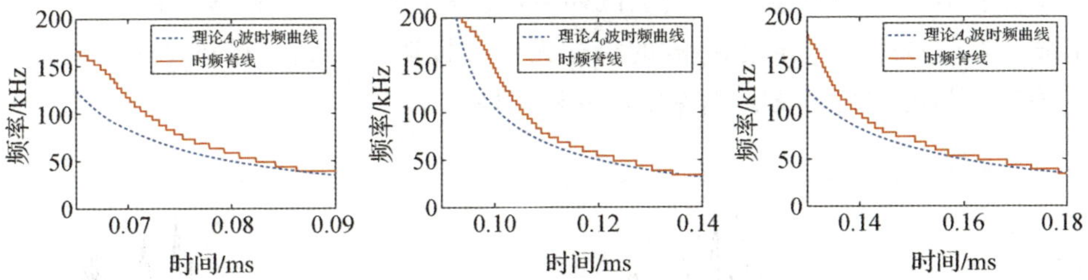

(a) 200mm　(b) 300mm　(c) 400mm

图4-12　仿真信号脊线图

在距离为200mm、300mm、400mm的时频图中可以看出，A_0 波特征较明显的频段是50~200kHz，为此分别选取 w 对频率点 $[f_{i1}, f_{i2}]$ $(1 \leqslant i \leqslant w)$，分别提取时间 $[t_{A_0}(f_{i1}), t_{A_0}(f_{i2})]$，将频率带入 A_0 模态波的频散曲线，获得群速度 $[c_g(f_{i1}), c_g(f_{i2})]$，于是定位的平均误差 ζ_{error} 可表示为

$$\zeta_{\text{error}} = \frac{1}{w}\sum_{i=1}^{w}\frac{1}{L}\left|L - L_i\right| = \frac{1}{w}\sum_{i=1}^{w}\frac{1}{L}\left|L - [t_{A_0}(f_{i1}) - t_{A_0}(f_{i2})] \Big/ \left[\frac{1}{c_g(f_{i1})} - \frac{1}{c_g(f_{i2})}\right]\right| \tag{4-7}$$

在 A_0 频段选取10对（$w=10$）频率点，分别计算仿真模型的声发射信号定位结果，如表4-2所列。A_0 波在群速度2300~3200m/s范围内，时频能量集中性好，频散特性明显，可提取到包含有效定位信息的时频曲线。

表 4 – 2　仿真信号时频分析定位结果

声发射源/mm	最大误差/%	最小误差/%	平均误差/%
200	9.35	2.51	7.15
300	14.49	0.33	5.18
400	12.30	1.60	7.21

3）噪声信号对定位结果的影响

S_0 波通常能量较小，易受噪声干扰。同时由于 S_0 波的衰减相对较快，因此 S_0 波的时频分布特征不明显，最终会影响定位结果。为解释噪声信号对定位结果的影响，在仿真信号中添加噪声信号，研究该定位方法在噪声干扰情况下的特性。

图 4 – 13 为添加噪声前后的 300mm 处仿真声发射信号时域图。由于 S_0 波的幅值远小于 A_0 波的幅值，当测试环境存在较高噪声时，信号携带的 S_0 波易于被噪声信号掩盖，导致 S_0 波的特征无法被提取。因此，有必要研究仅基于 A_0 模态信号的定位方法，确保定位的稳健性。

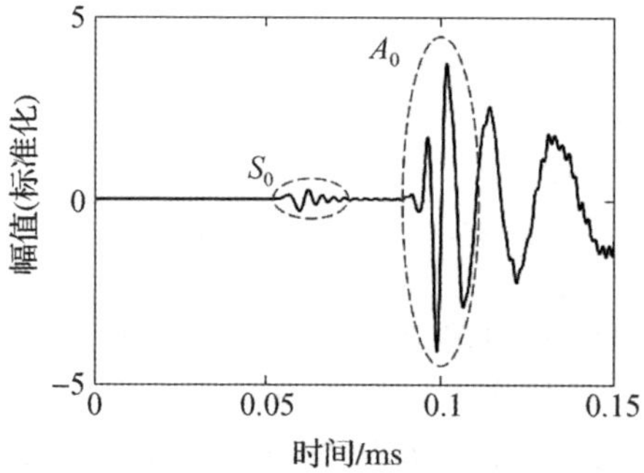

(a)原始信号

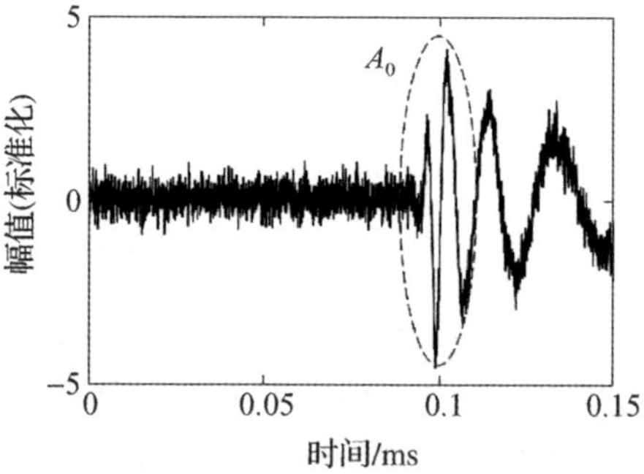

(b) 加入噪声后声发射信号

图 4 – 13　添加噪声前后的 300mm 处仿真声发射信号时域图

图 4 – 14 和图 4 – 15 为仿真信号中加入信噪比为 10dB 高斯白噪声的声发射时频图。加入噪声后，时频图中的 S_0 波的信息完全被高频幅值所掩盖，直接提取的 A_0 波脊线也因为噪声的影响，出现了振荡。定位结果如表 4 – 3 所列。

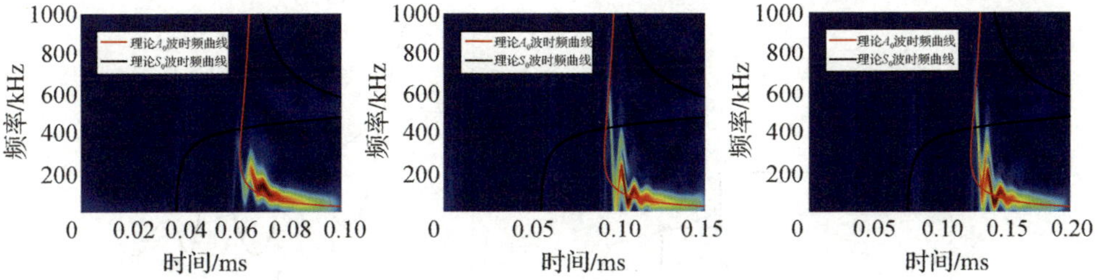

(a) 200mm (b) 300mm (c) 400mm

图 4－14　添加噪声的仿真信号时频图

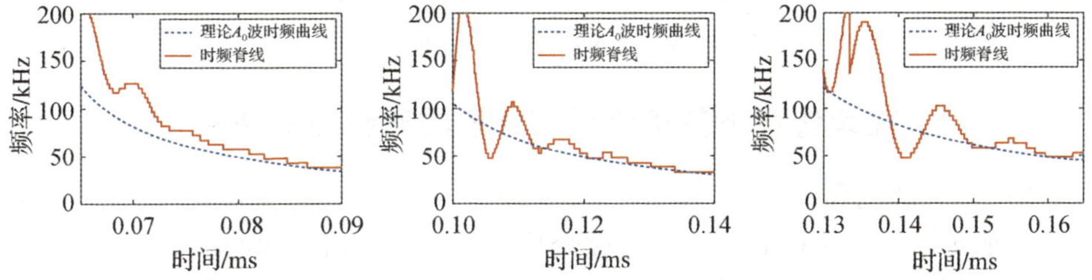

(a) 200mm (b) 300mm (c) 400mm

图 4－15　添加噪声的仿真信号脊线图

表 4－3　添加噪声的仿真信号定位结果

声发射源/mm	最大误差/%	最小误差/%	平均误差/%
200	27. 22	0. 80	7. 18
300	53. 78	1. 15	20. 26
400	48. 10	0. 93	24. 19

从脊线图（图 4－15）可以看出：①由于时频分析方法窗函数的影响，直接提取出的 A_0 波时频脊线在许多时刻存在不连续的间断点，可能出现在同一时刻对应多个频率的多值函数情况，而由频散曲线可知，频率点与群速度一一对应，这就引发一个时刻对应多个波速的问题，因此产生较大的定位偏差，如图 4－16（a）所示；②因为噪声的影响，脊线出现了振荡，脊线振荡引起的同一频率（群速度）对应多个时刻（时间差），直接用时频分析得到的脊线在有噪声的情况下是不适用的，如图 4－16（b）所示。因此，有必要建立一种弱化时频分析参数以及噪声对影响脊线的定位方法，为此引入无相延的奇异值分解方法[8] 以提取脊线的趋势。

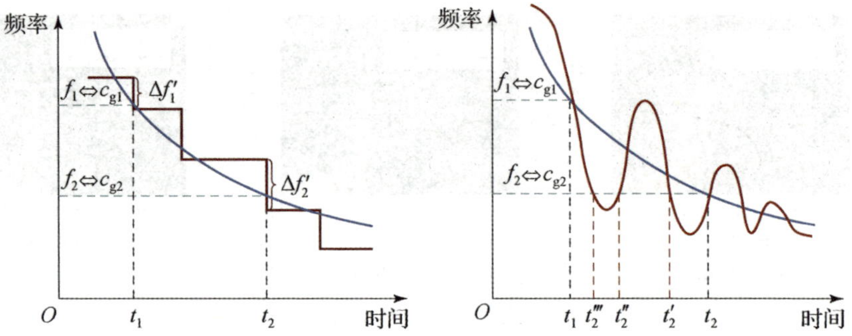

(a) 多值函数　　(b) 多时间差问题

图 4－16　引起定位误差偏大的问题

4.2.2　噪声背景下基于奇异值分解的时频波动消除方法

1）方法及流程

正如 4.2.1 节所提到，由于时频分析方法中所用窗函数的影响，脊线可出现多值函数，导致时刻对应的最大频率值发生偏移，难以提取真实的时频特征。因此需要进行滤波或趋势项提取，但一些方法（如传统的滤波方法）有相位延迟，会影响到后续的时差定位。因此，本节利用奇异值分解的方法以提取真实脊线的特征。

奇异值分解（singular value decomposition，SVD）方法可实现对数据进行降维重构[9]，已广泛应用于信号处理。根据奇异值理论，$m \times n$ 阶矩阵 $\boldsymbol{A}$ 的奇异值分解可以表示为

$$\boldsymbol{Q} = \boldsymbol{U\Lambda V}^{\mathrm{T}} \tag{4-8}$$

式中：$\boldsymbol{U}$ 和 $\boldsymbol{V}$ 分别代表 $m \times m$ 阶和 $n \times n$ 阶正交矩阵；$\boldsymbol{\Lambda}$ 表示 $m \times n$ 阶对角矩阵；矩阵 $\boldsymbol{\Lambda}$ 的对角元素作为矩阵 $\boldsymbol{Q}$ 的奇异值是降序排列的（$\lambda_1 \geqslant \lambda_M \geqslant \cdots \geqslant \lambda_m \geqslant 0$）。

对于给定的信号，采用前 $M(M<m)$ 个较大的奇异值重构时频脊线，弱化时频分析参数带来的影响，重构后的矩阵 $\boldsymbol{Q}$ 可改写为

$$\boldsymbol{Q} = \boldsymbol{U\Lambda V}^{\mathrm{T}} = \sum_{l=1}^{m} \lambda_l u_l v_l \Rightarrow \sum_{l=1}^{M} \lambda_l u_l v_l \tag{4-9}$$

式中：u_l 是 $\boldsymbol{U}$ 的第 l 个行向量；v_l 是 $\boldsymbol{V}$ 的第 l 个列向量。

通过计算每一时刻的幅值最大值提取时频图的脊线，经过奇异值分解提取趋势项重构脊线，得到频率 f 与时间 t 之间的关系；再根据时差和速度差，代入式（4－6）即可得到定位距离。定位流程如图 4－17 所示。

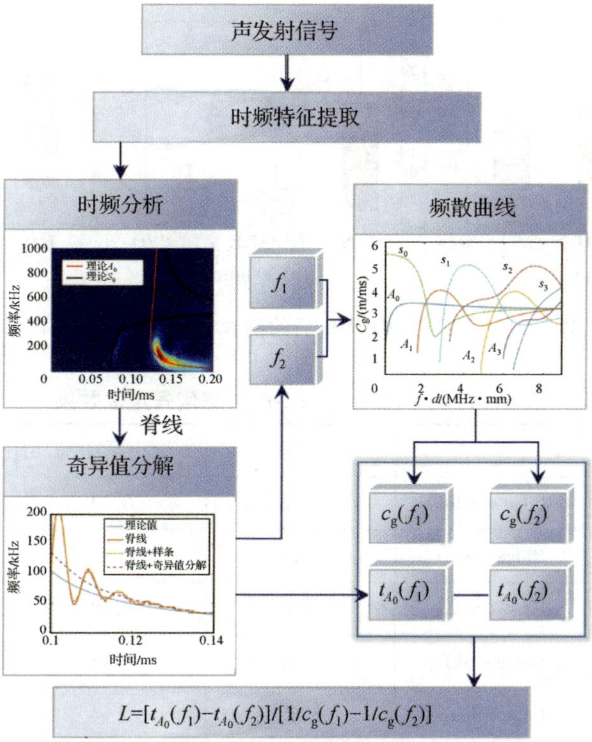

图4－17　基于弯曲波的单波定位方法流程图

2）定位方法的验证

对于如图4－18所示的脊线，选取10对（$w=10$）频率点，应用仿真模型进行声发射信号的计算分析与定位，定位结果见图4－19和表4－4。

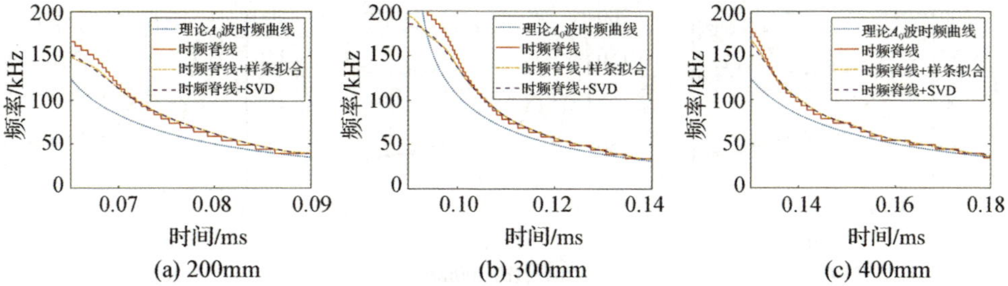

图4－18　不同方法优化后的仿真信号脊线图

从脊线图中可看出，运用奇异值分解方法消除了原始脊线在同一时刻存在多个频率的多值函数问题，即时刻与频率单值对应，这保证了群速度选取的唯一性，因此准确率大幅提升。

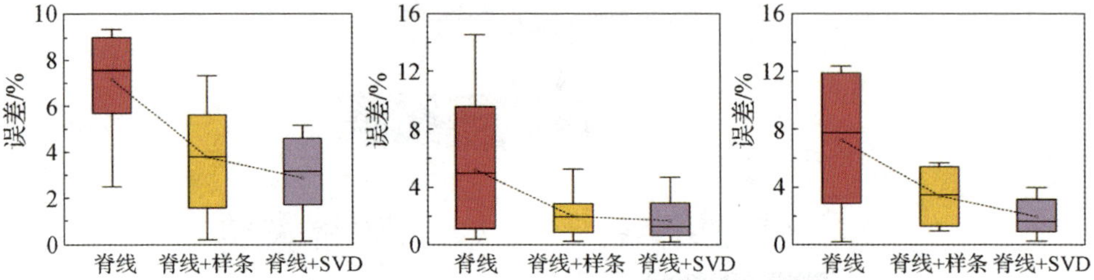

(a) 200mm (b) 300mm (c) 400mm

图 4－19　不同方法优化后的仿真信号定位误差箱图

表 4－4　不同优化方法下的仿真信号定位效果

声发射源/mm	算法	最大误差/%	最小误差/%	平均误差/%
200	Ridge + Spline	7. 32	0. 20	3. 79
	Ridge + SVD	5. 18	0. 13	2. 88
300	Ridge + Spline	5. 20	0. 18	2. 14
	Ridge + SVD	4. 62	0. 11	1. 71
400	Ridge + Spline	5. 65	0. 94	3. 35
	Ridge + SVD	3. 92	0. 21	1. 92

3）基于噪声信号的声发射源定位方法验证

本节研究的脊线如图 4－20 所示。

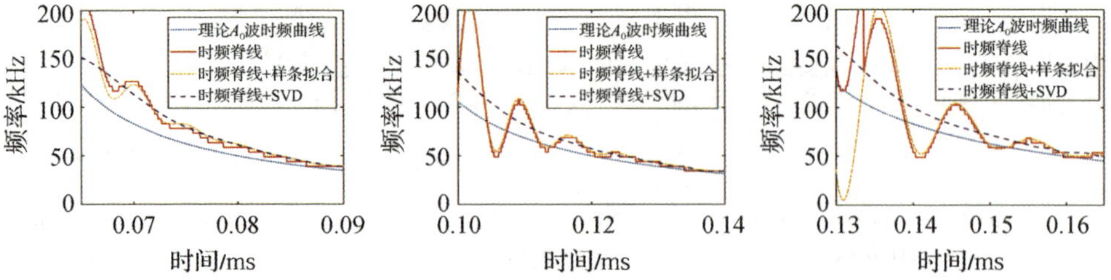

(a) 200mm (b) 300mm (c) 400mm

图 4－20　不同方法优化后的添加噪声的仿真信号脊线图

如图 4－21 所示，运用奇异值分解方法提取了时频脊线蕴含的趋势特征，消除了噪声信号分量的干扰，在排除多值函数现象的基础上，抑制了因噪声引起的脊线振荡现象，解决了同一频率（群速度）对应多个时刻的问题。但是样条曲线存在过拟合和欠拟合的问题，无法提取脊线蕴含的趋势特征，使原始脊线蕴含的时频信息发生“失真”，导致定位误差较大，如表4-5所列。

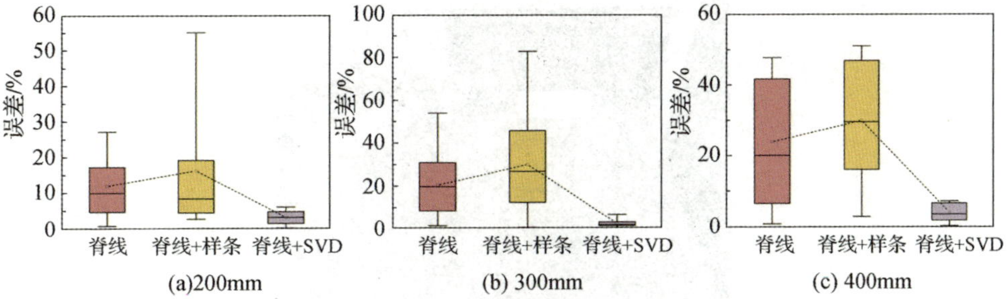

图4-21　不同方法优化后的添加噪声的仿真信号定位误差箱图

表4-5　不同算法处理添加噪声仿真信号的定位效果

声发射源/mm	算法	最大误差/%	最小误差/%	平均误差/%
200	Ridge + Spline	55.20	2.73	9.14
	Ridge + SVD	6.17	0.14	2.94
300	Ridge + Spline	82.70	0.45	29.82
	Ridge + SVD	6.46	0.24	2.15
400	Ridge + Spline	51.45	2.96	30.28
	Ridge + SVD	7.47	0.31	4.11

4.2.3　非预知到达时间下的自动时差计算方法及实验验证

1）实验测试

为验证上述定位方法，在尺寸与仿真模型相同的500mm×800mm×5mm薄钢板上进行断铅测试。按照仿真中相同方法布置均匀的直线型传感器阵列。通过二氧化硅基声学耦合剂将传感器固定在平板上，传感器采样频率设置为10MHz，前置放大器的增益为40dB，门限均设置为固定的预定义阈值100mV，以有效消除系统噪声。在断铅测试中，设置3个声发射源：#1、#2和#3。传感器和声发射源位置如图4-22所示。

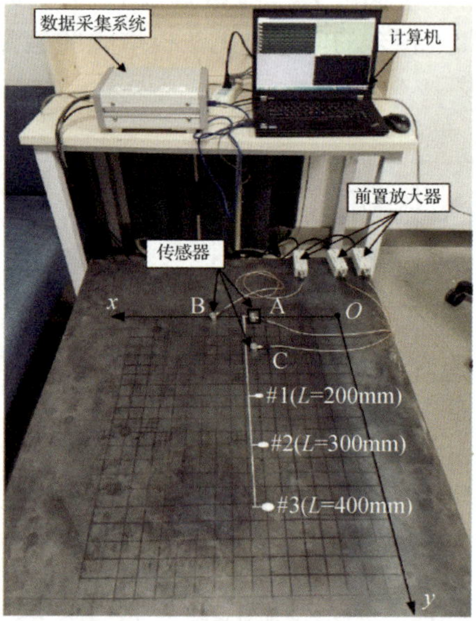

图 4－22　实验测试示意图

图 4－23 为一组断铅实验测试的声发射信号时域和频谱图，200kHz 以下的频率成分与仿真信号相似，但与仿真信号相比，S_0 波显得更加微弱。这说明实验条件下 S_0 波的时频特性更不易捕捉，因此仅利用 A_0 波的频散特性定位方法对于实际应用更有必要。

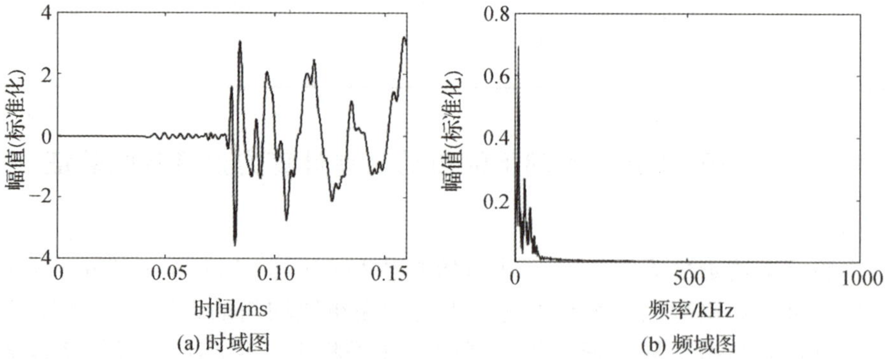

图 4－23　断铅实验信号

2）预知到达时间下的实验定位结果

在仿真信号的研究中，声发射源激励的时刻与波达时刻是清晰的。但对于实验信号，其声发射源激励的时刻未知，显然实验信号获得的时频图难以在时间维度上直接参考理论时频曲线。但可通过时频分析获得信号频率，然后在频散曲线上选取对应的群速度来解决该问题。

利用样条参数化时频分析方法得到的时频图和脊线图如图4－24和图4－25所示，相较于仿真信号，实验信号整体的时频分布特征能量集中度稍差，但考虑到传感器、采集仪、材料特性和外界噪声等因素影响以及参数化时频分析方法的误差，其时频曲线相对理论值存在一定偏差，但整体趋势符合理论分析，并且时频集中度较高，可用于声发射源定位。而对于本文的 A_0 波定位而言，在200kHz下的时频集中度与仿真信号相似。

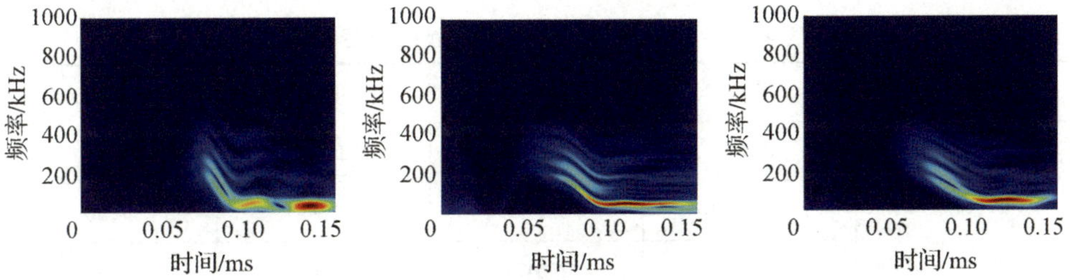

(a) 200mm　(b) 300mm　(c) 400mm

图4－24　断铅实验信号时频图

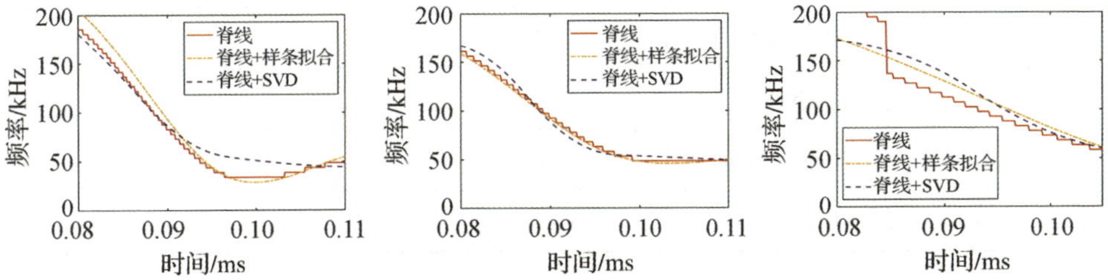

(a) 200mm　(b) 300mm　(c) 400mm

图4－25　不同方法优化后的断铅实验信号脊线图

图4－26和表4－6为基于实验信号的定位结果，在点1（$L=200$mm）处，样条拟合处理脊线相较于直接提取的脊线定位误差要大，其原因在于样条拟合依然会引入环境中噪声信号的干扰，因此只是对脊线进行了平滑处理；还可以看出，奇异值分解重构脊线处理后的定位效果较好。最终的实验统计表明，在频率范围50～200kHz，对应的 A_0 波群速度范围2500～3200m/s内，各组实验信号具有较好的时频集中度，可通过 A_0 波的频散特性进行有效的声发射源定位。

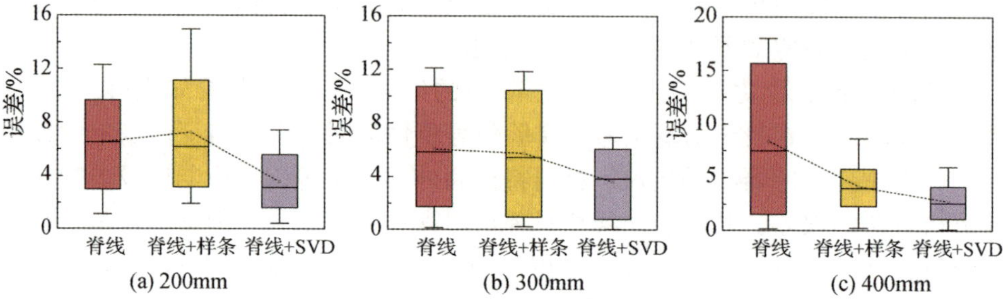

图 4－26　不同方法优化后的断铅实验定位误差箱图

表 4－6　不同方法优化后的实验信号定位结果

声发射源/mm	算法	最大误差/%	最小误差/%	平均误差/%
200	Ridge	12. 36	1. 16	6. 57
	Ridge + Spline	15. 03	1. 96	7. 30
	Ridge + SVD	7. 47	0. 47	3. 59
300	Ridge	12. 09	0. 10	6. 02
	Ridge + Spline	11. 84	0. 20	5. 71
	Ridge + SVD	6. 92	0. 01	3. 59
400	Ridge	18. 10	0. 25	8. 48
	Ridge + Spline	8. 70	0. 33	4. 23
	Ridge + SVD	6. 07	0. 19	2. 84

3）非预知到达时间下的时间区间选取方法及定位结果

时差定位方法利用两组频率的波达时间相减抵消未知时间因素的影响，本节研究采用以峭度为判据的高阶统计量方法来判断奇异值分解重构后的脊线（以下所提“脊线”均指奇异值分解重构后的脊线）上是否存在凸点[10]，得出选取时间区间的方法。峭度的计算公式为

$$\text{kurtosis} = \frac{1}{N}\sum_{i=1}^{N}\left(\frac{x_i - \bar{x}}{\sigma}\right)^4 \tag{4-10}$$

式中：x_i 和 $\bar{x}$ 分别表示数据值及其平均值；变量 σ 表示数据标准差；N 是数据点的数量。峭度是对一个实值随机变量的概率分布形状的描述。高峭度表示变量的急剧变化，即给定数据之间产生了突变信号。该性质可以用来选取用于

定位的时间点。

当构成脊线的数据点数量为 N 时，根据式（4-11）可将 N_0 个序列奇异值选取为一组计算峭度。因此，可以得到 $N-N_0+1$ 个峭度值。

$$\text{kurtosis}(j) = \frac{1}{j \times N_0} \sum_{i=1}^{j \times N_0} \left(\frac{x_i - \bar{x}}{\sigma} \right)^4, 1 \leqslant j \leqslant N - N_0 + 1 \qquad (4-11)$$

由于理论频散曲线在几何形状存在两个拐点，因此可按照上述思路，沿着脊线正向和反向计算峭度值，结果如图4-27~图4-29所示。

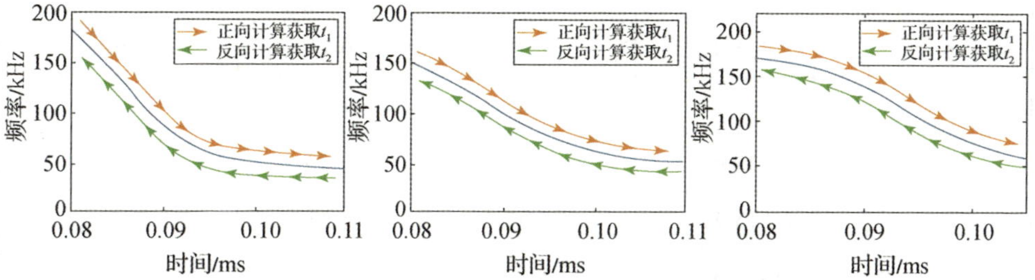

(a) 200mm　(b) 300mm　(c) 400mm

图4-27　断铅实验时频脊线图

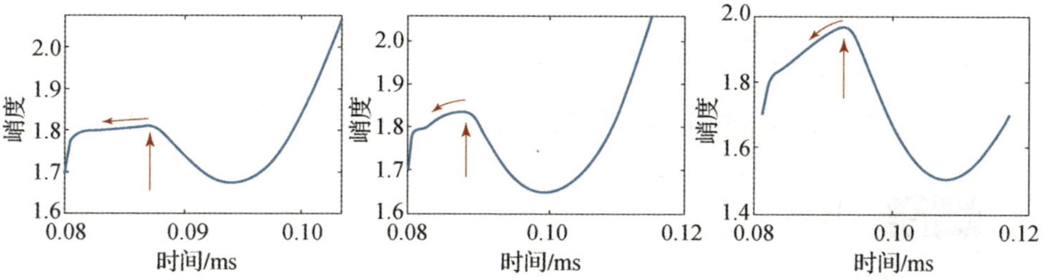

(a) 200mm　(b) 300mm　(c) 400mm

图4-28　正向计算峭度曲线图

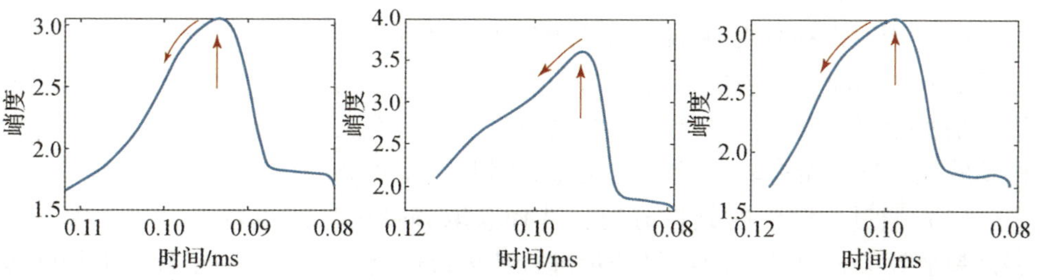

(a) 200mm　(b) 300mm　(c) 400mm

图4-29　反向计算峭度曲线图

图 4-28、图 4-29 分别为正向和反向计算峭度曲线图，竖直的红色箭头表示 t_1 和 t_2 时间选取的截止位置，t_1 和 t_2 应在箭头指出位置（极大值点）的前一段选取，按照其方法选取，得到 A、B、C 3 个传感器的定位效果如表所列。

表 4-7 按照时间区间选取方法的实验信号定位结果

传感器	声发射源/mm	最大误差/%	最小误差/%	平均误差/%
A	#1(200.0)	9.78	0.29	5.63
	#2(300.0)	7.21	0.21	3.62
	#3(400.0)	9.87	1.17	4.91
B	#1(223.6)	9.04	0.28	4.67
	#2(316.2)	7.43	1.13	3.78
	#3(412.3)	8.89	1.66	5.23
C	#1(100.0)	9.19	0.36	5.10
	#2(200.0)	9.32	0.01	4.39
	#3(300.0)	8.61	0.11	3.86

该方法可用于初步判定声发射源位置，减少波束形成法搜索区域。

4.3 小结

针对板波的频散与多模态等特性，本章给出了基于板波理论和小波包分解的波束形成定位方法和一种基于弯曲波时频特性和奇异值分解相结合的定位算法，具体结论如下。

（1）当声发射信号中含有多个模态时，会产生明显的伪声发射源。可通过以下方法判断真实声发射源：两种定位速度下定位出的相近声发射源点即可认为是实际声发射源。频散效应导致幅值在相差不大的多个频率成分传播速度相差较大，这可带来较大的定位误差。因此，需要减小频散效应的影响。

（2）通过小波包的频带分解，选择获取频带信号能量较大，包含模态不多，频散效应相对较小的信号分量进行波束形成定位，可在一定程度上消除多模态和频散现象对定位结果的影响；结合小波包频带分解和频散曲线，可从理论上得到合适的信号成分速度，避免门限选择不当导致的测试速度误差。

（3）参数化时频分析方法可有效获取200kHz以下较高能量集中度的时频特征，结合弯曲波的频散特性能够在此频段内获得相对准确的定位结果，选择频带定位的方式也能够在一定程度上提高定位的稳定性，降低选点带来的随机性。对于断铅实验，频带范围在50～200kHz可获得较好的时频特性及定位结果。

参考文献

[1] JIAO J, HE C, WU B, et al. Application of wavelet transform on modal acoustic emission source location in thin plates with one sensor [J]. International Journal of Pressure Vessels and Piping, 2004, 81 (5): 427 - 431.

[2] POORNACHANDRA S. Wavelet - Based denoising using subband dependent threshold for ECG signals [J]. Digital Signal Processing, 2008, 18 (1): 49 - 55.

[3] NIKOLAOU N G, ANTONIADIS I A. Rolling element bearing fault diagnosis using wavelet packets [J]. NDT & E International, 2002, 35 (3): 197 - 205.

[4] WU T, YAN G, YANG B, et al. EEG feature extraction based on wavelet packet decomposition for brain computer interface [J]. Measurement, 2008, 41 (6): 618 - 625.

[5] TAŞMAZ H, ERÇELEBI E. Speech enhancement based on undecimated wavelet packet - perceptual filterbanks and MMSE - STSA estimation in various noise environments [J]. Digital Signal Processing, 2008, 18 (5): 797 - 812.

[6] YANG Y, PENG Z K, MENG G, et al. Spline - Kernelled chirplet transform for the analysis of signals with time - varying frequency and its application [J]. IEEE Transactions on Industrial Electronics, 2011, 59 (3): 1612 - 1621.

[7] MA Y B, LV Y, YUAN R, et al. Synchro spline - kernelled chirplet extracting transform: A useful tool for characterizing time - varying features under noisy environments and applications to bearing fault diagnosis [J]. Measurement, 2021, 181: 16.

[8] WANG P, ZHOU W S, LI H. A singular value decomposition - based guided wave array signal processing approach for weak signals with low signal - to - noise ratios [J]. Mechanical Systems and Signal Processing, 2020, 141: 16.

[9] LI H, LIU T, WU X, et al. Research on bearing fault feature extraction based on singular value decomposition and optimized frequency band entropy [J]. Mechanical Systems and Signal Processing, 2019, 118: 477 - 502.

[10] HE T, YE W, PAN Q, et al. An automatic abrupt information extraction method based on singular value decomposition and higher - order statistics [J]. Measurement Science and Technology, 2016, 27 (2): 11.

第5章 薄壁结构同时双声发射源定位方法

在工程系统设备的运行中，由于广布疲劳的影响可导致在系统、设备的运行中同时产生多处损伤，最终导致结构失效。例如，目前飞机主承力结构一般采用损伤容限设计，运行过程中可能同时存在多个损伤源。结构健康监测技术面临的难题之一就是要将这些同时发生的多处损伤进行监测和定位。但是，现阶段同时多处损伤的实时监测方法尚不成熟，且传统的声发射定位方法由于时差混淆等因素常导致多源定位失效。波束形成法常用于多源定位，因此声发射波束形成法具有定位出多个同时声发射源的潜力。本章以薄壁结构为对象介绍结构中同时出现两处损伤时的波束形成定位方法。

5.1 同时双声发射源的传播特性

基于第2章的声发射有限元仿真设置方法，对同时双声发射源的传播特性进行分析。设置仿真钢板尺寸为长700mm、宽700mm、厚5mm。为比较双声发射源中传统时差定位法和波束形成定位法的定位效果，设置双声发射源位置为（270mm,390mm）和（210mm,450mm）；传统时差定位法的4个传感器位置为（150mm,0mm）、（150mm,510mm）、（510mm,0mm）和（510mm,510mm）；波束形成法定位法的传感器布置是：等间距布置间隔为120mm的4个传感器，第1个传感器位置为（150mm,0mm），如图5－1（a）所示。仿真计算后，得到的应力云图如图5－1（b）所示，信号如图5－2所示。

由图5－1（b）所示的应力云图可以看出，当结构中同时出现两个声发射源时，会影响传感器接收某一个声发射源产生声发射信号的时间判断，从而会影响时差定位的结果。

通过利用到达时差法和波束形成法进行定位发现，由于双声发射源产生的声发射信号相互影响，使得传感器接收到声发射信号的时差不能准确进行声源定位。波束形成法的定位结果为（270mm,380mm），但是由定位出来的阵列能量图（如图5－3所示），可以看出在两个声发射源附近出现波峰，因此取两个波峰位置近似为同时双声发射源的定位结果。为此，接下来深入讨论不同双声发射源的组合的情况下，波束形成法的定位效果。

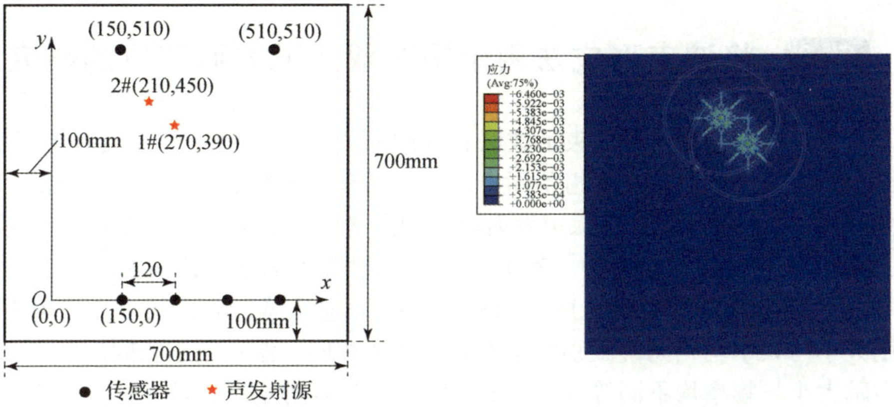

（a）仿真设置示意图　　（b）有限元仿真的应力云图

图 5－1　双声发射源仿真

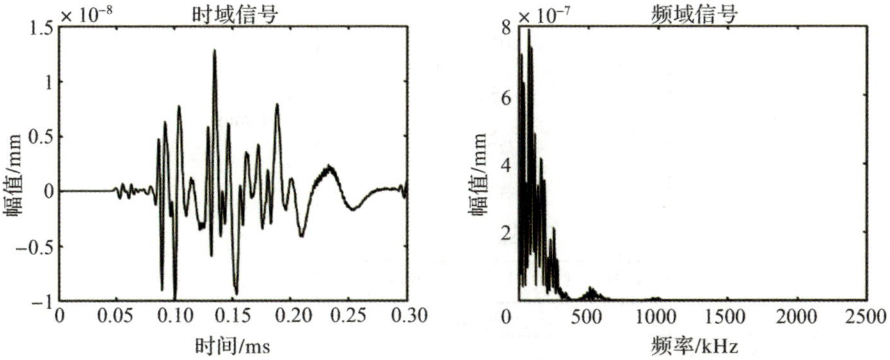

（a）时域信号　　（b）频域信号

图 5－2　双声发射源仿真信号

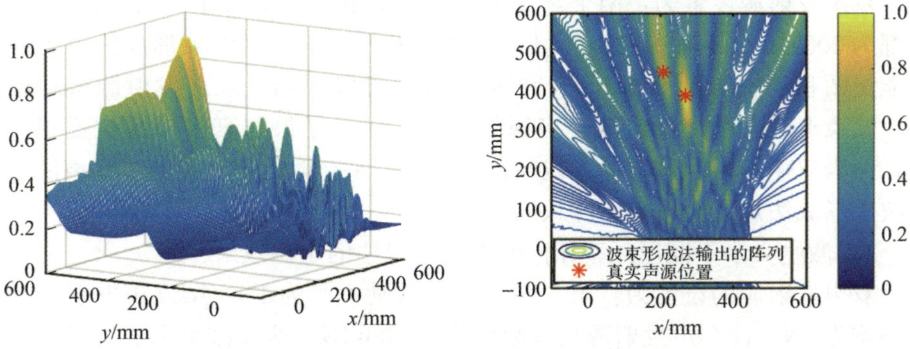

（a）三维图　　（b）二维图

图 5－3　双声发射源波束形成定位输出的阵列能量图

5.2 将波束形成法用于同时双声发射源定位的研究

由 5.1 节的仿真可见波束形成法在同时双声发射源的定位中具有可行性。因此本节将进一步讨论在 3 组不同位置、不同激励情况下运用波束形成法对双声发射源定位的效果。3 组双声发射源为如图 5－4 所示的 1#声发射源分别与 2#、3#和 4#声发射源的组合，其中，1#声发射源视为第一声发射源，2#、3#和 4#声发射源分别视为第二声发射源。不同激励具体包含，两个声发射源的激励大小与频率均相同、激励大小不同但频率相同、激励大小相同但频率不同和激励大小与频率均不同等四种情况。除了上述 4 种情况，还将讨论双声发射源在激励大小与频率均不相同且激励时间相差 2μs 的情况。

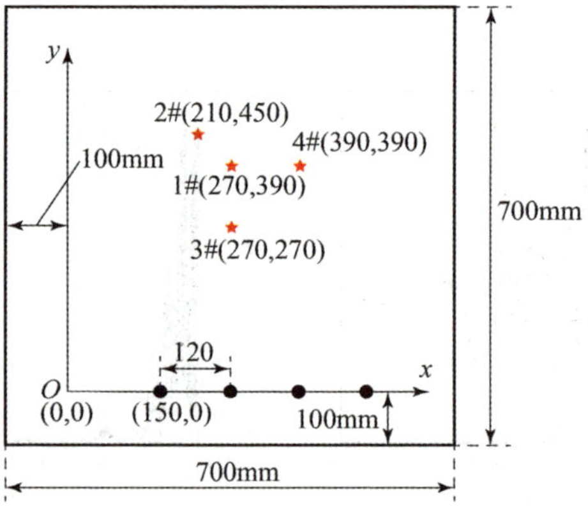

图 5－4　有限元仿真双声发射源传感器及声源布置示意图

1）激励大小与频率都相同时波束形成法的定位效果

双声发射源设置为：两个声发射源激励的载荷幅值大小均为 1N，最大频率都为 200kHz。针对三种位置组合的双声发射源，应用波束形成法得到的阵列能量图和定位结果见图 5－5 和表 5－1。可以看出，双声发射源激励相同时，波束形成法可定位出两个声源的位置，而且结果与真实声源位置相差不大，但当双声发射源位置的连线与传感器阵列平行时，定位出若干伪声源，这是波束形成法定位的特点所导致的。

2）激励大小不同但频率相同时波束形成法的定位效果

双声发射源的设置为：第一声发射源激励大小为 1N，第二声发射源激励大小均为 4N，两个声发射源最大频率均为 200kHz。应用波束形成法得到的阵列能量图和定位结果见图 5－6 和表 5－2，可看出，在双声发射源激励大小不同但频率相同时，波束形成法只能定位出激励大即能量高的声发射源位置。

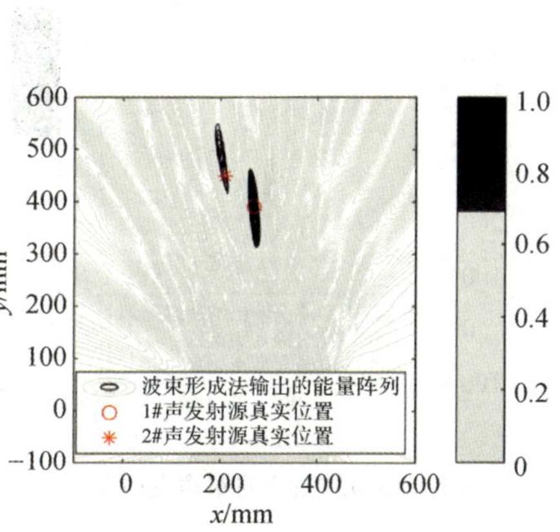

（a）1#与2#组合的双声发射源

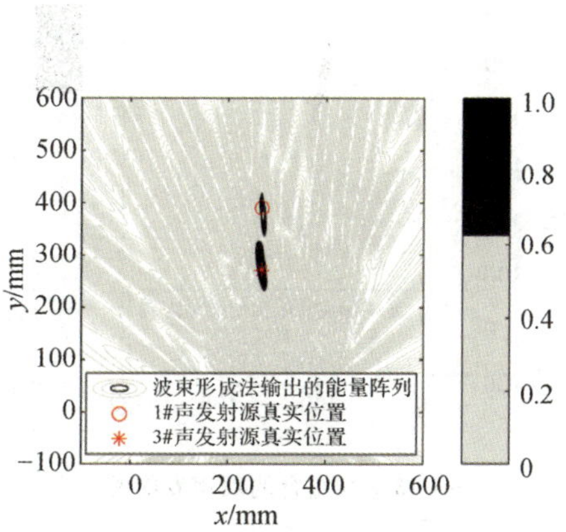

（b）1#与3#组合的双声发射源

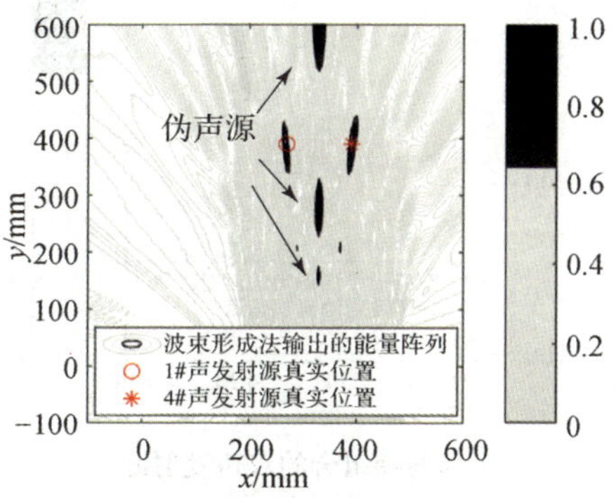

（c）1#与4#组合的双声发射源

图5-5　双声发射源激励相同时波束形成定位出来的阵列能量图

表5-1　双声发射源激励相同时波束形成定位结果

声发射源位置	第一声发射源			第二声发射源		
	真实位置/mm	定位位置/mm	误差/mm	真实位置/mm	定位位置/mm	误差/mm
1#&2#	(270,390)	(270,380)	(0,-10)	(210,450)	(210,450)	(0,0)
1#&3#	(270,390)	(270,390)	(0,0)	(270,270)	(270,270)	(0,0)
1#&4#	(270,390)	(330,270)	(60,-120)	(390,390)	(330,600)	(-60,210)

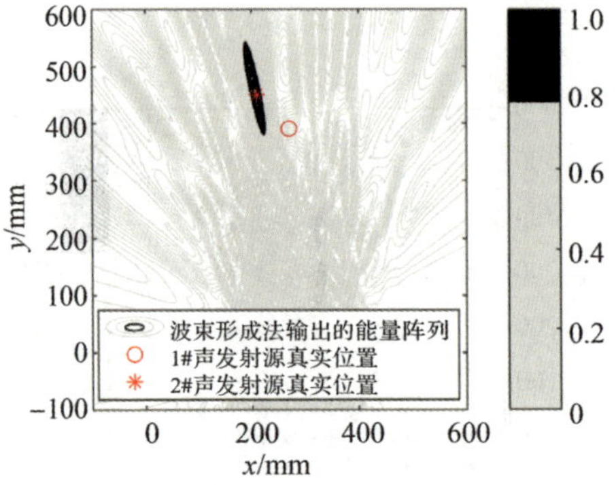

（a）1#与2#组合的双声发射源

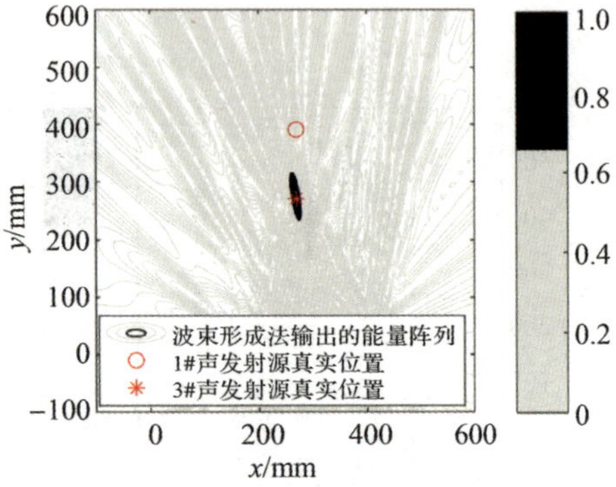

（b）1#与3#组合的双声发射源

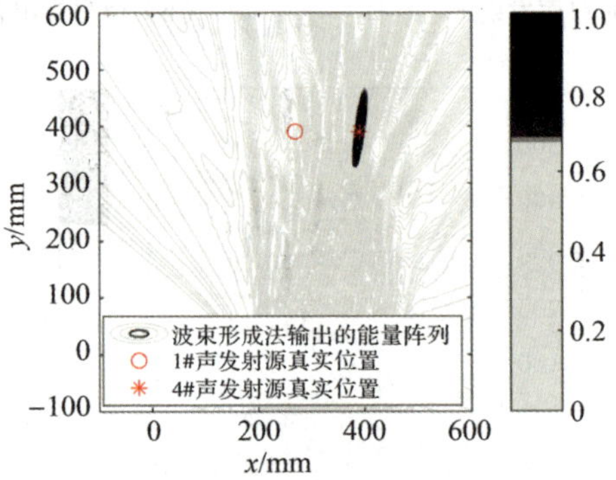

（c）1#与4#组合的双声发射源

图 5－6　激励力大小不同频率相同时波束形成定位出来的阵列能量图

表 5－2　激励力大小不同频率相同波束形成定位结果

声发射源位置	第一声发射源			第二声发射源		
	真实位置 /mm	定位位置 /mm	误差 /mm	真实位置 /mm	定位位置 /mm	误差 /mm
1#&2#	(270,390)	—	—	(210,450)	(210,450)	(0,0)
1#&3#	(270,390)	—	—	(270,270)	(270,270)	(0,0)
1#&4#	(270,390)	—	—	(390,390)	(390,390)	(0,0)

3）激励大小相同但频率不同时波束形成法的定位效果

双声发射源的设置为：两个声发射源激励力大小都为 1N，第一声发射源激励的最大频率为 50kHz，第二声发射源激励的最大频率均为 200kHz。应用波束形成法得到的阵列能量图和定位结果见图5-7和表5-3，可看出，在双声发射源激励大小相同但频率不同时，波束形成法定位只能定位出频率高即能量大的声发射源位置。

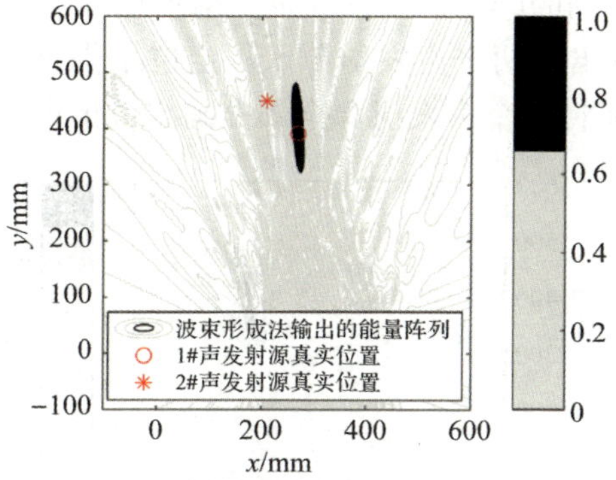

（a）1#与2#组合的双声发射源

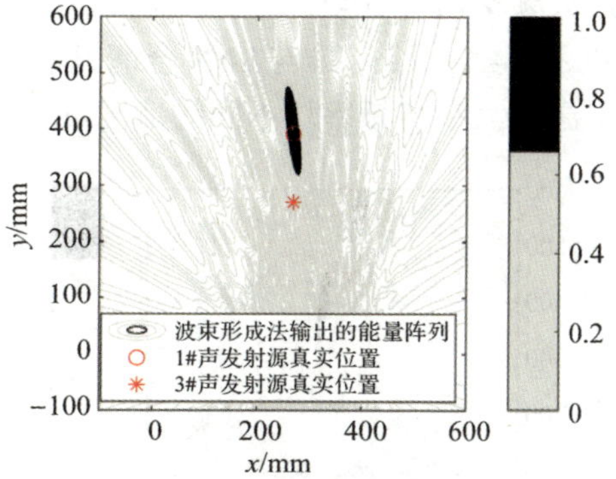

（b）1#与3#组合的双声发射源

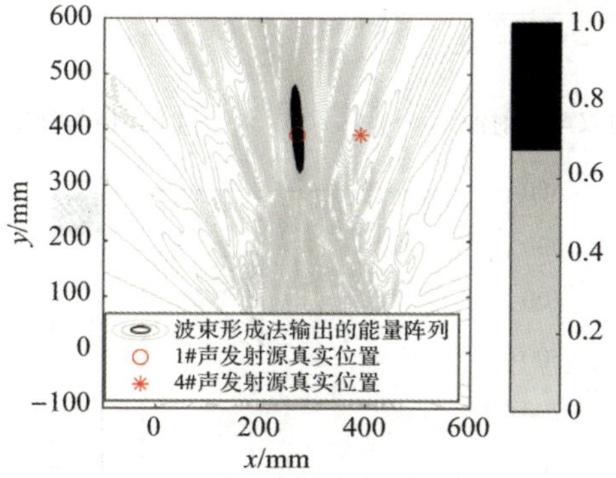

（c）1#与4#组合的双声发射源

图5-7 激励力大小相同频率不同时波束形成定位出来的阵列能量图

表5-3 激励力大小相同频率不同波束形成定位结果

声发射源位置	第一声发射源			第二声发射源		
	真实位置/mm	定位位置/mm	误差/mm	真实位置/mm	定位位置/mm	误差/mm
1#&2#	(270,390)	(270,390)	(0,0)	(210,450)	—	—
1#&3#	(270,390)	(270,390)	(0,0)	(270,270)	—	—
1#&4#	(270,390)	(270,390)	(0,0)	(390,390)	—	—

4）激励大小与频率均不同时波束形成法的定位效果

双声发射源的设置为：第一声发射源激励大小为1N，第二声发射源激励大小均为4N，第一声发射源激励的最大频率为200kHz，第二声发射源激励的最大频率均为50kHz。应用波束形成法得到的阵列能量图和定位结果见图5－8和表5－4，只有1#与2#组合情况下定位出了两个声发射源。从定位结果可看出激励大小与频率均不同的情况下，不能将两个声发射源全部准确定位出来。

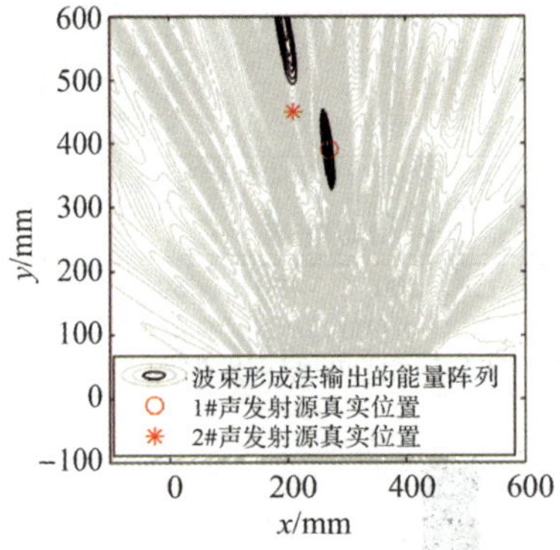

（a）1#与2#组合的双声发射源

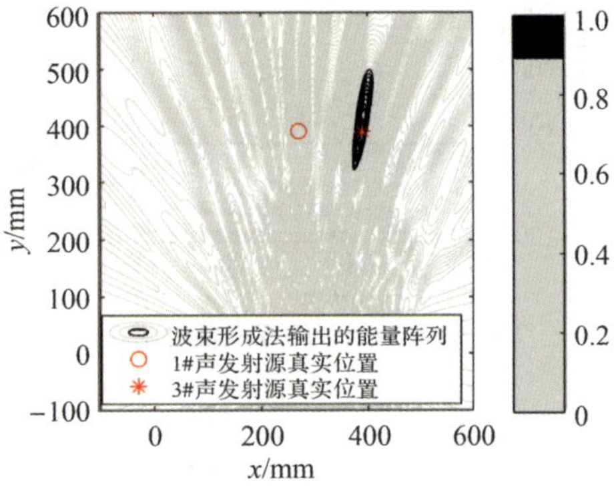

（b）1#与3#组合的双声发射源

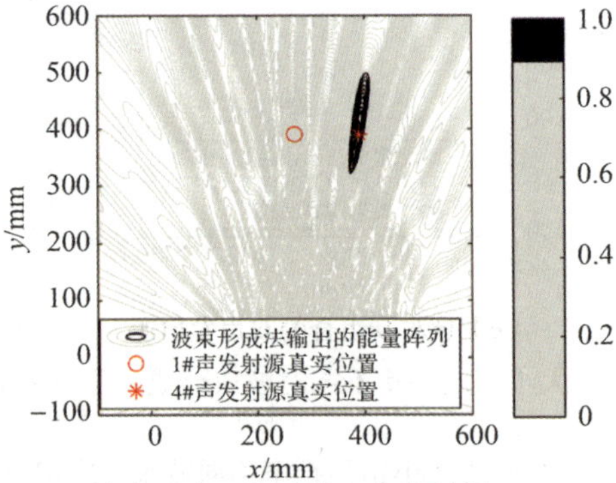

（c）1#与4#组合的双声发射源

图5－8　激励力大小与频率都不同时波束形成定位出来的阵列能量图

表5－4　激励力大小与频率都不同波束形成定位结果

声发射源位置	第一声发射源			第二声发射源		
	真实位置/mm	定位位置/mm	误差/mm	真实位置/mm	定位位置/mm	误差/mm
1#&2#	(270,390)	(270,390)	(0,0)	(210,450)	(200,570)	(－10,120)

续表

声发射源位置	第一声发射源			第二声发射源		
	真实位置/mm	定位位置/mm	误差/mm	真实位置/mm	定位位置/mm	误差/mm
1#&3#	(270,390)	—	—	(270,270)	(270,270)	(0,0)
1#&4#	(270,390)	—	—	(390,390)	(390,400)	(0,10)

5）激励大小与频率均不同且相差 2μs 时波束形成法的定位效果

双声发射源的设置为：在情况4）的基础上，将第一声发射源相对于第二声发射源激励的时刻滞后 2μs。应用波束形成法得到的阵列能量图和定位结果见图5－9和表5－5，可以看出此情况下只能定位出一个声发射源，实际上这是能量较高的那个声发射源。

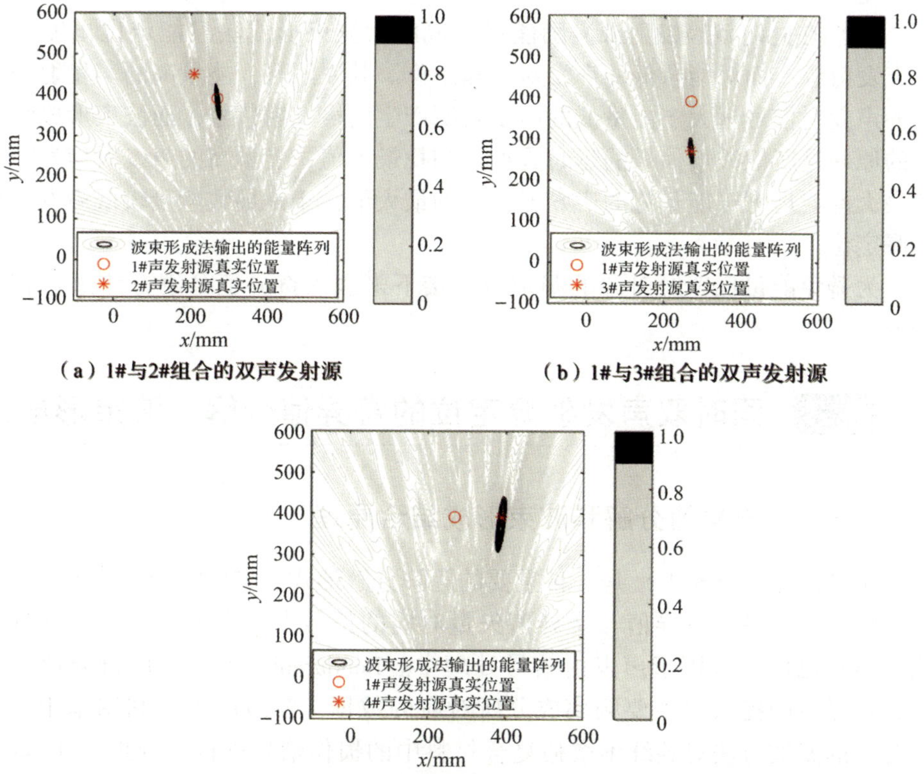

（a）1#与2#组合的双声发射源

（b）1#与3#组合的双声发射源

（c）1#与4#组合的双声发射源

图5－9　激励力大小与频率都不同且相差 2μs 时波束形成定位出来的阵列能量图

表 5－5 激励力大小与频率都不同且相差 2μs 时波束形成定位结果

声发射源位置	第一声发射源			第二声发射源		
	真实位置/mm	定位位置/mm	误差/mm	真实位置/mm	定位位置/mm	误差/mm
1#&2#	(270,390)	(270,380)	(0,－10)	(210,450)	—	—
1#&3#	(270,390)	—	—	(270,270)	(270,260)	(0,－10)
1#&4#	(270,390)	—	—	(390,390)	(390,360)	(0,－30)

由以上分析，可以看出：

（1）在同时双声发射源的激励能量相同时，可定位出两个声发射源的位置，但当双声发射源位置的连线与传感器阵列平行时则出现伪声源，影响定位准确度；

（2）在同时双声发射源激励能量不同时，波束形成法只能定位出能量高的声发射源，而对能量低的声发射源漏定位。其原因是，能量高的声发射源产生的声发射信号远大于能量低的声发射源产生的声发射信号，而波束形成法定位的原理是所取波形信号的延时叠加求和找最大值，能量高的声发射信号产生的最大值会远大于能量低的声发射信号的最大值，于是导致能量较低声发射源的漏定位。

为避免能量低声发射源的漏定位，接下来引入奇异值分解方法进行相关研究。

5.3 同时双声发射源定位的奇异值分解－波束形成法

5.3.1 奇异值分解和波束形成结合原理

奇异值分解（SVD）是一种重要的矩阵分解形式，它可将带有特定信息的信号分解为一系列奇异值与奇异值矢量对应的信号[1]。作为非参数谱估计方法，SVD 已广泛应用于声发射信号处理中。Bondarenko 等[2]使用奇异值分解从背景噪声中提取出主要频率成分所对应的数据，Wavers 等[3]利用基于奇异值分解的滤波方法对碳纤维增强复合材料中的损伤信号进行了处理。He 等[4]利用奇异值分解方法从得到的多种损伤的声发射信号中提取焊缝产生的声发射信号。

根据奇异值分解原理，一个 $m\times n$ 的矩阵 $\boldsymbol{A}$ 可以表示为[5]

$$\boldsymbol{A}=\boldsymbol{U}\boldsymbol{\Lambda}\boldsymbol{V}^{\mathrm{T}} \tag{5-1}$$

式中：$\boldsymbol{U}$ 和 $\boldsymbol{V}$ 分别是 $m\times m$ 和 $n\times n$ 阶正交矩阵；$\boldsymbol{\Lambda}$ 为 $m\times n$ 阶对角矩阵，且是以 $\boldsymbol{A}$ 的特征值为对角元素通过降序排列得到的（$\lambda_1\geqslant\cdots\geqslant\lambda_m\geqslant0$）。

一个长度为 N 的时间序列 $x=(x_1,\cdots,x_N)$，可以重构成一个 $L\times K$ 阶矩阵 $\boldsymbol{X}$，$K=N-L+1$[3-4]，即

$$\boldsymbol{X}=[\boldsymbol{X}_1,\cdots,\boldsymbol{X}_K]=\begin{bmatrix} x_1 & x_2 & x_3 & \cdots & x_K \\ x_2 & x_3 & x_4 & \cdots & x_{K+1} \\ x_3 & x_4 & x_5 & \cdots & x_{K+2} \\ \vdots & \vdots & \vdots & & \vdots \\ x_L & x_{L+1} & x_{L+2} & \cdots & x_N \end{bmatrix} \tag{5-2}$$

式中：$\boldsymbol{X}_i=(x_i,\cdots x_{i+L-1})^{\mathrm{T}}(1\leqslant i\leqslant K)$ 是长度为 L 的列向量；$\boldsymbol{X}$ 为汉克尔矩阵，满足 $x_{i,j}=x_{i-1,j+1}$。

对于一个信号序列，可以根据式（5-2）重构得到矩阵 $\boldsymbol{X}$，再根据式（5-1）把 $\boldsymbol{X}$ 表示为[6]

$$\boldsymbol{X}=\boldsymbol{U}\boldsymbol{\Lambda}\boldsymbol{V}^{\mathrm{T}}=\sum_{i=1}^{m}\lambda_i\boldsymbol{u}_i\boldsymbol{v}_i^{\mathrm{T}} \tag{5-3}$$

式中：$\boldsymbol{u}_i$ 是正交矩阵 $\boldsymbol{U}$ 的第 $\boldsymbol{i}$ 个列向量；$\boldsymbol{v}_i$ 是正交矩阵 $\boldsymbol{V}$ 的第 $\boldsymbol{i}$ 个列向量。

假设 $\boldsymbol{A}_{\mathrm{i}}=\lambda_i\boldsymbol{u}_i\boldsymbol{v}_i^{\mathrm{T}}$，则有[6]

$$\boldsymbol{X}=\sum_{i=1}^{m}\boldsymbol{A}_i \tag{5-4}$$

那么原始的信号 $x(t)$ 就可以表达为一系列 $x_i(t)$ 的和为[6]

$$x(t)=x_1(t)+x_2(t)+\cdots+x(t)=\sum_{i=1}^{m}x_i(t) \tag{5-5}$$

由上式可看出一个复杂原始信号可经过奇异值分解重构为一组信号之和。

5.3.2 同时双声源信号的奇异值分解分离方法

基于频带分解能量的特点[7-8]，使用奇异值分解方法对声发射信号进行处理，可将能量较小的声发射信号从能量大的声发射信号分离出来。因此，奇异值分解结合波束形成进行定位的步骤如下：

（1）首先获得损伤位置产生的声发射信号，为保证处理的信号不包含反射信号，须对 S_0 波进行处理[9]；

（2）使用奇异值分解方法对所获得 S_0 波信号进行分解重构，重构时按照奇异值大的重构成一组信号，剩下的奇异值重构成另一组信号，如下所示：

$$S_{C1} = \sum_{i=1}^{n} \lambda_i u_i v_i^{\mathrm{T}} \tag{5-6}$$

$$S_{C2} = \sum_{i=n+1}^{m} \lambda_i u_i v_i^{\mathrm{T}} \tag{5-7}$$

式中：m 为声发射信号组成矩阵的维度；n 为所选择奇异值的阶数；m 和 n 的选择影响最终定位结果。

m 一般由声发射信号的相空间维度确定，且常用 G－P 算法计算[6,10]。大量研究表明多数情况下信号的相空间维度在 20～24 之间。为便于应用和避免繁琐的维度计算，m 值一般取大一些，但是如果 m 值取过大又会增大计算量，故本节在 40～100 之间取值。

对于特定的声发射信号一般有一个最优的 n 值使信号分解重构后定位效果最好，但本节运用奇异值分解的目的是降低声发射信号中能量较大的信号的影响，而不是完全将二者分离。虽然通过测试可选择最优的 m 和 n 值，但工作量较大。为减小工作量，可采用如下的快速选取方法：

①计算重构维数或者通过经验选择一个重构维数，本节通过经验确定重构维数 $m=80$；

②按照重构维数对声发射信号进行重构和奇异值分解；

③令 $n=1,2,\cdots,10$；

④根据式（5－6）和式（5－7）计算出 S_{C1} 和 S_{C2}；

⑤计算 S_{C1} 和 S_{C2} 的相关系数 R；

⑥当相关系数 R 过大时就会导致分解出来的两组信号一组是噪声信号，当相关系数 R 过小时就会导致能量小的信号不能从能量大的信号中分离出来，所以规定 n 的取值为使相关系数 R 为大于 0.2 的最小值对应的数值。

（3）将获得的两组信号 S_{C1} 和 S_{C2} 分别进行波束形成法定位，S_{C1} 定位出来的是能量大的声源位置，S_{C2} 定位出来的是能量相对较弱的声源位置。但是需要注意的是，在一些情况下由于 S_{C2} 也包含一定能量大的信号，所以会对定位结果产生干扰。

因在开始定位前不知道是一个还是两个同时双声发射源，所以要避免一个声源定位出两个结果。理想情况下，如果来自同一个声发射源的信号被分解为两组信号进行波束形成定位，定位出来的位置应该是同一个位置。但因存在频散和噪声对声发射信号的影响，使得定位出来的结果不在同一位置[9,11]。在此情况下，如果两组信号定位出的结果位置非常接近，则应当认为其属于同一位置，即一个声发射源。

对于判断实际是否为单声发射源，引入阵列分辨率 $R(\theta)$，考虑到波束形

成法定位时网格大小带来的定位误差，则确定声源个数为一个或两个的指标为

$$K_a = R(\theta) + d_{grid}/2 \tag{5-8}$$

式中：d_{grid}为波束形成法定位时的网格大小。如果两组数据进行波束形成法定位出来的位置距离 d_s 小于 K_a，即

$$d_s < K_a \tag{5-9}$$

那么定位出来的两个位置可视为同一声发射源。当已确认声发射源只有一个，但经过奇异值分解后两组数据定位出两个不同的位置分别为（x_{sC1}, y_{sC1}）、（x_{sC2}, y_{sC2}），那么最终的定位点（x_s, y_s）取两个定位点的平均值，即

$$\begin{cases} x_s = x_{sC1} + (x_{sC2} - x_{sC1})/2 \\ y_s = y_{sC1} + (y_{sC2} - x_{sC1})/2 \end{cases} \tag{5-10}$$

奇异值分解和波束形成法结合（SVD－BFM）定位的流程图如图5－10所示。

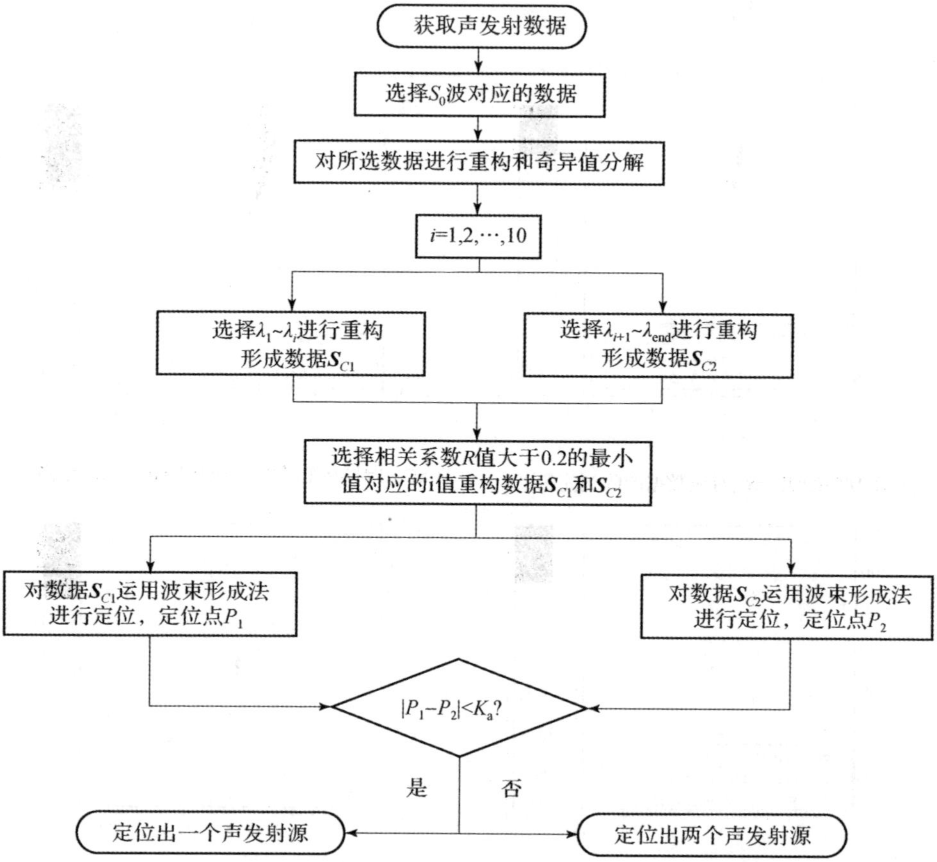

图5－10　奇异值分解和波束形成法结合（SVD－BFM）定位的流程图

5.3.3 仿真数据 SVD – BFM 的定位结果

分别在激励力大小不同但频率相同、激励力大小相同但频率不同、激励力大小与频率均不同以及激励力大小与频率都不同且激励时刻相差 2μs 等 4 种情况下，对其双声发射源进行 SVD – BFM 定位，经过重构的 $\boldsymbol{S}_{C1}$ 用于高能量声发射源的定位，$\boldsymbol{S}_{C2}$ 用于低能量声发射源的定位。

1）激励力大小不同但频率相同时 SVD – BFM 定位效果

激励力大小不同但频率相同时 SVD – BFM 定位输出的阵列能量如图 5 – 11 所示，可以看出运用 SVD – BFM 定位，$\boldsymbol{S}_{C2}$ 数据对于激励力小的声源都会出现波峰，只是存在一定误差，仅从阵列能量图上看，$\boldsymbol{S}_{C1}$ 和 $\boldsymbol{S}_{C2}$ 数据定位出的声发射源有时近乎重合。取能量阵列波峰值为双声发射源的定位结果，如表 5 – 6 所列。可看出，3 种情况下 SVD – BFM 定位法可确定两个双声发射源的位置。但是，4#的定位误差较明显，这是由双声发射源连线与传感器阵列平行所导致，前文也已提到过这是运用波束形成法时的一种极端情况。

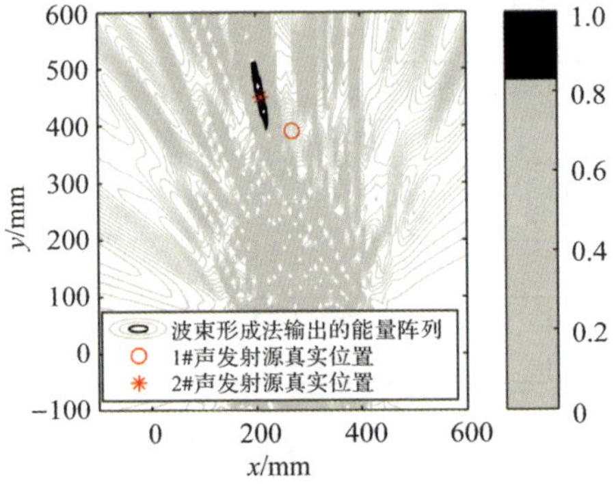

（a1）1#与2#组合 $\boldsymbol{S}_{C1}$ 对应数据的阵列能量图

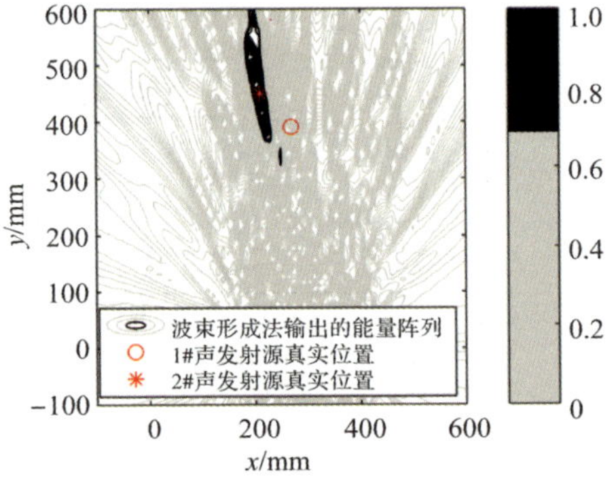

（a2）1#与2#组合 $\boldsymbol{S}_{C2}$ 对应数据的阵列能量图

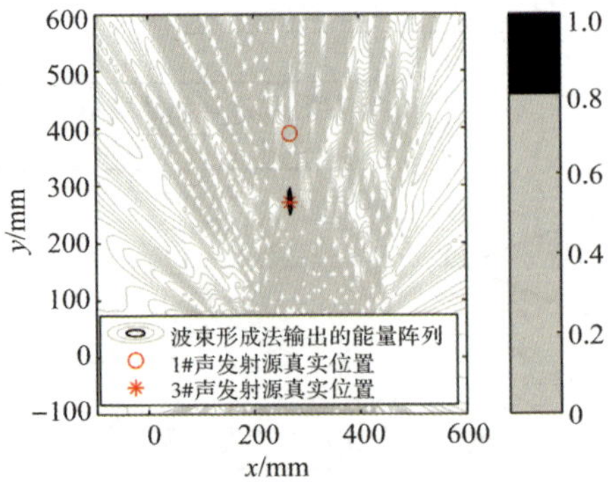

（b1）1#与3#组合 $\boldsymbol{S}_{C1}$ 对应数据的阵列能量图

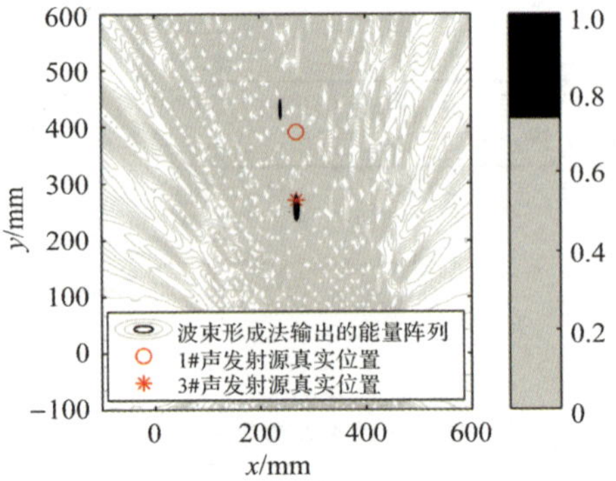

（b2）1#与3#组合 $\boldsymbol{S}_{C2}$ 对应数据的阵列能量图

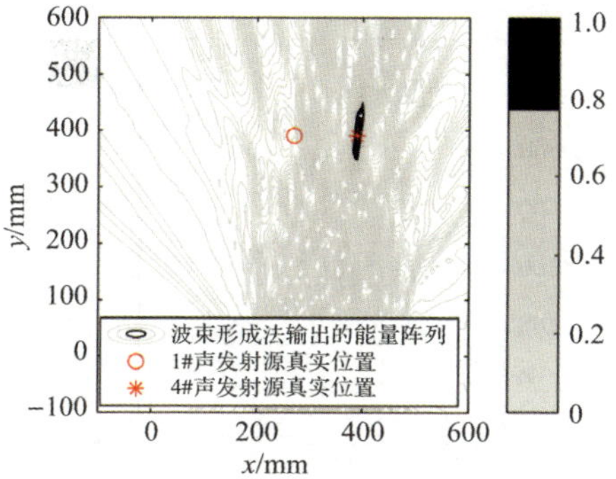

（c1）1#与4#组合S_{C1}对应数据的阵列能量图

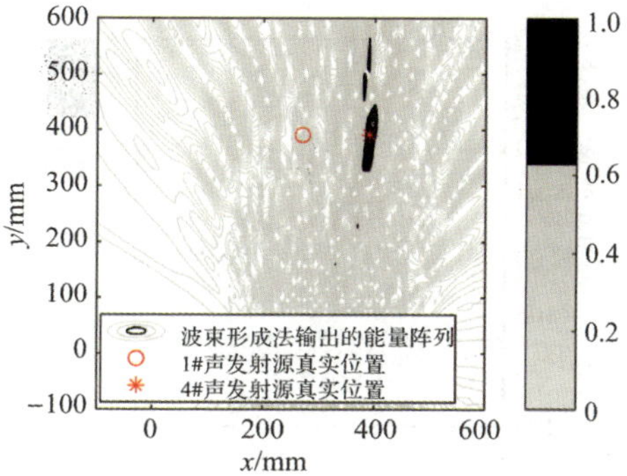

（c2）1#与4#组合S_{C2}对应数据的阵列能量图

图5－11　激励力大小不同频率相同时SVD－BFM定位出来的阵列能量图

表5－6　激励力大小不同频率相同时BFM与SVD－BFM定位结果

声发射源位置	R	n	第一声发射源			第二声发射源		
			真实位置/mm	定位位置/mm	误差/mm	真实位置/mm	定位位置/mm	误差/mm
1#&2#	0.2522	6	(270,390)	(260,330)	(－10,－60)	(210,450)	(210,470)	(0,20)
1#&3#	0.2215	6	(270,390)	(240,430)	(－30,40)	(270,270)	(270,270)	(0,0)
1#&4#	0.2327	4	(270,390)	(390,540)	(120,150)	(390,390)	(390,390)	(0,0)

2）激励力大小相同但频率不同时SVD－BFM定位效果

激励力大小相同但频率不同时，SVD－BFM定位输出的阵列能量如图5－12所示，同样是弱声发射源定位精度偏低。取波峰值为双声发射源，其定位结果如表5－7所列。同样可看出，3种情况下，SVD－BFM定位法可定位出两个声发射源，第3种情况的定位误差相对较大。

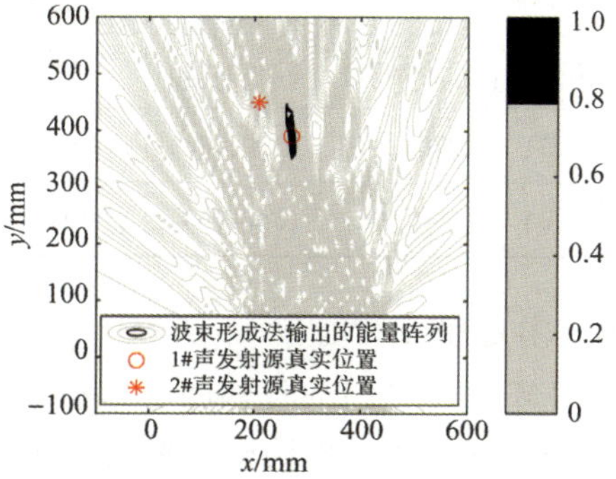

（a1）1#与2#组合S_{C1}对应数据的阵列能量图

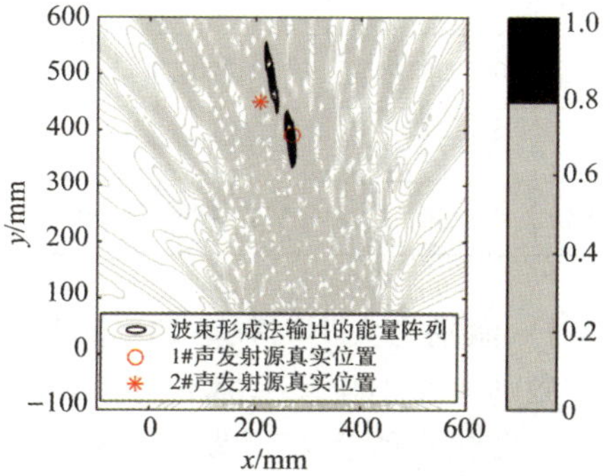

（a2）1#与2#组合S_{C2}对应数据的阵列能量图

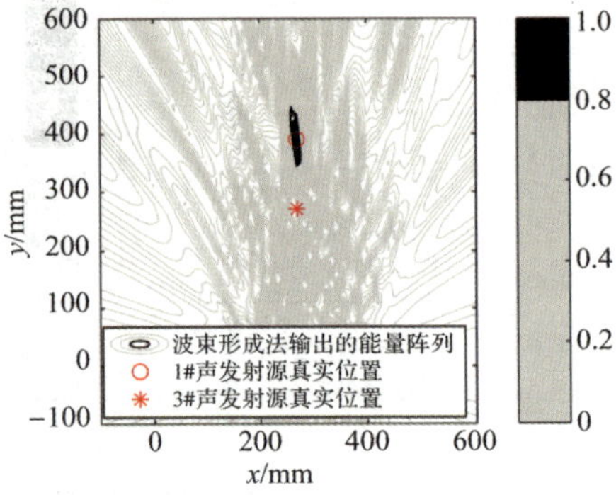

（b1）1#与3#组合S_{C1}对应数据的阵列能量图

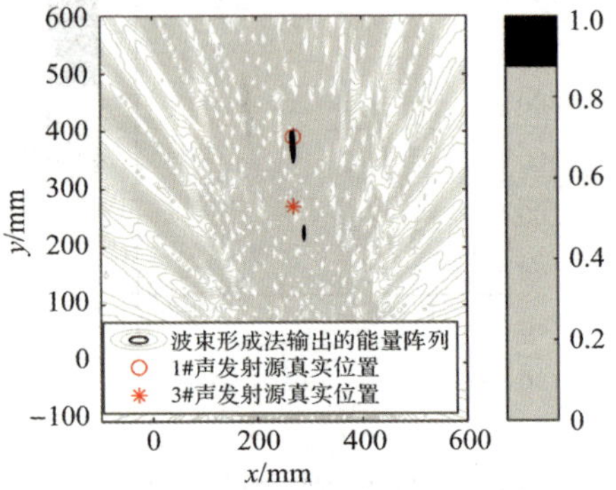

（b2）1#与3#组合S_{C2}对应数据的阵列能量图

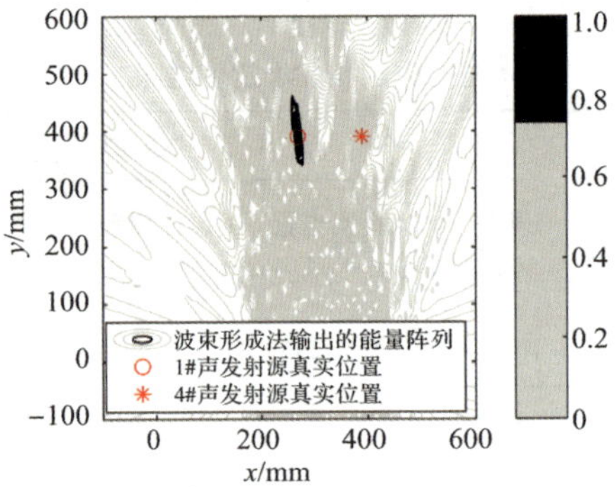

（c1）1#与4#组合S_{C1}对应数据的阵列能量图

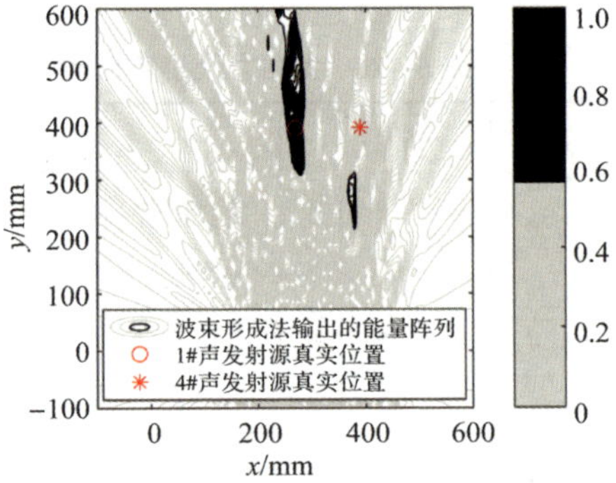

（c2）1#与4#组合S_{C2}对应数据的阵列能量图

图 5－12　激励力大小相同频率不同时 SVD－BFM 定位出来的阵列能量图

表 5－7　激励力大小相同频率不同时 SVD－BFM 定位结果

声发射源位置	R	n	第一声发射源			第二声发射源		
			真实位置/mm	定位位置/mm	误差/mm	真实位置/mm	定位位置/mm	误差/mm
1#&2#	0.2056	6	(270,390)	(270,390)	(0,0)	(210,450)	(230,480)	(20,30)
1#&3#	0.2372	6	(270,390)	(270,390)	(0,0)	(270,270)	(290,220)	(20,－50)
1#&4#	0.2194	4	(270,390)	(270,390)	(0,0)	(390,390)	(380,260)	(－10,－130)

3）激励力大小与频率都不同时 SVD－BFM 的定位效果

激励力大小与频率都不同时，SVD－BFM 定位输出的阵列能量如图 5－13 所示。取波峰值为双声发射源的定位结果，如表 5－8 所列。同样可看出，

3 种情况下，SVD – BFM 定位法可定位出两个声发射源，而第 3 种情况的定位误差相对较大。

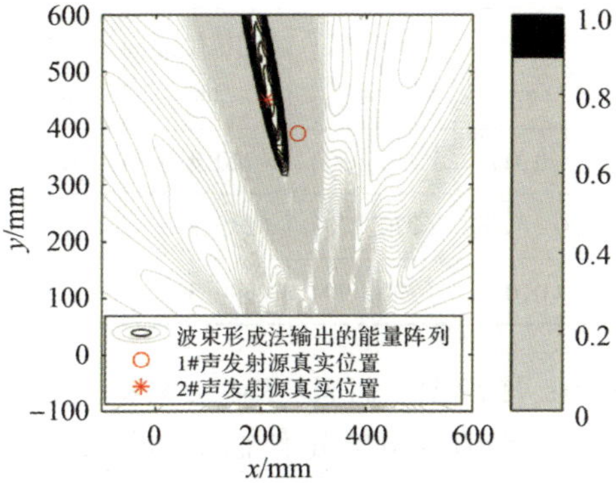

（a1）1#与4#组合S_{C1}对应数据的阵列能量图

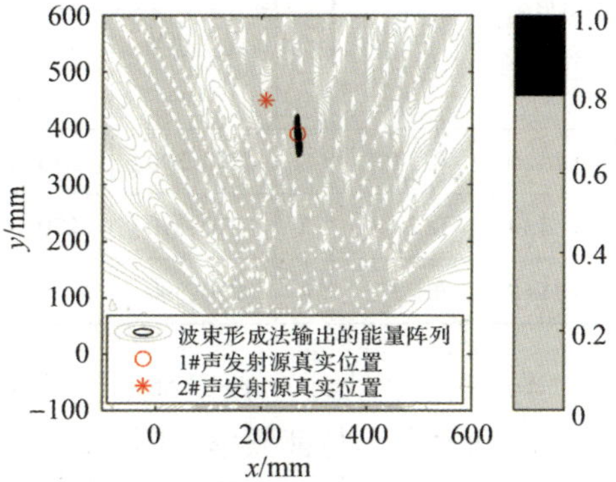

（a2）1#与4#组合S_{C2}对应数据的阵列能量图

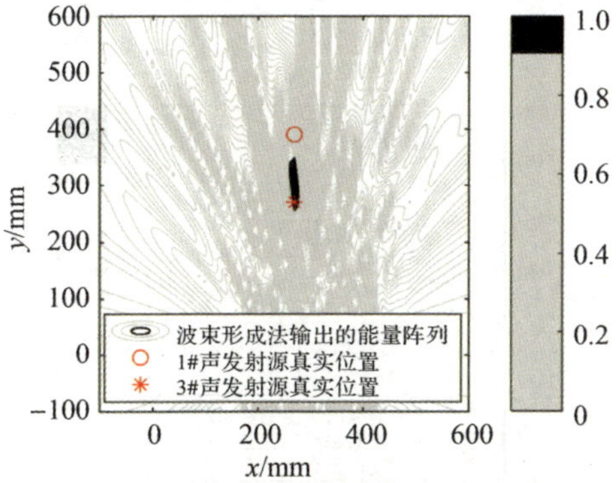

（b1）1#与3#组合S_{C1}对应数据的阵列能量图

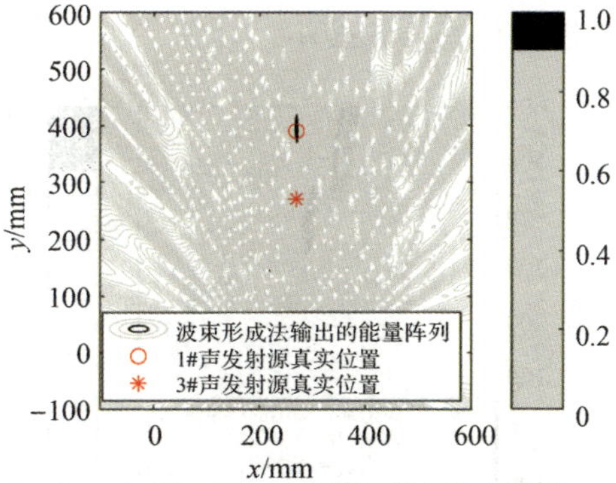

（b2）1#与3#组合S_{C2}对应数据的阵列能量图

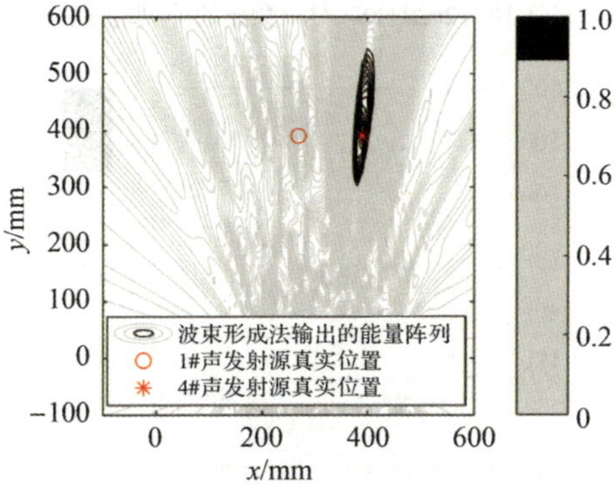

（c1）1#与4#组合S_{C1}对应数据的阵列能量图

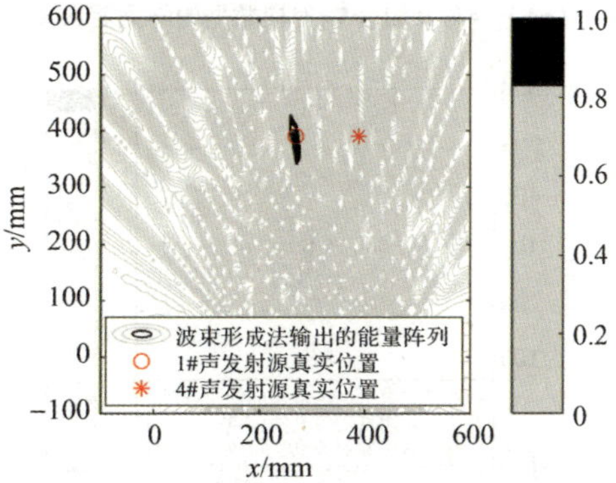

（c2）1#与4#组合S_{C2}对应数据的阵列能量图

图 5 – 13　激励力大小与频率都不同时 SVD – BFM 定位出来的阵列能量图

表 5 – 8　激励力大小与频率都不同时 SVD – BFM 定位结果

声发射源位置	R	n	第一声发射源			第二声发射源		
			真实位置/mm	定位位置/mm	误差/mm	真实位置/mm	定位位置/mm	误差/mm
1#&2#	0.2431	2	(270,390)	(270,390)	(0,0)	(210,450)	(220,450)	(10,0)
1#&3#	0.2449	5	(270,390)	(270,370)	(0,–20)	(270,270)	(270,280)	(0,10)
1#&4#	0.2993	4	(270,390)	(270,390)	(0,0)	(390,390)	(390,390)	(0,0)

4）激励力大小与频率都不同且相差 2μs 时 SVD – BFM 的定位效果

激励力大小与都频率不同且相差 2μs 时，SVD – BFM 定位输出的阵列能量如图 5 – 14 所示。取波峰值为双声发射源的定位结果，如表 5 – 9 所列。可看出，3 种情况下，SVD – BFM 定位法可以定位出两个声发射源的位置，且 3 种情况定位误差均较小。

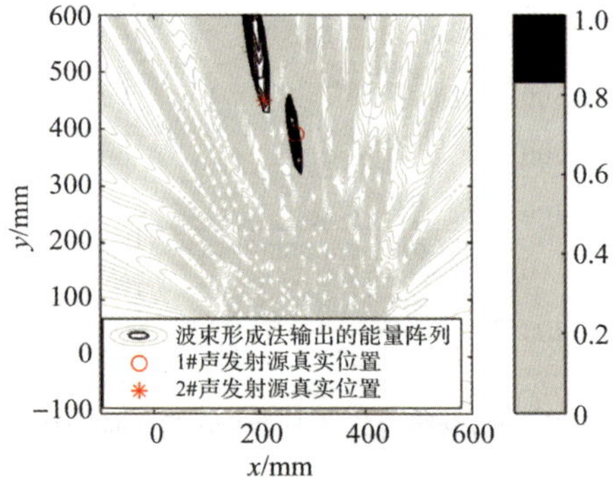

（a1）1#与2#组合S_{C1}对应数据的阵列能量图

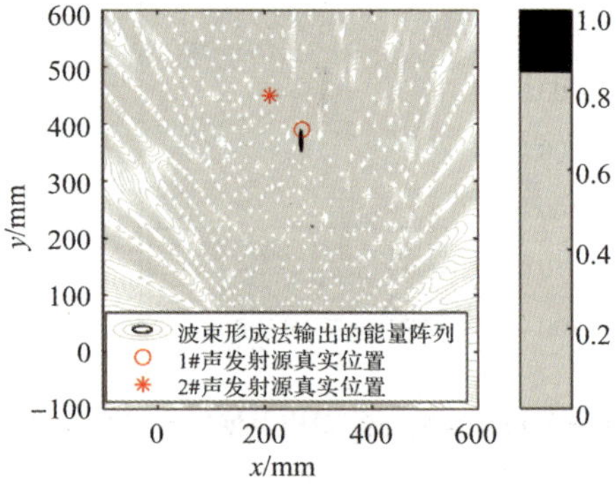

（a2）1#与2#组合S_{C2}对应数据的阵列能量图

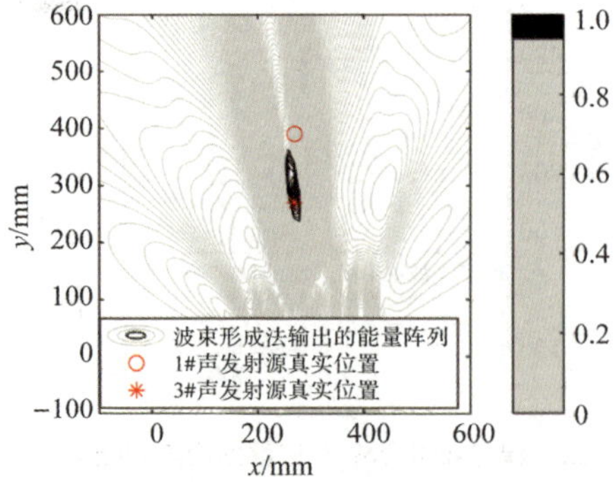

（b1）1#与3#组合S_{C1}对应数据的阵列能量图

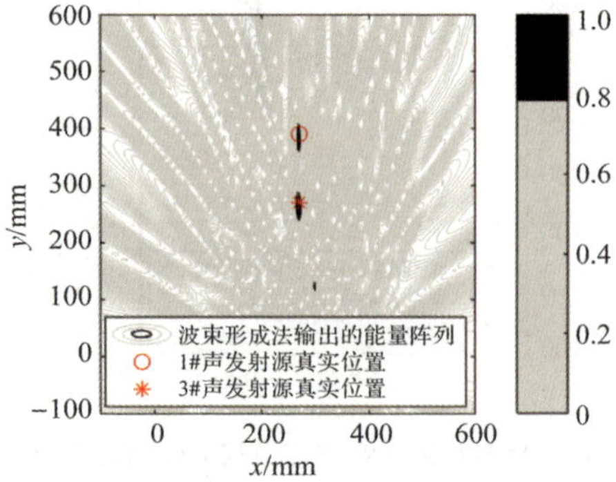

（b2）1#与3#组合S_{C2}对应数据的阵列能量图

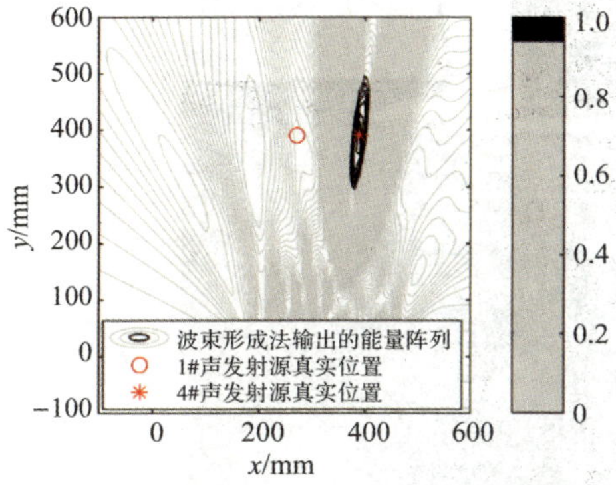

（c1）1#与4#组合 S_{C1} 对应数据的阵列能量图

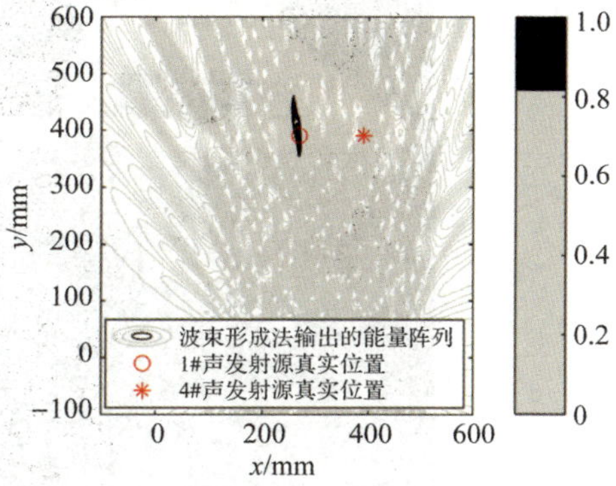

（c2）1#与4#组合 S_{C1} 对应数据的阵列能量图

图 5－14　激励力大小与频率都不同且相差 2μs 时 SVD－BFM 定位出来的阵列能量图

表 5－9　激励力大小与频率都不同且相差 2μs 时 SVD－BFM 定位结果

声发射源位置	R	n	第一声发射源			第二声发射源		
			真实位置/mm	定位位置/mm	误差/mm	真实位置/mm	定位位置/mm	误差/mm
1#&2#	0.2638	4	(270,390)	(270,370)	(0,－20)	(210,450)	(210,540)	(0,90)
1#&3#	0.2886	4	(270,390)	(270,390)	(0,0)	(270,270)	(270,290)	(0,20)
1#&4#	0.2640	2	(270,390)	(270,390)	(0,0)	(390,390)	(390,380)	(0,－10)

根据上述分析可看出，多数情况下 SVD－BFM 可用来定位两个同时声发射源，而 BFM 仅能定位出能量较大的声发射源。因此，SVD－BFM 是一种有效的同时双声发射源定位方法。SVD－BFM 对强声发射源的定位精度与 BFM 相近，而较弱声发射源的定位精度略低，但在多数情况下可接受。m 和 n 的选取会影响定位结果，对于不同声发射数据，应该有不同的 m 和 n 值可使定位结果最佳。但在此使用 SVD 的目的是减少较大能量声发射源的影响，而非完全分离。因此，本书提供了一种选定 m 和 n 的方便、可行方法。

5.3.4　双声发射源定位实验与分析

为了验证 SVD－BFM 方法对同时双声发射源定位的可行性，在钢板上进行断铅实验。实验中，传感器和同时双声发射源的位置与前述相同，如图 5－15 所示。因实验中难以做到同时断铅，故采用在 4 个声发射源位置处分别断铅并采集声发射信号，然后将声发射信号叠加以模拟同时双声发射源。

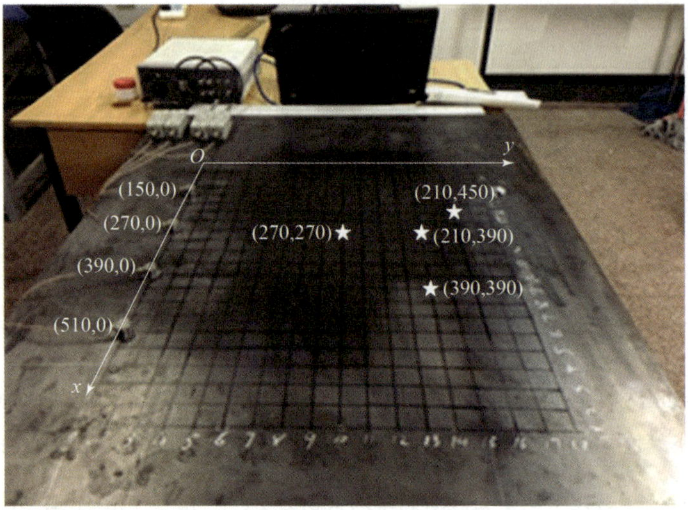

图 5-15　双声发射源 SVD-BFM 定位方法验证实验图

1）单声发射源波束形成和 SVD-BFM 定位

将实验所获得四个单声发射源的声发射信号分别进行 BFM 和 SVD-BFM 定位，两种方法输出的阵列能量图如图 5-16 和图 5-17 所示。可看出 SVD-BFM 定位方法两次输出的阵列能量都只有一个定位点，定位结果见图 5-17 和表 5-10。根据式（5-9）求出 K_a 和两个定位点之间的距离 d_s 的值，如表 5-11 所列，可以看出四个声发射源中 K_a 都小于 d_s，所以四次定位均只有一个声发射源，根据式（5-10）可得到定位出的声发射源的位置，如表 5-12 所列。表 5-12 显示 BFM 和 SVD-BFM 两种方法的定位误差接近，且 SVD-BFM 的定位误差略小。因此，SVD-BFM 对于定位单声发射源有效，且不会将单声发射源误定位成两个声发射源。

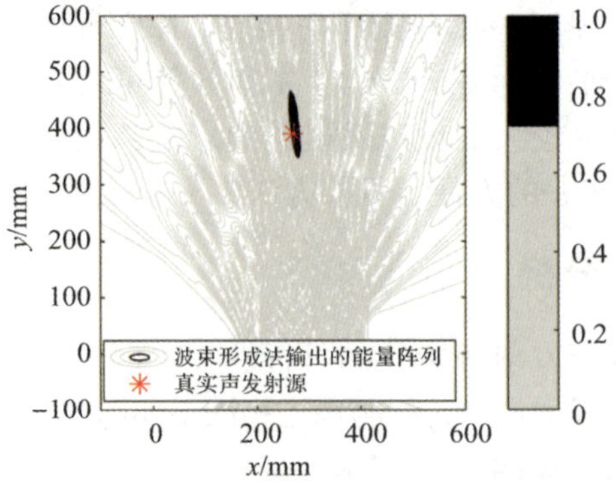

（a）1#声发射源

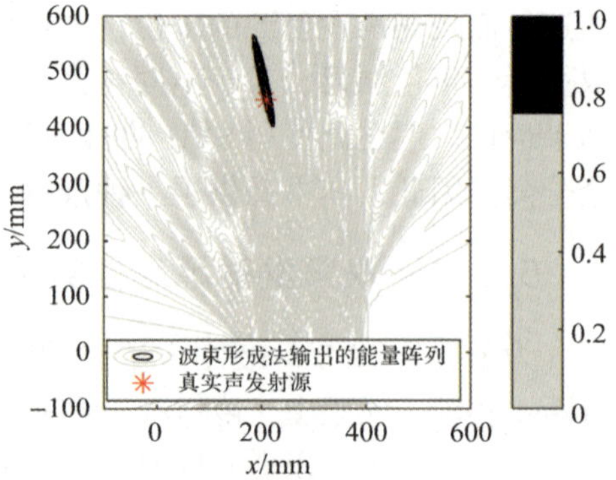

（b）2#声发射源

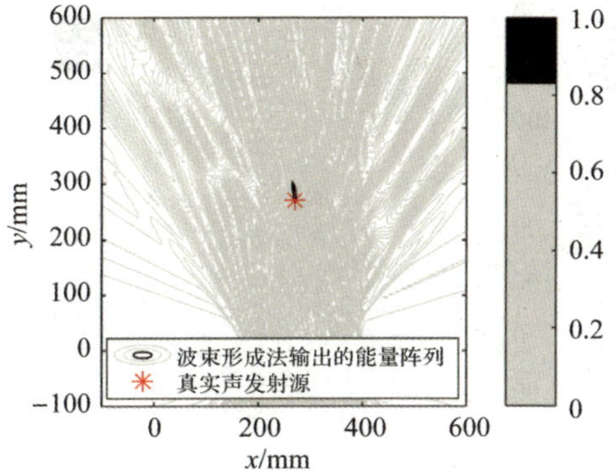

（c）3#声发射源

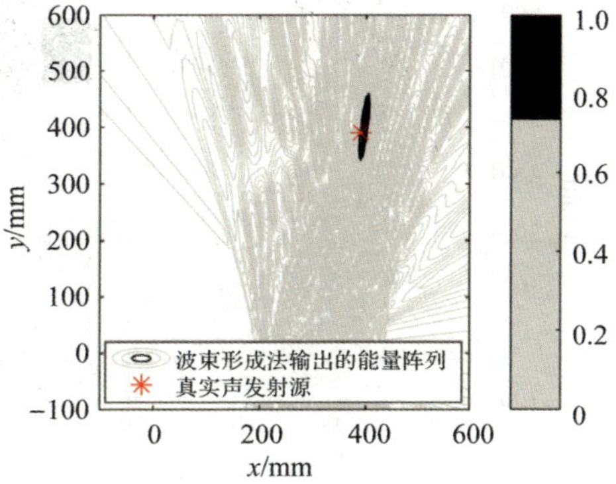

（d）4#声发射源

图 5－16　实验单声发射源 BFM 定位出来的阵列能量图

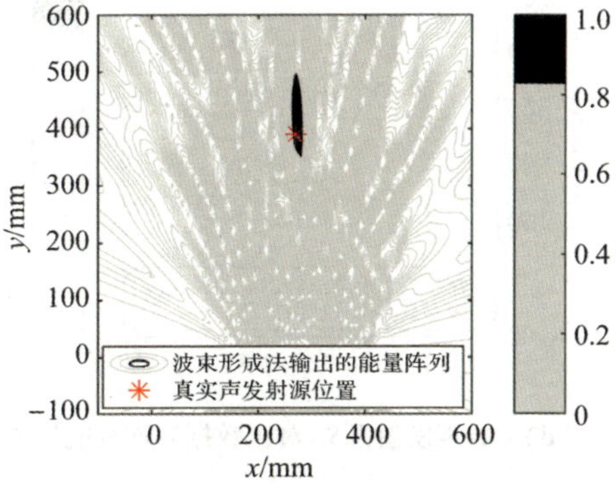

（a1）1#声发射源S_{C1}对应数据的阵列能量图

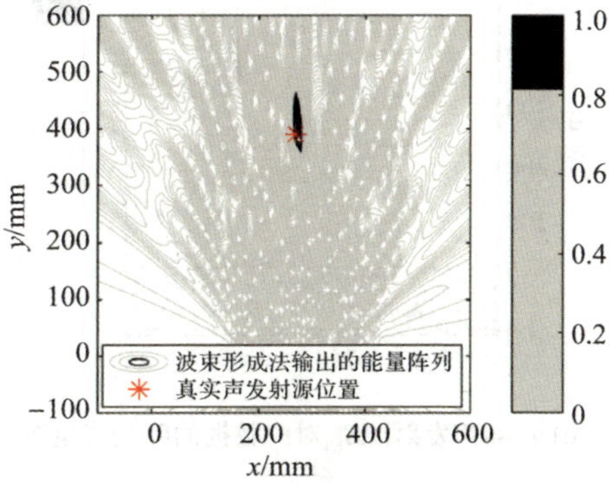

（a2）1#声发射源S_{C2}对应数据的阵列能量图

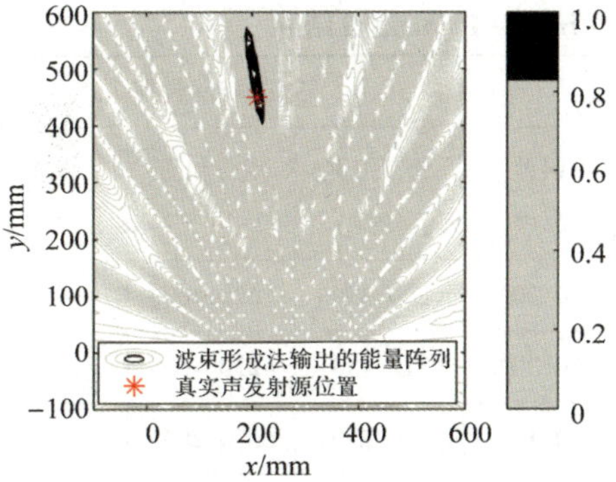

（b1）2#声发射源S_{C1}对应数据的阵列能量图

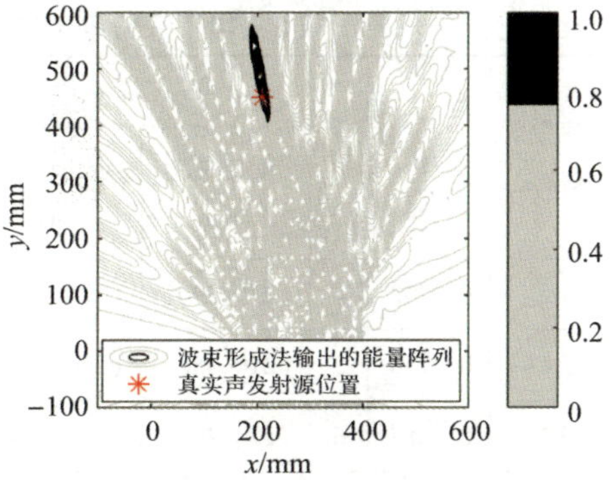

（b2）2#声发射源S_{C2}对应数据的阵列能量图

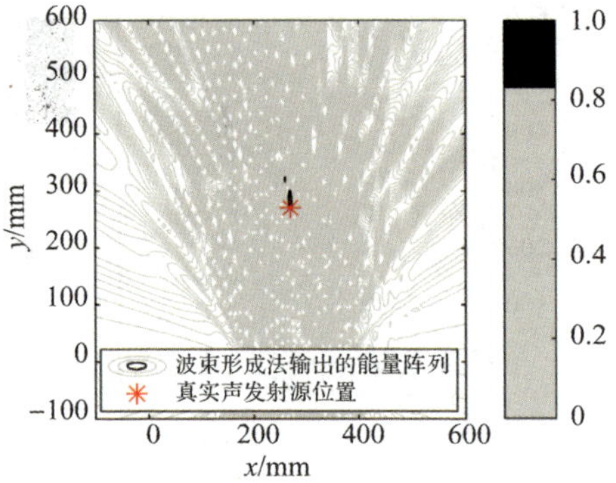

（c1）3#声发射源S_{C1}对应数据的阵列能量图

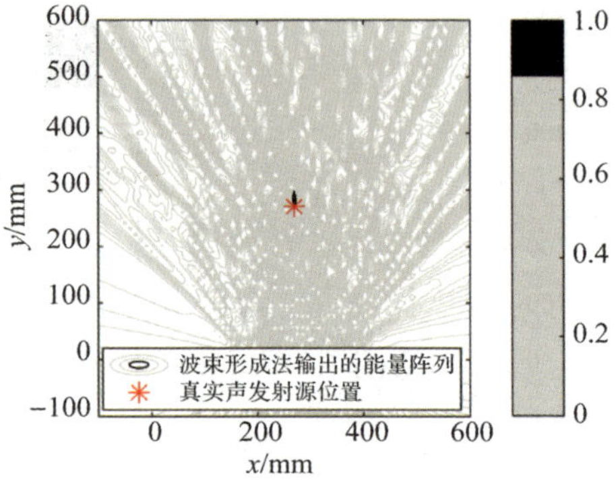

（c2）3#声发射源S_{C2}对应数据的阵列能量图

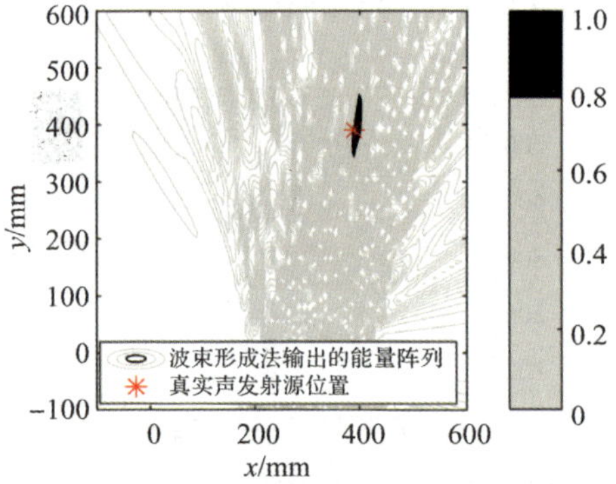

（d1）4#声发射源S_{C1}对应数据的阵列能量图

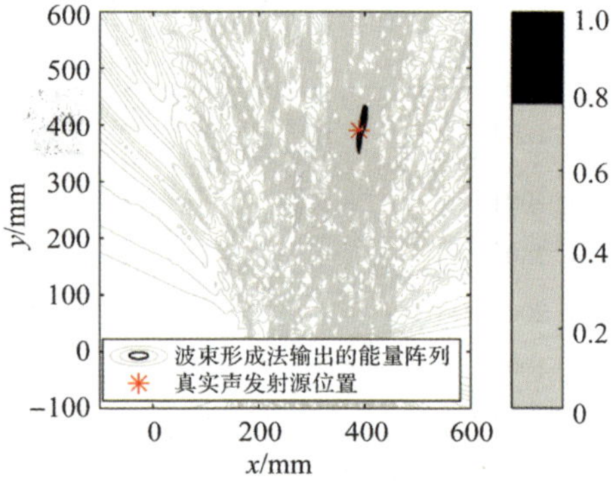

（d2）4#声发射源S_{C2}对应数据的阵列能量图

图 5－17　实验单声发射源 SVD－BFM 定位出来的阵列能量图

表 5－10　实验单声发射源 SVD－BFM 定位结果

单声发射源位置	R	n	第一声发射源			第二声发射源		
			真实位置/mm	定位位置/mm	误差/mm	真实位置/mm	定位位置/mm	误差/mm
1#	0.2942	4	(270,390)	(270,410)	(0,20)	(270,390)	(270,400)	(0,10)
2#	0.2736	2	(210,450)	(210,470)	(0,20)	(210,450)	(210,460)	(0,10)
3#	0.2084	6	(270,270)	(270,280)	(0,10)	(270,270)	(270,280)	(0,10)
4#	0.2338	4	(390,390)	(400,410)	(10,20)	(390,390)	(400,410)	(10,20)

表 5-11 实验单声发射源 SVD-BFM 计算出的 K_a 值

单声发射源位置	K_{a1}/mm	K_{a2}/mm	K_a/mm	d_s/mm
1#	24	24	24	10
2#	28	29	28.5	10
3#	19	19	19	0
4#	24	24	24	0

表 5-12 实验单声发射源 BFM 和 SVD-BFM 定位结果

单声发射源位置	真实位置/mm	BFM/mm	BFM 误差/mm	SVD-BFM/mm	SVD-BFM 误差/mm
1#	(270,390)	(270,410)	(0,20)	(270,405)	(0,15)
2#	(210,450)	(210,470)	(0,20)	(210,465)	(0,15)
3#	(270,270)	(270,280)	(0,10)	(270,280)	(0,10)
4#	(390,390)	(400,410)	(10,20)	(400,410)	(10,20)

2）双声发射源波束形成和 SVD-BFM 定位

(1) 同时双声发射源同能量的实验信号验证。

将实验得到的四个单声发射源产生的声发射数据归一化，然后按照声发射信号最大值 1∶1，将 1#声发射源产生的信号分别叠加到 2#、3#和 4#声发射源产生的信号中，形成能量相同的同时双声发射源。然后分别进行 BFM 和 SVD-BFM 定位，输出的阵列能量如图 5-18 和图 5-19 所示。可看出运用 BFM 直接定位结果中，在第二种和第三种情况下会出现伪声源。根据 SVD-BFM 输出的两个阵列能量的最大值求出每组的 K_a 和 d_s 值，如表 5-13 所列，可看出每组的 K_a 值都大于 d_s 值，说明定位出的是两个声发射源，定位结果如表 5-14 所列。可以看出，除了第三种情况，其他两种情况的双声发射源可被 SVD-BFM 成功定位，且误差较小，这与有限元仿真规律相似，验证了 SVD-BFM 定位能量相同的双声发射源的可行性。

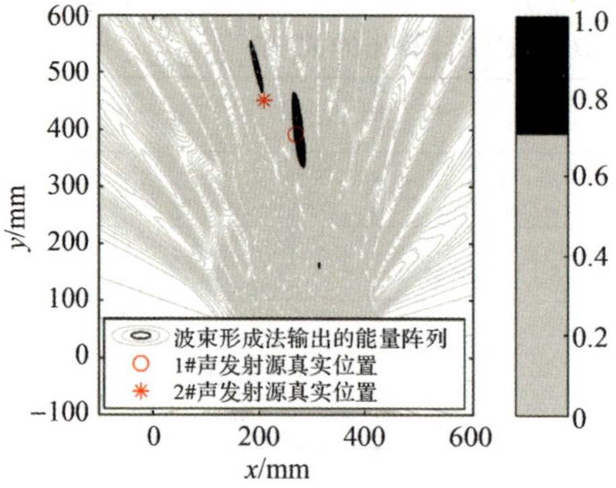

（a）1#与2#组合的双声发射源

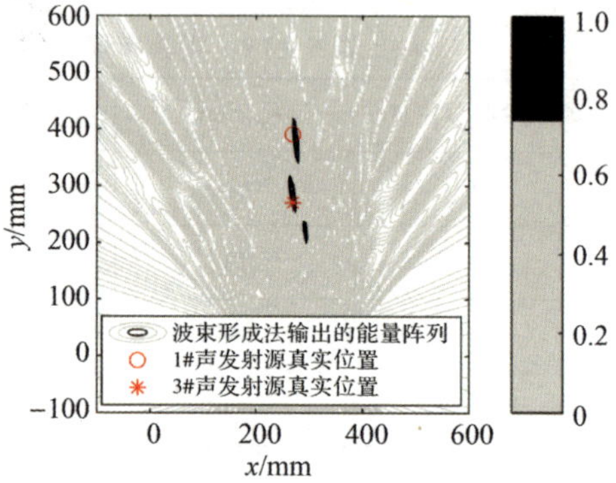

（b）1#与3#组合的双声发射源

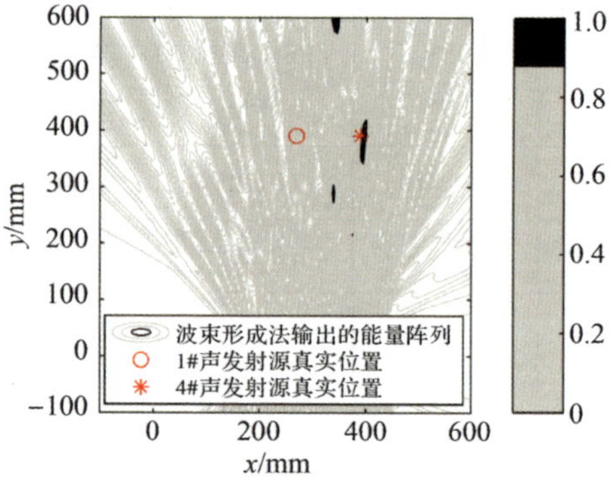

（c）1#与4#组合的双声发射源

图 5-18　实验双声发射源同能量 BFM 定位出来的阵列能量图

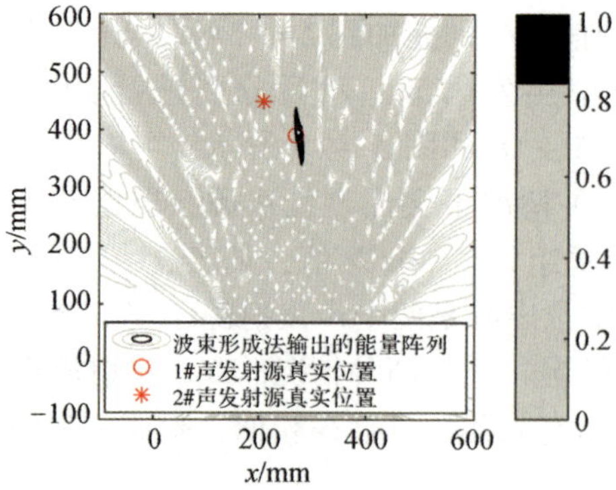

（a1）1#与2#组合$\boldsymbol{S}_{C1}$对应数据的阵列能量图

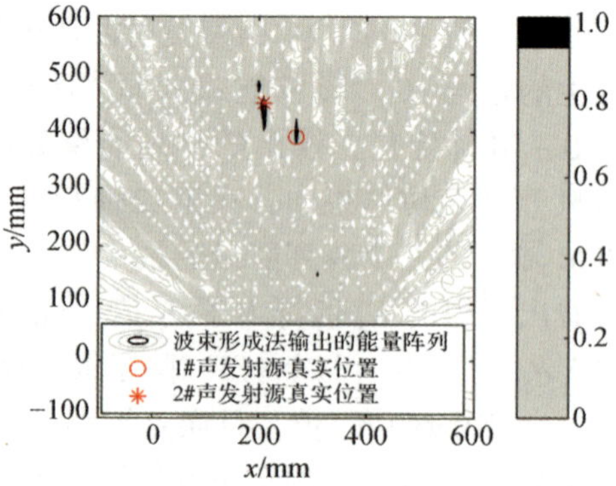

（a2）1#与2#组合$\boldsymbol{S}_{C2}$对应数据的阵列能量图

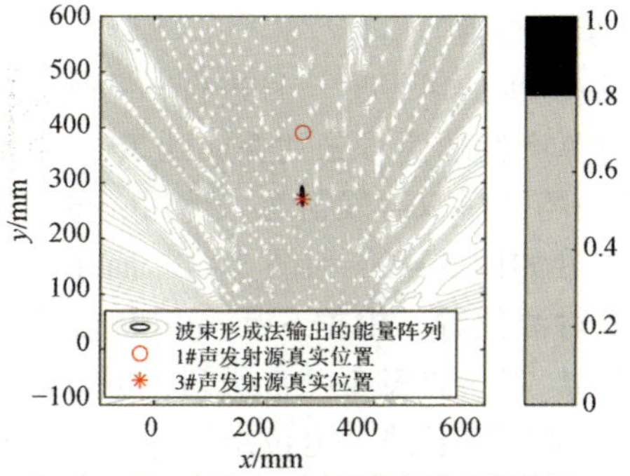

（b1）1#与3#组合S_{C1}对应数据的阵列能量图

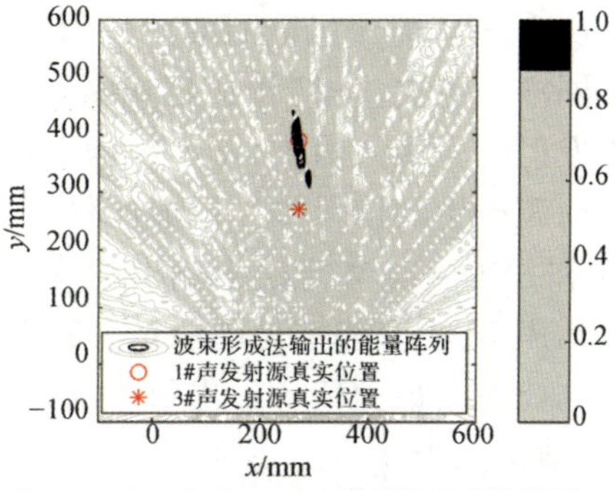

（b2）1#与3#组合S_{C2}对应数据的阵列能量图

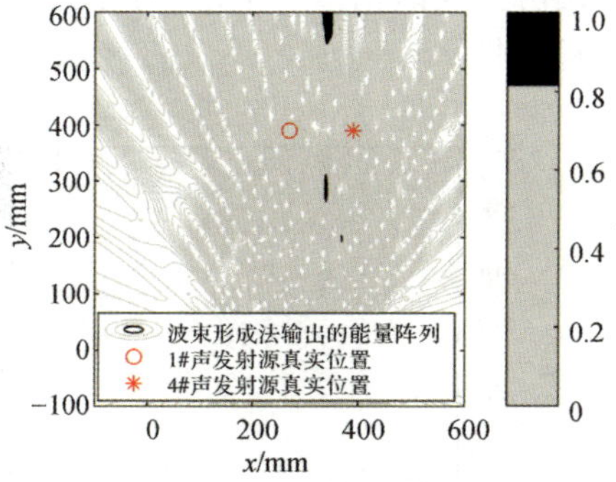

（c1）1#与4#组合S_{C1}对应数据的阵列能量图

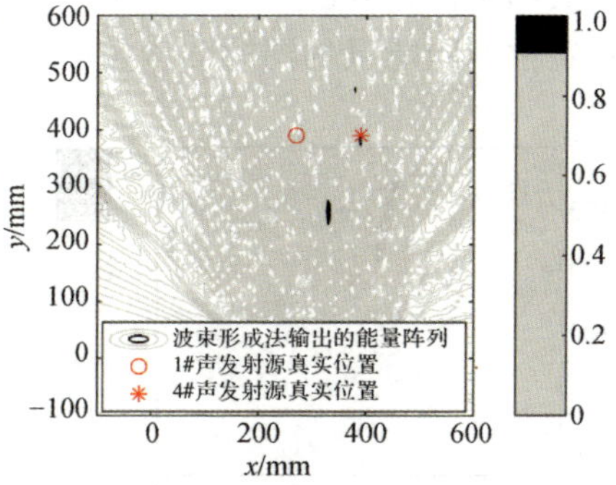

（c2）1#与4#组合S_{C2}对应数据的阵列能量图

图5－19　实验双声发射源同能量SVD－BFM定位出来的阵列能量图

表5－13　实验双声发射源同能量SVD－BFM计算出的K_a值

声发射源位置	K_{a1}/mm	K_{a2}/mm	K_a/mm	d_s/mm
1#&2#	23	29	26	99
1#&3#	23	19	21	110
1#&4#	33	17	25	351

表5－14　实验双声发射源同能量BFM和SVD－BFM定位结果

声发射源位置	R	n	第一声发射源			第二声发射源		
			真实位置/mm	定位位置/mm	误差/mm	真实位置/mm	定位位置/mm	误差/mm
1#&2#	0.2054	8	(270,390)	(280,370)	(10,－20)	(210,450)	(210,440)	(0,－10)
1#&3#	0.2085	8	(270,390)	(270,380)	(0,－10)	(270,270)	(270,270)	(0,0)
1#&4#	0.2011	7	(270,390)	(340,600)	(70,210)	(390,390)	(330,250)	(－60,－140)

（2）不同能量的同时双声发射源实验信号验证。

同样，将实验得到的四个单声发射源产生的声发射信号进行归一化，并按照声发射信号最大值 1∶4，将 1#声发射源产生的信号分别叠加到 2#、3#和 4#声发射源产生的信号中，形成能量不相同的同时双声发射源。然后，分别进行 BFM 和 SVD – BFM 定位，输出的阵列能量如图 5 – 20 和图 5 – 21 所示。可看出，运用 BFM 只能定位出能量大的声发射源位置。根据 SVD – BFM 输出的两个阵列能量的最大值，求出每组的 K_a 和 d_s 值，如表 5 – 15 所列，可看出每组的 K_a 值都大于 d_s 值，说明定位出的是两个声发射源。定位结果如表 5 – 16 所列，可看出，同样除了第三种情况，其他两种情况的双声发射源可被 SVD – BFM 成功定位，且误差较小，这与有限元仿真规律相似。于是，验证了 SVD – BFM 定位不同能量的同时双声发射源的可行性。

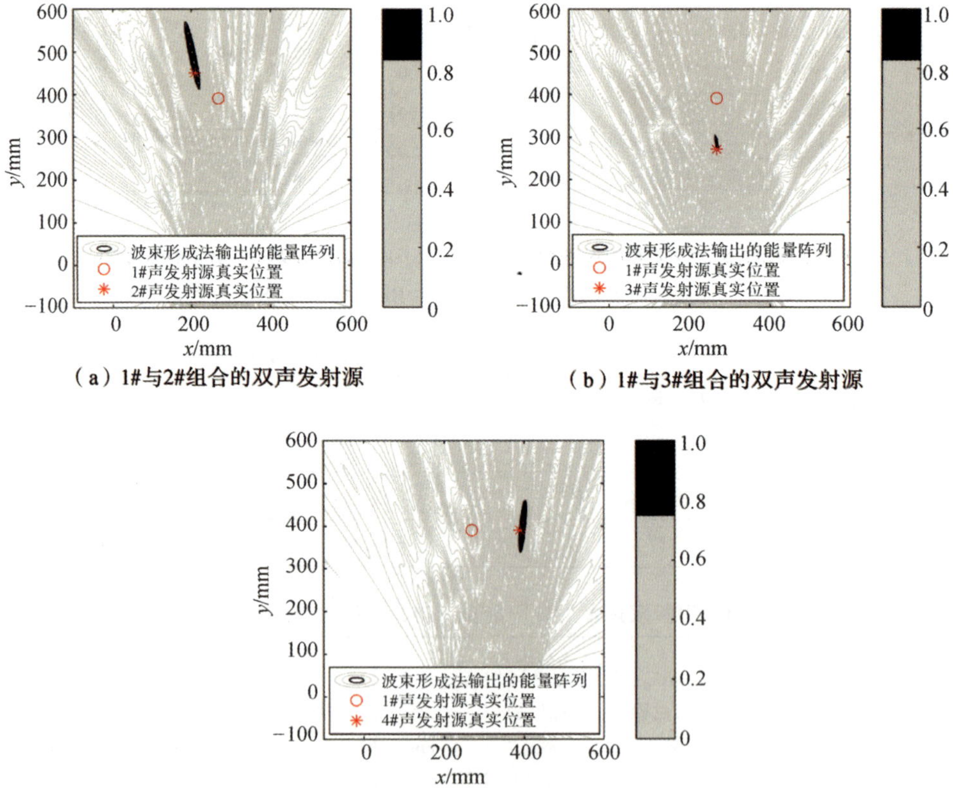

（a）1#与2#组合的双声发射源

（b）1#与3#组合的双声发射源

（c）1#与4#组合的双声发射源

图 5 – 20　同时双声发射源不同能量 BFM 定位出来的阵列能量图

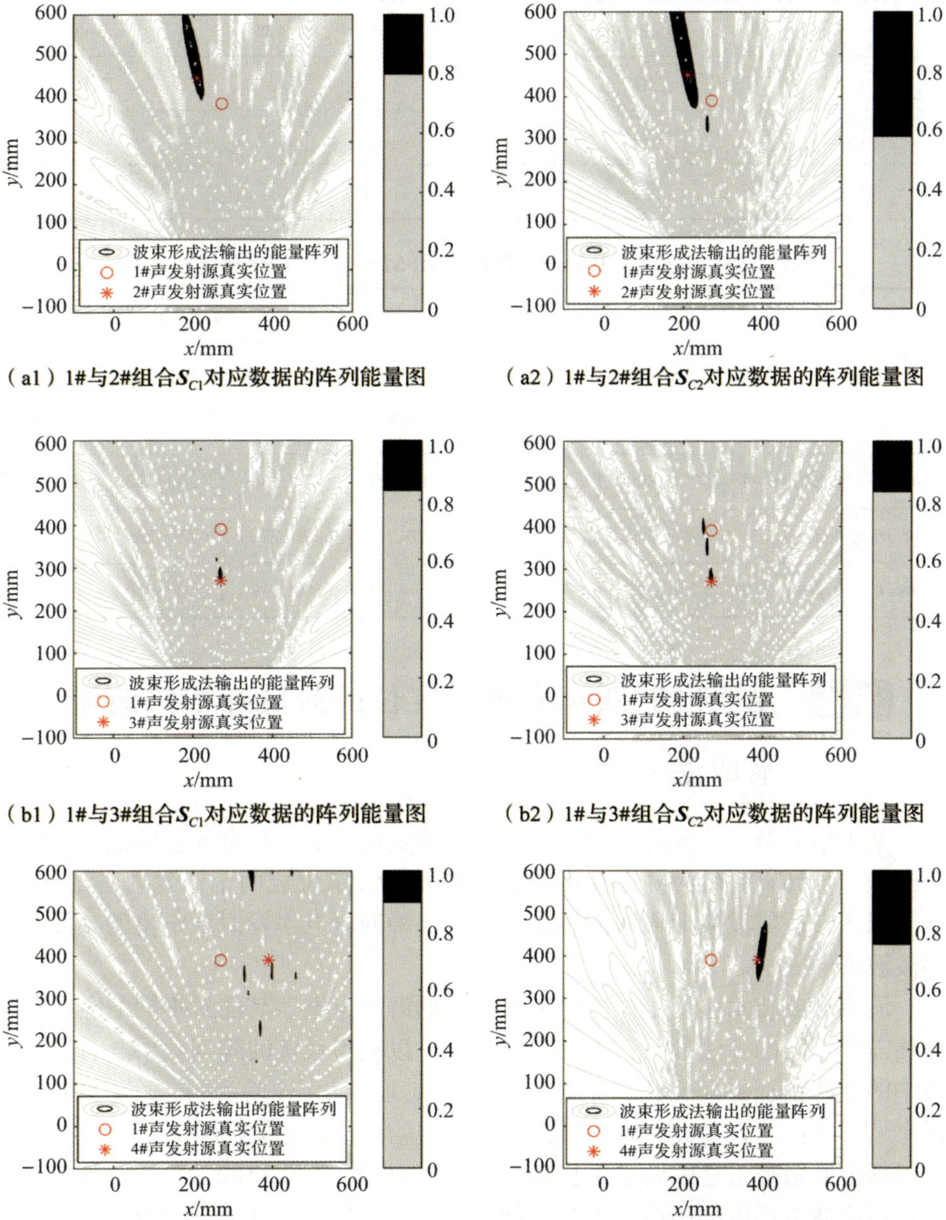

（a1）1#与2#组合S_{C1}对应数据的阵列能量图　（a2）1#与2#组合S_{C2}对应数据的阵列能量图

（b1）1#与3#组合S_{C1}对应数据的阵列能量图　（b2）1#与3#组合S_{C2}对应数据的阵列能量图

（c1）1#与4#组合S_{C1}对应数据的阵列能量图　（c2）1#与4#组合S_{C2}对应数据的阵列能量图

图5-21　实验双声发射源不同能量 SVD-BFM 定位出来的阵列能量图

表 5-15　实验双声发射源不同能量 SVD-BFM 计算出的 K_a 值

声发射源位置	K_{a1}/mm	K_{a2}/mm	K_a/mm	d_s/mm
1#&2#	21	30	25.5	162
1#&3#	24	19	21.5	122
1#&4#	16	24	20	182

表 5-16　实验双声发射源不同能量 BFM 和 SVD-BFM 定位结果

声发射源位置	R	n	第一声发射源			第二声发射源		
			真实位置/mm	定位位置/mm	误差/mm	真实位置/mm	定位位置/mm	误差/mm
1#&2#	0.2008	4	(270,390)	(260,340)	(-10,-50)	(210,450)	(200,490)	(-10,40)
1#&3#	0.2061	6	(270,390)	(250,400)	(-20,10)	(270,270)	(270,280)	(0,10)
1#&4#	0.2002	2	(270,390)	(370,230)	(100,-160)	(390,390)	(400,410)	(10,20)

5.4 用于同时双声发射源定位的频域加权陷波波束形成法

基于信号奇异值分解的同时双声发射源定位方法，其奇异值阶次选择依赖于经验，且计算量较大并存在可能将单声发射源定位成两个声发射源的问题。本节引入自适应波束形成法的思想，介绍一种同时双声发射源定位的频域加权陷波波束形成法。

波束形成技术应用于许多种工程问题的解决方案，其面对不同的应用环境往往需要不同的算法参数，如阵列权重等，以获得最优的阵列效果。若应用环境中的某些物理特征变化，系数也应自适应地变化，这就是自适应波束形成器[12-13]。运用这一思想，可考虑构造自适应波束形成参数用于滤除干扰，以获得期望的信号。这就要求干扰特征是可提取的、有规律的，并针对其规律进行自适应波束形成的构造。于是，就可得到一个特定的阵列空间响应，其反映所期望的信号特征，而对干扰信号起到屏蔽、滤除作用[14-16]。

自适应波束形成器可通过在频域中加权来实现。在此，介绍一种频域加权波束形成技术，以建立用于同时声发射源的定位方法。

5.4.1 频域加权波束形成原理

在一维信号处理中，陷波是对某个频率点进行迅速衰减，以达到滤除此频率信号的作用。若需要将该思想扩展到二维甚至三维空间信号处理中，需基于特定的应用背景，提取用于陷波的特征量。在声发射源定位中，若考虑不止一个声发射源，则结合应力波的传播特性和波束形成法的原理，可将信号中隐含的声发射源坐标位置设计为陷波的特征量，在滤除能量较大的声发射源之后，有望凸显出能量较弱的源[17]。

该特征需结合声发射波的传播特性和波束形成法的原理进行提取，而频域加权波束形成具有较明显的方向参数，可方便地与陷波理论联系起来。因此，本节首先介绍频域加权波束形成法以引出方向参数的提取原理。

1）单个源频域加权波束形成定位算法原理

各向同性材料中的理想情况是，第 i 个传感器接收的信号视为第一个传感器（定义为参考传感器）所接收信号的一定延迟。因此，传感器阵列接收的信号可表示为

$$\boldsymbol{X}(t)=[x_1(t),x_2(t),\cdots,x_M(t)]^{\mathrm{T}}=[x_1(t),x_1(t-\tau_2),\cdots,x_1(t-\tau_M)]^{\mathrm{T}} \tag{5-11}$$

式中：$x_i(t)$是第 i 个传感器接收的信号；τ_i 是第 i 个传感器接收的信号相对于参考传感器接收到的信号的时间延迟，可表示为

$$\tau_i=\frac{|\boldsymbol{r}_{i\mathrm{r}}|-|\boldsymbol{r}_{1\mathrm{r}}|}{c} \tag{5-12}$$

式中：$\boldsymbol{r}_{i\mathrm{r}}$是真实声发射源位置到第 i 个传感器的方向向量；$\boldsymbol{r}_{1\mathrm{r}}$是真实声发射源位置到参考传感器的方向向量；$c$ 是声发射波的传播速度，其值取决于所选择的兰姆波模态。参考传感器可以是传感器阵列中的任何一个，所以对于$|\boldsymbol{r}_{i\mathrm{r}}|<|\boldsymbol{r}_{1\mathrm{r}}|$的情况 τ_i 有可能是负值。

对式（5－11）进行傅里叶变换，根据傅里叶变换的时移特性，可得到：

$$\begin{aligned}\boldsymbol{X}(\boldsymbol{f})&=[s_1(f),s_1(f)\mathrm{e}^{-\mathrm{j}2\pi f\tau_2},\cdots,s_1(f)\mathrm{e}^{-\mathrm{j}2\pi f\tau_M}]^{\mathrm{T}}\\&=[1,\mathrm{e}^{-\mathrm{j}2\pi f\tau_2},\cdots,\mathrm{e}^{-\mathrm{j}2\pi f\tau_M}]^{\mathrm{T}}s_1(f)\end{aligned} \tag{5-13}$$

式中：$s_1(f)$是参考信号的傅里叶变换结果；$X_i(f)=s_1(f)\mathrm{e}^{-\mathrm{j}2\pi f\tau_i}$是第 i 个传感器接收的信号的傅里叶变换结果；f是频率；式（5－13）可以重新改写为

$$\boldsymbol{X}(f)=[1,\mathrm{e}^{-\mathrm{j}2\pi f\tau_2},\cdots,\mathrm{e}^{-\mathrm{j}2\pi f\tau_M}]^{\mathrm{T}}s_1(f)=a_1(x_1,y_1,f)s_1(f) \tag{5-14}$$

式中：$\boldsymbol{a}_1(x_1,y_1,f)=[1,\mathrm{e}^{-\mathrm{j}2\pi f\tau_2},\cdots,\mathrm{e}^{-\mathrm{j}2\pi f\tau_M}]^{\mathrm{T}}$ 定义为导向向量，其表征隐藏于频域阵列信号中的真实声源位置信息，因此可以推断位置信息与时间延迟序列

$\tau_i(i=1,2,\cdots,M)$有关。

定义一个加权向量为

$$\boldsymbol{S}(x,y,f)=[1,\mathrm{e}^{-\mathrm{j}2\pi f\tau_{2s}},\cdots,\mathrm{e}^{-\mathrm{j}2\pi f\tau_{Ms}}]^{\mathrm{T}} \tag{5-15}$$

式中：τ_{i_s}代表聚焦于点（x,y）时，第i个传感器接收的信号相对于参考传感器接收到的信号的理论上的时间延迟。τ_{is}可表示为

$$\tau_{i_s}=\frac{|\boldsymbol{r}_{i_s}|-|\boldsymbol{r}_{1_s}|}{c} \tag{5-16}$$

式中：$\boldsymbol{r}_{i_s}$是聚焦点（x,y）到第i个传感器的方向向量；$\boldsymbol{r}_{1_s}$聚焦点到参考传感器的方向向量；加权向量$\boldsymbol{S}(x,y,f)$的第i项可表示为

$$\boldsymbol{S}_i(x,y,f)=\mathrm{e}^{-\mathrm{j}2\pi f\tau_{is}} \tag{5-17}$$

式中：参考传感器的信号相对于其自身的时间延迟是零，即$\boldsymbol{S}_1(x,y,f)=1$。第$i$个传感器信号的时间延迟$\tau_{is}$被加权向量的第$i$项加权，加权后的信号为

$$\boldsymbol{Y}(f)=[S_1(x,y,f)^{\mathrm{H}}X_1(f),S_2(x,y,f)^{\mathrm{H}}X_2(f),\cdots,S_M(x,y,f)^{\mathrm{H}}X_M(f)]^{\mathrm{T}} \tag{5-18}$$

式中：$S_i(x,y,f)^{\mathrm{H}}$表示$S_i(x,y,f)$的共轭。当聚焦点（x,y）是真实声源的位置时，可得到加权后的信号形式为

$$\boldsymbol{Y}(f)=[s_1(f),s_1(f),\cdots,s_1(f)]^{\mathrm{T}} \tag{5-19}$$

因此，被加权修正后的信号组$\boldsymbol{Y}(f)$各通道之间的一致性在聚焦到真实声源处时是最好的。于是，被加权后的信号组的协方差被选择作为波束形成阵列的输出物理量，其相对大小用于评估、决定真实声源的位置。频域加权波束形成的逻辑表述，如图5－22所示。

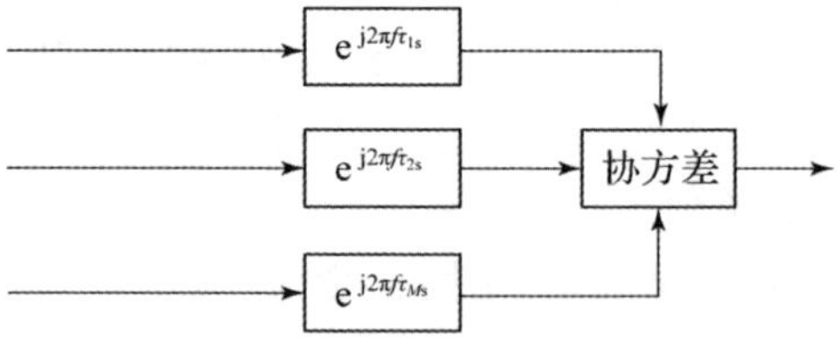

图5－22　频域加权波束形成器

2）同时双源频域加权波束形成定位算法原理

对于同时双源，传感器接收的信号是来自不同声发射源的两组信号的线性叠加。相应地，式（5－11）可改写为

$$\boldsymbol{X}(t)=[x_{\mathrm{A}}(t)+x_{\mathrm{B}}(t),x_{\mathrm{A}}(t-\tau_{2\mathrm{A}})+x_{\mathrm{B}}(t-\tau_{2\mathrm{B}}),\cdots,x_{\mathrm{A}}(t-\tau_{M\mathrm{A}})+x_{\mathrm{B}}(t-\tau_{M\mathrm{B}})]^{\mathrm{T}} \tag{5-20}$$

式中：$x_{\mathrm{A}}(t)$和$x_{\mathrm{B}}(t)$分别代表参考传感器接收到的声发射源A和源B在叠加

前的信号形式；τ_{iA}和$\tau_{iB}(i=1,2,\cdots,M)$分别代表第$i$个传感器接收的来自源A和源B的信号相对于参考传感器接收到信号的时间延迟，可表示为

$$\tau_i=\frac{|\boldsymbol{r}_i|-|\boldsymbol{r}_1|}{c} \tag{5-21}$$

$$\tau_{iB}=\frac{|\boldsymbol{r}_{iBr}|-|\boldsymbol{r}_{1Br}|}{c} \tag{5-22}$$

式中：$\boldsymbol{r}_{iAr}$和$\boldsymbol{r}_{iBr}$分别是真实声发射源A和B到第i个传感器的方向向量；$\boldsymbol{r}_{1Ar}$和$\boldsymbol{r}_{1Br}$分别是真实声发射源A和B到参考传感器的方向向量。

与式（5-13）相似，对式（5-20）进行傅里叶变换，可得到：

$$\boldsymbol{X}(f)=[X_1(f),X_2(f),\cdots,X_M(f)]=\boldsymbol{a}_A(x_A,y_A,f)s_A(f)+\boldsymbol{a}_B(x_B,y_B,f)s_B(f) \tag{5-23}$$

其中，$s_A(f)$和$s_B(f)$分别是参考信号接收到的源A和源B的信号的傅里叶变换后的形式。真实声发射源A和B的导向向量分别为$\boldsymbol{a}_A(x_A,y_A,f)=[1,e^{-j2\pi f\tau_{2A}},\cdots,e^{-j2\pi f\tau_{MA}}]^T$和$\boldsymbol{a}_B(x_B,y_B,f)=[1,e^{-j2\pi f\tau_{2B}},\cdots,e^{-j2\pi f\tau_{MB}}]^T$。

引入与式（5-15）项同的加权向量$\boldsymbol{S}(x,y,f)$。当聚焦点（x,y）不断变化时，$\boldsymbol{S}(x,y,f)$同样变化。当聚焦点刚好与源A重叠时，$\boldsymbol{S}(x,y,f)$会刚好等于$\boldsymbol{a}_A(x_A,y_A,f)$，且在该点的阵列输出（通过式（5-18）的协方差计算得到）将会高于其他点的输出。同样地，当聚焦点与源B重叠时，$\boldsymbol{S}(x,y,f)$会刚好等于$\boldsymbol{a}_B(x_B,y_B,f)$，且此时源B会被凸显。

从理论上讲，可使用频域加权波束形成方法定位多个声发射源。然而，在多声发射源的定位过程中，大能量的声发射源干扰了小能量声发射源的检测，最终使小能量声发射源被大能量的声发射源掩盖，导致漏检。因此，有必要研究如何抑制大能量的声发射源的干扰，以精确定位小能量的声发射源。

5.4.2 频域加权陷波波束形成原理

陷波波束形成的思想是提取出具有大能量声发射源的导向向量，然后基于该导向向量构造新的加权向量，以滤除大能量声发射源。

为对同时双声发射源进行定位，首先，需定位首个声发射源，以确定其导向向量$\boldsymbol{a}_A(x_A,y_A,f)$或$\boldsymbol{a}_B(x_B,y_B,f)$；接着，应构造正交于已知声发射源导向矢量的陷波矢量，并在频域中对其进行加权。并且，需将陷波矢量的范数控制为1，以便不影响其他测点波束形成的相对输出，这样就可滤除信号中最为凸显的声发射源信息，从而使得弱声发射源突出显示。

假设阵列输出值最大的位置记为声发射源A，且已被频域加权波束形成法

定位出来，则可方便求出由源 A 坐标所确定的导向向量。因此，陷波向量的约束条件（用 U 表示）可写成：

$$\boldsymbol{U}^{\mathrm{H}}(x,y,f)\boldsymbol{a}_{\mathrm{A}}(x_{\mathrm{A}},y_{\mathrm{A}},f)=0 \tag{5-24}$$

$$|\boldsymbol{U}|^2=U^{\mathrm{H}}U=1 \tag{5-25}$$

式中：上标 H 表示共轭；$|\cdot|$表示向量的范数。

任取一个与导向向量 $\boldsymbol{a}_{\mathrm{A}}(x_{\mathrm{A}},y_{\mathrm{A}},f)$（下文简写为 $\boldsymbol{a}_{\mathrm{A}}$）相互独立的向量 $\boldsymbol{\omega}$，所以其与 $\boldsymbol{a}_{\mathrm{A}}$ 具有相同的维数。使用 Schmidt 正交化方法利用向量 ω 构造导向向量 $\boldsymbol{a}_{\mathrm{A}}$ 的一个正交向量：

$$\tilde{\boldsymbol{U}}=\boldsymbol{\omega}-\frac{\boldsymbol{a}_{\mathrm{A}}^{\mathrm{H}}\boldsymbol{\omega}}{|\boldsymbol{a}_{\mathrm{A}}|^2}\boldsymbol{a}_{\mathrm{A}}=\left(\boldsymbol{I}-\frac{\boldsymbol{a}_{\mathrm{A}}\boldsymbol{a}_{\mathrm{A}}^{\mathrm{H}}}{|\boldsymbol{a}_{\mathrm{A}}|^2}\right)\boldsymbol{\omega}=\boldsymbol{K}\boldsymbol{\omega} \tag{5-26}$$

式中：

$$\boldsymbol{K}=\boldsymbol{I}-\frac{\boldsymbol{a}_{\mathrm{A}}\boldsymbol{a}_{\mathrm{A}}^{\mathrm{H}}}{|\boldsymbol{a}_{\mathrm{A}}|^2} \tag{5-27}$$

使用一个确定的、线性独立于 $\boldsymbol{a}_{\mathrm{A}}$ 的向量 $\boldsymbol{B}$ 来替代向量 $\boldsymbol{\omega}$。为了满足式（5-25），使用式（5-26）构造一个单位向量：

$$\boldsymbol{U}=\frac{\boldsymbol{KB}}{|\boldsymbol{KB}|} \tag{5-28}$$

显然，$\boldsymbol{K}$ 是一个 Hermitian 矩阵，所以它满足下式的关系：

$$\boldsymbol{K}^{\mathrm{H}}\boldsymbol{K}=\boldsymbol{K}^2=\boldsymbol{K} \tag{5-29}$$

因此，式（5-28）结合式（5-29）可以得到式（5-30）的形式：

$$\boldsymbol{U}=\frac{\boldsymbol{KB}}{\sqrt{\boldsymbol{B}^{\mathrm{H}}\boldsymbol{KB}}} \tag{5-30}$$

当聚焦点不是声发射源 A 的坐标位置（x_A,y_A）时，则加权向量 $\boldsymbol{S}(x,y,f)$ 线性独立于 $\boldsymbol{a}_{\mathrm{A}}$，所以 $\boldsymbol{S}(x,y,f)$ 此时与向量 $\boldsymbol{B}$ 具有相同作用；当聚焦于声发射源 A 的坐标位置时，$\boldsymbol{S}(x,y,f)$ 与导向向量 $\boldsymbol{a}_{\mathrm{A}}$ 线性相关，导致陷波向量 $\boldsymbol{U}$ 等于零向量，于是消除掉了源 A 的阵列输出能量。因此，加权向量 $\boldsymbol{S}(x,y,f)$ 完全可替代向量 $\boldsymbol{B}$ 来构造陷波向量 $\boldsymbol{U}$，形成陷波加权向量，在滤除指定声源能量的同时起到加权凸显其他声源的作用。将 $\boldsymbol{S}(x,y,f)$ 替代式（5-30）中的 $\boldsymbol{B}$，可得

$$\boldsymbol{U}=\frac{\boldsymbol{KS}(x,y,f)}{\sqrt{\boldsymbol{S}(x,y,f)^{\mathrm{H}}\boldsymbol{KS}(x,y,f)}} \tag{5-31}$$

陷波加权向量 $\boldsymbol{U}$ 包含了原先频域加权向量 $\boldsymbol{S}(x,y,f)$，使得 $\boldsymbol{U}$ 同时兼具指定声源能量陷波和频域波束形成加权的作用。而将陷波加权向量中的第 i 项 $\boldsymbol{U}_i$ 替代式（5-18）中的第 i 项加权向量 $\boldsymbol{S}_i(x,y,f)$ 可以得到频域加权陷波波束形

成的输出形式：

$$Y(f) = [U_1^H X_1(f), U_2^H X_2(f), \cdots, U_M^H X_M(f)]^T \tag{5-32}$$

显然，聚焦点位于源A的位置时，加权修正后的信号 $Y(f)$ 的协方差几乎为零；而当聚焦点在弱声发射源的位置时，其加权修正后的信号 $Y(f)$ 的协方差将取得定位域内的所有点输出的最大值。因此，可同样选择加权修正信号 $Y(f)$ 的协方差作为频域加权陷波波束形成的输出物理量。

5.4.3 频域加权陷波波束形成算法流程

总结上述理论研究的结果，可得到频域加权陷波波束形成算法的主要步骤：首先，设置计算参数，如采样频率和波速；然后，采用频域波束形成方法对首个声发射源进行定位；在获得第一个源的坐标之后，提取其导向向量以构造陷波加权向量；通过使用陷波加权向量，将频域陷波加权波束形成方法用于定位其余的声发射源；最后，对所有输出进行归一化处理并绘图。具体流程如图5-23所示。

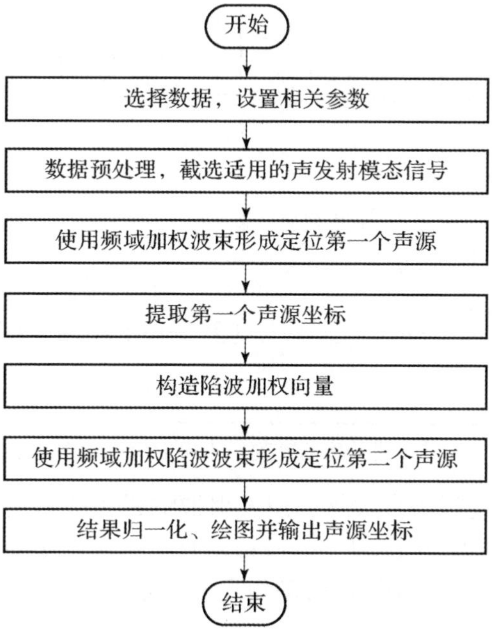

图5-23 频域加权陷波波束形成算法流程图

5.4.4 仿真声发射信号的频域加权陷波波束形成定位结果分析

首先需通过仿真获得同时双声发射源的信号。选择尺寸为700mm ×

700mm × 5mm 的均匀钢板，其材料密度、弹性模量和泊松比分别取 $7.8 \times 10^3 kg/m^3$、$2.09 \times 10^{11} N/m^2$ 和 0.3。采用最大孔径为 360mm 的均匀直线传感器阵列，在仿真中设置三对同时触发的声发射源（每对中的前一个声发射源被设置为具有较高能量，通过激励幅值调整声发射波的能量）：#1[(400mm,410mm)&(210mm,460mm)]，#2[(270mm,410mm)&(270mm,280mm)]，#3[(210mm,390mm)&(390mm,390mm)]。这三对同时双声发射源相对于阵列的位置各不相同，分别代表了三种位置关系，第一种是两个声发射源的连线与传感器阵列倾斜相交，第二种和第三种分别是两个声发射源的连线垂直或平行于传感器阵列，具体如图 5－24 所示。

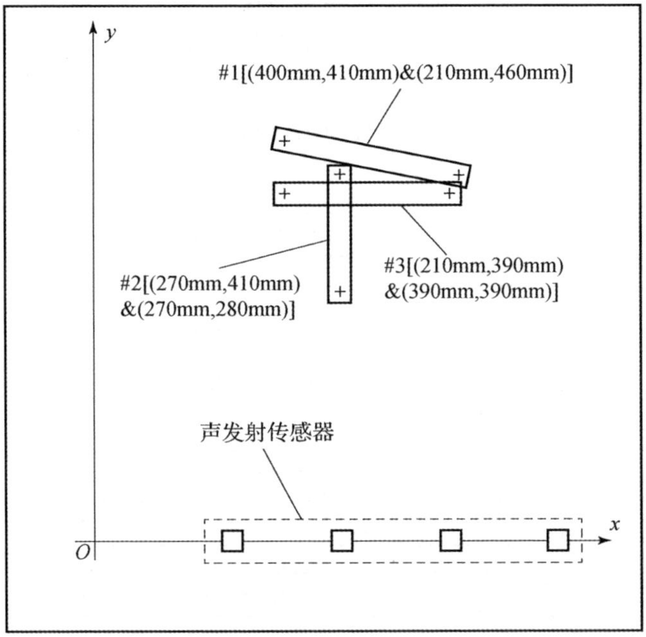

图 5－24　直线传感器阵列与声发射源位置布置示意图

使用 ABAQUS 进行仿真计算，声发射源的模拟方式与第 2 章一致，两个声发射源的激励振幅比为 1：4，以模拟两种具有明显能量差的声发射源。持续 5μs 的冲击力可激发一个宽频带的声发射信号，覆盖了各种微观结构损伤的频带范围。

每一对双声发射源均同时触发，使用频域加权陷波波束形成依次定位两个声发射源。图 5－25 为同时双声发射源所产生声发射信号在薄板中传播的应力云图。图 5－26 对比了一个传感器接收到的单声发射源信号和双声发射源信号。

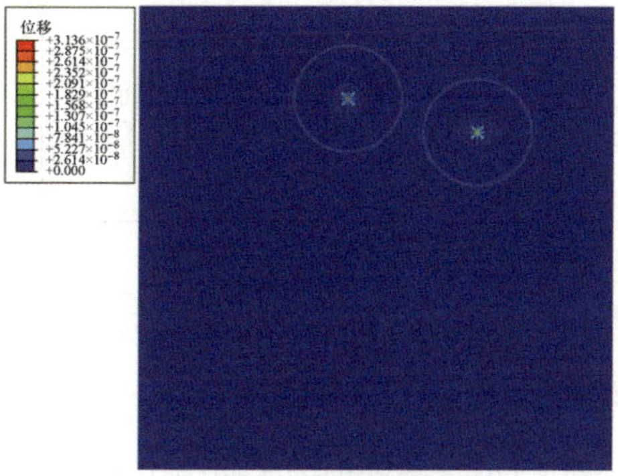

(a) t=0.030ms

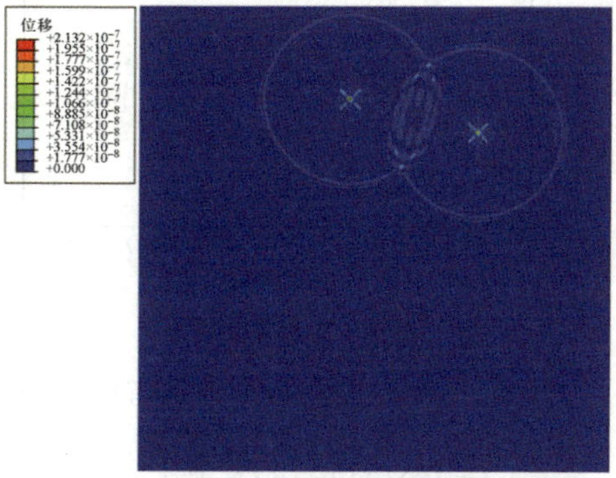

(b) t=0.045ms

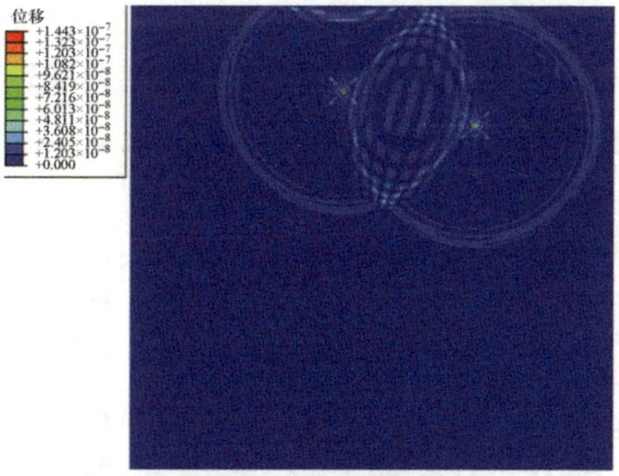

(c) t=0.060ms

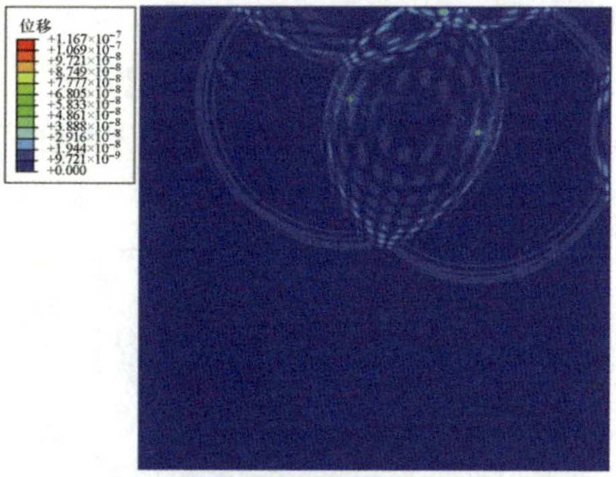

(d) t=0.075ms

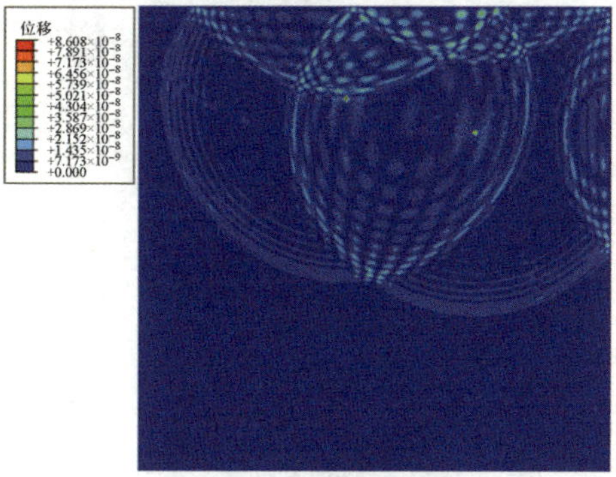

(e) t=0.090ms

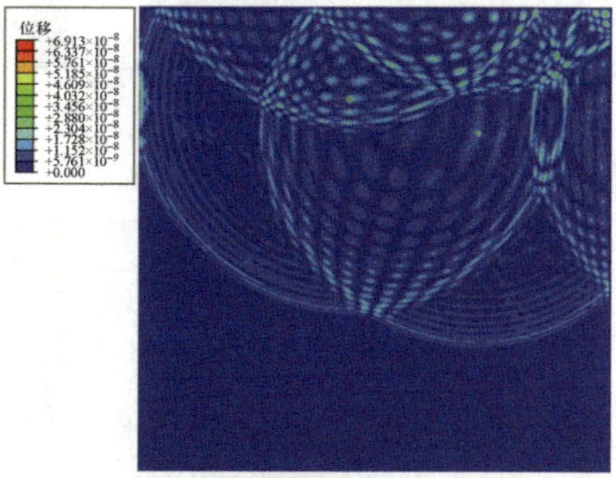

(f) t=0.105ms

图5-25　同时双声发射源在薄壁结构中传播的应力云图

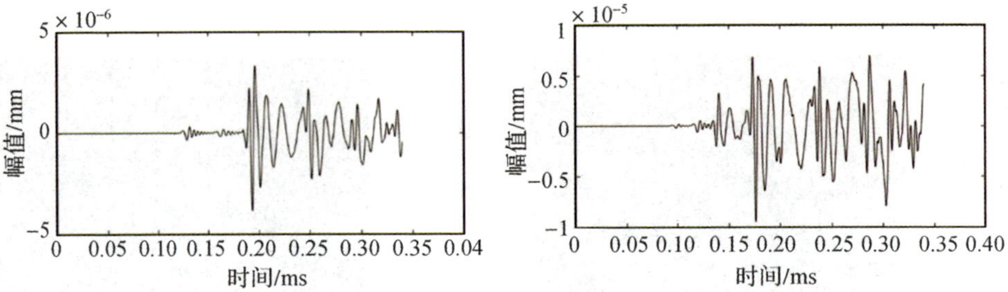

（a）单声发射源　　（b）同时双声发射源

图 5－26　传感器接收到的单声发射源信号和双声发射源信号对比

对三组双声源进行定位，结果如图 5－27 所示，其详细结果总结于表 5－17 中。从图 5－27 中可以看出，较低能量的声发射源可被具有较高能量的声发射源的输出所淹没，传统的波束形成方法可定位较高能量的声发射源，但很难发现第二个源（红点为人为标记，图 5－27（a）中可发现只有一个波束形成输出波包）；使用陷波加权向量过滤强声发射源的能量后，将突出显示较低能量的声发射源，有助于定位该声发射源。

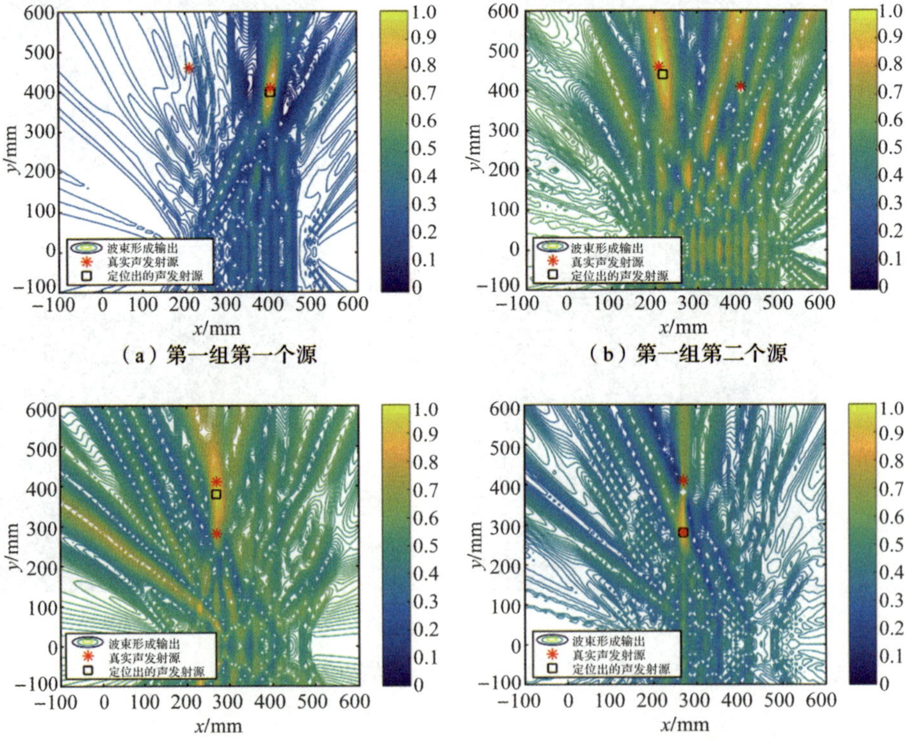

（a）第一组第一个源　　（b）第一组第二个源

（c）第二组第一个源　　（d）第二组第二个源

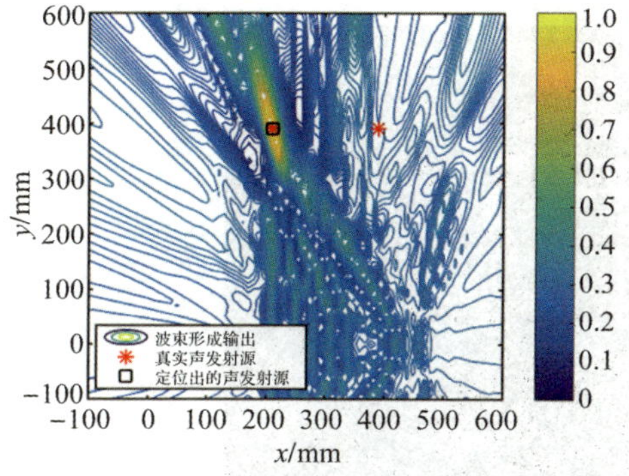

（e）第三组第一个源

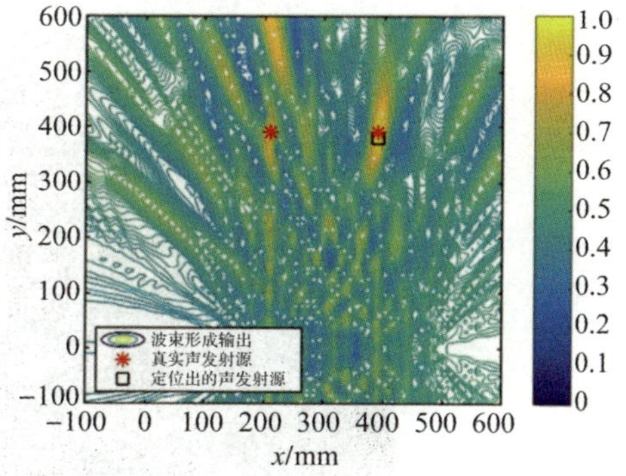

（f）第三组第二个源

图5－27　三组同时双声发射源定位结果

表5－17　频域加权陷波波束形成法定位同时双声发射源信号的结果

单位：mm

	第一个声发射源（较高能量）			第二个声发射源（较低能量）		
	设定位置	定位位置	误差	设定位置	定位位置	误差
1	(400,410)	(400,400)	10	(210,460)	(220,440)	22.36
2	(270,410)	(270,380)	30	(270,280)	(270,280)	0
3	(210,390)	(210,390)	0	(390,390)	(390,380)	10

应指出的是，因两个声发射源之间的相互干扰和其本身的频散效应，在定位过程中会产生一定误差，但误差通常在可接受的范围内。

5.4.5　基于实验的频域加权陷波波束形成定位结果分析

选择700mm×700mm×5mm钢板（与5.4.4节的仿真结构相同）作为实验结构；采用最大孔径为360mm的同样均匀直线型传感器阵列。为建立同时双声发射源，首先需进行断铅测试以模拟单个声发射源，然后根据理论计算出来的时差将不同位置的两个声发射源的信号叠加在一起。在测试中设置三对同时双声发射源（能量的关系未知）：#1[(210mm，460mm)&(400mm，410mm)]，#2[(270mm,410mm)&(270mm,280mm)]，#3[(210mm,390mm)&(390mm,390mm)]。传感器阵列和双声发射源组的位置如图5－28所示。

根据理论时差并针对实验获得的信号，构造同时双声发射源信号，之后与仿真中直接激励的双声发射源信号对比，如图5－29所示。使用频域加权陷波波束形成法对同时双声发射源进行定位，结果如图5－30所示。

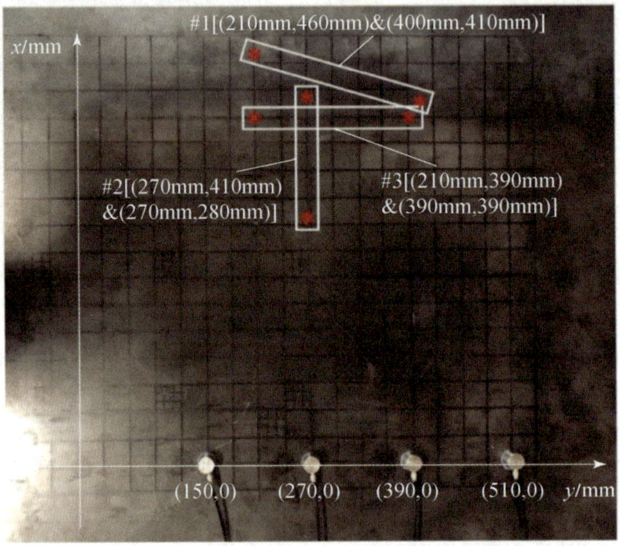

图 5－28　断铅测试中传感器阵列和双声发射源组的位置的示意图

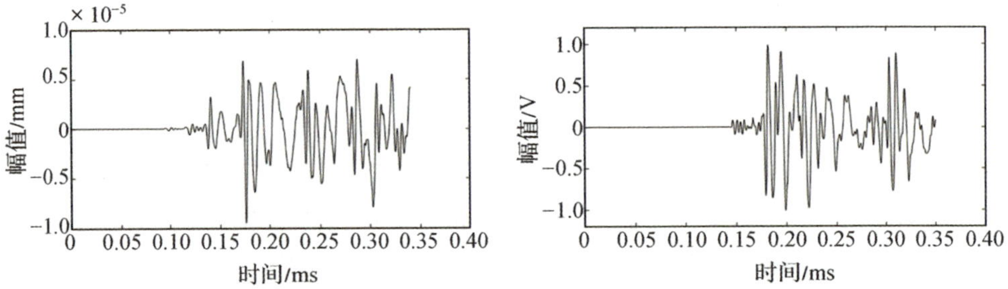

（a）仿真信号　　（b）试验信号

图 5－29　断铅测试中构造的双声发射源和仿真双声发射源信号对比

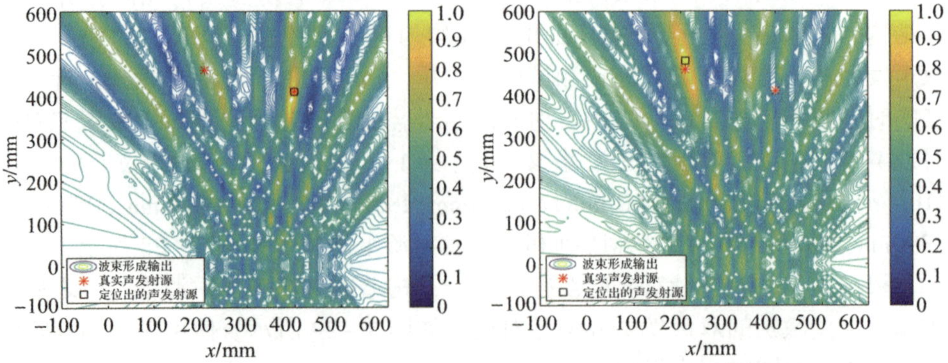

（a）第一组第一个源　　（b）第一组第二个源

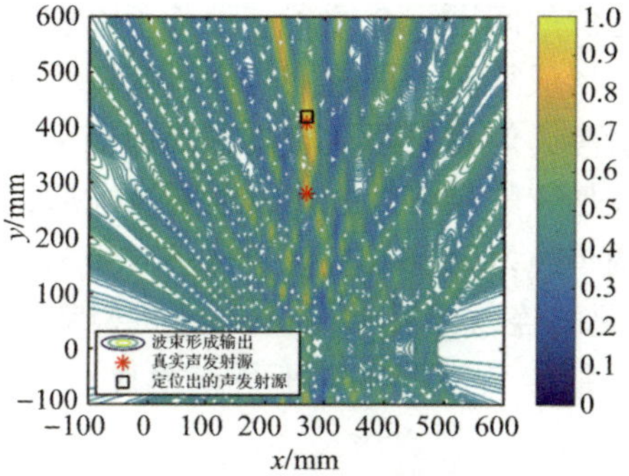

（c）第二组第一个源

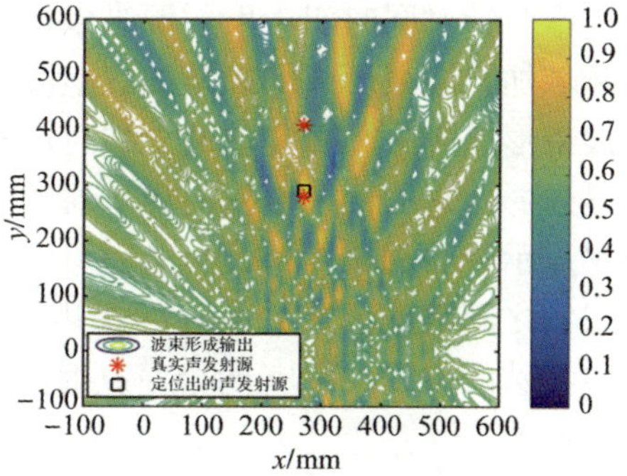

（d）第二组第二个源

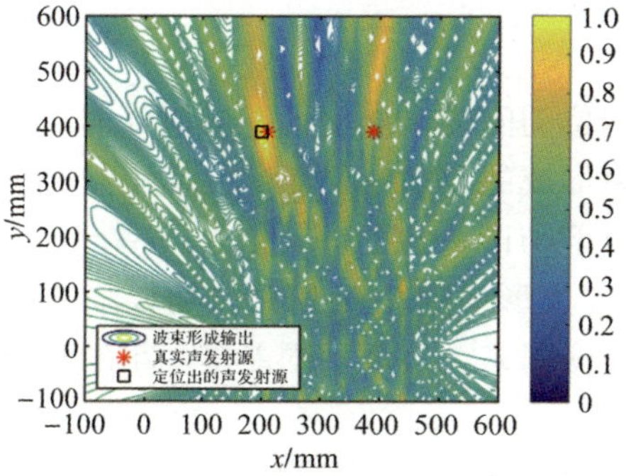

（e）第三组第一个源

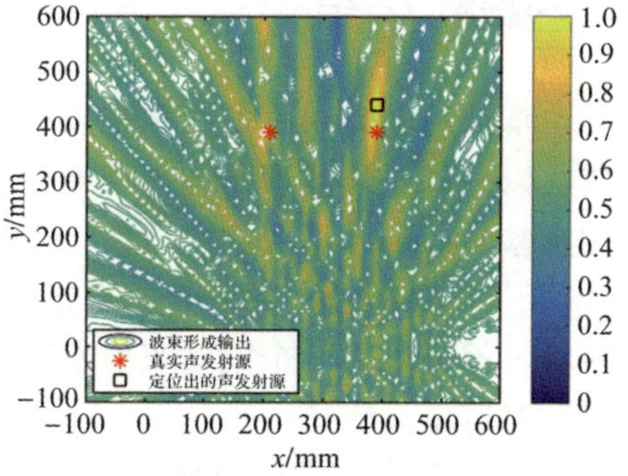

（f）第三组第二个源

图5-30　断铅测试中三组同时双声发射源定位结果

从图5-30中可以看出，仅应用波束形成方法很难找到第二个声发射源（图5-30（a）、图5-30（c）、图5-30（e）中所显示的情况，没有明显的第二高波峰或第二高波峰位置不是第二个声发射源的位置）。这是因为两个声发射源互相干扰，且阵列输出更高的一方掩盖了输出较低的声发射源。但是，在通过频域加权陷波波束形成滤除来自较强声发射源的信息后，就以较高精度显示出第二个声发射源的位置。由于噪声和其他因素的影响，定位误差比仿真声发射信号的略大，详细结果如表5-18所列。

表5-18　频域加权陷波波束形成对于断铅实验所得同时双声发射源的定位结果

单位：mm

	第一个声发射源（较高能量）			第二个声发射源（较低能量）		
1	(400,410)	(400,410)	0	(210,460)	(210,480)	20
2	(270,410)	(270,420)	10	(270,280)	(270,290)	10
3	(210,390)	(200,390)	10	(390,390)	(390,440)	50

本节针对同时双声发射源难以精确定位的问题，介绍了一种基于陷波理论和频域加权波束形成的频域加权陷波波束形成算法。理论上，通过使用频域加权波束形成方法，可定位两个同时声发射源，但是实际上难以准确识别出具有明显强弱差别的两个声发射源。通过陷波加权矢量将较强声发射源滤除后，可突出显示较弱的声发射源，从而可实现两个声发射源的有效定位。对于两个声发射源之间常见位置关系（两个声发射源的连线与传感器阵列倾斜相交）和某些特殊的位置关系（两个声发射源的连线与传感器阵列平行或垂直），该算法均有效。

5.5 小结

本章针对同时双声发射源难以精确定位的问题，提出了奇异值分解 - 波束形成法以及基于陷波理论和频域加权波束形成的双声发射源定位算法。通过仿真和实验验证了该算法的可行性。得出以下结论。

(1) 本章介绍的基于奇异值分解的波束形成定位法和频域加权陷波波束形成法，都可以将两个同时双声发射源定位出来，实现不同能量大小的双声发射源同时定位。

(2) 若两个声发射源强度不同，奇异值分解 - 波束形成法对弱声发射源的定位精度略低。此外，奇异值阶次选择依赖于经验，且奇异值分解计算量较大。

(3) 通过陷波加权矢量将较强的声发射源滤除后，可以突出显示较弱的声发射源，从而可以有效地对两个宽频带的声发射源进行定位。

(4) 对于两个声发射源之间最常见的位置关系（两个声发射源的连线与传感器阵列倾斜相交）和某些特殊的位置关系（两个声发射源的连线与传感器阵列平行或垂直），该算法都是有效的。

参考文献

[1] BROOMHEAD D S, KING G P. Extracting qualitative dynamics from experimental data [J]. Physica D Nonlinear Phenomena, 1986, 20 (2 - 3): 217 - 236.

[2] BONDARENKO O, FUKUDA T. Potential of acoustic emission in unsupervised monitoring of gas - fuelled engines [J]. IFAC - PapersOnLine, 2016, 49 (23): 329 - 334.

[3] WEVERS M, RIPPERT L, PAPY J M, et al. Processing of transient signals from damage in CFRP composite materials monitored with embedded intensity - modulated fiber optic sensors [J]. Ndt & E International, 2006, 39 (3): 229 - 235.

[4] HE K, LIU X, YANG Q, et al. An extraction method of welding crack acoustic emission signal using harmonic analysis [J]. Measurement, 2017, 103: 311 -320.

[5] 张绍飞, 赵迪. 矩阵论教程 [M]. 北京: 机械工业出版社, 2012.

[6] ALBANO A M, MUENCH J, SCHWARTZ C, et al. Singular - Value decomposition and the Grassberger - Procaccia algorithm [J]. Physical Review A, 1988, 38 (6): 3017 -3026.

[7] HE T, YE W, PAN Q, et al. An automatic abrupt information extraction method based on singular value decomposition and higher - order statistics [J]. Measurement Science & Technology, 2016, 27 (2): 025007.

[8] GHANATI R, HAFIZI M K, MAHMOUDVAND R, et al. Filtering and parameter estimation of surface - NMR data using singular spectrum analysis [J]. Journal of Applied Geophysics, 2016, 130: 118 -130.

[9] HE T, PAN Q, LIU Y, et al. Near - Field beamforming analysis for acoustic emission source localization [J]. Ultrasonics, 2012, 52 (5): 587.

[10] HAN L, ROMERO C E, YAO Z. Wind power forecasting based on principle component phase space reconstruction [J]. Renewable Energy, 2015, 81: 737 -744.

[11] XIAO D, HE T, PAN Q, et al. A novel acoustic emission beamforming method with two uniform linear arrays on plate - like structures [J]. Ultrasonics, 2014, 54 (2): 737.

[12] GU Y, GOODMAN N A, HONG S, et al. Robust adaptive beamforming based on interference covariance matrix sparse reconstruction [J]. Signal Processing, 2014, 96: 375 -381.

[13] 续娇. 基于自适应波束形成的语音增强算法研究与实现 [D]. 北京: 北京交通大学, 2019.

[14] ZHENG Z, LIU K, WANG W, et al. Robust adaptive beamforming against mutual coupling based on mutual coupling coefficients estimation [J]. IEEE Transactions on Vehicular Technology, 2017, 66 (10): 9124 -9133.

[15] ELLINGSON S W. Beamforming and interference canceling with very large wideband arrays [J]. IEEE Transactions on Antennas and Propagation, 2003, 51 (6): 1338 -1346.

[16] 王婷. 宽带频率不变波束形成算法研究 [D]. 南京: 南京信息工程大学, 2018.

[17] TAI J, LIU X, WANG X, et al. An adaptive localization method of simultaneous two acoustic emission sources based on energy filtering algorithm for coupled array signal [J]. Mechanical Systems and Signal Processing, 2021, 154: 107557.

第6章 面向实时监测定位的快速波束形成方法

尽管波束形成法表现出很高的定位精度和算法的稳健性，但用于近场声源的定位时，计算效率较低。其原因是它需要针对结构中的每一个坐标位置，利用所有传感器的信号进行一次特定的计算再对比评估最有可能为声源的位置。换句话说，使用的传感器越多、对坐标扫描精度越高、扫描的结构区域越大，则总计算时间就越长。除此之外，声发射波传播特性对于各种源定位算法的精确性影响十分显著。在不同材料中声发射波具有不同的传播波速。因此，无须精确波速的源定位算法也将为工程实践带来巨大的便利性。

6.1 未知波速的快速 BARTLETT 波束形成定位方法

本节旨在基于 Bartlett 波束形成（bartlett beamforming method，BBM）算法的特性，结合声发射波传播机理，设计开发一种无须精确波速、快速、可靠的薄壁结构声源定位方法。该方法通过完全舍弃垂直于阵列方向的定位性能，以换取平行于阵列方向的定位效果的一致性和准确性，并通过该特征构造快速定位算法。因此，可以使用这种算法结合“L”形传感器阵列进行高精度和高效率的声发射源定位。

6.1.1 基于 Bartlett 波束形成的定位原理

本章引入一种频域内的 Bartlett 波束形成算法，以建立快速定位方法。薄壁结构中的 Bartlett 波束形成原理的示意图如图 6－1 所示。对于二维平面，其中 M 个传感器如图所示线性排列。

传感器阵列从近场声发射源接收到的信号组可以表示为

$$\boldsymbol{X}(t)=\boldsymbol{a}(x,y,f)\boldsymbol{S}(t)+\boldsymbol{N}(t) \tag{6-1}$$

式中：$\boldsymbol{N}(t)$ 是传感器阵列接收到的噪声信号，且其可以表示为 $\boldsymbol{N}(t)=[n_1(t),n_2(t),\cdots,n_M(t)]^{\mathrm{T}}$。其中的向量 $\boldsymbol{a}(x,y,f)$ 被定义为导向向量，其是声源点的波动信号 $\boldsymbol{S}(t)$ 被转换到任意一点（x,y）时需要叠加的一个特殊因子，其可以描述为

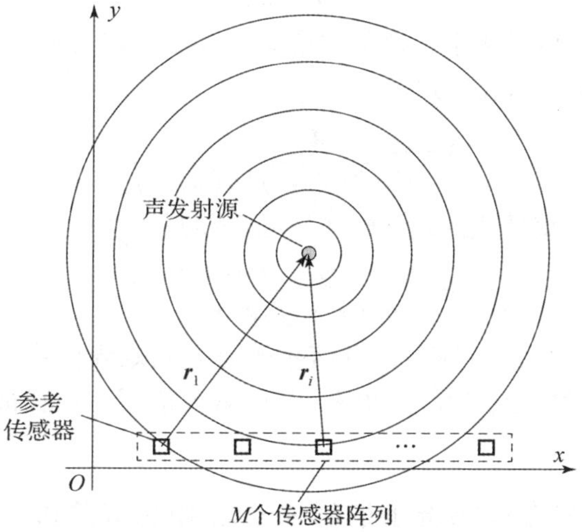

图6－1　Bartlett 波束形成示意图

$$\boldsymbol{a}(x,y,f) = [1, \mathrm{e}^{-\mathrm{j}2\pi f\tau_2}, \cdots, \mathrm{e}^{-\mathrm{j}2\pi f\tau_M}]^{\mathrm{T}} \tag{6-2}$$

式中：f 信号的中心频率；τ_i 是第 i 个传感器接收到的信号相对于参考传感器信号的时间延迟，其可以表示为

$$\tau_i = \frac{|\boldsymbol{r}_i| - |\boldsymbol{r}_1|}{c} \tag{6-3}$$

式（6－1）是阵列信号组的数学表示，需要使用一个特定的加权向量 $\boldsymbol{W}^{\mathrm{H}}(x,y,f)$ 进行处理以获得预期的阵列输出。加权向量 $\boldsymbol{W}^{\mathrm{H}}(x,y,f)$ 的维数是 $1\times N$，其上标 H 表示对向量 $\boldsymbol{W}(x,y,f)$ 的共轭转置。$\boldsymbol{W}(x,y,f)$ 可以表示为

$$\boldsymbol{W}(x,y,f) = [\boldsymbol{W}_1(x,y,f), \boldsymbol{W}_2(x,y,f), \cdots, \boldsymbol{W}_M(x,y,f)]^{\mathrm{T}} \tag{6-4}$$

向量 $\boldsymbol{W}(x,y,f)$ 的元素可能处在复数域，它的模表示对输出幅值的加权。信号组加权后的结果为

$$\boldsymbol{Y}(t) = \boldsymbol{W}^{\mathrm{H}}(x,y,f)\boldsymbol{X}(t) \tag{6-5}$$

在本章中，意图使得通过加权向量处理的信号获得最大功率，且使用信号的均方值来表示，即

$$P = E[|\boldsymbol{Y}(t)|^2] = \boldsymbol{W}^{\mathrm{H}}E[\boldsymbol{X}(t)\boldsymbol{X}^{\mathrm{H}}(t)]\boldsymbol{W} \tag{6-6}$$

将方程（6－1）代入方程（6－6），整理为信号均方值的表达式：

$$P = E[|\boldsymbol{S}(t)|^2](\boldsymbol{W}^{\mathrm{H}}\boldsymbol{a}\boldsymbol{a}^{\mathrm{H}}\boldsymbol{W}) + \sigma^2\|\boldsymbol{W}\|^2 \tag{6-7}$$

式中：符号$\|\cdot\|$表示向量的模，而 σ^2 是信号方差。当噪声连续存在时，必须考虑对噪声部分施加约束以保证噪声的能量不被加权向量扩大，从而控制输出的信噪比，因此约束条件为

$$\|\boldsymbol{W}\| = 1 \tag{6-8}$$

在式（6－8）的约束下，使用拉格朗日乘子法求解加权向量 $\boldsymbol{W}$ 以获得使信号平均功率最大的加权形式：

$$\boldsymbol{W} = \frac{\boldsymbol{a}(x,y,f)}{\sqrt{\boldsymbol{a}^{\mathrm{H}}(x,y,f)\boldsymbol{a}(x,y,f)}} \tag{6-9}$$

将式（6－9）重新代入式（6－6）可获得最大功率 P 的表达形式：

$$P = \frac{\boldsymbol{a}^{\mathrm{H}}(x,y,f)\boldsymbol{R}\boldsymbol{a}(x,y,f)}{\boldsymbol{a}^{\mathrm{H}}(x,y,f)\boldsymbol{a}(x,y,f)} \tag{6-10}$$

式中：$R = E[\boldsymbol{X}(t)\boldsymbol{X}^{\mathrm{H}}(t)]$ 通过计算信号的协方差矩阵得到。在定位区域所有坐标点（x,y）计算得到的信号功率，其中最大值所在位置被认为是最有可能为声源的位置。

6.1.2 未知波速情况下的算法实现和测试改进

1）算法程序实现和问题改进

本节使用仿真信号对所提出算法的定位性能进行测试。仿真中薄壁钢结构的长宽均为 700mm，厚度为 5mm。材料的密度、弹性模量和泊松比分别设置为 $7.8\times10^{3}\mathrm{kg/m^{3}}$、$2.09\times10^{11}\mathrm{N/m^{2}}$ 和 0.3。损伤源采用一个持续 5μs 的偶极子源来模拟。由于在正常情况下声发射波的波长较短（例如，在中心频率为 150kHz 的声发射波中，弯曲波中心波长约为 20mm，扩展波中心波长约为 35mm），因此在对结构进行有限元模型构建时采用边长为 1mm 的网格尺寸，其足够解析所感兴趣的声发射波的频段。有关声发射源仿真参数的设置可参见第 2 章的相关介绍。在 ABAQUS 中进行有限元仿真使用的单元类型为 C3D8R，它是线性缩减积分单元，具有精确的位移结果和较少的计算时间。

图 6－2 展示了笛卡儿坐标系中两个相互垂直的线性传感器阵列的位置以及四个损伤源的激励位置。

由于声发射波的传播具有频散和能量衰减的现象，被激发的瞬态三角波通过复杂的传播过程扩展为具有多种模态的宽带信号。中心频率为 150kHz 的声发射波传播约 400mm 后的信号的时域波形和频谱如图 6－3 所示。

使用文献［1］所实现的 Bartlett 波束形成算法，算法的运行需要假设波速、采样频率和阵列信号等必要的输入。算法截取声发射 S_0 波作为加权运算的信号样本（幅值已归一化处理），S_0 波如图 6－3（a）所示，其是一种对称模态波，它的优势特征在于传播较远距离时仍具有较轻的频散现象和良好的波形一致性，而 A_0 波的优势在于其具有更高的能量以抵抗能量的衰减。使用该算法对一组数据的初步定位结果如图 6－4 所示。

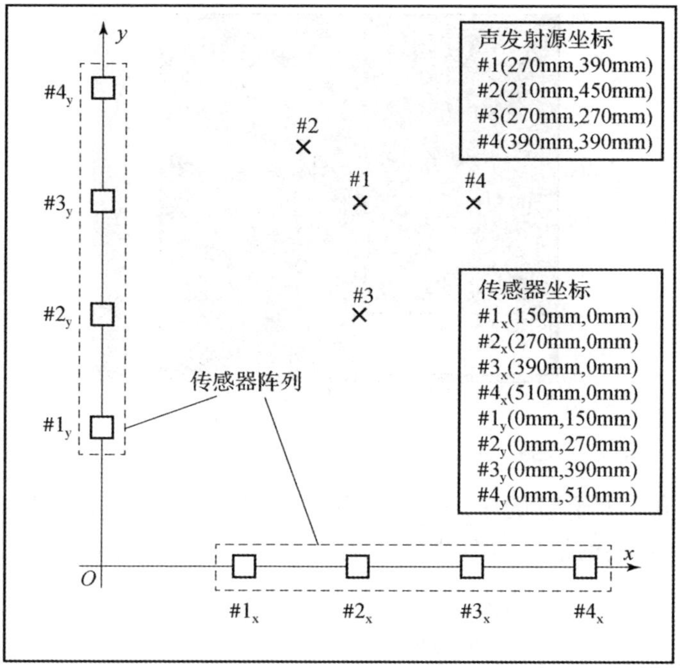

图 6－2　有限元仿真中的传感器阵列布置和损伤源激励位置示意图

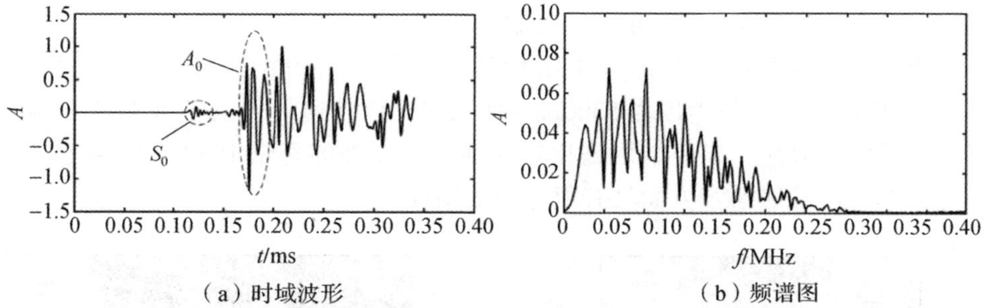

图 6－3　仿真获得的声发射信号

从图 6－4 中可以看出，定位效果并不令人满意。这意味着即使 S_0 波的频散不严重，Bartlett 波束形成法也无法直接使用宽带声发射信号有效地进行定位。因此，本节介绍一种解决方法，即通过将宽带信号在频域中分解为几个窄带信号，然后使用 6.1 节中描述的 Bartlett 波束形成法来估计每个子带上的功率谱，最后将它们全部求和以获得总体信号功率。子带信号的导向向量可以表示为

$$\boldsymbol{a}(x,y,f_i)=[1,\mathrm{e}^{-\mathrm{j}2\pi f_i\tau_2},\cdots,\mathrm{e}^{-\mathrm{j}2\pi f_i\tau_M}]^{\mathrm{T}} \tag{6-11}$$

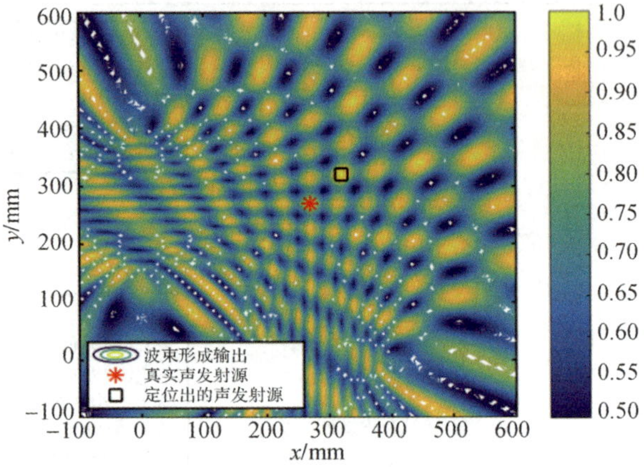

图 6-4　使用 S_0 波进行定位的初步结果

式中：f_i 是第 i 个子带的中心频率。因此，式（6-9）表示的加权向量和式（6-10）描述的信号功率可以推广为

$$\boldsymbol{W}_i=\frac{\boldsymbol{a}(x,y,f_i)}{\sqrt{\boldsymbol{a}^{\mathrm{H}}(x,y,f_i)\boldsymbol{a}(x,y,f_i)}} \tag{6-12}$$

$$P=\sum_{i=1}^{n}P_i=\frac{\boldsymbol{a}^{\mathrm{H}}(x,y,f_i)R\boldsymbol{a}(x,y,f_i)}{\boldsymbol{a}^{\mathrm{H}}(x,y,f_i)\boldsymbol{a}(x,y,f_i)} \tag{6-13}$$

式中：n 是宽带信号中分解出的子带数。

根据改进的算法重新计算 4 组信号的定位，定位结果如图 6-5 所示。图 6-5 中展示了定位速度为 5300m/s 的情况，该波速为 S_0 波在钢板中较为精确的波速值，显然，定位结果是相当准确的，改进的宽带 Bartlett 波束形成法在处理宽带声发射信号方面具有很好的适用性。

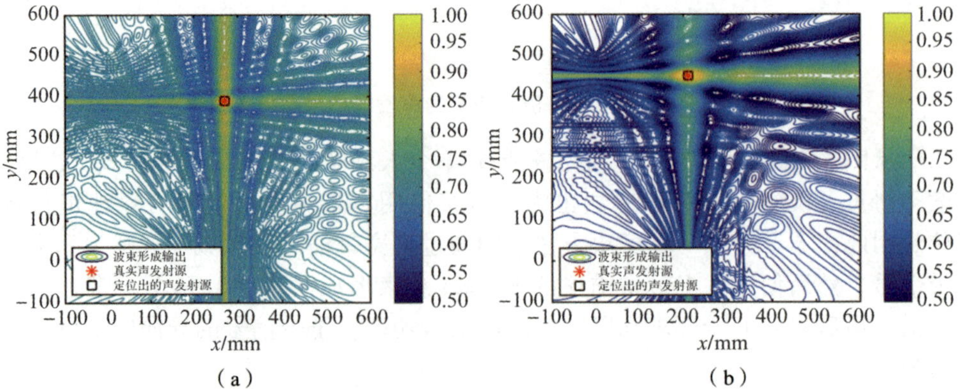

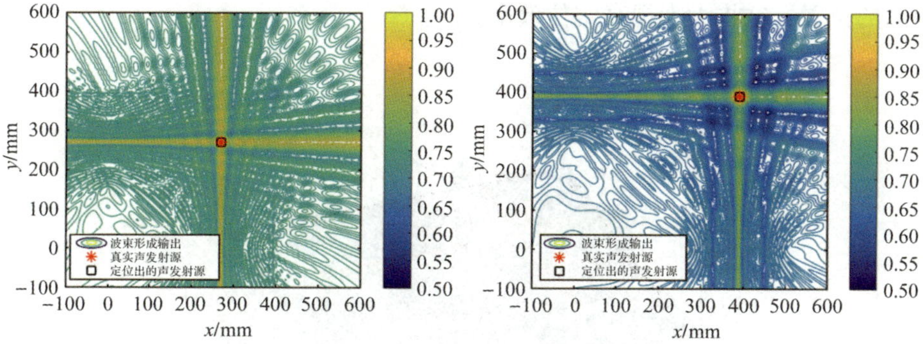

（c）　　　　　　　　（d）

图 6－5　仿真设置中的 4 个损伤源定位结果

为了进一步测试不准确的假设定位波速下的算法定位结果，本节在 2000 ~ 12000m/s 的假设定位波速的范围进行定位。该结果总结在表 6－1 中。可以看出，即使以不准确的定位速度，该算法也可以准确地定位声源。

表 6－1　不准确波速下的 Bartlett 波束形成定位结果　　单位：mm

波速/(m/s)	损伤源坐标组别							
	第一组		第二组		第三组		第四组	
	x	*y*	*x*	*y*	*x*	*y*	*x*	*y*
	270	390	210	450	270	270	390	390
2000	270	390	210	450	270	270	390	390
4000	270	390	210	450	270	270	390	390
6000	270	390	210	450	270	270	390	390
8000	270	390	210	450	270	270	390	390
10000	270	390	210	450	270	270	390	390
12000	270	390	210	450	270	270	390	390

2）快速计算原理及实现

图 6－6 中显示了定位域内信号功率输出的三维云图，从中可以观察到本章所提出的定位方法的波速特性。从图 6－6 可以看出，有两个分别垂直于两个阵列的波束，波束的功率明显高于其他区域的输出功率。因此，一束波束可以精确地定位沿着阵列方向的声发射源坐标，这意味着两条垂直光束能够确定声发射源的位置。由于沿着波束方向的阵列信号的输出具有很强的稳定性和一致性，因此，沿着图中扫描方向仅计算一条边带上的点的输出就足以确定声发

射源的位置，这将大大提高定位效率。

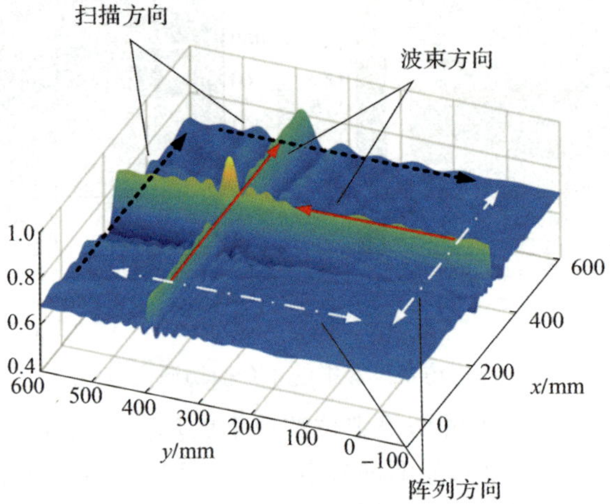

图 6 - 6　定位域内信号功率输出的三维云图

在改进为快速 Bartlett 波束形成算法后，仍须测试其是否还具有非快速算法相同的准确性。因此，计算了不同假设定位波速下的定位情况。结果表明，在 2000 ~ 12000m/s 的定位速度下，快速 Bartlett 波束形成与原算法保持完全一致的结果准确性。结果总结于表 6 - 2 中，其与表 6 - 1 的结果是完全一致的。

表 6 - 2　不准确波速下的快速 Bartlett 波束形成定位结果　单位：mm

波速 /(m/s)	损伤源坐标组别							
	第一组		第二组		第三组		第四组	
	x	y	x	y	x	y	x	y
	270	390	210	450	270	270	390	390
2000	270	390	210	450	270	270	390	390
4000	270	390	210	450	270	270	390	390
6000	270	390	210	450	270	270	390	390
8000	270	390	210	450	270	270	390	390
10000	270	390	210	450	270	270	390	390
12000	270	390	210	450	270	270	390	390

除此之外，更重要的是对快速算法的计算效率进行测试。本节在定位速度为 5300m/s 的情况下，使用 1mm 扫描精度分别使用原 Bartlett 波束形成

（BBM）和快速 Bartlett 波束形成（FBBM）进行了定位和计算时间对比，结果示于表6－3。从表6－3可以看出，在保持相同定位精度的同时，FBBM 的计算速度明显高于 BBM。

表6－3　不准确波速下的快速 Bartlett 波束形成定位结果　单位：mm

算法	损伤源坐标组别								
	第一组		第二组		第三组		第四组		平均计算时间/s
	x	y	x	y	x	y	x	y	
	270	390	210	450	270	270	390	270	
BBM	270	390	210	450	270	270	390	270	224.38
FBBM	270	390	210	450	270	270	390	270	0.72

6.1.3　实验测试结果及分析

实验数据来源于与本章仿真同尺度的钢板上进行的断铅测试，以获得模拟声发射源的宽带损伤信号，并使用 L 型声发射传感器阵列采集实验数据。断铅测试的传感器与结构声源布局如图6－7所示，实验采样频率为3MHz。图6－8展示了一组仿真数据与实验数据的波形对比（两者都将幅值归一化），其相似性表明仿真信号具有实验信号的主要特征。

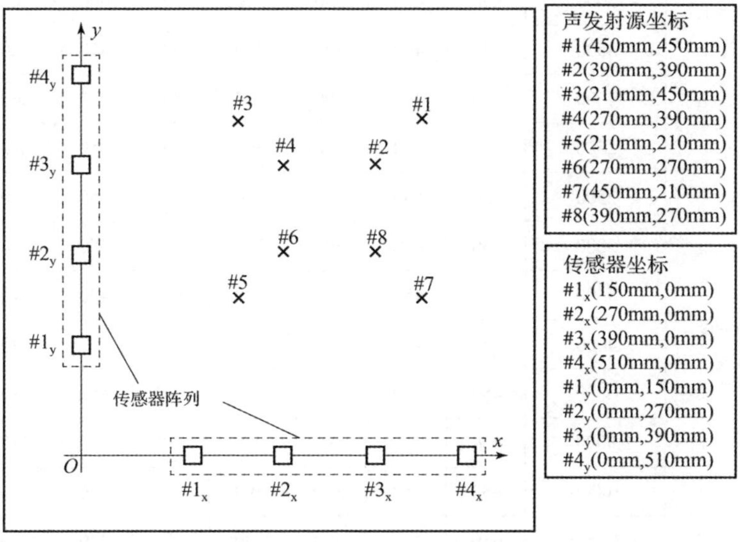

图6－7　断铅测试中的传感器阵列与声源布置示意图

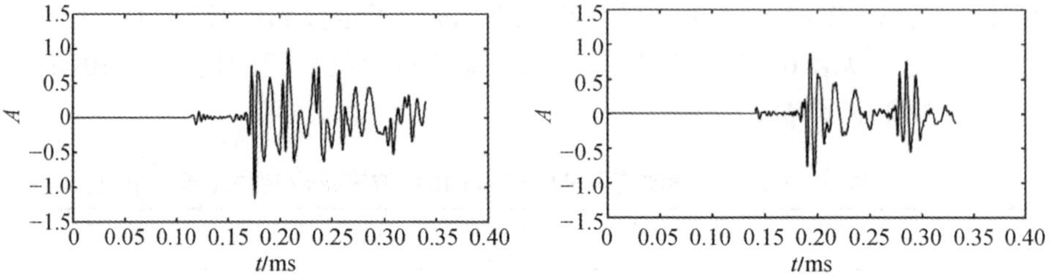

（a）仿真信号　　（b）试验信号

图 6－8　仿真损伤源的声发射信号与实验损伤源声发射信号对比

基于 8 个损伤源发射信号的 S_0 波，通过假设不同波速进行声发射源定位。表 6－4 总结了与 Xiao 等[2] 使用的延时叠加波束形成定位结果的对比。由于 Xiao 的研究中假设波速的研究范围在 2000～4000m/s，因此本节在对应的基础上，假设了更高的波速以探究所提出的快速 Bartlett 波束形成的潜力。

表 6－4　断铅测试信号使用不同算法的定位结果对比　　单位：mm

算法	波速/(m/s)	第一组		第二组		第三组		第四组	
		x	y	x	y	x	y	x	y
		450	450	390	390	210	450	270	390
延时叠加波束形成[1]	2000	440	450	390	390	210	460	260	390
	2500	450	460	390	390	200	460	260	390
	3000	450	460	390	390	200	470	260	390
	3500	450	460	390	420	200	470	260	390
	4000	450	460	390	420	200	470	260	390
快速 Bartlett 波束形成	2000	450	450	390	390	210	450	270	390
	2500	450	450	390	390	210	450	270	390
	3000	450	450	390	390	210	450	270	390
	3500	450	450	390	390	210	450	270	390
	4000	450	450	390	390	210	450	270	390
	6000	450	450	390	390	210	450	270	390
	8000	450	450	390	390	210	450	270	390
	10000	450	450	389	390	210	450	270	390
	12000	450	449	390	390	211	449	270	390

续表

算法	波速/(m/s)	第五组		第六组		第七组		第八组	
		x	y	x	y	x	y	x	y
		210	210	270	270	450	210	390	270
延时叠加波束形成[1]	2000	210	250	270	260	470	260	390	290
	2500	210	240	270	260	470	230	390	260
	3000	210	240	260	260	460	220	390	260
	3500	210	250	260	260	460	220	390	260
	4000	210	250	260	260	460	220	390	270
快速 Bartlett 波束形成	2000	210	210	270	270	450	210	390	270
	2500	210	210	270	270	450	210	390	270
	3000	210	210	270	270	450	210	390	270
	3500	210	210	270	270	450	210	390	270
	4000	210	210	270	270	450	210	390	270
	6000	210	210	270	270	450	210	390	270
	8000	210	211	270	270	450	210	390	270
	10000	210	208	270	270	450	210	390	270
	12000	210	213	270	270	450	210	390	270

可以看出，在相同的定位速度下，快速 Bartlett 波束形成的定位性能通常要优于延时叠加波束形成法，并且可以在更宽的假设定位波速的范围内稳定地定位。另外，本章还比较了在不同定位精度下延迟求和波束形成和快速 Bartlett 波束形成的计算时间。表 6－5 显示了在相同波速 $v=5300\text{m/s}$ 的情况下，由 8 组数据计算的平均时间。从表 6－5 中可以看出，在不同定位精度下的快速 Bartlett 波束形成法的计算要快得多，计算速度大约是延时叠加波束形成法的 50～420 倍。

表 6－5　延时叠加波束形成法和快速 Bartlett 波束形成法在不同定位精度下的平均计算时间对比

定位精度/mm	延时叠加波束形成法/s	快速 Bartlett 波束形成法/s	比例
5	8.49	0.17	50.69

续表

定位精度/mm	延时叠加波束形成法/s	快速 Bartlett 波束形成法/s	比例
2	49. 16	0. 35	139. 96
1	193. 26	0. 72	269. 49
0. 5	780. 19	2. 13	366. 50
0. 2	4887. 19	11. 63	420. 09

Bartlett 波束形成法不能直接用于宽带兰姆波分析。基于本节提出的宽带信号分解的处理方法，改进的 Bartlett 波束形成不仅具有出色的定位性能，而且在非常不准确的假设定位波速下依然具有很强的稳定性和准确性。根据仿真结果，该方法大大提高了定位效率，并保持了原先全扫描型 Bartlett 波束形成的定位精度。在相同条件下，其计算速度比 Bartlett 波束形成快 224 倍；根据实验结果，快速 Bartlett 波束形成方法相对于传统的延时叠加波束形成法，可以在更宽的假设定位波速范围内获得同样准确的定位结果，其在不同定位精度下的计算速度是延时时叠加波束形成法的 50 ~ 420 倍。

快速 Bartlett 波束形成方法在各种不正确的假设定位波速范围内均具有准确、快速的定位性能，它适用于监测和定位大型板薄壁结构中的损源。

6. 2 面向广泛适用性的快速定位算法研究

6. 1 节中所提出的快速 Bartlett 波束形成法是基于一种经人为构造的波束特性而设计的快速定位方法，其基础是这种特殊的波束特性，因此其适用性仅存在于波束形成算法，且要求阵列信号组之间的频散程度足够轻微以能够形成该种波束特性。所以在尝试将其引入复合材料薄壁结构损伤的声发射源快速定位的时候，该方法难以很好地适用。

本节旨在以二维平面中寻极值的物理典型问题——薄壁结构损伤源定位为出发点，分析、研究寻极值的工程与数学问题中的物理共性，结合分型曲线的全局遍历特性，构造一种普遍适用、可移植性强的快速寻极值算法，并以基于波束形成法的声发射源定位为例展现算法的构建过程。

6. 2. 1 基于 Hilbert 曲线的波束形成法定位原理

1）声发射波束形成法定位的普遍特性

基于延时叠加算法的波束形成方法是最简单有效且具有代表性的，它具有常规寻极值算法的一个普遍共性。其具体原理参见第 3 章。当使用延时叠加波束形成算法时，需要将结构上的每个点都进行一次聚焦，然后计算每个点处的波束形成阵列的输出。理论上，一旦聚焦到真实信号源（声发射源）的位置，传感器阵列的输出就会达到最大值。因此，可以通过比较所有的这些输出来判断实际声发射源的位置。尽管波束形成方法具有许多优点，如对噪声不敏感、定位精度高、传感器布置方便等[3]。但是，其需要扫描大量的点，定位速度非常低，因此其应用受到限制。且从前文所介绍的算法原理中可以总结，其运算速度受到了运算信号长度、传感器数量、定位精度（精度越高需要扫描的点就越多）和结构尺寸的影响，如果从二维定位转为三维中的定位，其计算量将呈几何倍增长。而这诸多影响因素中，信号长度、传感器数量、定位精度和结构尺寸都是硬性的需求，很难为了运算速度而将其改变。因此，本章考虑从计算的点的数量的角度优化这种寻极值算法的效率。

2）基于 Hilbert 曲线的波束形成法原理

在广泛的实践中发现，诸如波束形成法等方法具有以下特征：在根据特定输出准则寻找区域内极值时，区域内输出的物理量具有连续性。这种连续性表现为相对的，大体上的连续形态。即在极值附近，更靠近极值处的输出比相对较远处的输出高，该特征同样适用于具有多个极值的情况，只不过适用的范围局限于一个极值的一定范围内。用波束形成法定位中表现出的特性来说明的话，即当阵列聚焦逐渐靠近真实声源时，阵列的输出将增加，反之将会减少。图6－9显示了典型的声发射源定位中的波束形成阵列输出。可以看到，真实声发射源及其周围区域的输出高于其他区域。需要注意的是，本节并非强调这种连续性是一定存在的，但这种连续性是广泛存在于自然和工程中寻极值问题中的。当然，对于完全不连续的物理问题，本章后续所研究的方法将完全不适用。

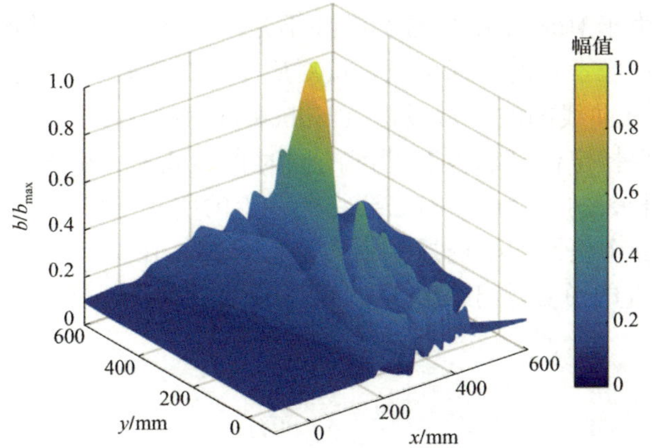

图6－9　一种典型的延时叠加波束形成法的输出三维云图

基于上述分析，可以选择合适的方式来代替全扫描、全计算的“全局性”，以选择定位区域中的具有代表性的点进行延时叠加输出计算。首先确定声发射源存在的大致区域，然后使用相同的代表点选取方法再次处理这个“大致区域”，以获得更小的声发射源所处区域，直到完全收敛到精确的声发射源为止。

要实现该思想，需要寻找一种具有全局填充特性、简单的、分型的计算轨迹才能在取代全局性的同时具有良好的可编程性。而 Hilbert 曲线可以符合上述特征，它是一种 FASS 曲线，即充满空间（space - filling）、非自交（self - avoiding）、自相似（self - similar）、简单（simple）曲线[4]，因此在此进行介绍。这种曲线位于欧几里得空间（Euclidean space）中，其维度大于等于 1，且可以通过“阶次”的物理量来调整其对特定空间的填充程度。到目前为止，Hilbert 曲线已成功用于许多领域，例如，数据可视化处理[5]，无线分形天线设计[6]等。

上文提到，空间的遍历程度可以通过 Hilbert 曲线的阶次来描述。以二维图像（二维空间）为例，若一个图像的最大像素边长为 h，则通过 $n = \log_2(h)$ 阶的 Hilbert 曲线即可以完全遍历（完全填充）这个图像上的每一个像素。如上文所述，在定位时需要将结构区域离散化为一定尺寸的单元（该单元的尺寸定义为定位的精度），而将所有单元的节点视为图像的像素点的话，就可以建立 Hilbert 曲线与结构中的源定位之间的关系。图 6 - 10（a）~（h）是用 Hilbert 曲线以不同阶次遍历像素边长为 256 的正方形图像的效果（由于 Hilbert 曲线遍历了所有像素点，图 6 - 10（h）中显示为白色）。

无论阶次如何，Hilbert 曲线仅是一条贯穿始终的线（或者说是一系列相邻、连续且不交叉的像素点）。Hilbert 曲线的生成是通过一段数学迭代的代码运算完成的，由于 Hilbert 曲线的生成并不是本节的重点，因此本节不作更详细的介绍。这些像素点的坐标可以直接对应于结构离散后的单元节点坐标。

基于 Hilbert 曲线的波束形成法（Hilbert curve based beamforming，HCBF）的关键点是在保持定位可靠性和精度的同时提高效率。由于 Hilbert 曲线经过的坐标点都是相邻的，因此没有必要将曲线上的所有点都用于计算。本节采用的原理是从每 q 个坐标点中选择一个点进行计算。在本节研究案例的情况中，当曲线中坐标点的总数小于 500 时，将 q 设置为 1。否则，可以通过以下式得到：

$$q = \frac{h}{X - M_s} \tag{6-14}$$

式中：h 是图像的最大像素边长；M_s 是定位精度，即结构被离散的方形单元

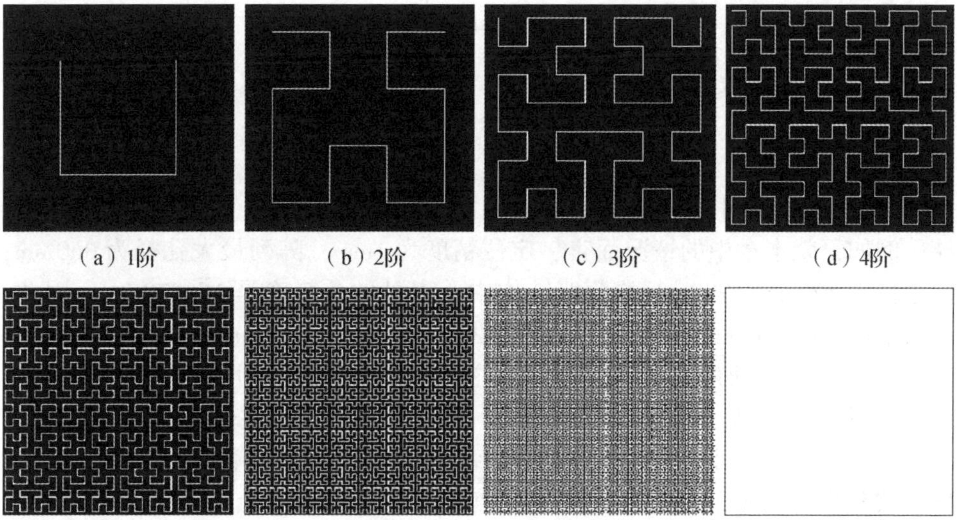

（a）1阶　（b）2阶　（c）3阶　（d）4阶

（e）5阶　（f）6阶　（g）7阶　（h）8阶

图6－10　Hilbert 曲线遍历像素边长256的方形图片的效果

的边长；X是一个依据经验的常数，其用来控制基于Hilbert曲线的波束形成法的定位可靠性和运算效率之间的平衡，本节对于X的取值原则可以总结为

$$M_s + 5 < X < M_s + h \quad (h \geqslant 5) \tag{6-15}$$

当X的取值越靠近不等式的右边时，就会有越多的点被选择进行计算，即向右侧取值可以增加定位的可靠性。而不等式左侧的值是本章中的研究案例维持其基本定位可靠性所需的最小值。本章中X取为11，所选择的计算点既可能在Hilbert曲线的拐角也可能在其线段上。

显然，由图6－10可以观察到，阶次的增加导致Hilbert曲线的遍历程度更高。根据Hilbert曲线的生成原理，两条相邻平行线段之间的间隔距离L可以通过以下公式获得：

$$L = \frac{h}{2^n} \tag{6-16}$$

因此，L同样可以表征遍历的程度，且是一个相对更加直接的控制量。为了确保Hilbert曲线可以穿过声发射源的主波包（波束形成输出的主瓣），L应该小于主波包的直径。由于波束形成法的分辨率的概念是由阵列输出的源位置的波包大小来定义的，因此，Hilbert曲线阶次的选择可以通过波束形成法的分辨率来指导。在阵列大小一定的情况下，将波束形成阵列聚焦在一个点上时，可以通过阵列分辨率公式获得阵列在该点的分辨率：

$$R(\theta)=a\frac{\lambda z}{D\cos^3\theta} \tag{6-17}$$

式（6－17）中参数含义参见3.1.6节。计算聚焦到定位域中心点的分辨率R，并令

$$2R\geqslant L \tag{6-18}$$

式（6－18）可以为选择第一次遍历定位域的Hilbert曲线的阶次提供指导。例如，就本章中的情况而言，定位精度为1mm，阵列最大孔径为360mm，在边长为700mm×700mm的薄壁结构中心点处的分辨率是16.879mm。因此，可以采用五阶Hilbert曲线，并且在这种情况下$L=21.875$mm。

在大型结构的声发射源定位中，初始的区域定位精度没有必要使用最终所需的定位精度（即离散的单元尺寸）来进行，使用较低的精度（较大的离散单元）定位大致区域，然后在缩小定位区域后再使用所需的精度来精确找到声发射源的位置，这种变精度的方法可以带来计算效率的提高。初步区域定位的精度仍然可以由波束形成法聚焦到定位域中心点的分辨率来指导。

由于$2R\geqslant L$的关系确保了Hilbert曲线可以穿过声发射源主波包，因此无须对Hilbert曲线所有点进行延迟和求和。在第一次迭代的初步定位中，只要包括主波包上的一个点，就可以正确定位该区域[7]。在精确定位中，需要计算Hilbert曲线所遍历的所有点。

3）基于Hilbert曲线的波束形成法的定位特性

以上分析与研究均是基于理论上的考虑，有必要通过位于定位域中不同位置的声发射源的信号来验证基于Hilbert曲线的波束形成法。为此，同样进行了有限元仿真。此处仿真对象是尺寸为700mm×700mm×5mm的均匀钢板。采用最大孔径为360mm的直线传感器阵列。在结构的不同位置设置四个损伤声发射源，分别标记为#1（270mm，390mm），#2（210mm，450mm），#3（270mm，270mm），#4（390mm，390mm），如图6－11所示。

仿真的参数设置如同第2章所述，仿真得到的某一瞬态的声发射波传播的表面位移云图如图6－12所示，可以看见其近似圆形。

基于从仿真中获得的声发射信号对基于Hilbert曲线的波束形成法进行验证。根据式（6－17）计算得到分辨率R是16.879mm，这是当阵列聚焦在薄板的中心点上时的分辨率。本节中基于Hilbert曲线的波束形成法在进行区域划分时采用“九宫格”的划分方案，即通过使用矩形横竖共四条三分之一分界线将矩形划分为九个子区域。“九宫格”划分方案具有收敛速度快的优点。在MATLAB中编程实现Hilbert波束形成法的各个环节。

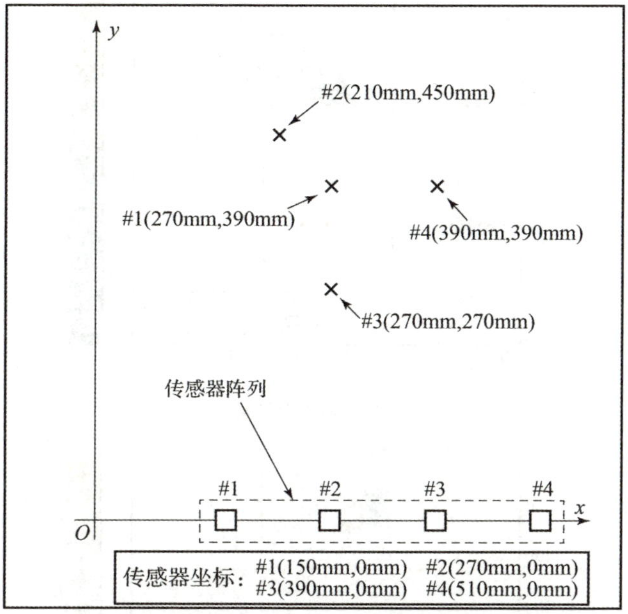

图6-11 声发射源仿真模型中的声源设置与阵列布置

图6-12 薄壁结构中声发射波传播的位移云图

在第一次遍历后，选择Hilbert曲线遍历的点进行延时叠加波束形成输出计算，并搜寻具有最大输出的点。然后，选择出最大输出点所在的子区域，并再次使用Hilbert曲线进行遍历、选点计算，重复执行以上步骤，直到所选择的子区域收敛到真实声发射源为止。图6-13（a）~（c）显示了#1、#2和#3声发射源定位的结果。

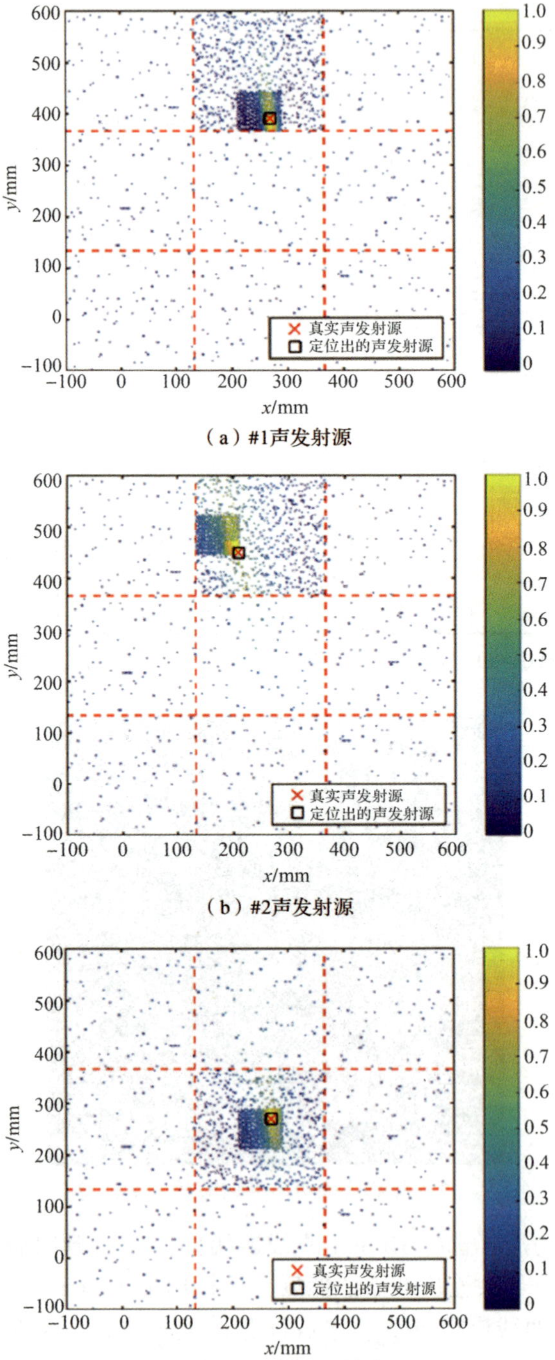

(a) #1声发射源

(b) #2声发射源

(c) #3声发射源

图 6-13　声发射源定位结果

如图 6－13 所示，基于 Hilbert 曲线的波束形成法通过计算比常规波束形成法更少的点（常规波束形成法需要计算所有点）来定位声发射源是可行的。

但是在某些情况下，可能会出现一定的误差，如图 6－14 所示，出现了收敛到“九宫格”分界线上的声发射源定位结果，这是由于首次遍历后确定的子区域与包含真实声发射源的区域出现偏离，最终无论如何也无法精确定位到真实源位置。因此，有必要提出一种解决该问题的方法。

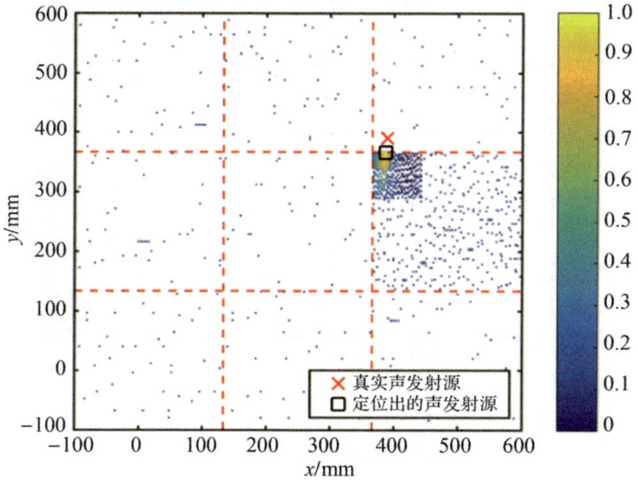

图 6－14　由于边界问题产生的源定位误差

4）基于 Hilbert 曲线的波束形成法的边界问题和遍历可靠性研究

上文 Hilbert 曲线阶次的选择方法只能提供初步的指导。为了保证首次遍历选取的子区域的可靠性，本节介绍一种将 n 阶与 $n+1$ 阶相结合的阶次选择方法。首先，使用 n 阶 Hilbert 曲线波束形成法遍历原始的定位区域，并在计算出最大输出后选择最大输出点所在的子区域。然后，使用 $n+1$ 阶 Hilbert 曲线波束形成法在原始定位域中重复上述工作。如果两次选择的子区域相同，则 $n+1$ 阶将用于所选子区域中的进一步定位。如果不是，则应以 $n+2$ 阶再次执行相同的计算步骤，并将其与 $n+1$ 阶的结果进行比较。

为避免边界问题导致的误差，本节提出了“九四等分”的区域划分方案。即如果“九宫格”的定位结果收敛到定位域的四条三分之一分割线中的任何一条，则通过“田字格”的区域划分方案重新执行定位计算，并接受“田字格”的定位结果，否则直接接收“九宫格”的定位结果。

“九宫格”的区域划分方案具有更高的优先级，这是因为它具有更高的区域收敛速度，并且可以处理大多数源定位的情况。“田字格”的区域划分方案足以弥补“九宫格”方案产生的误差。图 6 – 15 显示了在“九宫格”方案之后执行“田字格”方案对图 6 – 14 的信号进行重新计算得到的定位结果。这说明基于 Hilbert 曲线的波束形成法结合“九四等分”的区域划分方案可以有效克服区域划分中的边界问题引入的误差。

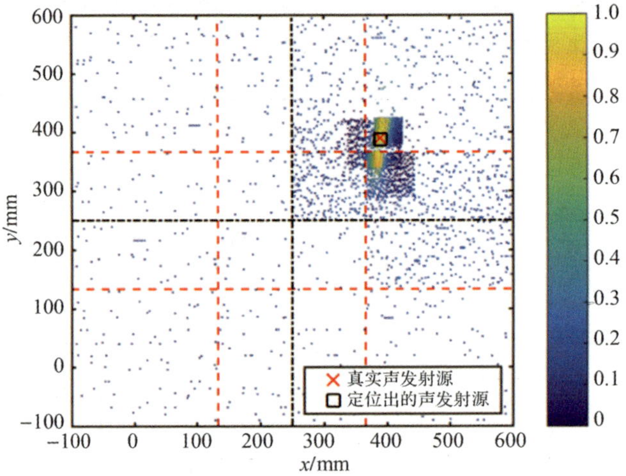

图 6 – 15　基于 Hilbert 曲线的波束形成法结合“九宫格 + 田字格”的区域划分方案的计算结果

基于仿真的四组信号，分别通过常规波束形成法和基于 Hilbert 曲线的波束形成法对#1 至#4 声发射源进行定位。1mm 的定位精度与本节模拟的结构尺寸最为匹配，相应的结果显示在表 6 – 6 中。显然，基于 Hilbert 曲线的波束形成法仍保持与常规波束形成方法相同的定位准确性。在其他定位精度下的定位结果也几乎一致（后文将对比不同定位精度下的运算速度）。

表 6 – 6　常规波束形成法与基于 Hilbert 曲线的波束形成法定位结果对比（基于仿真信号）

单位：mm

声源位置	算法			
	常规波束形成		基于 Hilbert 曲线的波束形成	
	定位位置	误差	定位位置	误差
#1(270,390)	(270,390)	0	(270,390)	0
#2(210,450)	(210,449)	1.0	(210,449)	1.0
#3(270,270)	(270,270)	0	(270,270)	0
#4(390,390)	(390,390)	0	(390,390)	0

此外，本节还计算了两种算法在不同定位精度下需要进行延时叠加运算的平均点数，结果如表6-7所列。其主要目的是对比两种算法的效率。在尺寸为700mm×700mm×5mm的板上使用不同的定位精度进行定位是为了评估以相同的定位精度在不同尺寸的结构上执行定位的效果。例如，在700mm×700mm×5mm的结构上使用5mm的定位精度进行定位的计算量等于在140mm×140mm×5mm的结构上使用1mm的定位精度进行定位的计算量。表6-7中还列出了在各种情况转换为1mm定位精度下结构的等效尺寸。

表6-7　常规波束形成法与基于Hilbert曲线的波束形成法在不同定位精度下的定位效率对比（基于仿真信号）

定位精度/mm	1mm定位精度下的等效结构尺寸	Beamforming	HCBF	比例
5	140mm×140mm×5mm	19,881	359	55.38
2	350mm×350mm×5mm	123,201	1458	84.50
1	700mm×700mm×5mm	491,401	2385	206.04
0.5	1400mm×1400mm×5mm	1,962,801	6417	305.88
0.2	3500mm×3500mm×5mm	12,257,001	10906	1123.88
0.1	7000mm×7000mm×5mm	49,014,001	13378	3663.78

定位中使用的参数当然也随等效尺寸的变化而变化，如Hilbert曲线的阶数。计算量的计算标准是需要进行延时叠加波束形成计算输出的总点数。常规波束形成法所需计算的点数通过以下公式计算：

$$\text{Num} = \left(\frac{H}{M_s} + 1\right) \times \left(\frac{W}{M_s} + 1\right) \tag{6-19}$$

式中：Num为需要计算的点的数量；H和W分别为薄壁结构的高度和宽度；M_s为定位精度。但是，由于Hilbert曲线是由一些嵌套循环和判断语句生成的，因此很难通过理论计算出其需要计算的总点数。因此，每次主程序调用它时，都会添加一些程序语句以对从Hilbert曲线中选取的计算点进行计数，并在定位完成时对其求和。由于基于Hilbert曲线的波束形成法需要选择Hilbert曲线的阶次，因此即使在相同的定位精度下，不同的信号源也可能导致不同的计算点数。基于Hilbert曲线的波束形成法的点数是在相同网格大小下计算四组声发射源的信号的平均值，这仅具有统计意义，旨在显示基于Hilbert曲线的波束形成法的效率。

从表6-7中还可以看出，基于Hilbert曲线的波束形成法的计算效率远高于常规波束形成法。如果定位精度变为原精度的一倍，则常规波束形成需计算的点数将增加为原先的四倍。而基于 Hilbert 曲线的波束形成法计算点的增加比常规波束形成法慢得多。

5）基于 Hilbert 曲线的波束形成法的算法流程

总结上述研究，下面简要概述了基于 Hilbert 曲线的波束形成算法的主要步骤。

（1）数据预处理。

该步骤设置相关的计算参数，例如，采样频率、波速、分辨率和初始定位精度大小。然后提取用于计算的声发射波的模态，例如，S_0 波或 A_0 波。由于它们的传播特性（如波速）不同，因此应与上述设置的参数保持一致。

（2）Hilbert 曲线的阶次确定。

基于 Hilbert 曲线的波束形成法采用将 n 阶与 $n+1$ 阶组合的阶次选择方法。在此步骤中获得阶次和初步子区域选择的结果。

（3）基于“九四等分”的子区域划分。

使用步骤（2）中的结果，对选定子区域按照“九四等分”的区域划分方案进行遍历和波束形成输出计算，以找到最大值。然后，重复上述过程，直到定位声发射源。

（4）数据后处理。

对延时叠加计算后的所有坐标点输出进行归一化和绘图。

图 6－16 是基于 Hilbert 的波束形成快速定位算法的流程图。第一个判断条件是确保 $n+1$ 阶的子区域定位具有与 n 阶相同的子区域定位结果，这意味着 $n+1$ 阶对于后续定位是可靠的。第二个判断条件是确定定位是否完成。随着子区域的划分，面积越来越小。换句话说，下一次被 Hilbert 曲线覆盖的结构区域的像素长度 h 越来越小。当 $n=\log_2(h)$时，最大像素边长为 h 的图像可以通过 n 阶 Hilbert 曲线完全遍历。因此，总有一个子区域随着 h 的减小而被完全遍历。

6.2.2 基于 Hilbert 曲线的波束形成法在钢板结构损伤定位中的方法验证

断铅实验选择尺寸为 700mm×700mm×5mm 的钢板作为实验结构，并采用最大孔径为 360mm 的均匀直线传感器阵列。四个声发射源设置在结构表面的不同位置，如图 6－17 所示，它们的位置分别标记为#1(270mm,410mm)，#2(210mm,460mm)，#3(270mm,280mm)，#4(400mm,410mm)。实验的采样频率为 3MHz。

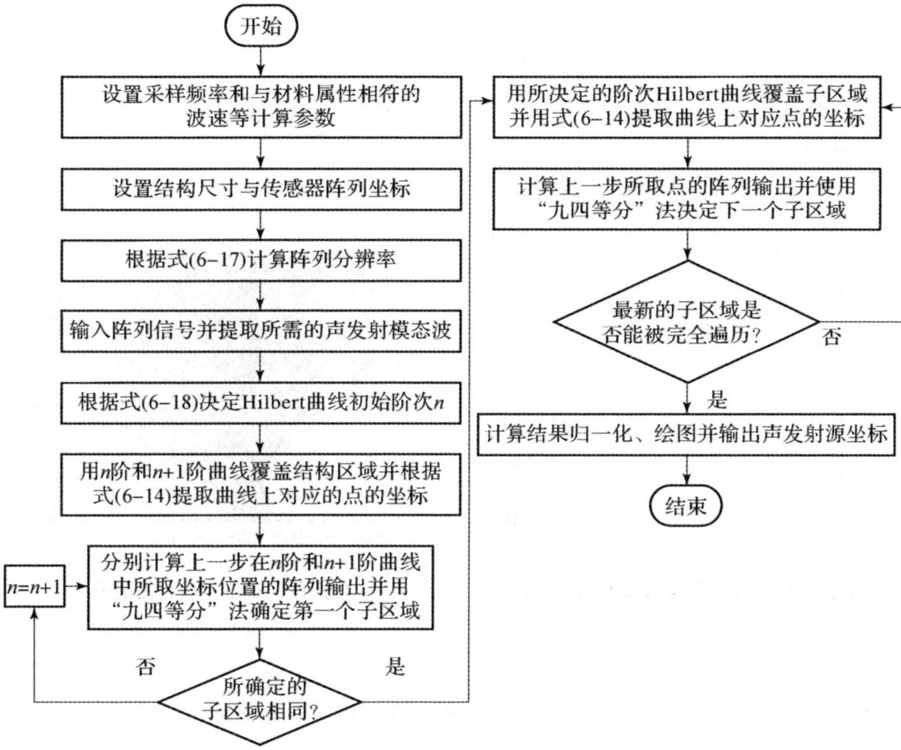

图 6 - 16　基于 Hilbert 曲线的波束形成快速定位算法流程图

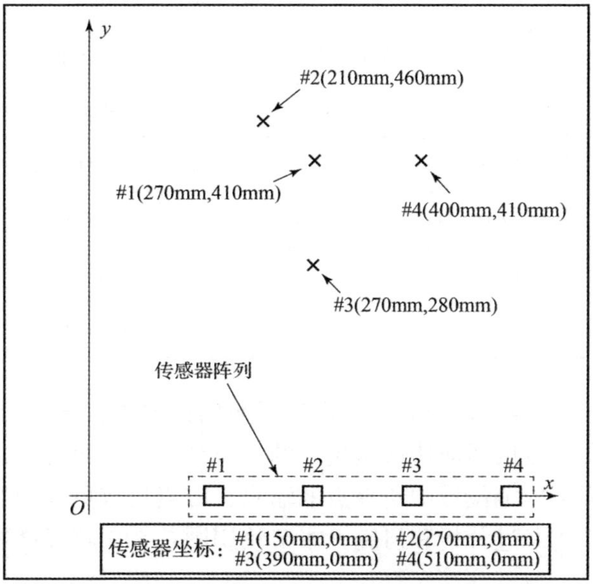

图 6 - 17　断铅实验中的声发射源与传感器阵列的布置图

根据测试数据，声发射源#1 至#4 分别由常规波束形成法和基于 Hilbert 曲线的波束形成法在不同的定位精度下进行定位。表 6－8 显示了 1mm 定位精度下的定位结果。图 6－18 展示了其中一组数据定位结果输出云图对比。在基于 Hilbert 曲线的波束形成法中，执行了较少点的计算，但是获得了与全扫描的常规波束形成法同样精确的定位结果。

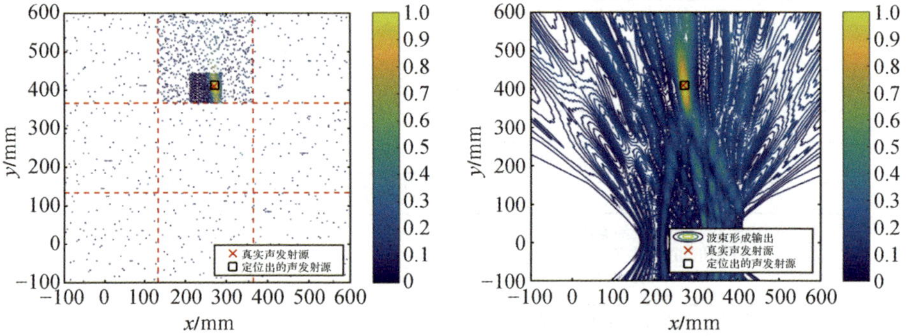

(a) 基于Hilbert曲线的波束形成定位
(b) 基于常规波束形成定位

图 6－18　改进和常规波来形成定位结果

表 6－8　常规波束形成法与基于 Hilbert 曲线的波束形成法定位结果对比（基于实验信号）

单位：mm

声源位置	算法			
	常规波束形成		基于 Hilbert 曲线的波束形成	
	定位位置	误差	定位位置	误差
#1(270,410)	(273,401)	9.5	(272,413)	3.6
#2(210,460)	(210,464)	4.0	(210,475)	15.0
#3(270,280)	(270,275)	5.0	(270,282)	2.0
#4(400,410)	(396,398)	12.6	(396,407)	5.0

值得注意的是，在#1、#3 和#4 声发射源的误差中，基于 Hilbert 曲线的波束形成产生比常规波束形成法误差更小的定位结果。按照常理来说，常规波束形成法计算了全结构定位域中所有点的输出，应当具有更准确的结果，但实际现象却与此相悖。经过分析和研究，本节使用图 6－19 解释该现象。

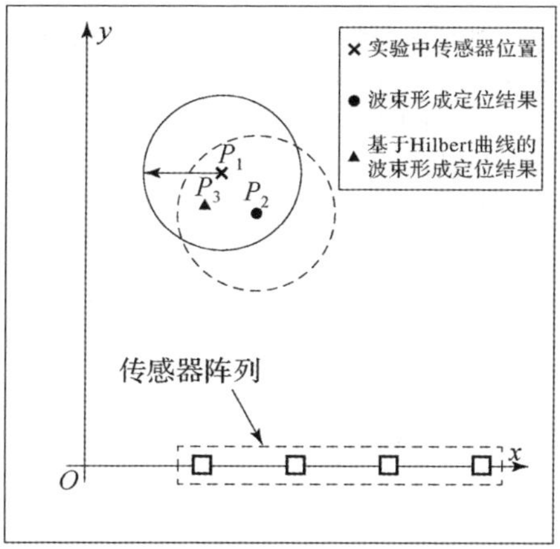

图 6-19 基于 Hilbert 曲线的波束形成定位的误差解释示意图

假设位置 P_1 是实验中设置的声发射源的位置。首先，很明显波束形成法会计算板上的所有点以搜索最大输出的坐标位置，并将其视为定位的源位置。这个过程可能会发生一定的误差，一般来说其定位结果 P_2 会落入位置 P_1 周围的一定区域内（该区域仅由实心圆进行示意，这并不意味着误差的范围是在圆周区域内）。这意味着位置 P_2 上的输出大于任何其他位置（包括位置 P_1）上的输出。其次，基于 Hilbert 曲线的波束形成法的核心算法仍然是延时叠加波束形成，它将选择一些具有代表性的点来执行输出计算，并且基于 Hilbert 曲线的波束形成法选择的点的输出与这些点在常规波束形成法中的输出完全相同，这意味着最准确的基于 Hilbert 曲线的波束形成法的结果是找出全扫描情况下的常规波束形成的最大输出，即找出位置 P_2 而不是位置 P_1。因此，基于 Hilbert 曲线的波束形成法的定位结果（位置 P_3）理应落入位置 P_2 周围的区域（以虚线圆示意）。最后，当基于 Hilbert 曲线的波束形成法的定位结果落在位置 P_2 周围的区域时，P_1 和 P_3 之间的距离可能大于或小于 P_1 和 P_2 之间的距离（或完全相同的距离），这与基于 Hilbert 曲线的波束形成法产生误差的现象完全一致。尽管如此，基于 Hilbert 曲线的波束形成法的定位结果始终在可接受的范围内。

表 6-9 显示了不同定位精度下两种算法所需要计算的平均点数。基于实验信号的结果与基于仿真信号的结果基本相同。基于 Hilbert 曲线的波束形成法的效率是常规波束形成法的 55～4207 倍。

表 6-9　常规波束形成法与基于 Hilbert 曲线的波束形成法在不同定位精度下的定位效率对比（基于实验信号）

定位精度/mm	1mm 定位精度下的等效结构尺寸	Beamforming	HCBF	比例
5	140mm×140mm×5mm	19,881	359	55.38
2	350mm×350mm×5mm	123,201	1139	108.17
1	700mm×700mm×5mm	491,401	2385	206.04
0.5	1400mm×1400mm×5mm	1,962,801	6270	313.05
0.2	3500mm×3500mm×5mm	12,257,001	9547	1283.86
0.1	7000mm×7000mm×5mm	49,014,001	11651	4206.85

6.2.3　基于 Hilbert 曲线的波束形成法在复合材料结构损伤定位中的方法验证

在上述研究中，值得一提的是，基于 Hilbert 曲线的波束形成法并非旨在开发一种在各向同性结构中定位声源的新方法，而是致力于加快寻极值问题的计算过程。从理论上来说，无论是什么材料或几何构型，如果存在某种寻极值算法可以在该材料或几何构型中定位其损伤，则这种基于 Hilbert 曲线的方法就有潜力与该算法结合来提升计算效率。结合这种基于 Hilbert 曲线的方法的条件是前文所述的“一种相对的、大体上的区域内输出的物理量的连续性”。波束形成法与该条件完全一致，并且已经在各向同性的情况下描述了如何将基于 Hilbert 曲线的方法结合到波束形成的加速运算中。此外，本节还给出了一个将基于 Hilbert 曲线的方法应用于复合材料中的源定位的示例（仍然以波束形成算法为核心，但采用另一种阵列），以展示基于 Hilbert 曲线的方法的适用性与可移植性。

首先利用文献［1］中的方法进行 CFRP 薄板结构的断铅测试以生成模拟损伤信号，使用 L 形声发射传感器阵列收集实验数据。断铅测试的布局如图 6-20 所示，采样频率为 3MHz。CFRP 的结构尺寸为 500mm×500mm×5mm，且 CFRP 复合材料由 24 层构成，铺层形式为 $[45/0/-45/90]_{3s}$。

就力学性能而言，碳纤维增强材料是准各向同性的结构。但是，在动力学领域中，这种结构的声发射波在不同的传播方向上具有不同的频散曲线，这是

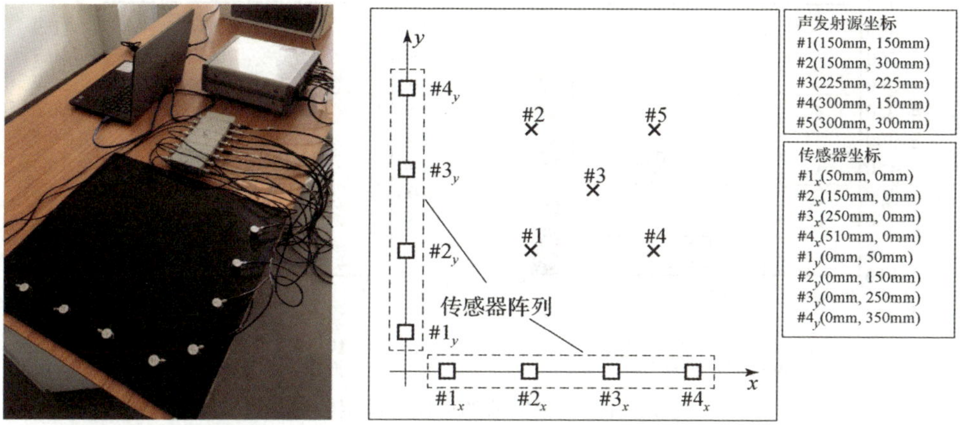

(a) 断铅测试的实施　　**(b) 断铅测试的声源与阵列布置**

图 6－20　CFRP 结构中的断铅测试

各向异性结构中声发射波传播的典型特征，并且导致不同传播方向上的波速不同。因此，对于 CFRP 复合材料结构的定位，使用 L 形阵列分别在一些不精确的均匀波速下使用波束形成法来分别定位横坐标和纵坐标。其研究表明，沿 x 轴排列的传感器进行定位时其横坐标对不准确的波速不敏感。换句话说，不正确的波速仅会影响纵坐标的不准确性，而不影响横坐标的结果，因此 L 形阵列解决了复合结构薄壁结构损伤定位中各方向波速不一致及频散不同的问题。因此，在与 Hilbert 曲线方法结合时需要执行两次，以分别定位横坐标和纵坐标。计算同样是在 1mm 的定位精度下进行的。一组定位结果的输出云图如图 6－21 所示。表 6－10 和表 6－11 总结了定位结果和两种算法所需要计算的点数对比。

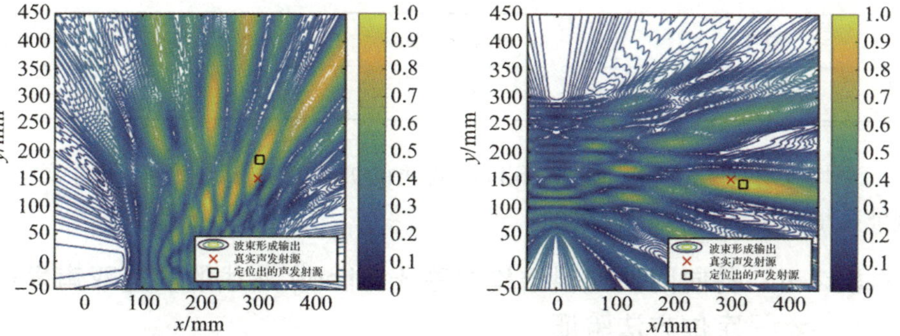

(a)常规波束形成定位横坐标　　(b)常规波束形成定位纵坐标

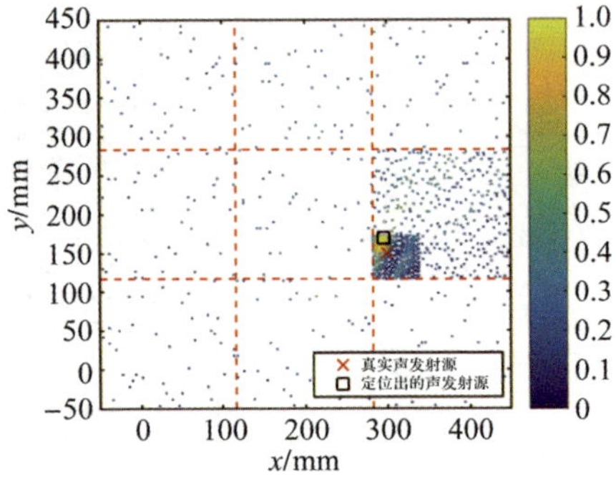

(c) 基于Hilbert曲线的
波束形成定位横坐标

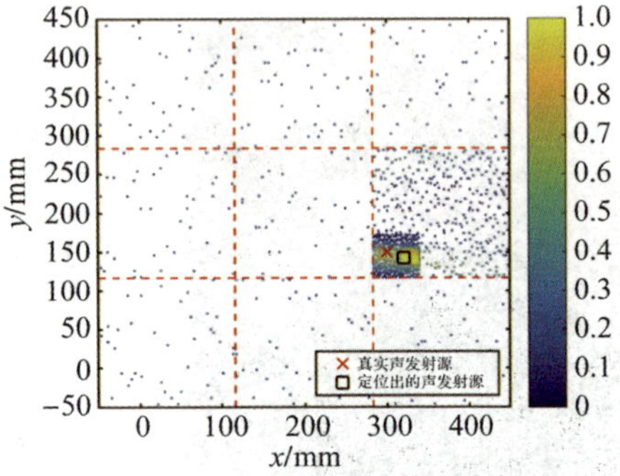

(d) 基于Hilbert曲线的
波束形成定位纵坐标

图 6－21 断铅实验的声发射源定位结果

表 6－10 常规波束形成法与基于 Hilbert 曲线的波束形成法定位结果对比（CFRP 材料的断铅测试）

单位：mm

算法	常规波束形成		基于 Hilbert 曲线的波束形成	
声源位置	定位位置	误差	定位位置	误差
#1(150,150)	(155,153)	5.8	(155,152)	5.4
#2(150,300)	(160,293)	12.2	(160,293)	12.2
#3(225,225)	(228,214)	11.4	(229,213)	12.6
#4(300,150)	(303,142)	8.5	(296,142)	8.9
#5(300,300)	(304,282)	18.4	(307,281)	20.2

表 6－11 常规波束形成法与基于 Hilbert 曲线的波束形成法定位效率对比（CFRP 材料的断铅测试）

算法	常规波束形成	基于 Hilbert 曲线的波束形成
平均计算点数	502002	3265

平均计算点数表明，基于 Hilbert 曲线的波束形成算法所提高的效率是常规波束形成算法的约 154 倍。

6.2.4 各向同性材料结构中基于 Hilbert 曲线的快速双声发射源定位方法验证

由于频域加权陷波波束形成算法中运用了一系列较为消耗时间的运算方

法，例如，复数域矩阵的相乘等，导致其定位速度较慢，尤其是在陷波加权部分。因此，鉴于第2节所开发的基于 Hilbert 曲线的快速算法具有广泛的适用性与良好的移植性，本节将其与频域加权陷波波束形成相结合，构造适用于各向同性材料的同时双声发射源定位方法。图6-22展示了针对三组同时双声发射源实验信号的快速算法定位结果。

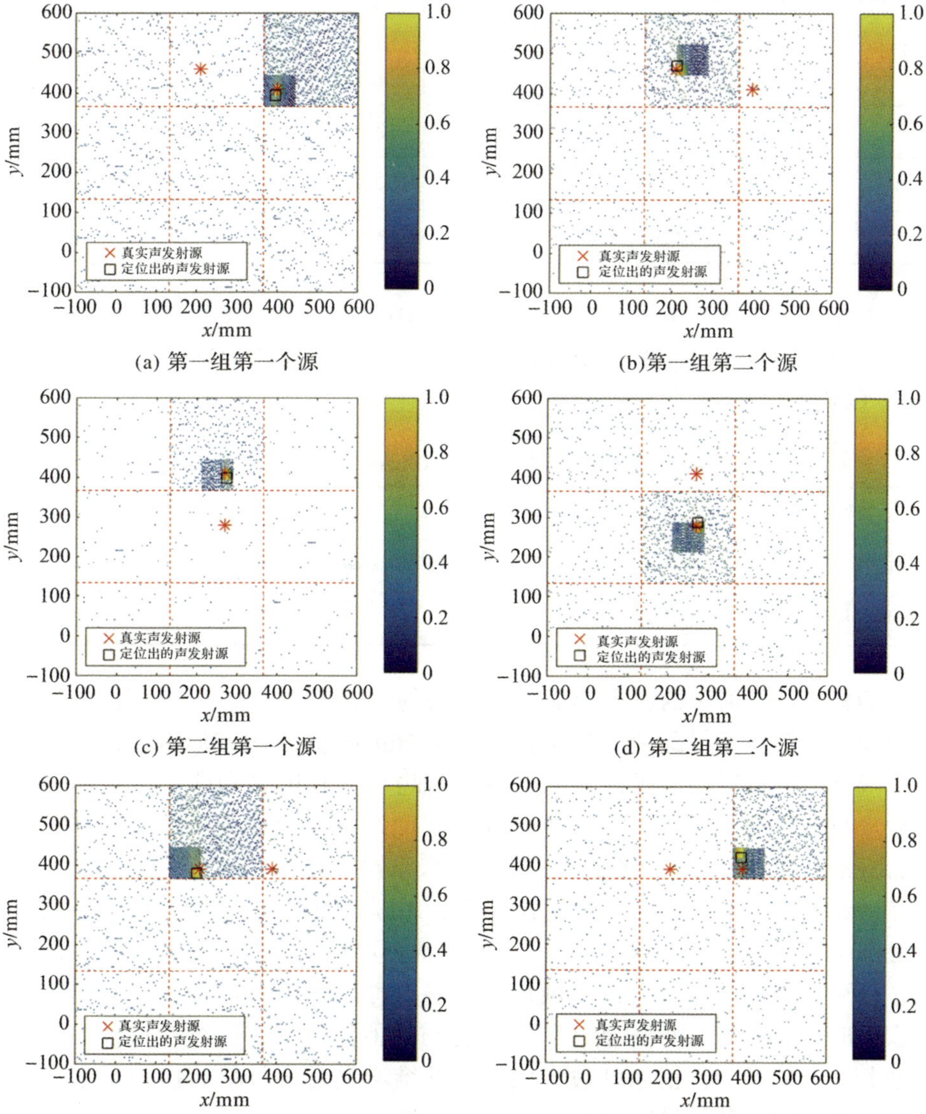

(a) 第一组第一个源　(b)第一组第二个源
(c) 第二组第一个源　(d) 第二组第二个源
(e) 第三组第一个源　(f) 第三组第二个源

图6-22　基于 Hilbert 曲线快速算法的三组同时双声发射源定位结果

表 6－12 总结了基于 Hilbert 曲线的频域加权陷波波束形成的定位结果，其表明基于 Hilbert 曲线的快速算法可以适用于频域加权陷波波束形成，用于双声发射源定位。

表 6－12　基于 Hilbert 曲线的频域加权陷波波束形成对于断铅实验的同时双声发射源信号定位结果　单位：mm

组别	第一个声发射源（较高能量）			第二个声发射源（较低能量）		
	设定位置	定位位置	误差	定位位置	设定位置	误差
1	(400,410)	(395,394)	16.76	(210,460)	(212,469)	9.22
2	(270,410)	(274,397)	10.77	(270,280)	(273,288)	8.54
3	(210,390)	(202,380)	12.81	(390,390)	(386,420)	30.27

表 6－13 总结了对于不同声发射源平均所需计算的点数。结果表明，基于 Hilbert 曲线的双声发射源定位算法的效率是频域加权陷波波束形成算法的约 154～183 倍。

表 6－13　频域加权陷波波束形成与基于 Hilbert 曲线的快速算法定位效率对比

算法	频域加权陷波波束形成		基于 Hilbert 曲线的快速算法	
对应声发射源	第一个声发射源	第二个声发射源	第一个声发射源	第二个声发射源
平均计算点数	491401	491401	3173	2680.00

为提高声发射源的波束形成定位方法的计算效率，本节引入了 Hilbert 曲线以快速捕获声发射源的大致位置。由于 Hilbert 曲线的分形特性，大大减少了常规波束形成算法需要计算的点数，因此基于 Hilbert 曲线的波束形成算法的效率显著提高。结果表明，基于 Hilbert 曲线的波束形成算法的计算效率约为常规波束形成的 50～4000 倍，具体量级取决于定位精度或结构尺寸，越是大型的结构，定位效率提升越显著。基于 Hilbert 曲线的波束形成算法并结合 n 阶和 $n+1$ 阶的预定位思想为 Hilbert 曲线选择可靠的阶次，以确保定位的可靠性。使用“九四等分法”的区域划分策略，可以解决由定位域划分引起的边界误差问题。基于 Hilbert 曲线的方法有与其他任何具有连续性特征的寻极值算法相结合的潜力，正如已被应用于碳纤维增强复合材料的损伤源定位中一样，也可应用于其他材料和更加复杂的结构形式。

6.3 小结

尽管波束形成法表现出很高的定位精度和算法的稳健性，但用于近场声源的定位中时，计算效率低是在实际应用中亟待解决的重要问题。为此，本章介绍了基于 Bartlett 波束形成算法特性和基于 Hilbert 曲线的波束形成法快速定位方法，这两种方法具有以下效果。

（1）基于 Bartlett 波束形成的薄板结构损伤声发射源定位算法可以在无须准确波速的情况下，利用 L 形传感器阵列准确、快速地定位结构中的损伤声发射源，并在不同定位精度下其才算速度是常规的基于延时叠加的波束形成法的 50 ~420 倍。

（2）基于 Hilbert 曲线遍历是一种具有广泛适用性的快速寻极值算法，可较大地提高声发射源波束形成法的定位效率。通过仿真和断铅测实验证了基于 Hilbert 曲线的波束形成算法计算效率约为常规波束形成的 50 ~4000 倍。

参考文献

[1] TAI J, HE T Q, et al. A fast beamforming method to localize an acoustic emission source under unknown wave speed [J]. Materials, 2019, 12: 735.

[2] XIAO D, HE T, PAN Q, et al. A novel acoustic emission beamforming method with two uniform linear arrays on plate – like structures [J]. Ultrasonics, 2014, 54 (2): 737 – 745.

[3] KUNDU T, NAKATANI H, TAKEDA N. Acoustic source localization in anisotropic plates [J]. Ultrasonics, 2012, 52 (6): 740 – 746.

[4] 孙志娟. 基于混沌理论的图像加密算法研究 [D]. 重庆: 重庆大学, 2007.

[5] ESTEVEZ – RAMS E, PEREZ – DEMYDENKO C, ARAGÓN F B, et al. Visualizing long vectors of measurements by use of the Hilbert curve [J]. Computer Physics Communications, 2015, 197: 118 – 127.

[6] BANGI I S, SIVIA J S. Minkowski and Hilbert curves based hybrid fractal antenna for wireless applications [J]. AEU – International Journal of Electronics and Communications, 2018, 85: 159 – 168.

[7] HE T, TAI J, SHAN Y, et al. A fast acoustic emission beamforming localization method based on hilbert curve [J]. Mechanical Systems and Signal Processing, 2019, 133: 106291.

第7章 声发射波束形成伪定位源辨识与消除

波束形成法综合考虑了波到达时间和波形信息，通常用于在可听声和水声源定位领域中定位多个目标[1]。但是，当阵列的阵元间距大于所处理的信号频率对应的半波长时，阵列对于该频率的信号来说就是稀疏的，其主要弊端是会使得波束形成结果出现栅瓣（副极大）和伪峰问题，影响对目标数量和位置的估计。对于声发射波束形成而言，经常会遇到由于波长过短导致阵元间距大于半波长的问题。在已知定位目标的大概方位时，可采用虚拟阵元法[2]抵消栅瓣的影响，但是这与未知目标的定位前提是相违背的；基于子空间类算法[3]可以有效扩展阵列孔径，但是无法解决伪峰对其他较弱目标定位的影响。由于声发射波存在频散现象，在一定程度上也会减少伪声发射源（伪峰）的产生，但不可避免产生伪识别声源点。因此，在未知真实声发射源数量的情况下，在进行多声发射源定位的同时，有时需要进行伪声源的辨识，以有效地定位出真实声发射源位置。

7.1 波束形成伪定位源产生的过程

对于传感器阵列而言，由于各个传感器的分布位置不同，阵元在接收信号时会存在一定的时间差，利用这一信息可以确定信号源的方向和位置。设信号源发出的信号为 $s(t)=\sin(\omega t+\varphi)$，则第 i 个传感器接收到的信号为

$$s_i(t)=\sin(\omega t+\varphi+\theta_i) \tag{7-1}$$

式中：t 为时间；ω 为角频率；φ 为信号源初始相位；θ_i 为第 i 个传感器接收信号到达的相位。

通过对齐各个传感器接收到的信号，相位差异可以将干扰部分抵消掉，增强目标信号。再次给出波束形成原理图，如图 7－1 所示，将结构按照网格区域划分，网格的每一个节点定义为阵列传感器定位的扫描点。当扫描到第 j 个节点时，依据距离计算出第 i 个传感器接收到信号的相位差为 $\Delta\theta_{ij}$，则第 i 个传感器移相后的信号为

$$s_{ij}(t)=\sin(\omega t+\varphi+\theta_i-\Delta\theta_{ij}) \tag{7-2}$$

扫描至第 j 个节点延时叠加求和的结果为

$$s(t) = \frac{1}{n}\sum_{i=1}^{n} \left| \sin(\omega t + \varphi + \theta_i - \Delta\theta_{ij}) \right| \tag{7-3}$$

其中，n 为传感器的数量。

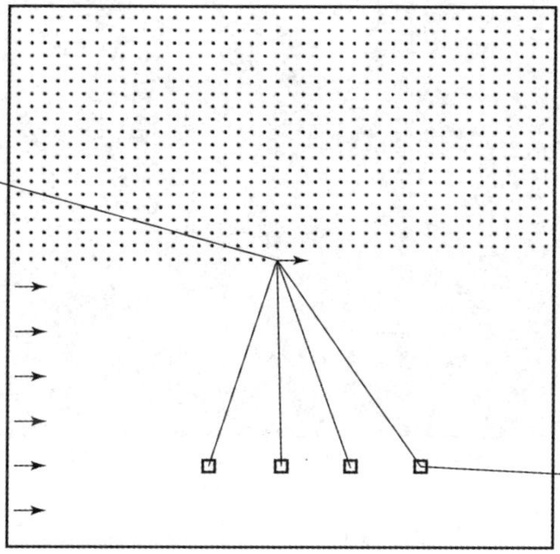

图 7-1　波束形成法扫描定位原理示意图

当扫描到信号源所在位置时，接收信号相位和扫描节点相位差理论值应为零，即

$$\theta_i - \Delta\theta_{ij} = 0 \tag{7-4}$$

此时，各个通道延时叠加的部分满足在移相后各个时刻的幅值相等，此时延时叠加求和的结果最大。因此，可以通过叠加后的幅值判断信号源所在的节点，实现结构中的源定位。

然而，使延时叠加求和结果最大的节点不一定都是真实源所在的位置，这是由连续信号的周期性导致的，即

$$\theta_i - \Delta\theta_{ij} = 2k\pi \quad (k = 1, 2, \cdots) \tag{7-5}$$

此时，各个通道延时叠加的部分同样满足在移相后各个时刻的幅值相等，延时叠加求和的结果也可达到最大值。如图 7-2 所示，在位置 1 和位置 2 处都达到了幅值相对最高的位置，图 7-3 和图 7-4 显示了各个传感器接收信号延时叠加平均的结果，仅通过波束形成能量分布图无法确定信号源所在的位置。

鉴于单个事件声发射信号通常持续时间有限，在进行波束形成延时叠加求和运算前，需要考虑截取信号的长度，如图 7-5 所示。图中 N^* 为选取长度，N 为信号长度。

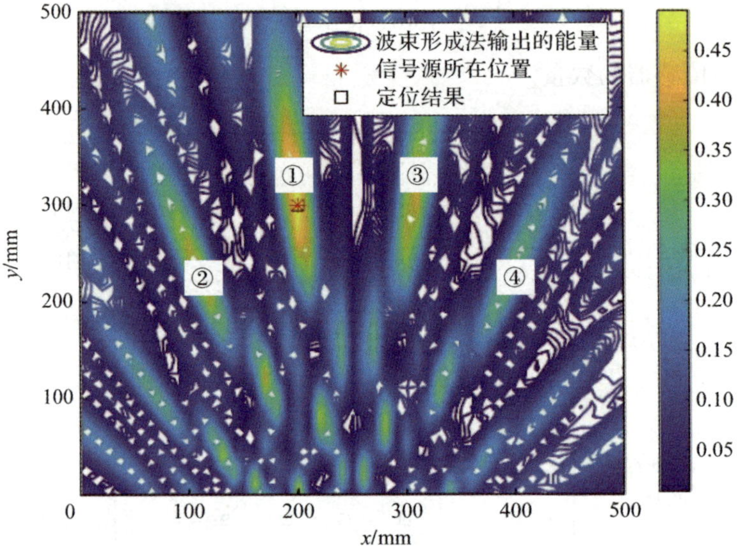

图 7－2　存在伪源现象的波束能量分布

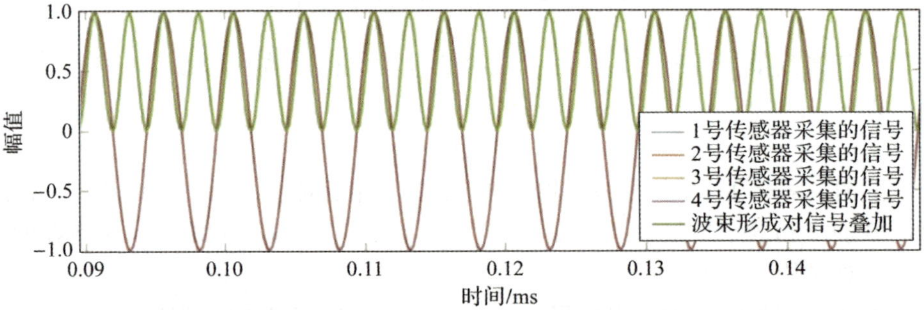

图 7－3　点①位置处的各通道接收信号和叠加信号时域图

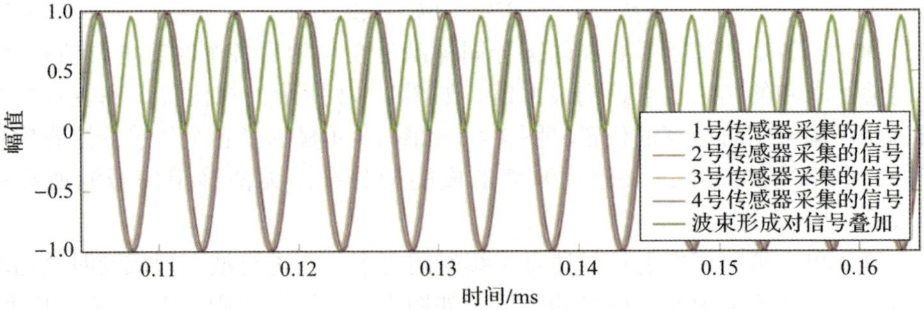

图 7－4　点②位置处的各通道接收信号和叠加信号时域图

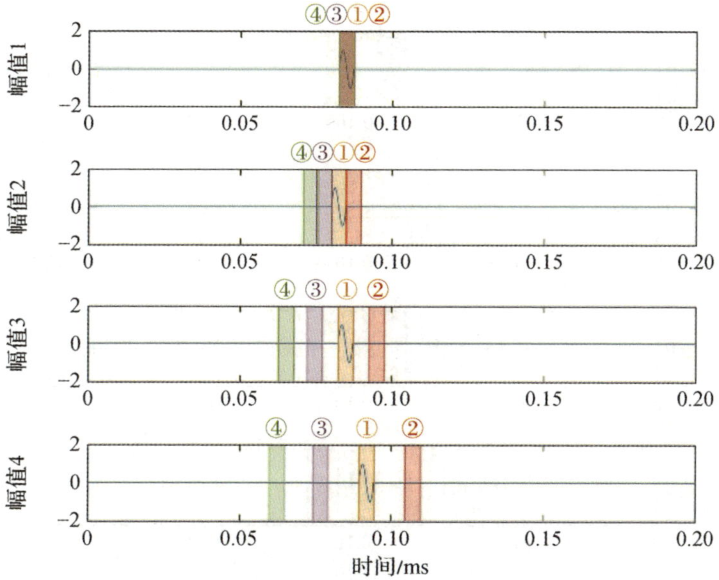

(a) $N^*=N$各通道不同节点时域波形图

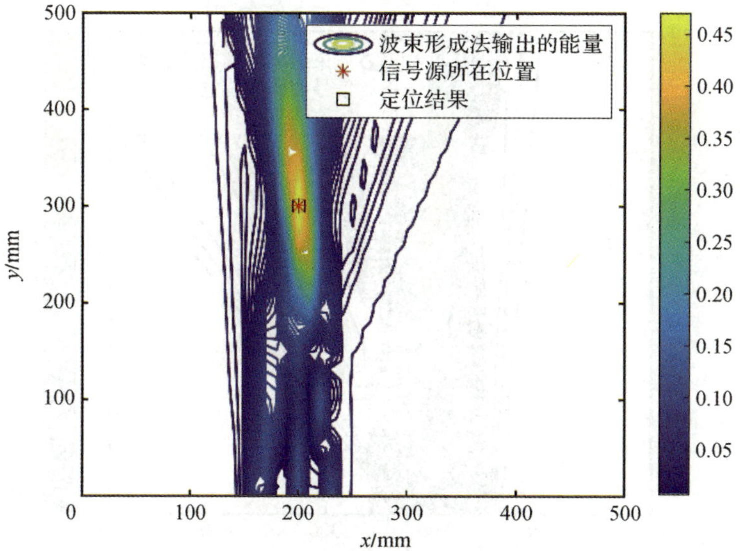

(b) $N^*=N$波束能量分布图

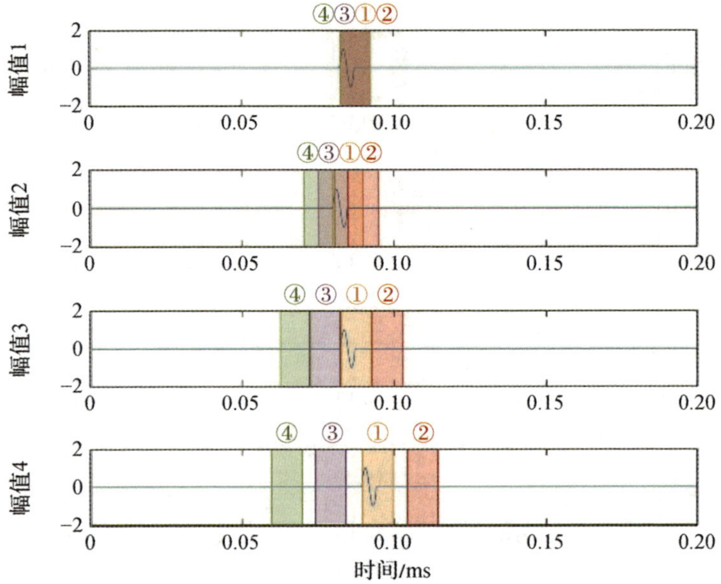

(c) N^*=2N各通道不同节点时域波形图

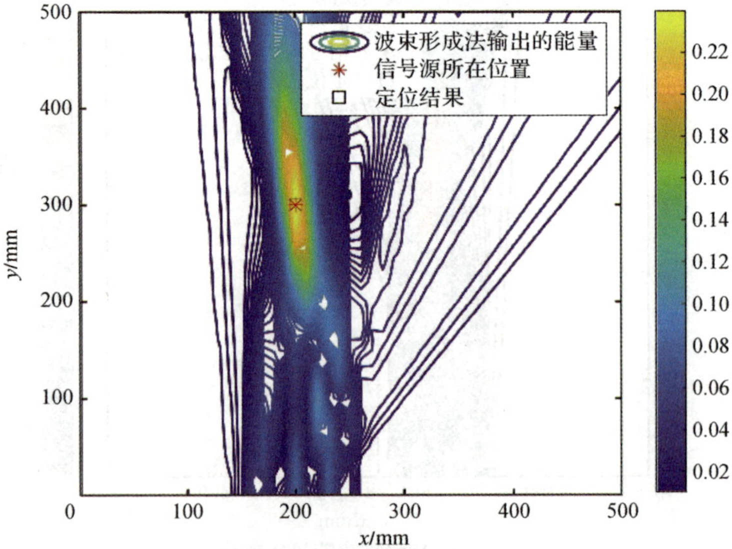

(d) N^*=2N波束能量分布图

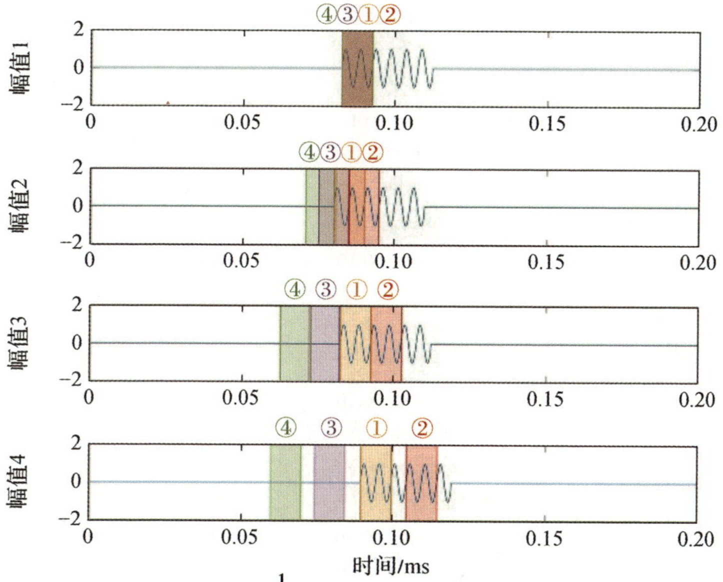

(e) $N^{*}=\frac{1}{3}N$各通道不同节点时域波形图

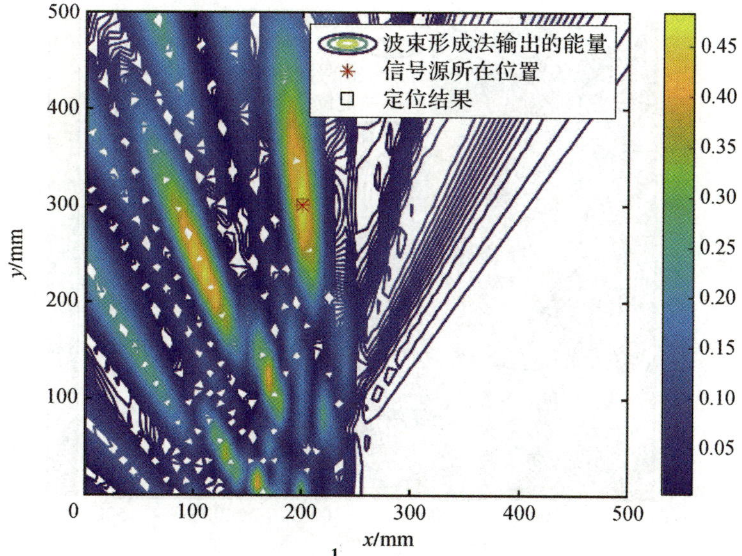

(f) $N^{*}=\frac{1}{3}N$波束能量分布图

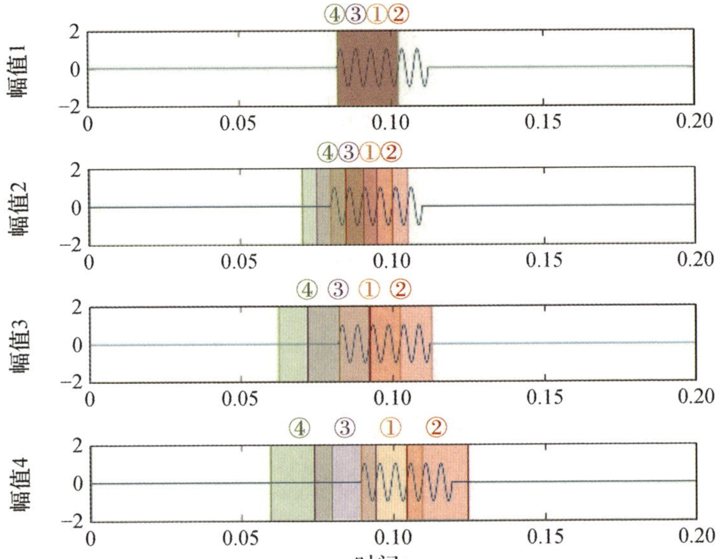

(g) $N^{*}=\frac{2}{3}N$各通道不同节点时域波形图

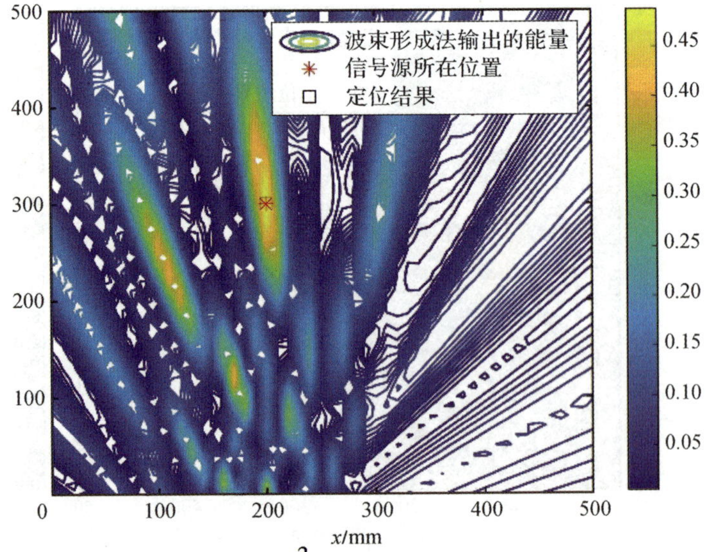

(h) $N^{*}=\frac{2}{3}N$波束能量分布图

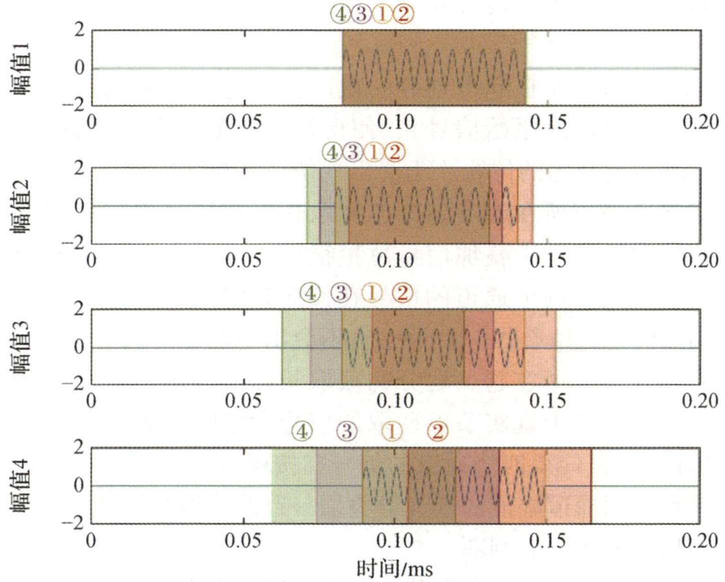

(i) $N^*=N$各通道不同节点时域波形图（信号较长时）

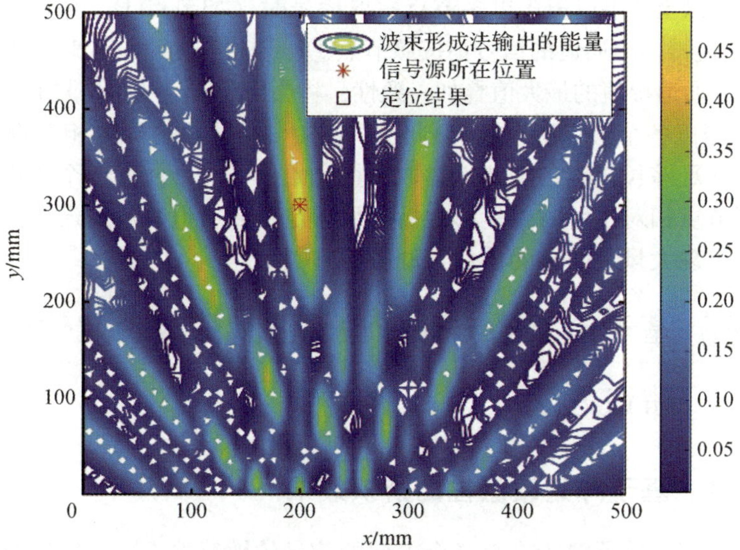

(j) $N^*=N$波束能量分布图（信号较长时）

图 7－5　不同信号长度和截取信号长度的时域波形和波束能量分布图

图 7-5 中①、②、③、④划分的区域分别代表从图中出现伪信号源的节点位置到达 1、2、3、4 号传感器的时间起点截取的信号，考虑了不同长度原始信号和不同截取长度作为延时叠加求和的输入量对波束形成定位结果的影响，分为以下 5 种典型情况[4]。

(1) 当以各个节点所在起点划分的截取长度范围内无相互混叠时（如只有节点①在各个通道提取原始信号），使得幅值叠加最大的位置存在唯一性，定位结果就是真实信号源的位置，不会出现伪信号源的现象；

(2) 当以各个节点所在起点划分的截取长度范围内出现相互混叠，但是重复截取的信号含量相对于叠加信号总量很少（如节点③在 2 号传感器截取少量信号）时，仍然有两个通道的信号在按照相对位置时差平移之后无法满足全部通道幅值的最大值叠加一致性，也不会出现明显的伪信号源影响判断；

(3) 当以各个节点所在起点划分的截取长度范围内出现相互混叠时，且重复截取的信号含量等于真实节点截取的信号含量时（如节点①和②均截取到等量的原始信号），使得四个通道的信号在按照节点①和②相对位置时差平移之后均可满足全部通道幅值的最大值叠加一致性，将会出现叠加能量与真实信号源相等的伪信号源影响判断；

(4) 当以各个节点所在起点划分的截取长度范围内出现相互混叠，且截取长度足够长以至于可以覆盖更多节点提取信号时（如节点①、②和③均截取部分信号），使得四个通道的信号在按照节点①、②和③相对位置时差平移之后均可满足全部通道幅值的最大值叠加一致性，将会出现明显的伪信号源影响判断；

(5) 当以各个节点所在起点划分的截取长度足够长导致相互混叠，且原始信号长度足够长包容各个节点提取大量原始信号时，使得四个通道的信号在按照全部节点相对位置时差平移之后均可满足全部通道幅值的最大值叠加一致性，将会出现大量且明显的伪信号源影响判断。

7.2 基于传感器阵列特性的波束形成伪定位源的辨识方法

7.2.1 基于阵列敏感性的辨识效果

由于阵列传感器对于来自各个方向的信号的敏感性不同，所以对于同一信号在不同位置处，阵列传感器波束形成计算输出的结果不同。为解决这一问题，在各个位置的节点处布置单位幅值的信号源，按式（7-6）计算阵列传感器对各个位置的信号幅值的输出结果，绘制波束阵列敏感性图，如图 7-6

所示。将基于随机位置的信号产生的波束能量分布图与敏感性图对应点的值相除，如式（7-7）所示，以期消除阵列传感器对方向的敏感性。

$$s_0(t) = \frac{1}{n}\sum_{i=1}^{n} |\sin(\omega t + \varphi + \theta_i)| \tag{7-6}$$

$$s^*(t) = \frac{s(t)}{s_0(t)} = \frac{\frac{1}{n}\sum_{i=1}^{n} |\sin(\omega t + \varphi + \theta_i - \Delta\theta_{ij})|}{\frac{1}{n}\sum_{i=1}^{n} |\sin(\omega t + \varphi + \theta_i)|} \tag{7-7}$$

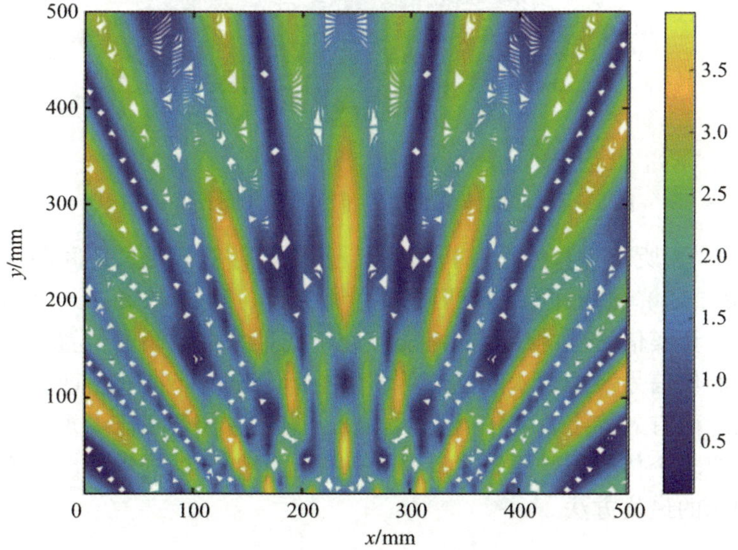

图7-6 波束阵列敏感性图

图7-7为相除的结果，可以看出：由于相除的方法对于计算位置的相位差过于敏感，使得在传感器附近的位置相除后的 $s^*(t)$ 明显高于其他位置的幅值。因此，这种方法对网格节点的位置要求过于严格，对扫描节点逐个计算的方式稳健性较差，依然无法有效辨别伪信号源。

7.2.2 优化阵列分布对伪声源能量的影响

由7.2.1节的分析可以看出，阵列传感器产生伪信号源的主要原因在于节点相对于各个传感器的时域相位差存在周期性，在空间域表示为存在着大量相对于传感器阵列位置“对称”的情况。因此，从阵列传感器空间分布的角度考虑，减少节点位置相对于阵列传感器对称的情形，可弱化伪信号源的影响[5]。本节研究优化阵列分布对伪声源能量的影响。

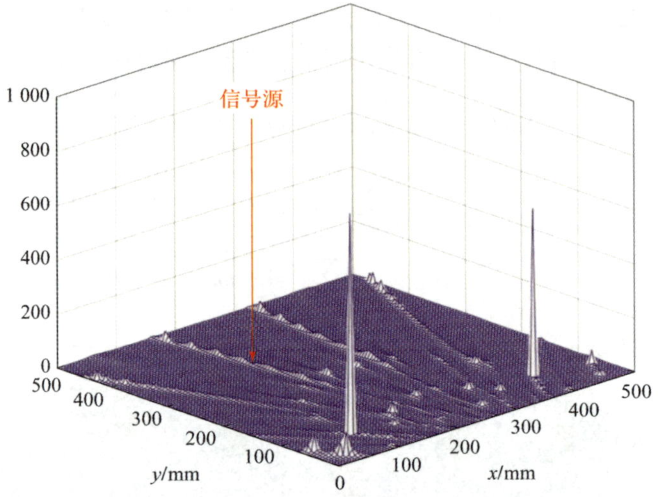

图 7－7　原始波束能量分布与敏感性图相除的结果

如图 7－8 所示为直线形和折线形传感器阵列在不同水平间距（$d_1=d_2=d_3$、$d_1\neq d_2\neq d_3$）情况下的波束形成能量分布图，可以看出：无论阵列传感器如何排布，真实信号源的位置始终能够处于能量水平最高的位置，而由于对称相位形成的伪信号源能量水平随着传感器空间分布的不同有所改变。虽然通过这一现象也可有效确定真实信号源的位置，但是这种方法需要重复测试或者需要同时布置多个传感器，降低了计算效率并且增加了结构重量，并不是辨别伪信号源问题的最优方法。

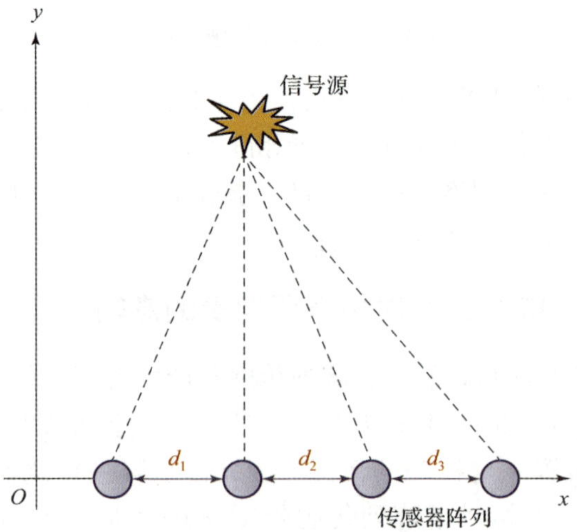

(a) 等间距直线形阵列示意图

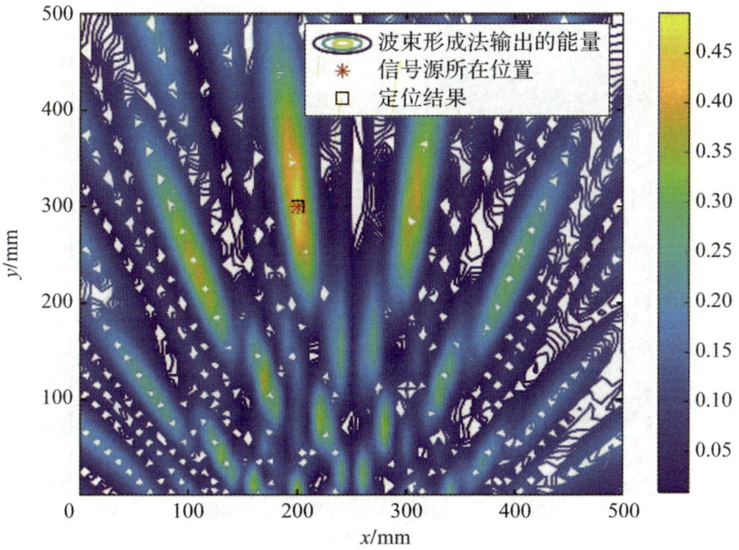

(b) 等间距直线形阵列波束能量分布图

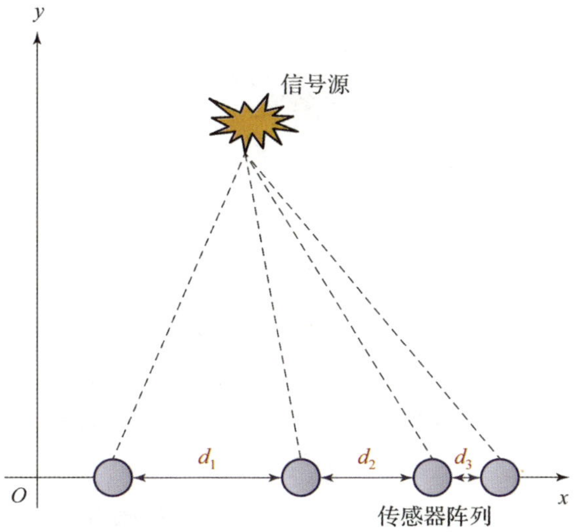

(c) 非等间距直线形阵列示意图

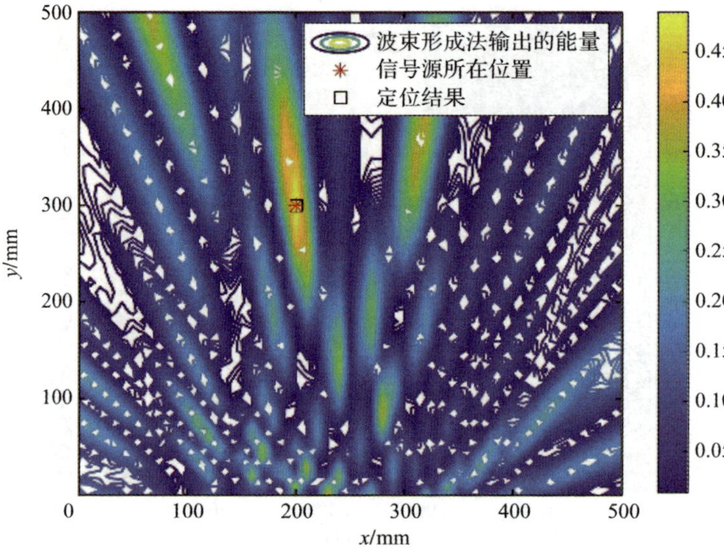

(d) 非等间距直线形阵列波束能量分布图

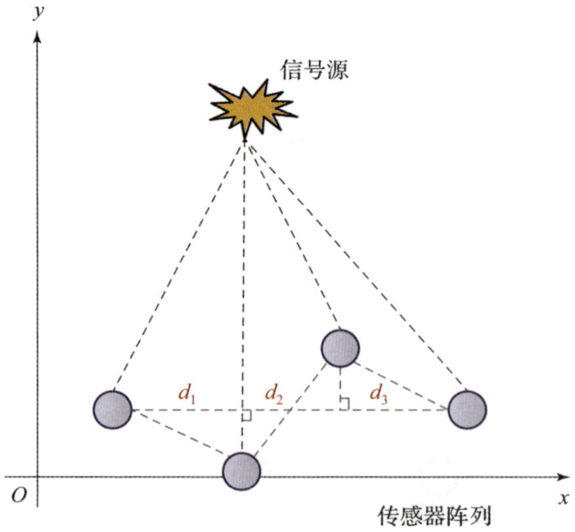

(e) 等间距折线形阵列示意图

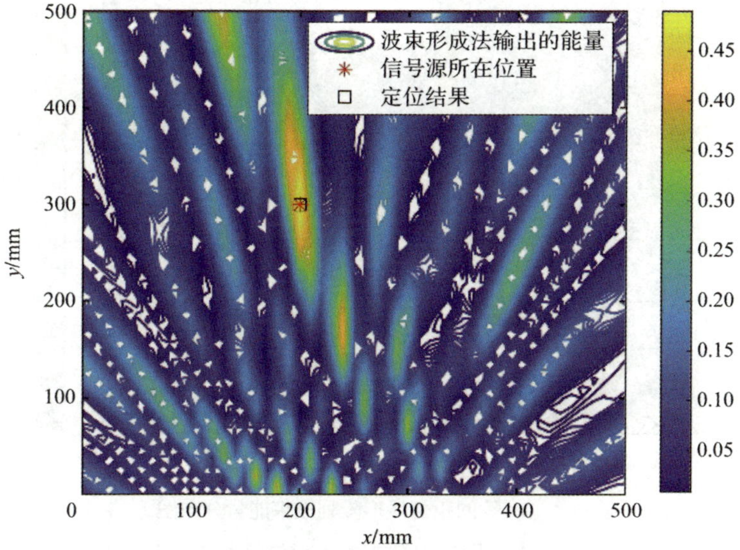

(f) 等间距折线形阵列波束能量分布图

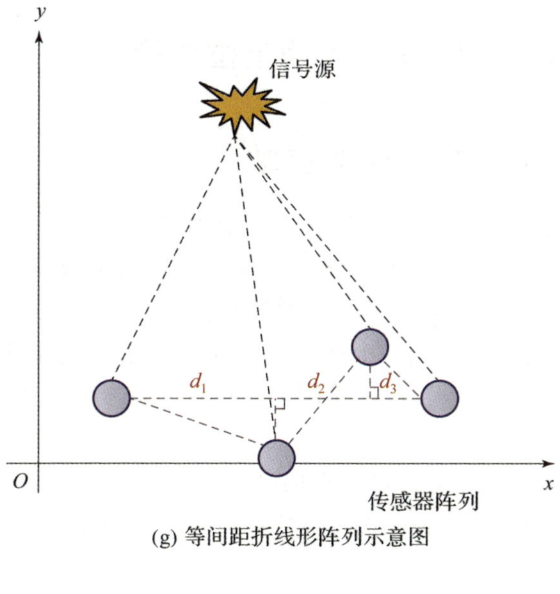

(g) 等间距折线形阵列示意图

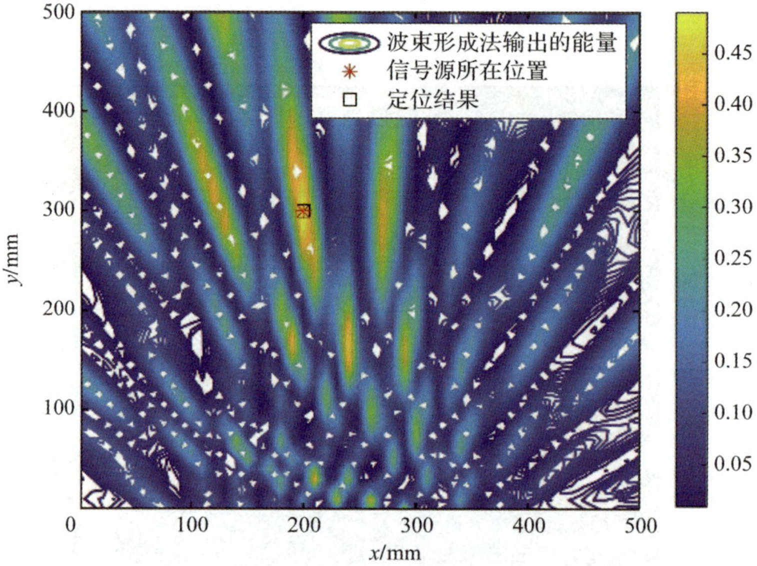

(h) 等间距折线形阵列波束能量分布图

图 7－8　同一位置信号源在不同空间分布的阵列传感器情况下输出波束能量分布图

7.3 基于陷波理论的伪定位源辨识方法

7.3.1 伪定位源辨识算法原理

频域加权陷波波束形成的原理在 5.4 节中已经介绍过，不再赘述。结合其理论可知：在真实声发射源处陷波，会导致陷波向量 $\boldsymbol{B}$ 等于零向量，使阵列输出为零。而对真实声发射源引起的伪声源陷波，并不会影响真实声发射源所在峰值能量相对最高的性质，由此得到基于频域加权波束零陷算法的主要步骤。首先，设置计算参数，包括采样频率和波速等参数；其次，通过频域加权波束形成获得扫描区域内的波束能量分布图，确定幅值相对较高的位置（峰值点）；然后，对幅值较高的峰值点由高到低依次陷波处理，观察陷波前后能量分布和峰值点幅值的变化，确定该峰值点是真实源还是伪源。辨识算法流程图如图 7－9 所示。

7.3.2 伪源辨识及真实源定位效果

本节选取了存在较多伪源干扰的情形，分别研究在单源和同时双源情况

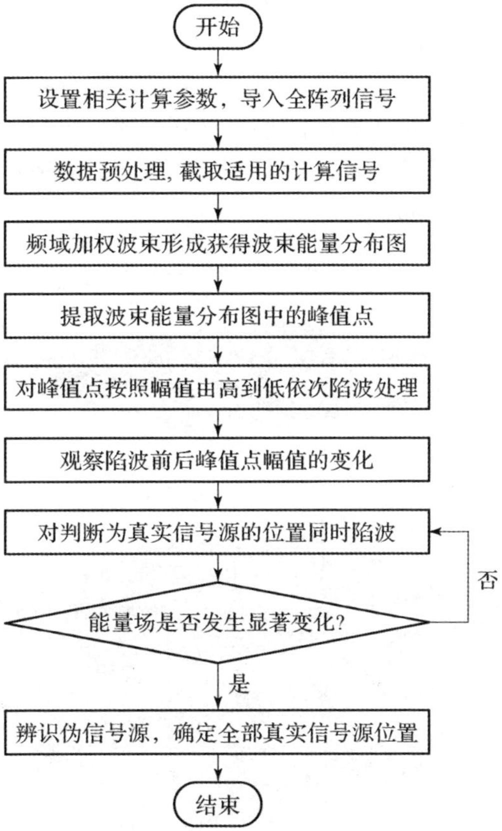

图7-9 伪信号源辨识和定位流程图

下，在不同位置陷波对波束中能量场分布的影响规律。由于声发射多是持续时间很短的突发性信号，两个声发射事件同时发生的概率非常小。因此，同时双源问题可认为是同时损伤发生时的典型案例。

1）单源场景的伪源辨识

在几何尺寸为500mm×500mm×5mm的薄板表面设置信号源，以方形薄板的直角建立原点，以平行于方板邻边为x、y正方向，信号源的位置坐标为(200,310)。传感器是按照直线阵列等距排列的，坐标分别为(100,0)、(200,0)、(300,0)、(400,0)。通过频域加权波束形成得到存在多个峰值点的波束能量分布图，如图7-10中原始波束分布图所示。

首先，提取波束能量分布图中的能量较高的峰值点。由于声发射事件的突发特性决定了多源同时发生的概率非常小，因此，提取前4个较高峰值的位置，以涵盖在未知信号源数量的情况下，所有可能出现的真实信号源，依据幅值高低分别选取点 1(200,310)、点 2(320,320)、点 3(110,230)、点 4(170,110)。然后，对每个峰值点依次进行陷波处理，得到陷波后的能量分布图，如图 7－10 所示。为便于观察陷波后的波束能量场的分布，图中能量幅值最高的图层是经过扁平化处理过的原始波束能量分布图，中间的彩色立体图层是对其中一个伪信号源进行陷波处理之后的图层，最下方的灰色立体图层是对真实信号源陷波之后的能量分布。

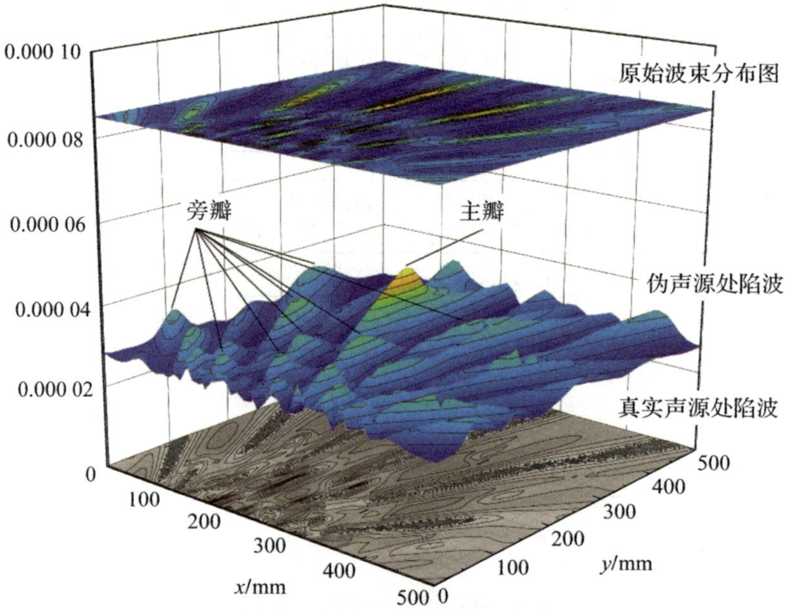

图 7－10　对真实和伪源陷波处理后的波束分布绝对幅值

图 7－11 中显示了对不同位置进行陷波处理之后的波束能量分布，不同颜色可显示不同位置处的能量幅值的高低情况，偏向浅黄色表示该位置能量幅值较高，偏向深蓝色表示能量幅值较低，各子图中的颜色条表示在该位置处陷波后能量幅值的值域，红色“＊”号表示声发射源的实际位置，“□”表示运用该方法定位出的结果。

从图中可以看出：在真实源位置点 1 (200, 310) 处进行陷波，会使能量场整体幅值降低两个数量级，且能量场分布发生显著变化，提取的 4 个峰值点的幅值均不再突出。此外，无论对其余 3 个峰值点中的任何一个位置陷波，真实源处的峰值点始终保持相对最高，并不会改变能量场整体的分布。依据这个特点，可以在未知源数量及位置的情况下，排除伪源的干扰，确定结构中真实源的数量以及位置。

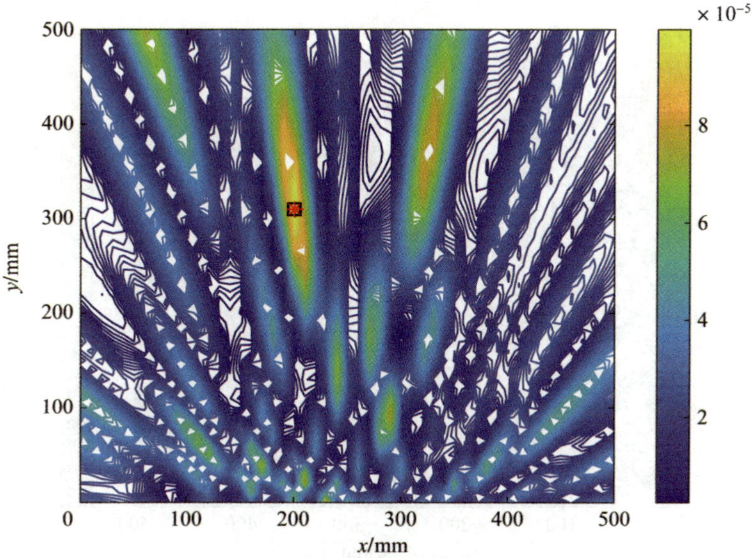

(a) 原始波束分布图

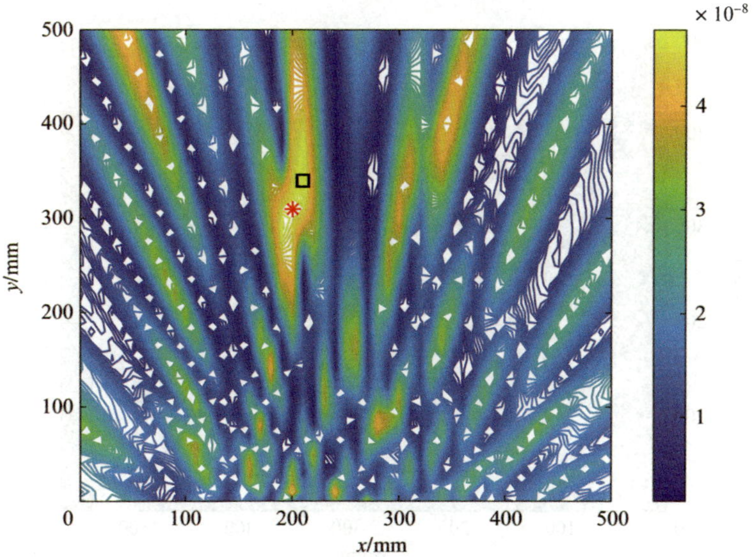

(b) 对点1陷波

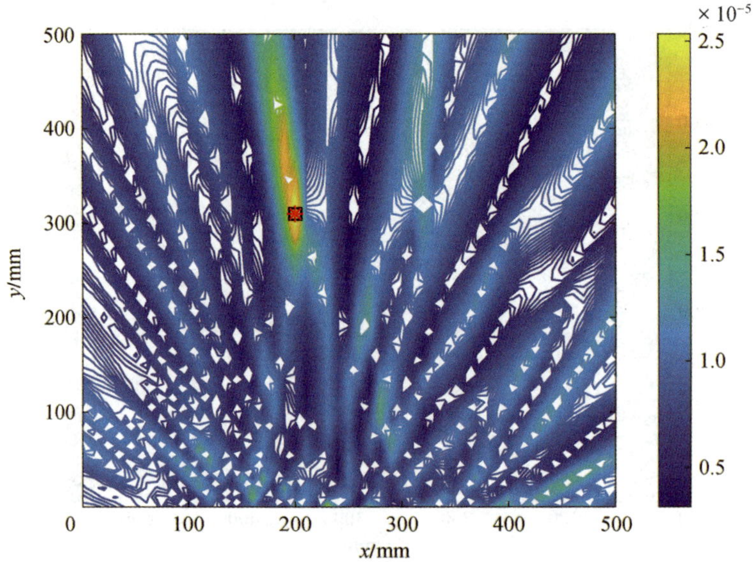

(c) 对点2陷波

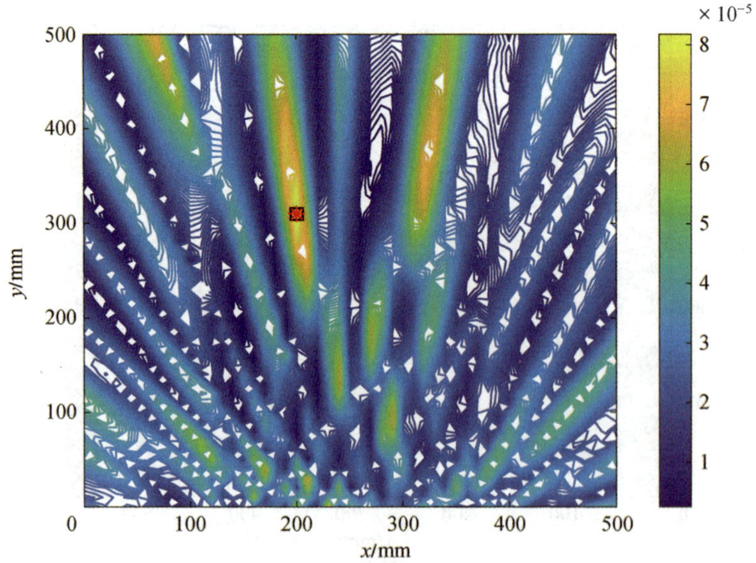

(d) 对点3陷波

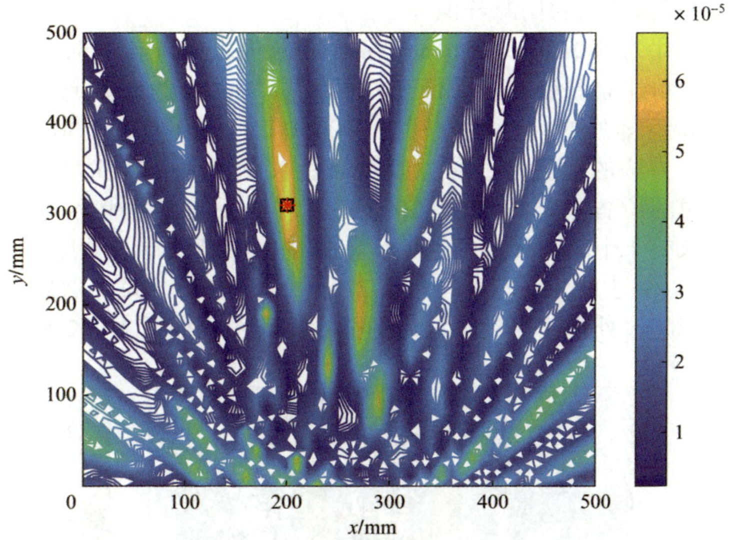

(e) 对点4陷波

图 7－11　单源场景下对不同峰值点陷波处理后的阵列输出

根据对不同位置处分别陷波处理，可计算出最终的定位误差 Er：

$$\mathrm{Er} = \sum_{k=1}^{N} \sqrt{(x_k - x_0)^2 + (y_k - y_0)^2} / N_C \tag{7-8}$$

式中：x_k 和 y_k 表示用频域加权陷波波束形成的定位结果的横坐标和纵坐标；x_0 和 y_0 表示设置的源位置；N_C 表示用于定位某一位置计算的次数。

由表 7－1 可知：真实源位于点 1，定位误差为 0。

表 7－1　单源情况下波束分布图中对不同峰值点陷波处理后的相对幅值变化

单位：mm

陷波位置	相对高度				定位坐标
	点 1	点 2	点 3	点 4	
点 1	↓	↓	↓	↓	/
点 2	—	↓	—	—	(200,310)
点 3	—	—	↓	—	(200,310)
点 4	—	—	—	↓	(200,310)

注：1. “↓”表示显著下降；
2. “—”表示幅值基本不变；
3. “/”表示此时无法得出准确的源位置。

2）同时双源场景的伪源辨识

在几何尺寸为500mm×500mm×5mm的薄板表面设置同时双源信号。以方形薄板的直角建立原点，以平行于方板邻边为x、y为正方向，传感器是按照直线阵列等距排列的，坐标分别为(100,0)、(200,0)、(300,0)、(400,0)。为了验证方法的稳健性，通过激励幅值来设置两个能量大小不同的信号源，强信号源的位置坐标为(200,300)，弱信号源的位置坐标为(300,300)。本节依然提取前4个较高峰值的位置，依据幅值由高到低的顺序，分别为点1(200,310)、点2(300,350)、点3(80,270)、点4(220,80)。然后，对每个峰值点依次进行陷波处理，得到陷波后的能量分布图，如图7－12所示。

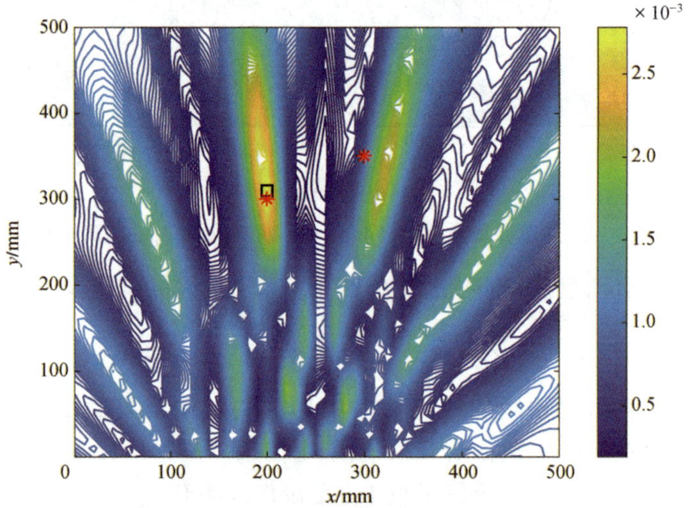

(a) 原始波束分布图

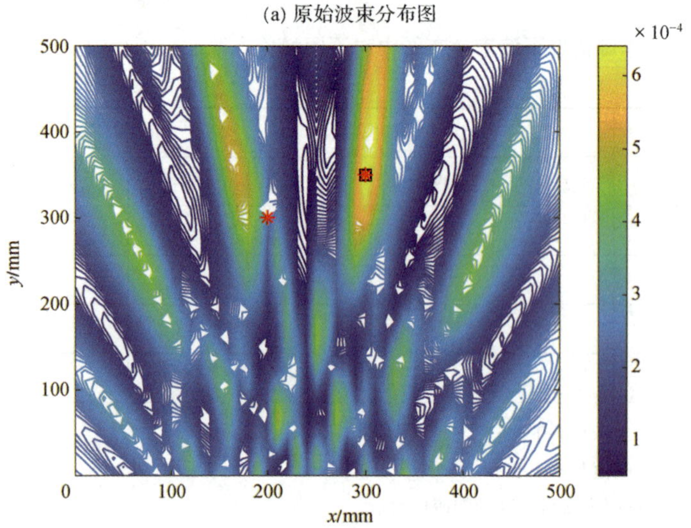

(b) 对点1陷波

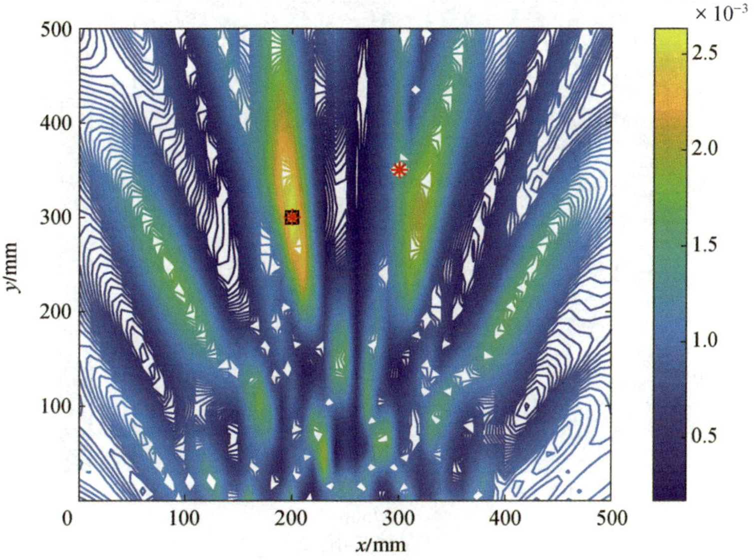

(c) 对点2陷波

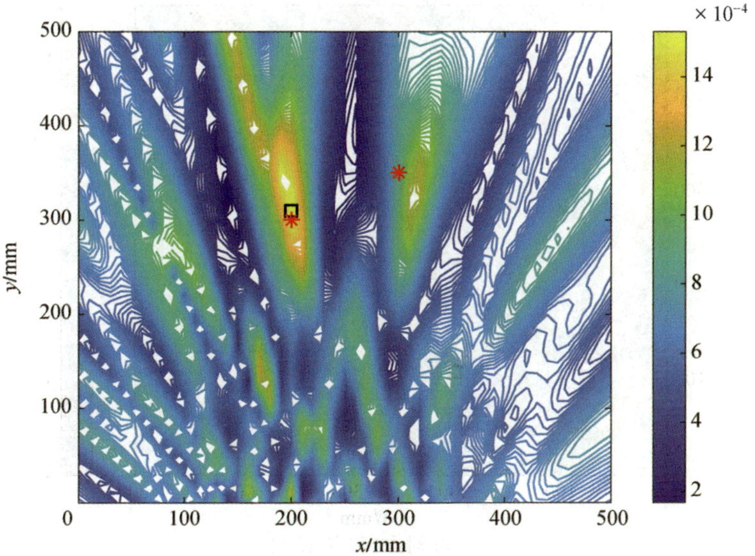

(d) 对点3陷波

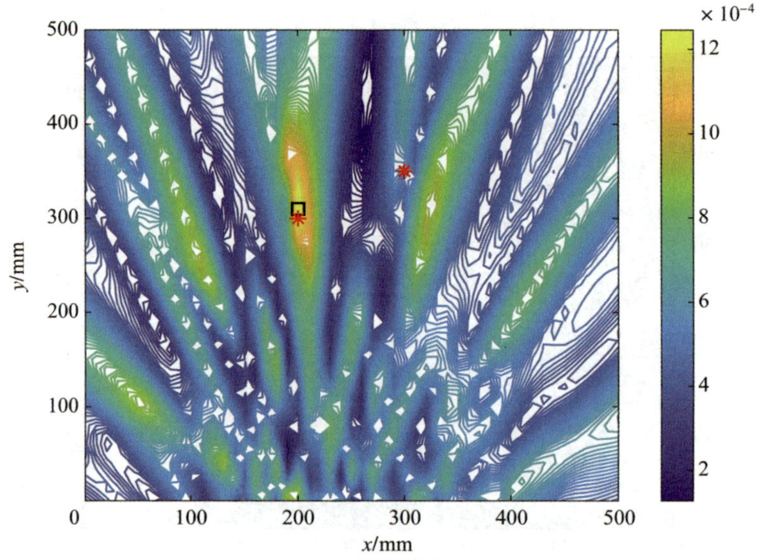

(e) 对点4陷波

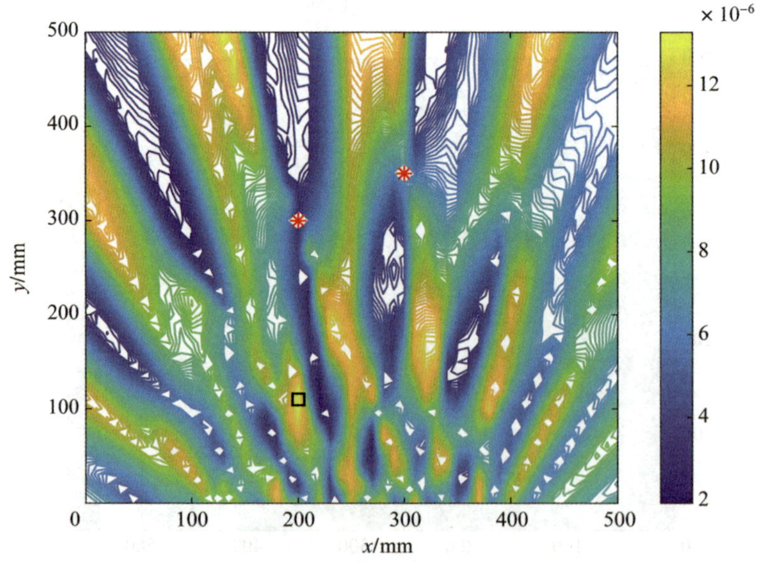

(f) 对点1和点2陷波

图 7 – 12　多源场景下对不同峰值点陷波处理后的阵列输出

由表7－2可以看出：在强信号源位置点1(200,310)处进行陷波，消除了强信号源对能量场的影响，凸显了弱信号源点2(300,350)处的阵列输出，而点3、点4依然处于较低的位置，证明这两个位置幅值相对较低并不是由于被强信号源的能量掩盖引起的。在点3（伪源)、点4（伪源）处进行陷波，均未改变真实信号源点1、点2位置的相对最高的高度。为了验证点1和点2是否涵盖全部真实信号源的位置，对真实信号源点1和点2同时陷波，波束能量场的能量整体下降两个数量级，能量场分布发生显著变化。根据前述对真实信号源及其引起的伪源陷波的特点，可以判断出真实源只存在于点1和点2位置，点3和点4的峰值点是由于伪源现象引起的。由表7－3可知：真实源存在2个且分别位于点1和点2，定位误差分别为6.67mm和0。

表7－2　多源情况下波束能量图中对不同峰值点陷波处理后的相对幅值变化

单位：mm

陷波位置	相对高度				定位坐标
	点1	点2	点3	点4	
点1	↓	↑	—	—	(300,350)
点2	—	↓	—	—	(200,300)
点3	—	—	↓	—	(200,310)
点4	—	—	—	↓	(200,310)
点1＋点2	↓	↓	↓	↓	/

注：1. “↓”表示显著下降；
2. “↑”表示显著上升；
3. “—”表示幅值基本不变；
4. “/”表示此时无法得出准确的信号源的位置。

7.4 多声发射源波束形成定位时伪声源辨识方法实验验证

本节在几何尺寸为600mm×600mm×5mm的薄板上验证提出方法的准确性，以方形薄板的直角建立原点，以平行于方板邻边为x、y正方向，在薄板上设置多声发射源的坐标分别为(210,460)、(400,410)。传感器是按照直线阵列等距排列的，坐标分别为(100,0)、(200,0)、(300,0)、(400,0)。阵列传感器各个通道采集的声发射实验信号如图7－13所示。

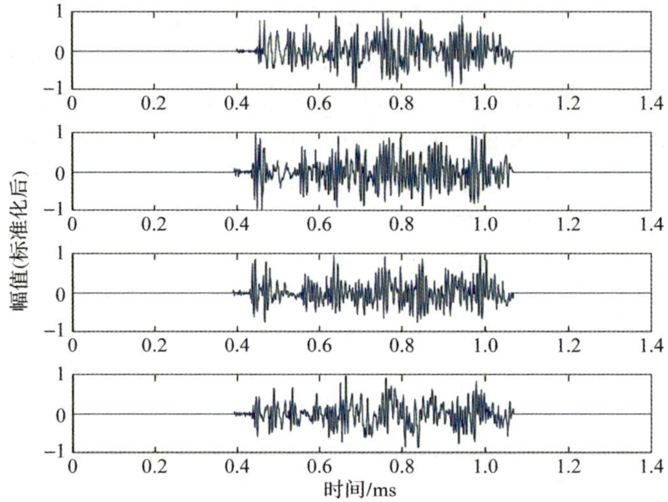

图 7-13　阵列传感器各个通道采集信号时域波形图

采用本文提出的方法，对峰值较高的点进行陷波处理，得到陷波后的能量分布图，如图 7-14 所示。可以看出，对点 1（强真实声发射源）陷波会凸显出点 2（弱声发射源）的能量，对点 2 陷波并没有改变点 1 幅值相对最高的高度，对点 3（伪声发射源）进行陷波，能量场的幅值量级并没有显著变化，只有将点 1 和点 2（真实声发射源）同时陷波，能量场下降 2 个数量级，证明仅存在两个声发射源。

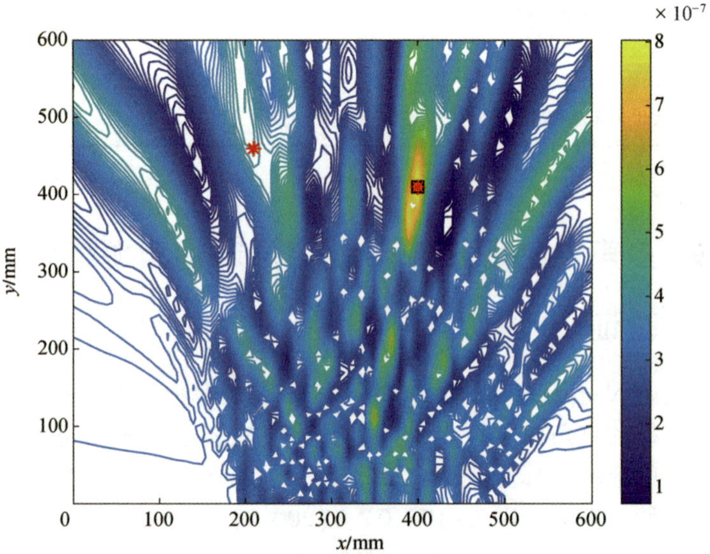

(a) 原始波束能量分布图

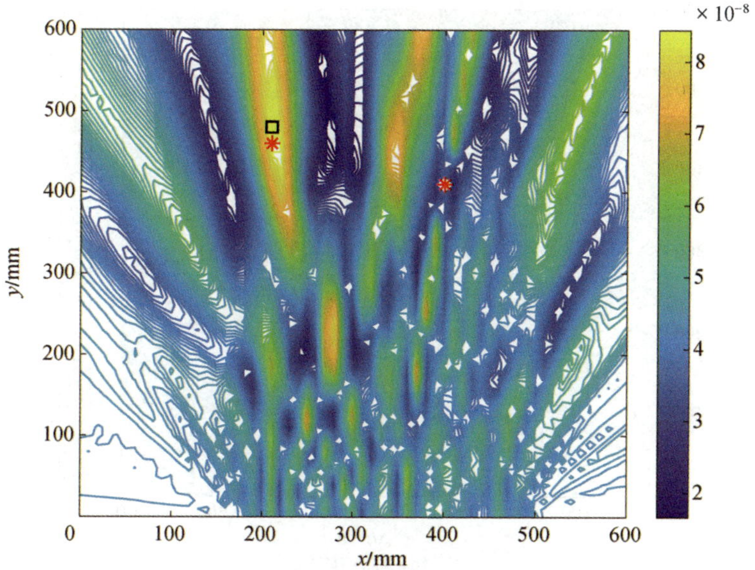

(b) 对点1陷波

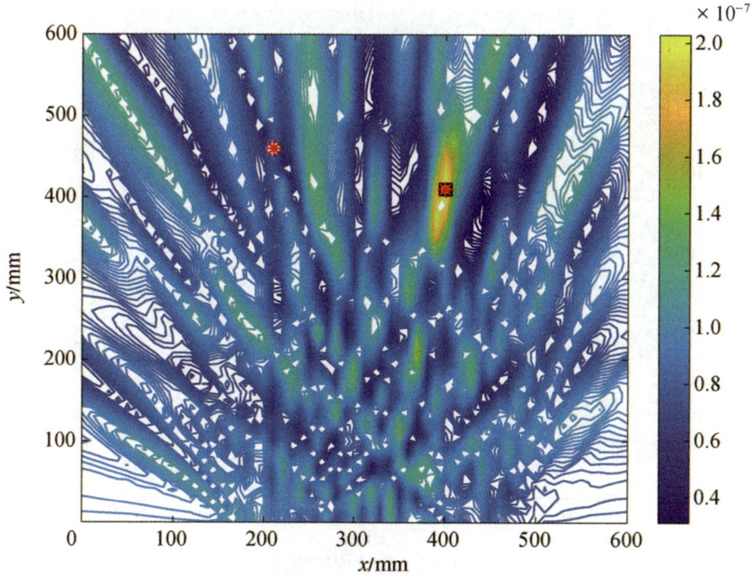

(c) 对点2陷波

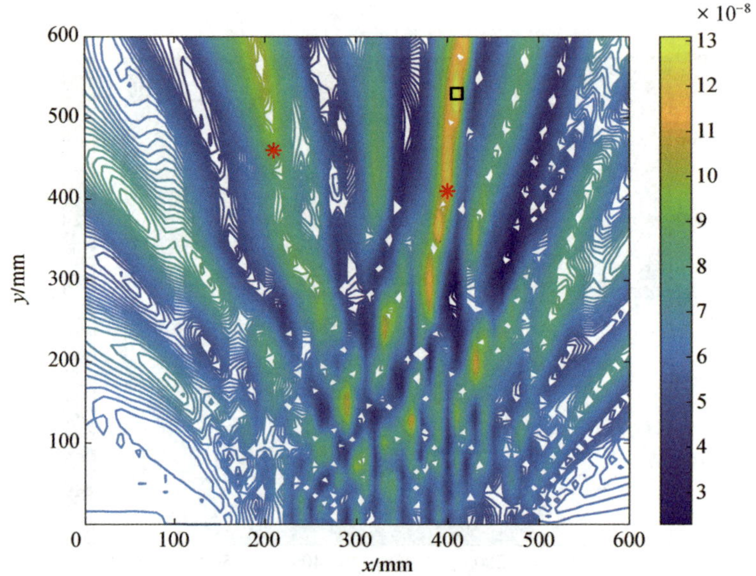

(d) 对点3陷波

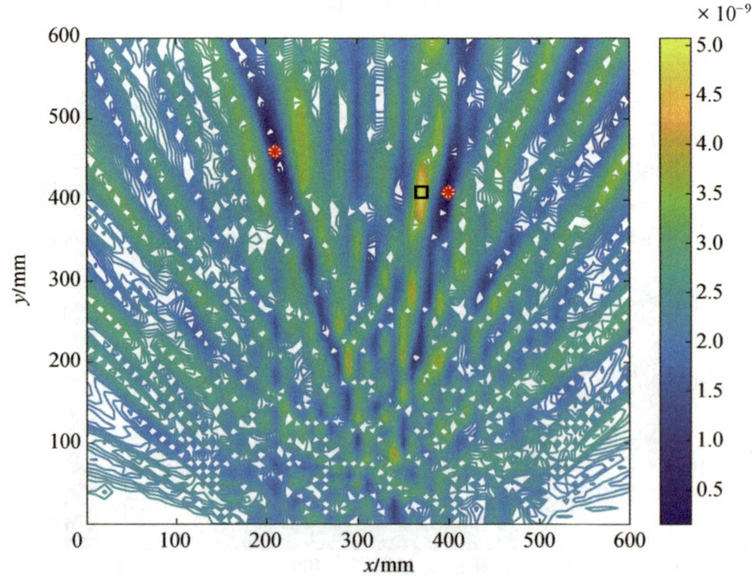

(e) 对点1和点2陷波

图 7 – 14　多声发射源场景下对不同峰值点陷波处理后的阵列输出

7.5 小结

本章针对采用波束形成法进行多源定位时可能出现伪源的问题，首先通过研究阵列信号处理的空间特性，揭示了伪源的产生过程；其次，考虑了阵列传感器的敏感性，并通过改变传感器的空间分布减少了伪源的干扰；最后，结合陷波思想，介绍了基于陷波理论的伪源辨识方法，建立了辨识流程及定位方法并运用实验信号进行了验证，证明了该方法的有效性与准确性。本章的主要结论如下。

（1）通过研究阵列传感器接收信号的相位关系，明确了伪源的产生的原因：在时域中表示为存在周期性的相位差，在空间域中表示为计算节点相对于传感器阵列的空间位置存在“对称性”。

（2）改变阵列传感器空间分布的方式可以减少伪源的产生，但是无法完全消除。通过对比不同分布形式形成的波束形成能量分布图可以确定真实源位置。

（3）基于陷波理论的伪源辨识方法及流程可实现在不改变阵列分布的情况下有效辨识真实源和伪源。

（4）运用多源情形下的声发射实验信号证明了该方法的有效性与准确性。

参考文献

[1] 生雪莉，刘婷，杨超然，等. 基于子阵近场零陷权的联合波达方向估计方法［J］. 电子与信息学报，2021，43（3）：727－734.

[2] 张哲辰，刘三阳，毛睿达. 基于虚拟阵技术与LS的宽带DBF算法［J］. 雷达科学与技术，2019，17（03）：257－262.

[3] YAN Y, SHEN Y, CUI X W, et al. Localization of multiple leak sources using acoustic emission sensors based on MUSIC algorithm and wavelet packet analysis［J］. IEEE Sensors Journal, 2018, 18（23）：9812－9820.

[4] 祝思宁. 基于声发射波束形成法的多源追踪方法研究［D］. 北京：北京航空航天大学，2023.

[5] 祝思宁，李洋，肖登红，等. 频域加权陷波多声发射源定位与伪源辨识方法［J］. 测控技术，2023，42（06）：92－98，123.

第8章
声发射波束形成定位方法的应用研究

声发射波束形成法适合在较大的结构中进行损伤源的定位，特别是传播特性较为清晰的板结构。在本章，介绍在机匣上进行转静件碰摩定位和板结构开裂焊点的定位应用研究情况。

8.1 基于声发射波束形成定位方法的转静件碰摩定位

转静件碰摩是大型旋转机械常见且危险的故障之一。例如，某型航空发动机因转子叶片与静子机匣经常性发生碰摩，造成转子叶片出现疲劳损伤断裂，最终造成了重大事故[1]；某大型发电机组在测试过程中发生了转静件碰摩故障，造成重大事故，延缓了研究进度[2]。

目前，对于旋转机械转静件碰摩故障进行监测和诊断的方法大部分是基于振动法的故障诊断技术。振动法难以实现对碰摩故障的精确定位。旋转机械的转子和静子碰摩过程中会发生弹性变形、塑性变形、界面摩擦等物理现象，引发能量的迅速释放而产生丰富的声发射信号。声发射技术已引入旋转机械转静件碰摩故障诊断领域[3]，通过声发射技术对信号的分析、处理可实现对碰摩故障的诊断、监测和定位。本节介绍声发射波束形成定位方法在旋转机械转静件碰摩定位中的应用。

8.1.1 碰摩声发射波传播特性分析

1）碰摩力学模型[4]

为准确仿真转静件的碰摩过程，首先需建立转子与静子机匣之间的碰摩力学简化模型。旋转机械转静件碰摩的原因，多为转子不平衡或静子机匣变形造成的转子叶片和机匣的接触。不考虑碰摩所产生的热效应，同时假设转子部件与静子机匣的碰摩为局部接触，碰摩从开始到结束这一过程的时间非常短，且摩擦为滑动摩擦，碰撞为弹性碰撞，那么转静件碰摩可简化为图 8－1 所示的力学模型。在这里将碰摩力分解为径向碰撞力 P_N 和切向摩擦力 P_T，并假设转子与机匣内表面的摩擦符合库伦摩擦定律。

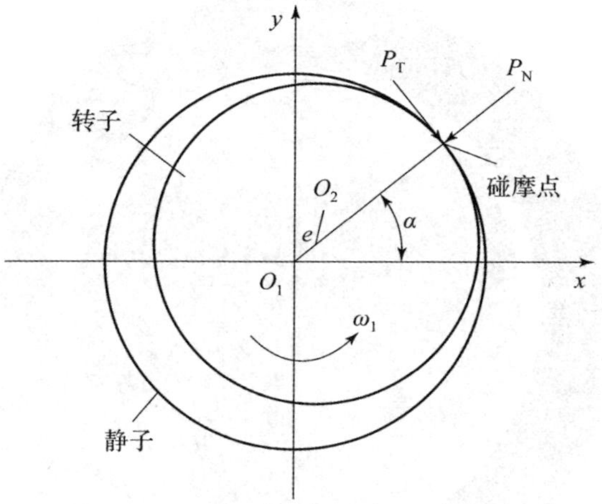

图 8-1　转静件碰摩力学简化模型

2）碰摩有限元仿真模型

在以上的碰摩力学简化模型的基础上，建立旋转机械的碰摩声发射有限元仿真模型：将静子机匣简化为薄壁圆筒结构，而风扇及涡轮叶片等转子叶片结构可以简化为直的薄齿状。转子结构和静子机匣的结构参数及材料属性如下：

静子机匣尺寸：内圈直径 Φ312mm，外圈直径 Φ320mm，长 310mm；

转子尺寸：转子叶片外圈直径 Φ300mm，叶片厚 3mm，转子盘厚 20mm；

转子和静子结构的材料均假设为均质钢，弹性模量 $E=2.09\times10^{11}\mathrm{N/m^2}$，泊松比 $v=0.28$，密度 $\rho=7.8\times10^3\mathrm{kg/m^3}$。

有限元仿真计算时所采用的边界条件设定如下：①静子机匣固定不动，因此将圆筒结构的两端面施加固定约束。②转子叶片与静子机匣是径向碰摩，因此仅需在转子上施加一个径向力 P_N，使得转子叶片与圆筒结构相接触，然后对转子施加一个转速 ω。③转子的齿面和圆筒的内壁表面之间建立面-面接触，并将面-面的接触状态设置成“允许相互脱离”的状态，接触表面的摩擦系数为 μ。④碰摩定位通常只关心圆筒结构中的声发射信号及传播特性，因此可将转子部件约束成刚体，这样可以大大节省计算成本。

所得到的碰摩有限元仿真模型如图 8-2 所示。

根据碰摩声发射的机理可知，碰摩声发射信号的中心频率一般都在 0.4MHz 以内。因此，由式（2-49）可以得出时间增量应设置为 0.01μs。根据以上的材料属性可知圆筒结构中的横波波速为 3240m/s，进而可以估算最小波长近似为 8.2mm。由第 2 章的仿真方法可得到单元尺寸近似为 0.5mm。

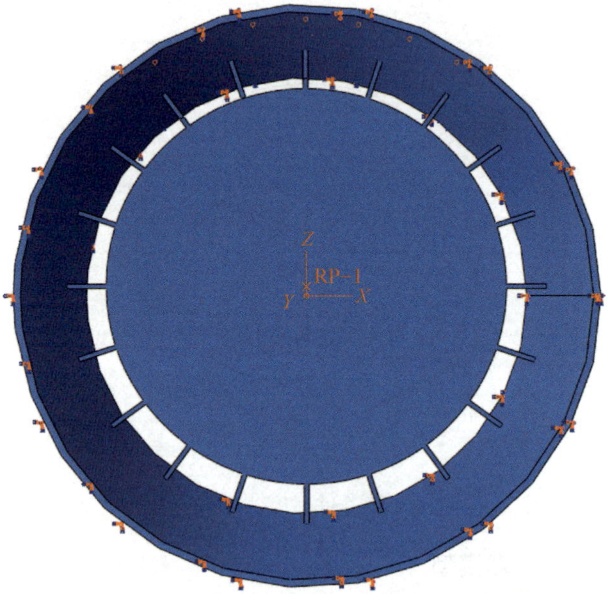

图 8－2　旋转机械碰摩有限元仿真模型

3）仿真结果及验证

按照以上的仿真模型及相关参数的设置后，提交到 ABAQUS/Explicit 分析模块进行计算，得到的碰摩声发射信号如图 8－3 所示。碰摩声发射波在机匣结构中传播的波场快照如图 8－4 所示。

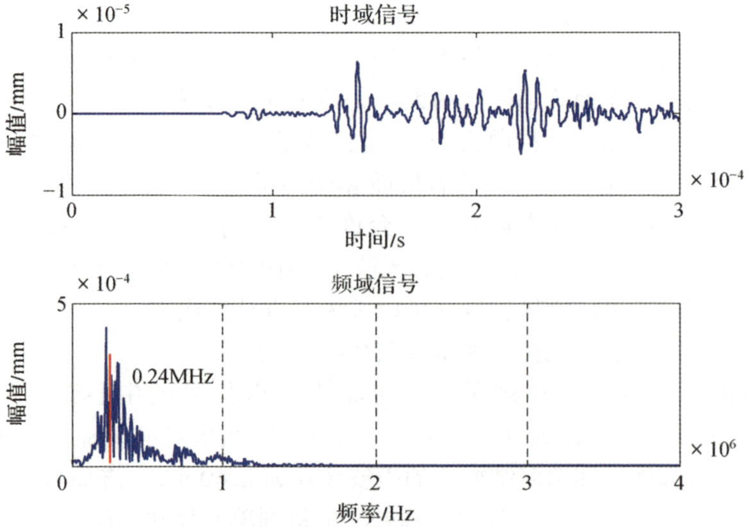

图 8－3　碰摩声发射信号

图 8-4 碰摩声发射信号在薄壁圆筒中传播的波场快照

（1）各参数变化对声发射信号的影响。

①碰摩力对声发射信号的影响。将转子上的载荷由 5N 增加到 10N，碰摩声发射信号的变化如图 8-5 所示。当碰摩力变大时信号的幅值明显变大，但频域变化不大。

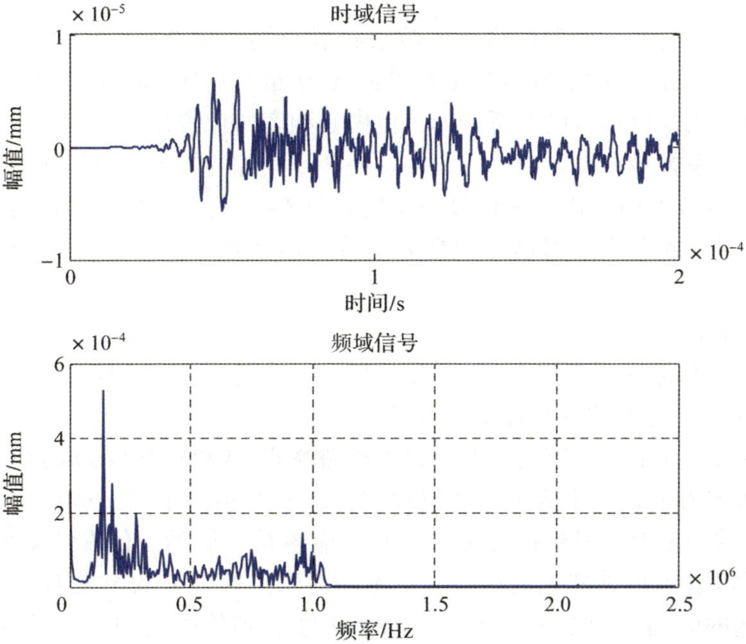

(a) 碰摩力为5N

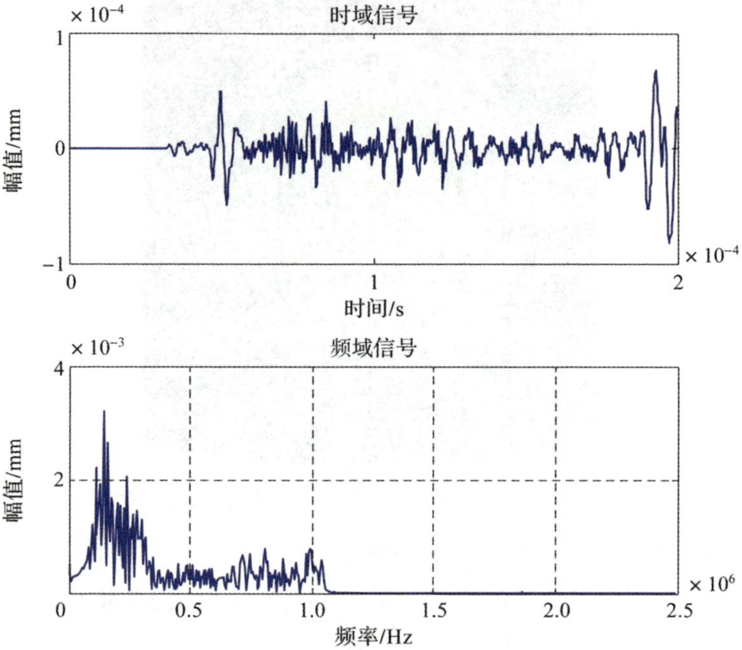

(b) 碰摩力为10N

图 8－5　不同碰摩力的声发射信号对比

②静子转速对声发射信号的影响。将静子转速由 2000 转/分增加到 3000 转/分时，碰摩声发射信号的变化如图 8－6 所示。当静子转速增加时，声发射信号的高频成分也相应的有所增加，但中心频率的位置没有移动。

③摩擦系数对声发射信号的影响。将转子叶片与静子机匣接触的摩擦系数由 0. 17 变为 0. 5 时，声发射信号的变化如图 8－7 所示。可以看到当摩擦系数由小变大时，碰摩声发射信号的高频成分有所增加，但中心频率的位置没有移动。

（2）验证。

为验证仿真得到声发射信号的真实性，设计了双点同时碰摩的模型如图 8－8 所示，碰摩位置及传感器布置如下。

在圆筒表面上，传感器所在位置距离碰摩点 1#和碰摩点 2#的距离分别为 291mm 和 217mm。由于两个碰摩位置到传感器的距离不同，这样两个碰摩位置所产生的声发射信号到达传感器的时间应该是不同的。仿真结果如图 8－9 所示，可以看到传感器先后接收到了不同碰摩点传过来的声发射信号，其中 A_0 波到达的时间差为 2.3×10^{-5}s。两个碰摩点到传感器的距离差为 74mm。

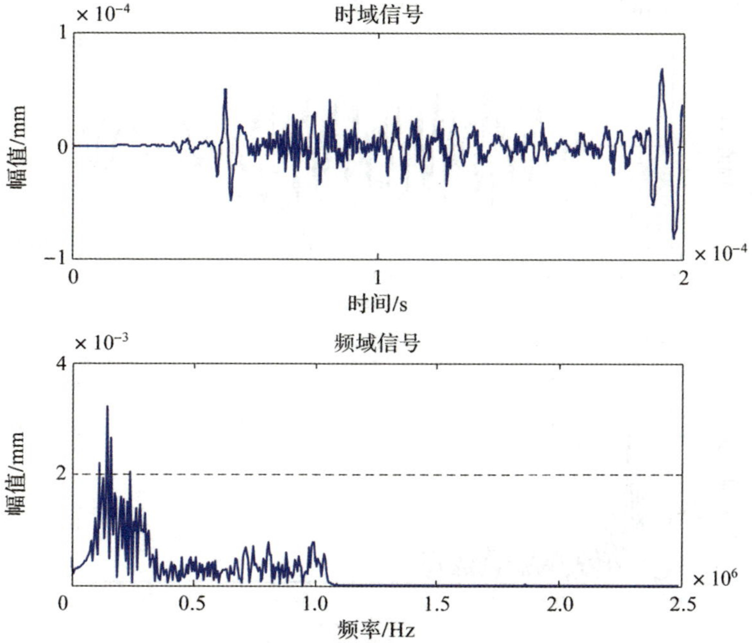

(a) 旋转速度为2000转/分

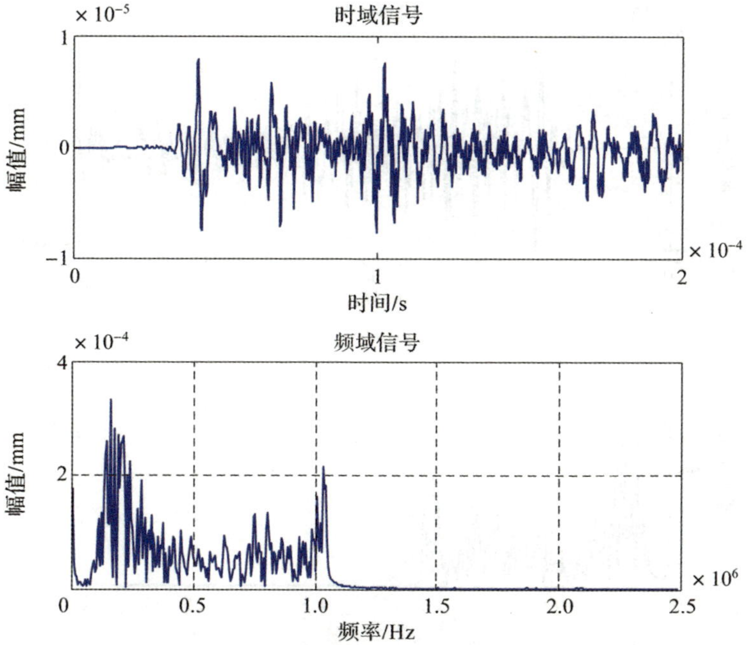

(b) 旋转速度为3000转/分

图 8－6　不同旋转速的声发射信号对比

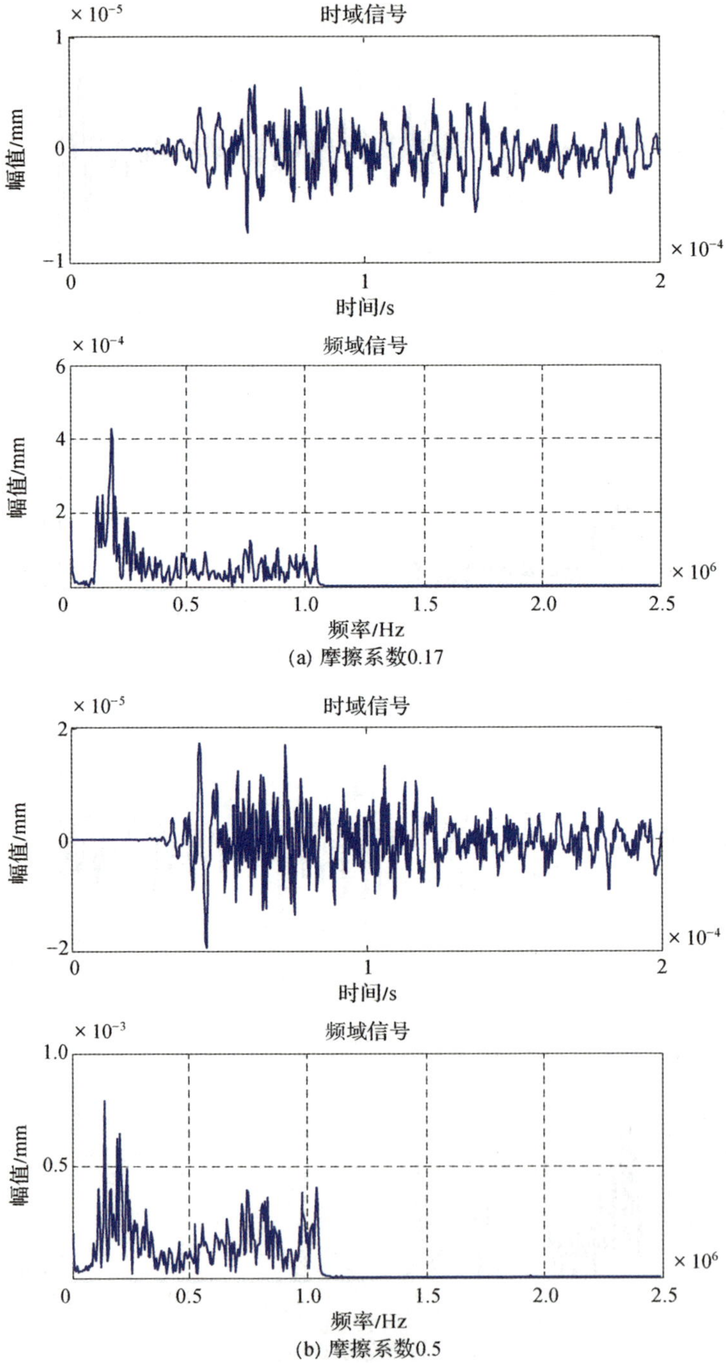

图 8－7　不同摩擦系数的声发射信号对比

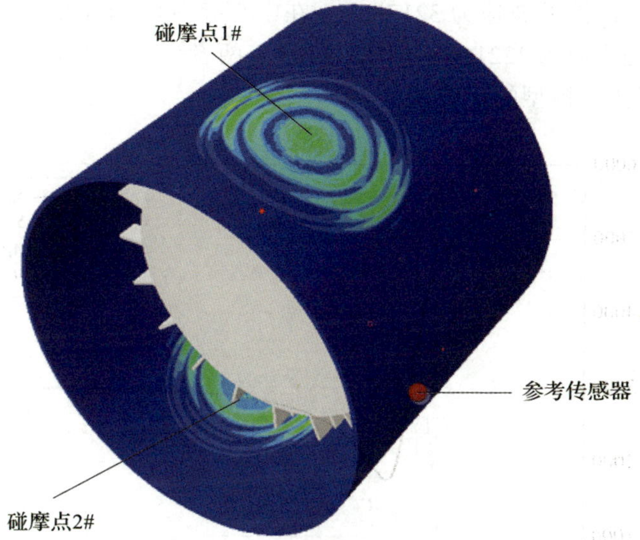

图 8-8　双点碰摩仿真模型

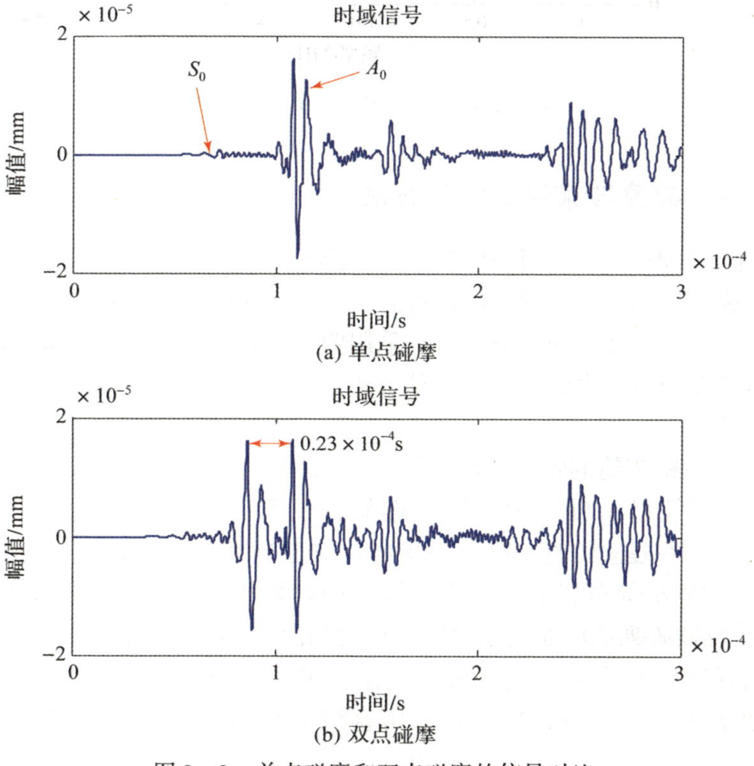

(a) 单点碰摩

(b) 双点碰摩

图 8-9　单点碰摩和双点碰摩的信号对比

进而可以得到 A_0 波的波速为 3217m/s。在中心频率 0.24MHz 下，4mm 钢板中的 A_0 波波速理论值为 3221m/s（图 8-10）。两者吻合得十分好，因此可以验证碰摩声发射仿真模型的正确性。

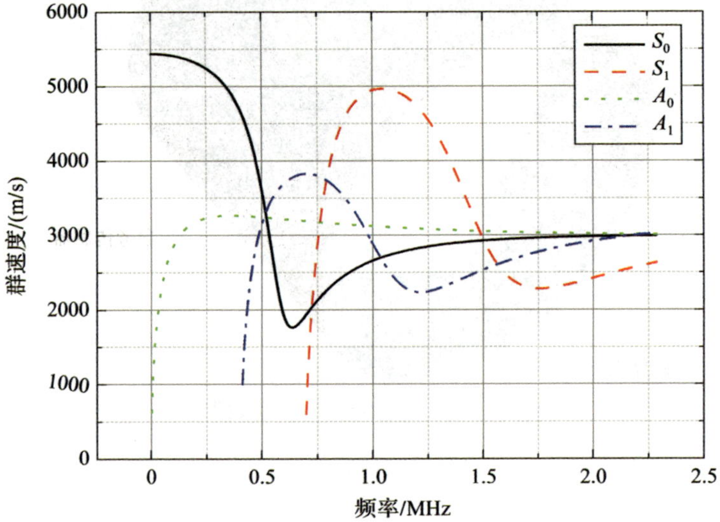

图 8-10　4mm 厚钢板中声发射波的频散曲线

8.1.2　碰摩波束形成定位方法

1）基于碰摩声发射波传播特性的定位分析

利用波束形成法进行源定位，首先要考虑如何布置传感器阵列。在静子圆筒结构上布置传感器阵列，通常可以采用两种方式：一种是沿着薄壁圆筒的轴线方向布置在圆筒的表面上。另一种方式是沿着薄壁圆筒的周向布置在薄壁圆筒上。

（1）沿薄壁圆筒的轴向方向布置。

将薄壁圆筒以 x 轴为中心展开近似看成平面，选取一碰摩的中心位置(0,10,160)，在建立的直角坐标系中的位置坐标为（110,121），进行有限元仿真。在 x 轴方向布置直线传感器阵列接收声发射信号。传感器间距为 30mm。传感器阵列周向布置及碰摩点位置如图 8-11 所示。

采用延时叠加波束形成法进行定位，定位选用的波形为 S_0 波，其速度由频散曲线可查知为 5282m/s。采用直线阵列进行定位，结果如图 8-12 所示。

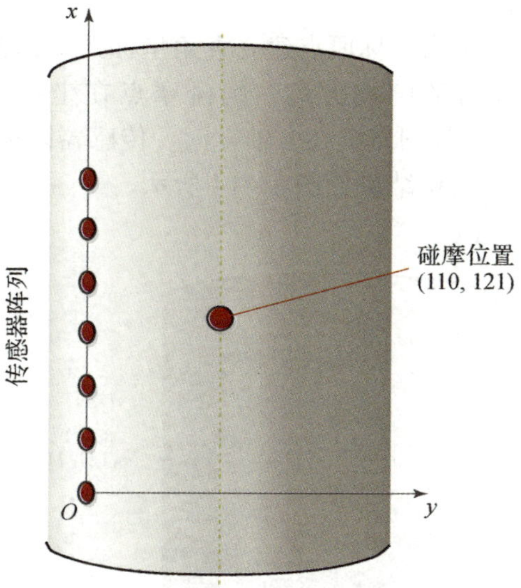

图 8-11　传感器阵列轴向布置及碰摩位置

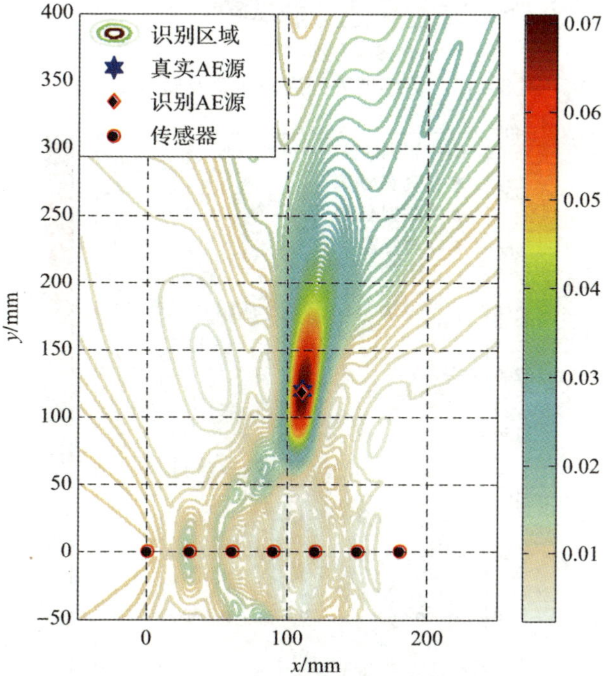

图 8-12　轴向布置定位结果（识别的声发射源位置）：(110,120)

(2) 圆周方向布置

同样以节点 1072047 为坐标原点建立直角坐标系。x 轴和 y 轴互换，传感器阵列布置在薄壁圆筒的圆周方向，则碰摩点在坐标系中的相应位置为(121,110)。同样以直线阵列布置在 x 轴方向。传感器阵列周向布置及碰摩点位置如图 8 – 13 所示。定位结果如图 8 – 14 所示。

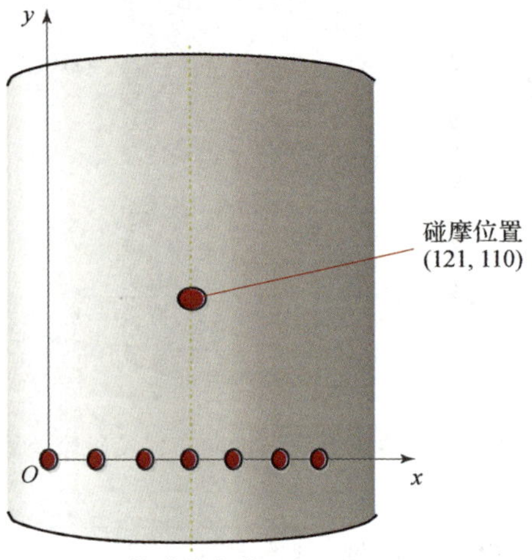

图 8 – 13　传感器阵列周向布置及碰摩点位置

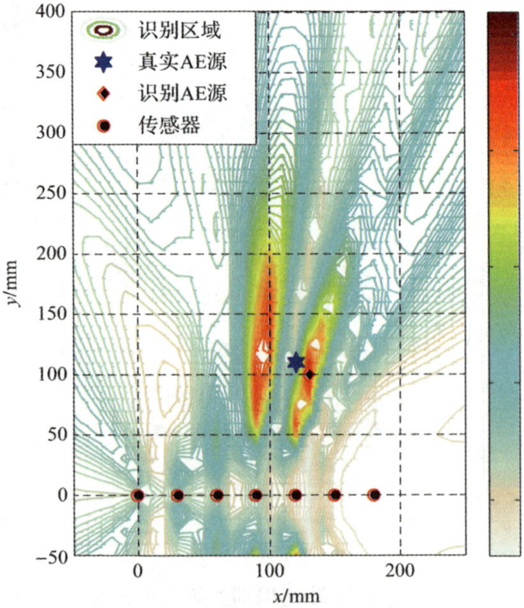

图 8 – 14　周向布置定位结果（识别的声发射源位置）：(130,100)

对比以上的定位结果会发现：对于同一个碰摩位置，在两种传感器布置方式的阵列中心距离碰摩点位置大致相同的情况下，沿轴向布置的定位效果要优于周向布置。沿周向布置时甚至出现了一个能量较大的虚假声发射源。出现这种现象的主要原因是：转子叶片和静子（薄壁圆筒）内壁的碰摩是沿着周向行进的，从而导致声发射波的传播具有明显的方向性，如图声发射波在结构中传播的波场快照所示。沿着碰摩方向（轴向）传播的声发射波，能量集中、波阵面明显，在此方向上接收的声发射信号一致性好；而在垂直于碰摩方向（周向）上传播的声发射波，能量衰减快，波阵面不明显（如同两个声发射源传过来的波）。这造成周向布置的传感器阵列接收的声发射信号一致性不好。导致定位结果出现了虚假声发射源。因此，在使用波束形成法进行旋转机械的碰摩声发射源定位时，传感器阵列应采用轴向布置。对于其他形式的声发射源，使用声发射波束形成进行定位时，也最好要将传感器阵列的中心线垂直于主波阵面，这样可以获得更高的定位精度。

2）基于改进阵列的碰摩波束形成定位方法

应用三种阵列形式分别对不同的碰摩位置进行定位，传感器阵列布置以及各个碰摩位置如图 8－15 所示。以最下边的传感器为坐标原点建立坐标系，各传感器阵列对不同碰摩位置的定位结果如表 8－1 所列。

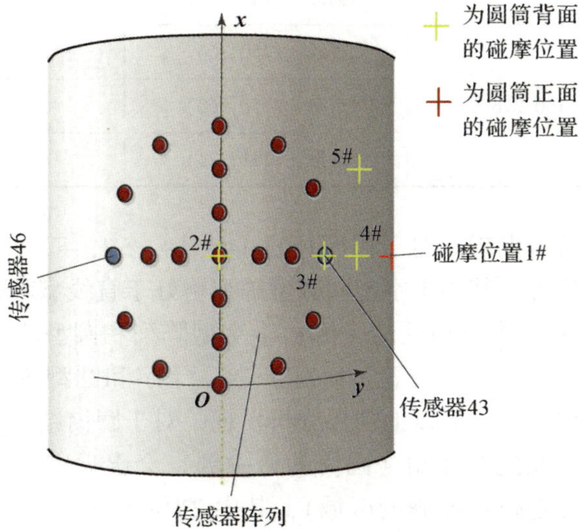

图 8－15　不同传感器阵列形式及碰摩位置

表 8-1 不同阵列形式对各碰摩位置的定位结果

碰摩位置	坐标 (x,y)/mm	定位结果 (x,y)/mm	与真实声发射源距离差 (x,y)/mm
1#	(100,251)	直线：(100,247)	(0,4)
		十字：(100,248)	(0,3)
		圆形：(100,253)	(0,2)
2#	(100,502)	直线：(100,500)	(0,2)
		十字：(无法识别)	—
		圆形：(无法识别)	—
3#	(100,418)	直线：(100,410)	(0,8)
		十字：(100,373)	(0,45)
		圆形：(100,395)	(0,23)
4#	(100,376)	直线：(100,370)	(0,6)
		十字：(100,373)	(0,3)
		圆形：(100,373)	(0,3)
5#	(150,376)	直线：(150,366)	(0,10)
		十字：(150,368)	(0,8)
		圆形：(151,373)	(1,3)

对定位结果分析可发现：对于碰摩位置 1#、4#、5#，三种阵列方式均可精准地识别出碰摩位置，其中十字型和圆型阵列略好于直线型阵列。然而对于碰摩位置 2#（位于阵列中心相反的一侧）十字型阵列和圆型阵列的定位出现了很大的偏差没能识别出碰摩位置。而对于 3#，十字和圆型阵列较直线型阵列的定位结果也偏差较大。对以上现象分析发现，对于圆筒结构，在十字型阵列和圆型阵列的中心线的对面端（圆筒的另一侧）会出现一个大小和阵列孔径相当的“盲区”（定位不准确的区域），其中 2#位于这一区域的中心位置，3#位于区域的边缘位置。在这一区域里所产生的声发射信号传到传感器阵列后会造成传感器阵列中心线两端的传感器接收同一波形时产生时序的混乱，从而造成定位结果的严重偏离。

如图 8－16 所示，十字和圆型传感器阵列中线（x 轴）两端的传感器 46 和 43 在平面结构的情况下从阵列的一边接收到的声发射信号应该是有先后顺序的，但对于圆筒结构的碰摩位置 2#这种极端情况，声发射信号会从两边同时向传感器阵列传播，使得传感器 46 和 43 同时接收到同一波形的信号，最终造成传感器阵列的时序混乱使波束形成算法失效。相应的阵列中心（x 轴）两侧的传感器都会不同程度地受到“盲区”的影响。

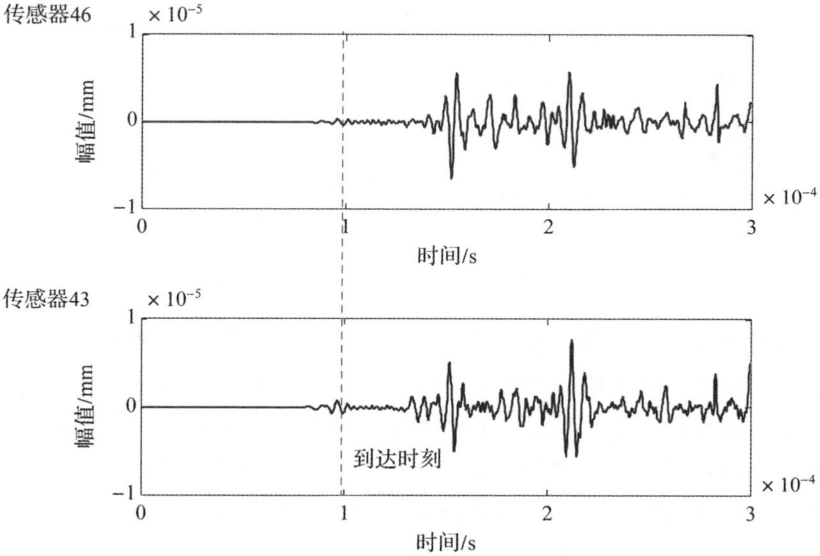

图 8－16　传感器 46 和 43 接收同一波形的到达时刻对比

由于直线型阵列是一条直线，两边没有多余的传感器，不会出现以上提到的时序混乱问题，也不会出现定位的“盲区”。因此，直线型阵列较其他两种阵列形式更加适合于圆筒结构的碰摩定位。但是，直线型阵列也有不足之处。

直线型阵列在圆筒结构上轴向布置进行定位时，需要同时向阵列的两个方向进行扫描定位，两个方向各扫描半个圆筒，这样的话无论声发射源在哪边，直线型阵列都会识别出两个垂直于直线型阵列的声发射源，其中有一个为真实声发射源的镜像，如图 8－17 所示。

这是由于直线型阵列在 y 方向上（直线阵列在 x 轴上布置）没有传感器，根据延时－叠加波束形成算法，此时的阵列是无法判断声发射信号是从 y 轴的正向传过来，还是从 y 轴的负向传过来的。而十字型阵列和圆型阵列都可以避免这一情况的出现。直线型阵列的定位结果会出现两个镜像的声发射源的情况会给碰摩定位带来麻烦，因此需要做进一步的改进。

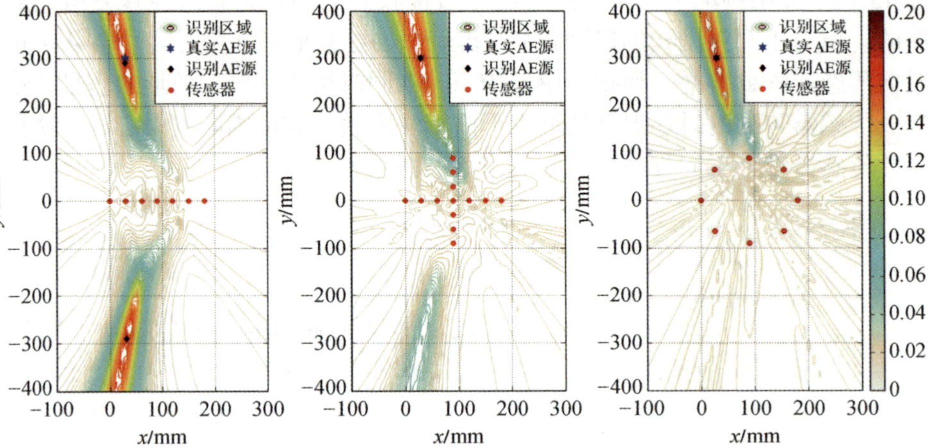

图 8 – 17　对于同一位置三种阵列形式的定位效果

考虑到直线型阵列在 y 方向上的不足，可以在阵列的一侧多加一个判别传感器来加以改进，具体流程如图 8 – 18 所示。进行扫描定位前，先用这一传感器与三角区域其他三个传感器一同判别声发射源的方向是 y 轴的正向还是负向，然后只需要向一个方向扫描半个圆筒进行定位即可，这样既节省了计算成本，又可以消除镜像的影响。定位效果如图 8 – 19 所示。

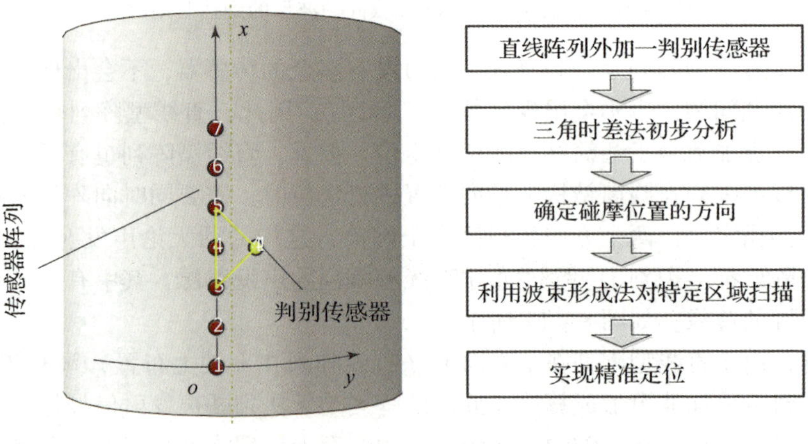

图 8 – 18　直线加一判别传感器阵列型式及其定位流程

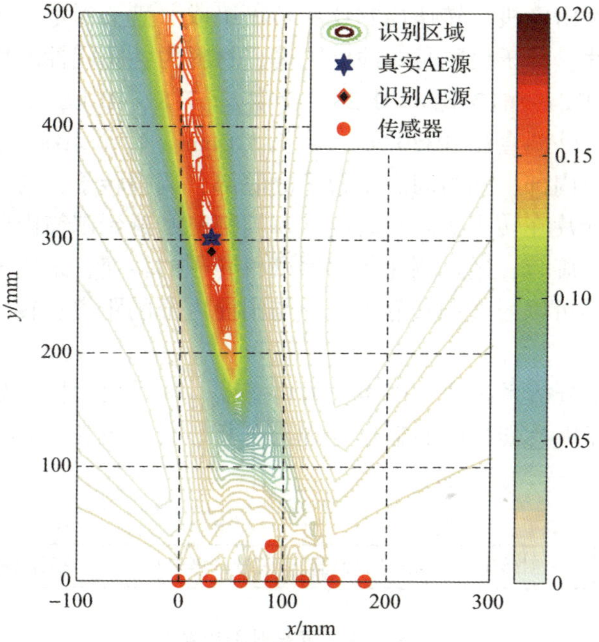

图 8 - 19　改进直线阵列的定位效果

8.1.3　碰摩故障声发射测试

为了验证仿真分析结果的有效性，本节进行了旋转机械转静件碰摩声发射波束形成定位实验。实验台由转子系统和静子机匣组成，如图 8 - 20 所示。

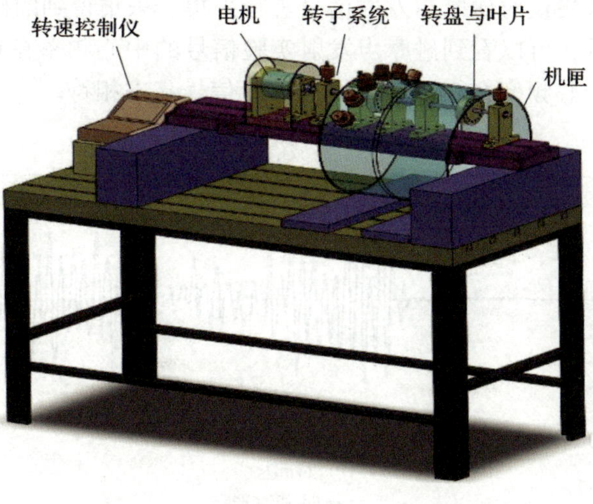

图 8 - 20　旋转机械转静件碰摩实验台

转子系统是由电机、转速控制仪和转盘组成。盘上固定一块薄钢片，来近似模拟转子叶片。静子机匣是一薄壁圆筒，材料为各向同性的均质钢，弹性模量 $E=2.09\times10^{9}$ Pa，泊松比 $v=0.28$，密度 $\rho=7.8\times10^{3}$ kg/m^{3}。尺寸为：内圈直径 Φ312mm，外圈直径 Φ320mm，筒长 310mm。转子系统固定于实验台上，并贯穿薄壁圆筒内部，圆筒固定于台子的底部，调整转子盘与薄壁圆筒内部的距离使得静子叶片在转子盘旋转时能够每周都能刮碰到圆筒内壁一次。转子系统由一电机带动旋转，通过测速传感器测得转子的转速，采用电涡流反馈控制转子转速。这样可以通过调整静子叶片与圆筒内部的距离和转子转速来模拟不同的碰摩状态。

声发射采集分析系统通常由声发射传感器、信号放大器、A/D 转换器、信号采集卡、计算机及其相应的数据处理与分析软件等几部分组成。如图 8－21 所示。

图 8－21　声发射采集系统

8.1.4　实验及结果分析

启动旋转机械转静件碰摩实验的电机，通过转速控制仪将转子的转速调到 2000r/min，调整转子叶片与圆筒内壁的距离，使其刚刚刮碰到圆筒内壁。然后通过声发射采集仪对碰摩声发射信号进行采集。采集得到的碰摩声发射信号如图 8－22 所示，可以看到碰摩声发射实验信号的中心频率在 0.23MHz 左右。而仿真信号的中心频率在 0.24MHz，与实验信号基本相符。

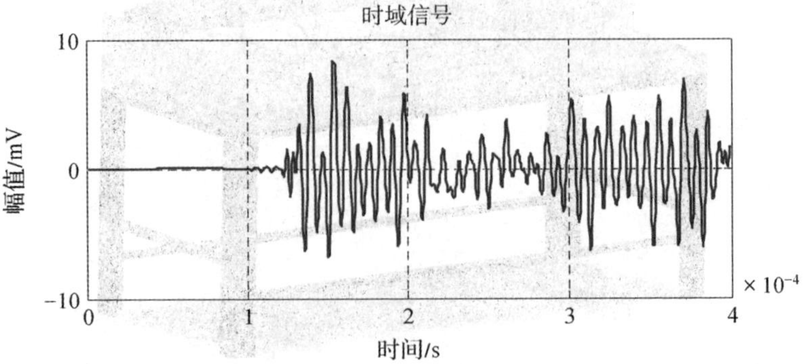

(a) 时域波形

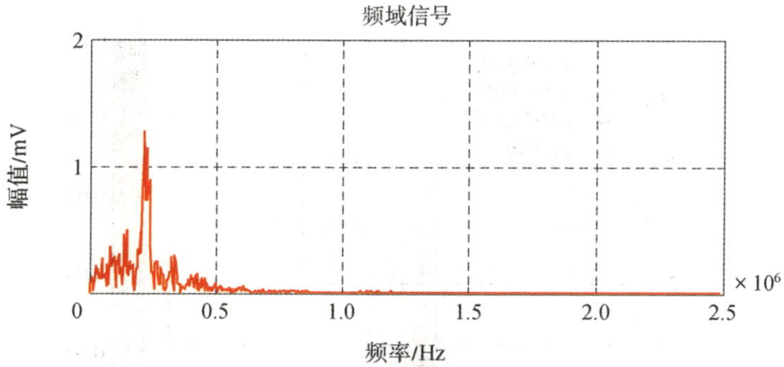

(b) 幅值谱

图 8－22　碰摩声发射实验信号

首先，通过碰摩声发射实验信号对传感器阵列的布置方案进行验证。采用延时叠加波束形成法进行定位，定位选用的波形为 S_0 波，定位速度选为 5282m/s。定位结果如下。

1）沿薄壁圆筒的轴向布置

以最右端传感器中心为坐标原点建立直角坐标系，x 轴沿着平行于薄壁圆筒轴线的方向，y 轴沿着薄壁圆筒的周向方向。将薄壁圆筒以 x 轴为中心展开近似看成平面，碰摩的中心位置在直角坐标系中的坐标为（110,121）。在 x 轴方向布置直线传感器阵列接收声发射信号，传感器间距为 30mm。传感器阵列周向布置及碰摩点位置如图 8－23 所示。

图 8－23　传感器阵列轴向布置及碰摩位置

直线型阵列的定位结果如图 8－24 所示。

2）圆周方向布置

传感器阵列布置在薄壁圆筒的圆周方向，则碰摩点在坐标系中的相应位置为（121,110）。同样以直线阵列布置在 x 轴方向。传感器阵列周向布置及碰摩点位置如图 8－25 所示。定位结果如图 8－26 所示。

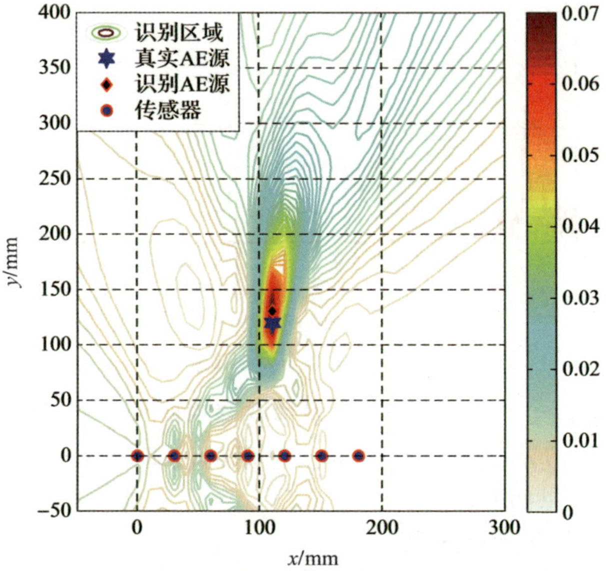

图 8-24 轴向布置的直线型阵列定位结果（识别的声发射源位置）：(110,130)

图 8-25 传感器阵列周向布置及碰摩点位置

对比以上的碰摩定位结果会发现：利用碰摩声发射实验信号进行定位，两种传感器布置方式均很好地识别到了碰摩位置，但与碰摩仿真信号的定位结果相比较，定位精准度要差一些，这是由于实验中所采集的声发射信号受到干扰因素比较多，如背景噪声、电磁干扰等。同时，在实验中周向布置的定位结果并没有出现仿真信号定位时的两个声源的现象。出现这一结果的原因是，在实际的碰摩实验过程中由于转子出现了较大的径向的振动，所以对圆筒的内壁有较大的径向冲击，这时所产生的声发射波是均匀向四周扩散传播的。而有

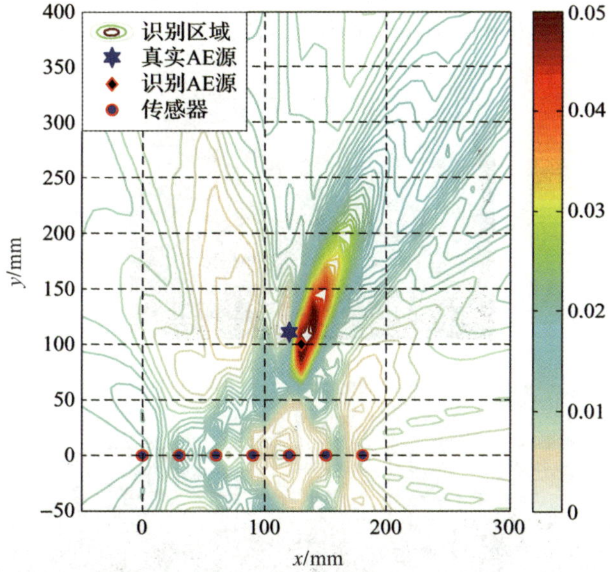

图 8-26　周向布置定位结果（识别的声发射源位置）：（130,100）

限元仿真中的碰摩模型进行了简化，直接认为转子与静子已经在径向先接触，然后再进行周向的碰摩，这样就忽略了径向的撞击运动。而在实际中，旋转机械转静件的碰摩过程通常会十分复杂，既会出现实验中的径向碰撞的情况，也有可能仅包含有限元仿真模拟的情况，这时的声发射波在结构中的传播就会呈现出方向性。另外，如果选择周向布置的话，这时的直线阵列相当于轴向布置的十字阵列中易受干扰的部分，定位时很容易受到信号混叠的影响。综上考虑，对于旋转机械碰摩声发射波束形成定位，选择轴向布置的方案更加好一些。

8.1.5　阵列性能的测试与改进

由于实验台中转子叶片与机匣的碰摩位置只能轴向移动，不方便周向调整，距离传感器阵列较偏远的位置无法实现碰摩，为验证各传感器阵列的定位效果，本书通过在圆筒上进行断铅实验进行验证。本书中的碰摩实验台模拟的是转子与机匣一周仅碰摩一次，并且接触后马上分离，这样每次碰摩都可以看成是突发型声发射事件。通过断铅来获得模拟碰摩声发射信号，因为碰摩时发生的材料弹性变形和晶格间滑移等过程所产生的声发射信号的频率一般在0.1～10MHz，其中心频率在0.2MHz左右，与断铅中心频率相近。

本次断铅实验使用三种阵列形式分别对不同断铅位置进行了波束形成定

位，传感器阵列布置及坐标系位置如图 8 –27 所示。断铅所获得的声发射信号如图 8 –28 所示。中心频率在 0. 2MHz 左右。

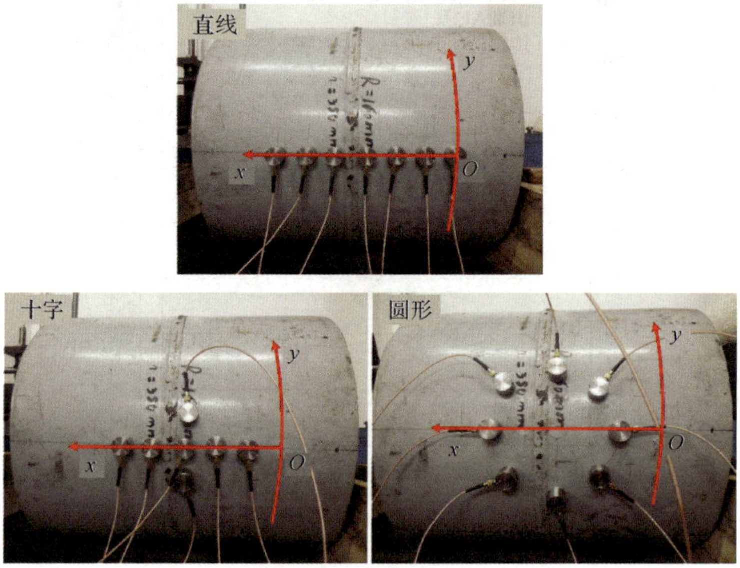

图 8 –27　传感器阵列及坐标位置

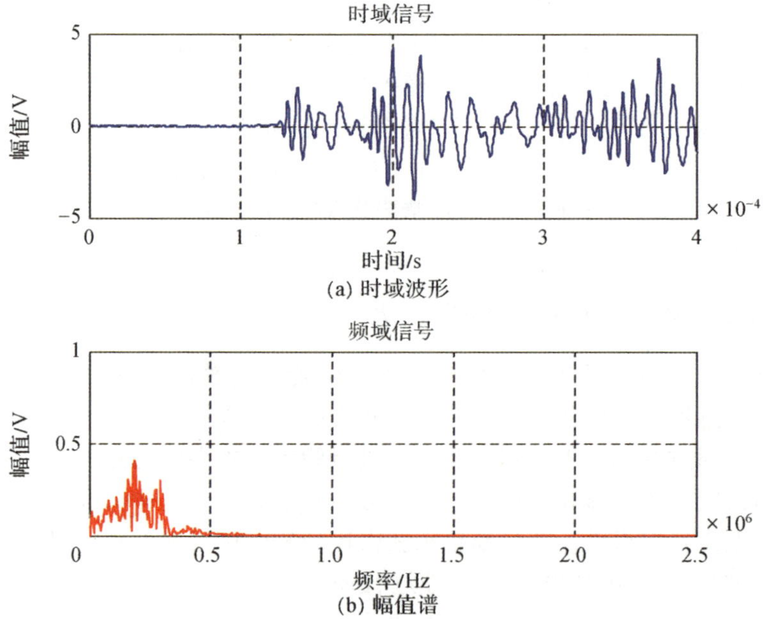

(a) 时域波形

(b) 幅值谱

图 8 –28　断铅声发射信号

不同断铅位置的定位结果如表 8-2 所列。以三种阵列的 x 轴为 0°，断铅位置 1#、2#、3#、4#，分别在圆筒周向的 90°、135°、160°、180°位置。

表 8-2　三种阵列形式的定位结果

断铅位置	坐标 (x,y)/mm	定位结果 (x,y)/mm	与真实声发射源距离差 (x,y)/mm
1#	(90,251)	直线：(90,260)	(0,9)
		十字：(90,260)	(0,9)
		圆型：(90,263)	(0,12)
2#	(90,376)	直线：(90,387)	(0,11)
		十字：(90,387)	(0,11)
		圆型：(90,388)	(0,21)
3#	(90,418)	直线：(90,429)	(0,11)
		十字：(90,435)	(0,17)
		圆型：(无法识别)	—
4#	(90,502)	直线：(90,505)	(0,3)
		十字：(无法识别)	—
		圆型：(无法识别)	—

由表 8-2 所示三种阵列形式的定位结果可以得到，断铅实验的定位精度要比有限元仿真信号的定位精度低。在传感器轴向布置时，直线型阵列的定位精度要优于十字和圆型阵列，十字和圆型阵列在断铅位置 4#上，并没有识别出声发射源位置。断铅实验的结果与仿真分析的结果基本一致。因此，在轴向布置进行波束形成定位时，应优先选择直线阵列。

8.1.6　用于碰摩定位的改进阵列及定结果分析

通过 8.1.5 节的分析，得到直线阵列对于碰摩定位的性能较稳定，但向两边扫描定位时会出现镜像的情况，十字型阵列和圆型阵列不会出现镜像的情况，但容易受到信号混叠的影响，因此对直线型阵列进行了改进，加了一个判别传感器，用来先识别声发射源的方向，把圆筒从 x 轴剖分为两个部分，然后仅向声发射源的方向扫描半个圆周即可。下面通过碰摩声发射定位实验对改进后的阵列的实用性进行验证。改进的传感器阵列及坐标系位置如图 8－29 所示。

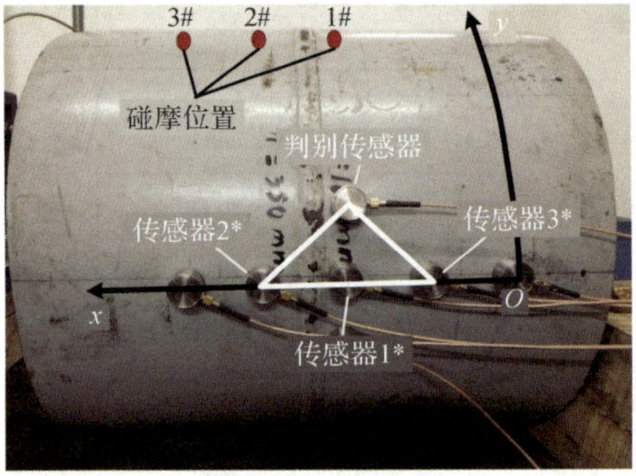

图 8－29　改进后的阵列形式及坐标系位置

下面以碰摩位置 1#为例说明定位流程：首先，通过声发射信号到达判别传感器和传感器 1#、2#、3#的时刻做出判断，如果传感器 1#、2#、3#中有两个传感器的到达时刻要晚于判别传感器的到达时刻，那么阵列定位扫描的方向就判别为 y 轴正向；如果传感器 1#、2#、3#的到达时刻均早于判别传感器的到达时刻，这时阵列的定位扫描方向就判别为 y 轴的负向。在确定声发射源的方向后，阵列只需扫描半个圆筒区域即可。

图 8－30 给出了碰摩位置 1#的声发射信号传播到各个传感器的到达时刻。对不同碰摩位置进行定位，各碰摩位置在坐标系中的位置及相应的定位结果如表 8－3 所列，定位云图见图 8－31 ~ 图 8－33。由定位结果可以看出，改进后的阵列可以实现对碰摩声发射源的方向做出准确判断，并能够实现对不同碰摩位置的准确定位。

表 8－3　各碰摩位置坐标及定位结果

碰摩位置	坐标 (x,y)/mm	定位结果 (x,y)/mm	与真实声发射源距离差 (x,y)/mm
1#	(60,258)	(60,271)	(0,13)
2#	(90,258)	(90,280)	(0,22)
3#	(120,258)	(120,289)	(0,31)

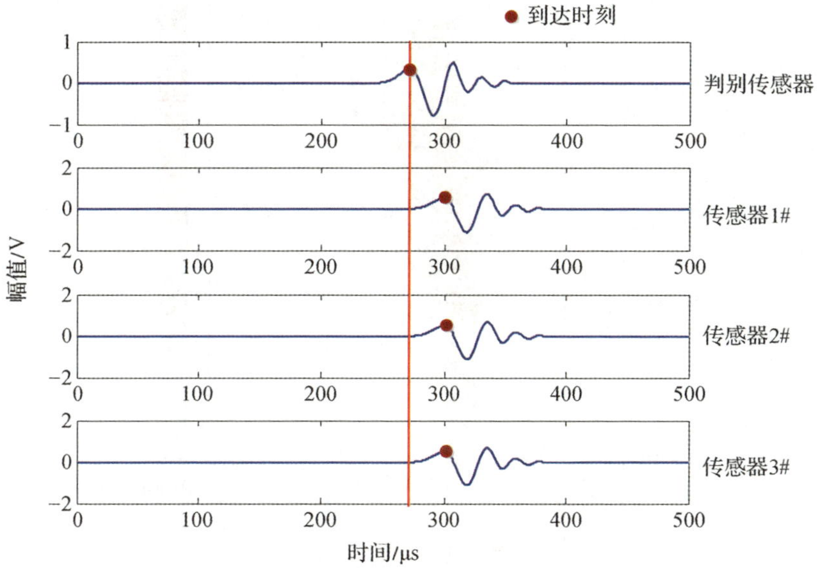

图 8－30　碰摩位置 1#的声发射信号到达各传感器的时刻

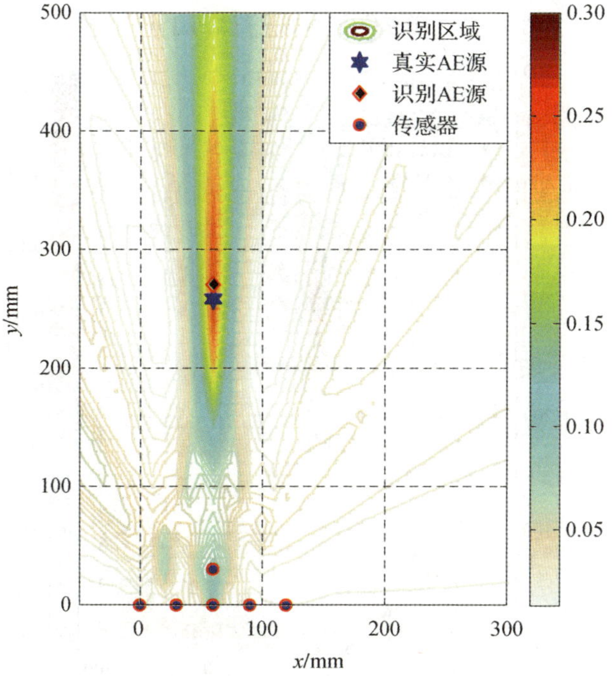

图 8－31　碰摩位置 1#的定位结果：(60,271)

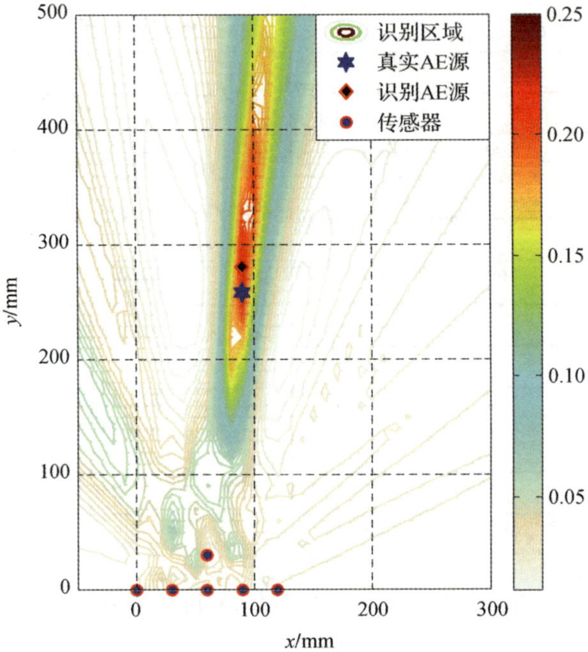

图 8 - 32　碰摩位置 2#的定位结果：(90,280)

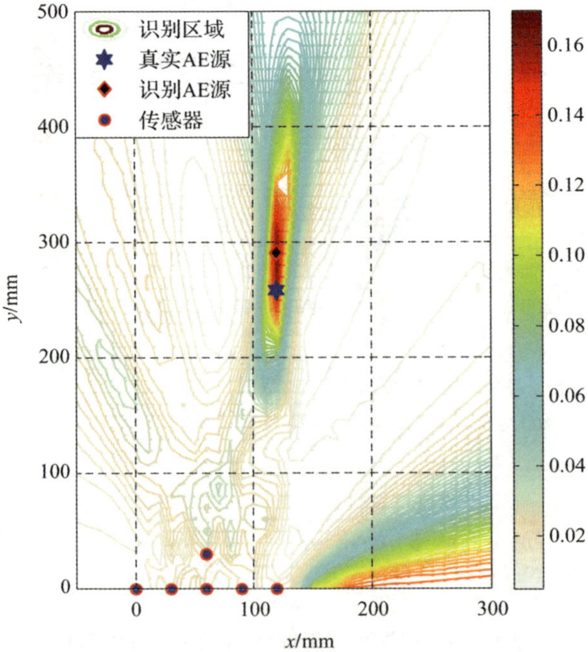

图 8 - 33　碰摩位置 3#的定位结果：(120,289)

8.2 声发射波束形成法定位板件开裂焊点

本节以板件焊点开裂为对象，将声发射波束形成定位理论及方法用于开裂焊点的定位。首先，针对焊点开裂情况，基于弹性波理论和实验研究板点焊连接情况下声发射波束形成方法的声源定位效果；其次，在实验台上进行焊点开裂实验，在焊接板上布置声发射传感器阵列接收焊点开裂声发射信号；最后，在声发射波束形成法的基础上结合实际情况进行定位改进研究。

8.2.1 结构焊点及损伤的特性分析

在实际工程结构中，板与板之间普遍通过焊接的方式来连接。焊点所在区域的材质由于焊接工艺的影响，其强度往往较低，通常是整个功能结构的薄弱区域[5]。以汽车车身为例，整个车身总成是由大量薄板通过焊接而成，分布在板间的焊点则发挥紧固、连接的功能[6]。汽车的完整性和整体结构刚度与焊点的质量息息相关。在车身制造中，点焊的质量检验是生产中十分重要的一个环节，是保证产品质量、防止废品出厂必不可少的手段。在产品焊接前和焊接过程中，通过检验焊接参数和焊接条件的变化，以便采取相应的技术和管理上的措施来保证产品的焊接质量。在产品或零件焊接之后，对焊件采用非破坏性或破坏性检验方法等评价，鉴别焊接的质量等级与使用寿命。

断裂的焊点在振动环境中，焊点的两部分板件在振动过程中相互碰撞、摩擦，在引起噪声的同时，也会在结构中产生声发射信号。由于车身结构复杂，噪声传播到外面的途径不唯一，因此利用噪声进行焊点的损伤定位非常困难，而声发射技术则提供了一条可行的途径。本节介绍波束形成方法来对断裂焊点进行定位的应用研究。

8.2.2 板件弯曲对声发射波传播特性的影响

构成车身的板结构不是规则的平面结构，往往都含有一定的弧度，甚至是具有复杂曲面。弯曲势必会影响声发射波在焊接板中的传播，使得声发射信号具有一些新的特征，进而对焊点开裂源定位精度造成影响[7]。本节基于有限元仿真，研究圆角结构对声发射波传播特性的影响规律，为焊点声发射源定位提供基础。

1）有限元仿真模型

图8－34所示为采用的带有圆角的板状结构，两块矩形钢板通过中间的一个过渡圆角连接而成。矩形钢板的尺寸为500mm（长）×500mm（宽）×5mm

(厚)，圆角弧度为10mm。两块板之间的弯曲角度为150°。钢板材料特性为：$E=2.09\times10^{11}\mathrm{N/m^2}$，泊松比$\upsilon=0.3$，密度$\rho=7.8\times10^3\mathrm{kg/m^3}$。声发射源其传感器在板结构上的布置如图8－34所示，模拟声发射源采用第2章中介绍的方法进行仿真。

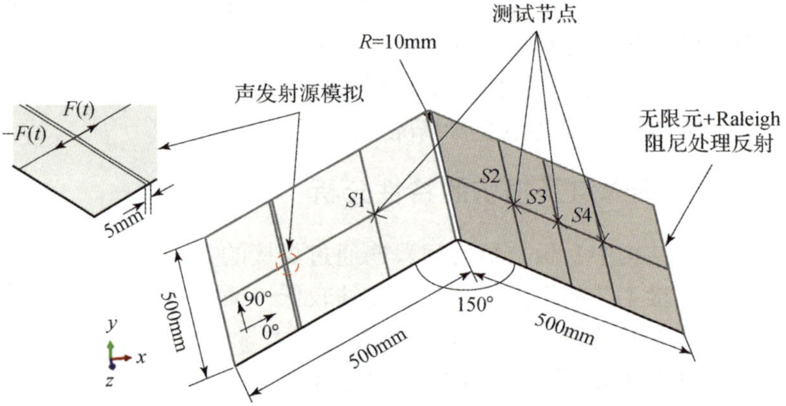

图8－34　带有圆角的板状结构声发射仿真模型

2）仿真结果和讨论

图8－35所示分别为$T=40\mu s$与$T=80\mu s$两个不同时刻的位移分布云图。图8－35（a）、（b）中彩色（灰色以外）表示该区域位移小于最大位移的10%，而灰色区域则是大于10%。由于新产生的波的能量相对初始声发射波要小很多，为了更加清晰地显示出圆角对声发射波传播的影响，在圆角处进行局部放大。彩色（灰色以外）表示该区域位移小于最大位移的1%，即蓝色表示的是零位移，红色表示的是最大位移的1%。

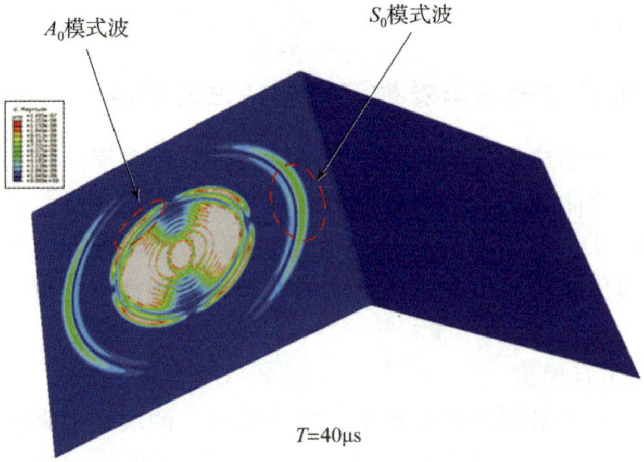

(a)

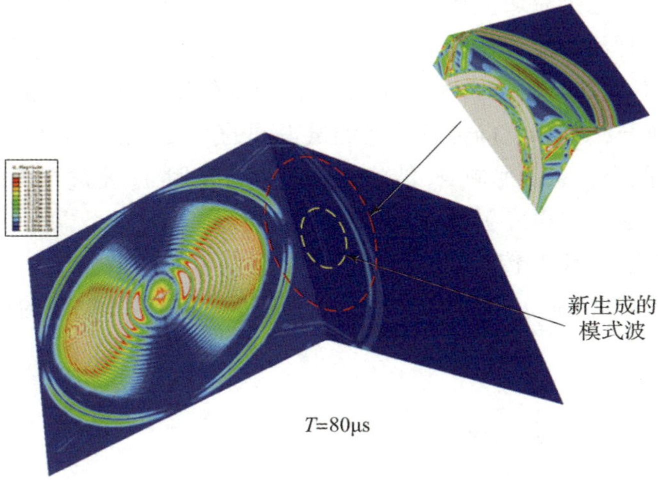

(b)

图 8-35 两个不同时刻的波场快照

三个不同位置的声发射信号时域波形如图 8-36 所示。从图中可以看到 S_0 波要先于 A_0 波到达传感器，但是 S_0 波的能量（幅值）要明显低于 A_0 波。根据 Gorman[8] 所提出的模态声发射理论可知，在板结构表面断铅时产生的声发射信号中的主要成分是 A_0 波，当在板的边缘处断铅时，主要形成 S_0 波。Hamstad 等[9] 和 Sause 等[10] 分别在各向同性和各向异性材料中得到了类似的

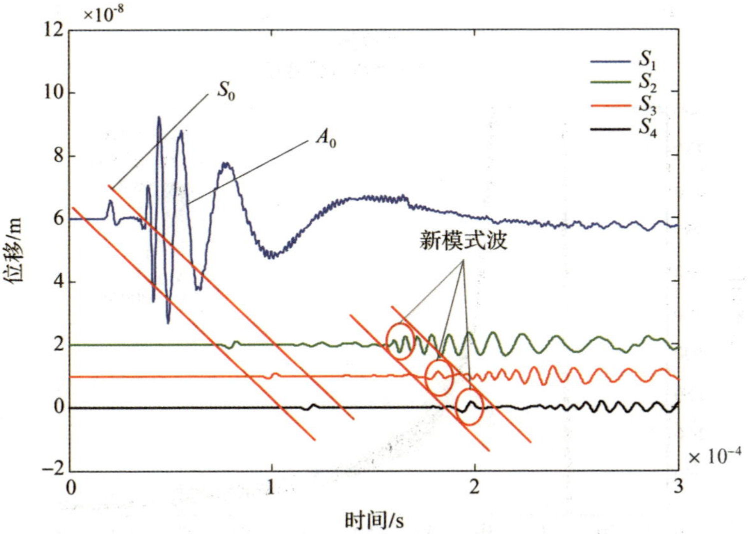

图 8-36 声发射信号时域波形

结果。此外，在三个时域波形中可以很明显地观察到圆角所形成的次生波。由于次生波到达时刻较晚，在整个传播过程中 S_0 波能与其很好地分离，也就是说 S_0 波几乎不受其影响。而 A_0 波由于传播速度较慢，在某些测试点不能完全与次生波分离开，例如，1#传感器所测试得到的声发射信号，可以看到次生波与 A_0 波发生混合，从而影响 A_0 波的纯净度。若采用 A_0 波进行声发射源定位，将有可能得到虚假的声发射源。

图 8－37 是 1#和 2#传感器探测到的声发射信号的时域波形及其对应的小波变换得到的时频能量图，同时在图中插入了低阶模态 S_0 和 A_0 波的频散曲线。

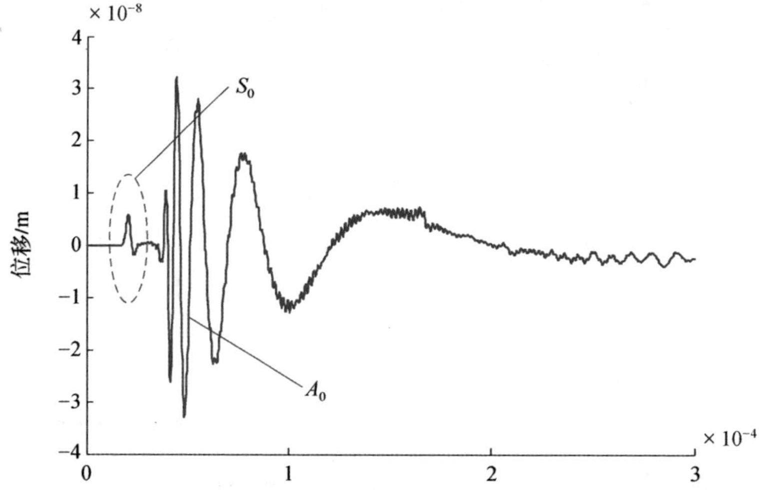

(a) 1#传感器时域波形

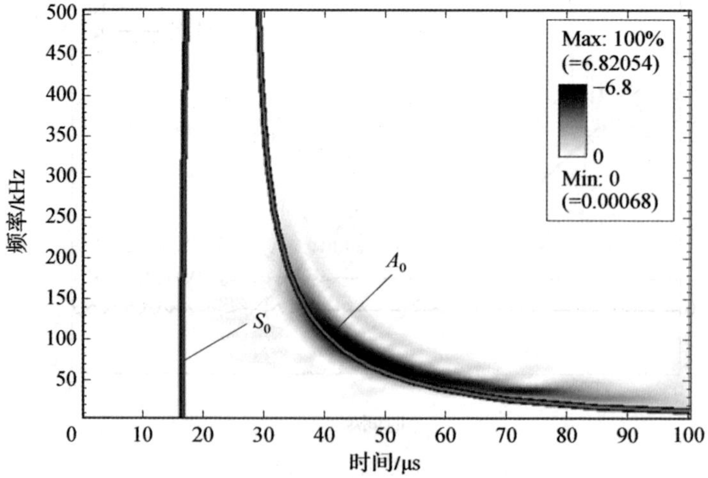

(b) 1#传感器时频图

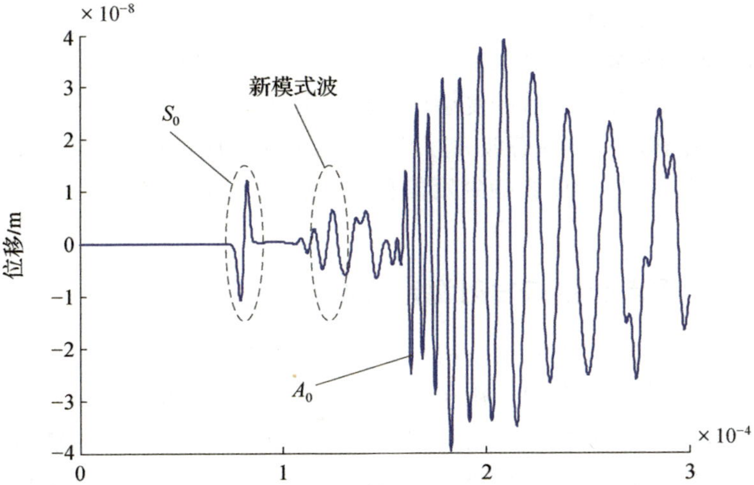

(c) 2#传感器时域波形

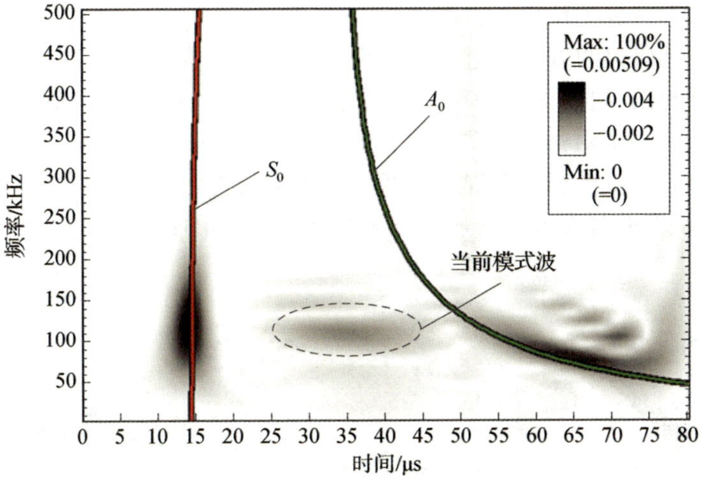

(d) 2#传感器时频图

图 8－37　声发射信号时域波形及其时频图

分析图中所示的1#传感器和2#传感器探测到的声发射信号的能量图，可以看出 A_0 波的能量要明显强于对称波。特别地，从1#传感器声发射信号的能量图可看出，由于 A_0 波的能量太强，以至于 S_0 波的能量显现不出来，而遭到湮没。此外，从2#传感器探测到的声发射信号的能量图可以看出，信号里面除了低阶模态波，还存在另外一种波，也就是时域波形里面发现的次生波。1#传感器中的次生波同样遭到湮没。从2#传感器探测到的声发射信号中的次生波时频图可以看出，该模态波的频率成分较为单一，也就是说其频散特性不强，或者是一种非频散波。

时域波形和时频分析结果都表明声发射波到达圆角处时，会形成一些新的模态，从而增加了原始信号的复杂性。根据前面章节的叙述，在低频段主要是对称模态波 S_0 和反对称模态波 A_0。由于圆角存在的影响，A_0 模态波可能受到次生波的影响，从而直接影响到定位精度，因此，在定位过程中宜选取 S_0 模态波。

8.2.3 焊点断铅声发射源定位结果

使用波束形成方法时，可随机布置传感器，对感兴趣的区域进行扫描，以确定声发射源的位置和信息。由于具有多焊点的板状结构，不适合布置大量的传感器，因而难以利用传统的时差定位法来定位。而波束形成法能在较小区域内布置传感器，而对较大区域进行定位，适合于较多焊点的板类结构的焊点损伤监测。如果结构损伤发生在焊点处，则实际进行波束形成法聚焦时只需对准各个焊点，大大减少了计算量，提高了定位速度。

为了验证所研究的方法，进行焊点损伤的模拟定位实验。实验件为一通过焊点连接而成的钢制管，几何模型及截面形状如图 8－38 所示。焊点均匀地分布在矩形钢管的两个对边上，焊点之间的间距为 200mm。为考虑圆角对声发射源定位的影响，将没有分布焊点的两条棱边进行折弯处理，形成圆角，半径为 10mm。测试实验如图 8－39 所示，采样频率为 3MHz。

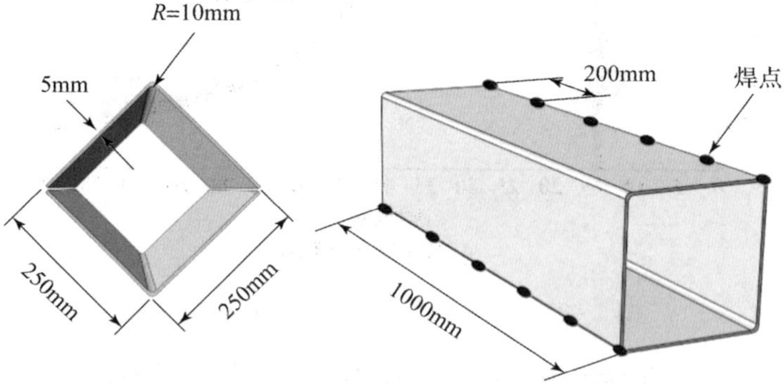

图 8－38　焊接结构的截面形状及焊点分布示意图

传感器布置如图 8－40 所示，5 个声发射传感器按直线阵列均匀地布置在钢管的一个表面，传感器间距为 50mm。传感器阵列距离右侧边界 50mm，距离底端 300mm。x 轴的正向指向板的左边界，y 轴的正向指向板的上边界，且 y 轴所在直线与 4#和 9#焊点的连线相重合。x 轴与 y 轴的交点即为坐标原点，

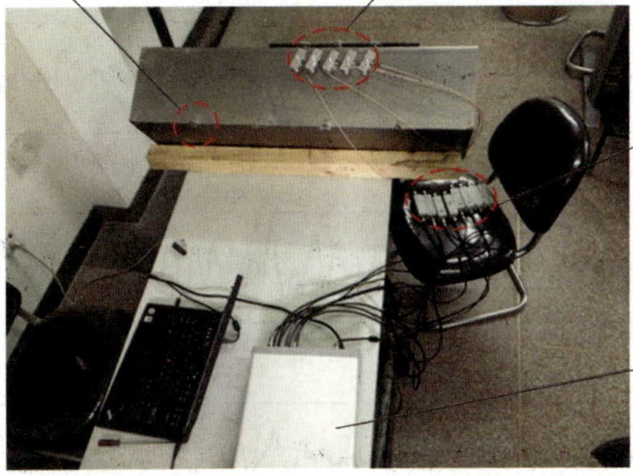

图 8－39　声发射断铅实验

也就是4#传感器所在的位置。实验中一共有 12 个焊点，也就是声发射源所在的位置。焊点坐标为 1#(600,200)、2#(400,200)、3#(200,200)、4#(0,200)、5#(－200,200)、6#(－400,200)、7#(－400，－300)、8#(－200，－300)、9#(0，－300)、10#(200，－300)、11#(400，－300)、12#(600，－300)。坐标的单位均为 mm。

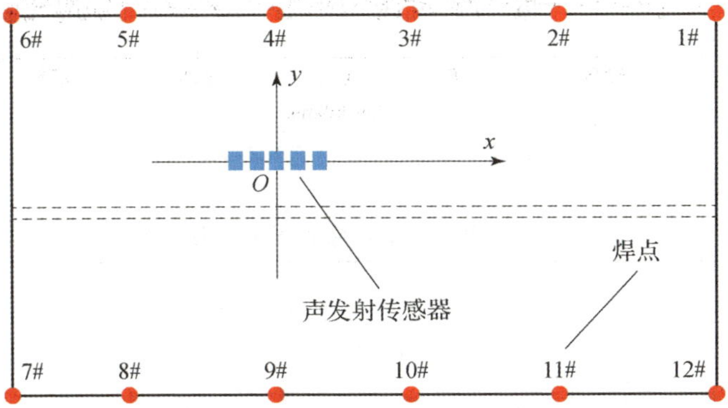

图 8－40　声发射传感器及焊点布局示意图

矩形管焊点处断铅信号时域波形如图 8－41 所示。对所有的 12 个焊点进行波束形成，归一化的能量输出结果见表 8－4。从表 8－4 中可以看出，处于表格对角线上的能量值为 1，而其他元素的值均小于 1。因此，波束形成法可以较好地识别出焊点处的声发射源位置，且定位精度很高。定位结果也同时表明，该方法能较准确的识别出声源位置，且不受圆角的影响。汽车车身构造中，绝大多数曲面的弧度均小于实验中采用的矩形弯折管的曲率，因此，可以推测本节的方法可用于工程实际结构的开裂焊点定位。

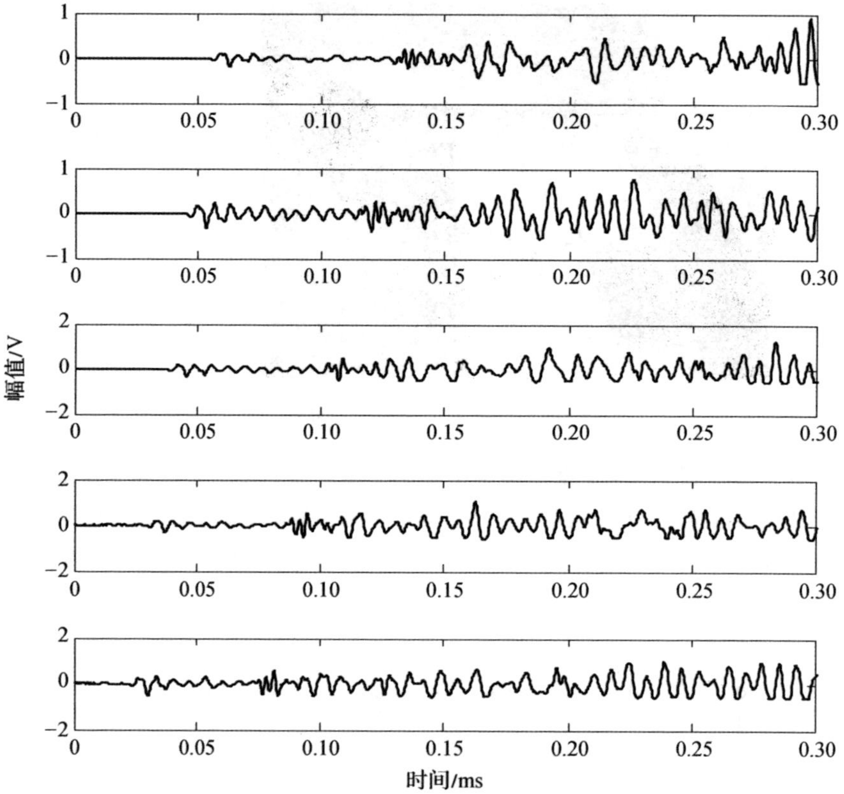

图 8 – 41　焊点处断铅信号时域波形

表 8 – 4　矩形管焊点断铅声发射源定位结果

焊点	1	2	3	4	5	6
1	1. 0000	0. 9387	0. 0707	0. 0923	0. 0884	0. 0896
2	0. 3820	1. 0000	0. 0992	0. 1034	0. 1145	0. 1142
3	0. 1189	0. 1514	1. 0000	0. 0995	0. 0867	0. 0863
4	0. 1184	0. 1513	0. 1277	1. 0000	0. 0765	0. 1754
5	0. 0310	0. 0307	0. 0306	0. 0464	1. 0000	0. 0434
6	0. 0176	0. 0170	0. 0178	0. 0169	0. 0070	1. 0000

续表

焊点	1	2	3	4	5	6
7	0. 0451	0. 0454	0. 0458	0. 0443	0. 1570	0. 1515
8	0. 0448	0. 0470	0. 0480	0. 0469	0. 0975	0. 1488
9	0. 0793	0. 0764	0. 2633	0. 5318	0. 2934	0. 2949
10	0. 0684	0. 1854	0. 0754	0. 1029	0. 0823	0. 0839
11	0. 0591	0. 1329	0. 0311	0. 0883	0. 0923	0. 0901
12	0. 7081	0. 9941	0. 0968	0. 0864	0. 0796	0. 0771
焊点	7	8	9	10	11	12
1	0. 0896	0. 0890	0. 0988	0. 1678	0. 1045	0. 9587
2	0. 1148	0. 1145	0. 1090	0. 0586	0. 4879	0. 9131
3	0. 0869	0. 0869	0. 1438	0. 1510	0. 2467	0. 1578
4	0. 1783	0. 0843	0. 5607	0. 1180	0. 1786	0. 1508
5	0. 2225	0. 1010	0. 0525	0. 0285	0. 0311	0. 0307
6	0. 2238	0. 0207	0. 0145	0. 0171	0. 0179	0. 0170
7	1. 0000	0. 0861	0. 0436	0. 0456	0. 0452	0. 0454
8	0. 2024	1. 0000	0. 0793	0. 0578	0. 0461	0. 0469
9	0. 3087	0. 1231	1. 0000	0. 1424	0. 1950	0. 0798
10	0. 0835	0. 0767	0. 1049	1. 0000	0. 0804	0. 1804
11	0. 0902	0. 0924	0. 0953	0. 0576	1. 0000	0. 1189
12	0. 0796	0. 0799	0. 0766	0. 1146	0. 1074	1. 0000

8. 2. 4　振动状态下薄板开裂焊点定位

1）焊点开裂声发射测试实验

实验中用的钢板如图 8 – 42 所示，由两块 0. 5mm 厚的钢板通过电阻点焊连接而成。单个钢板的尺寸为 500mm × 500mm × 0. 5mm。搭接区域均匀布置 5 个焊点。为了模拟失效焊点区域之间的碰摩现象，事先将 3#焊点撕裂。

图 8－42　焊点开裂声发射测试实验

传感器布置如图 8－43 所示，7 个声发射传感器组成的直线阵列均匀地布置在 2#钢板的一个表面，传感器间距为 50mm。传感器阵列距离右侧边界 100mm，距离底端 100mm。x 轴的正向指向板的左边界，y 轴的正向指向板的上边界，且 x 轴所在直线与板的水平中心线相重合。x 轴与 y 轴的交点即为坐标原点，也就是 S_4 传感器所在的位置。实验过程中为了模拟焊点碰撞的声发射源，采用在失效焊点位置断铅和挤压焊点致使焊点碰摩两种方式，以下分别就这两种方式进行分析。

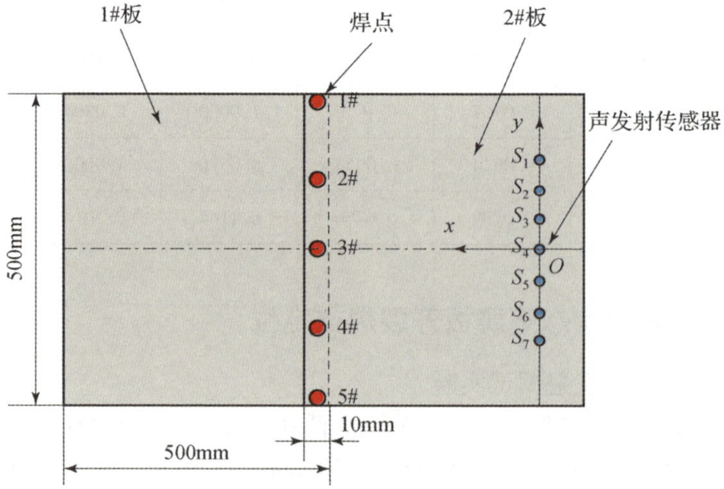

图 8－43　焊点及声发射传感器布置示意图

2）断铅实验

实验过程中，首先在3#焊点位置进行断铅实验，图8-44是5个传感器分别探测到的声发射信号时域波形。从图中可以看出该声发射信号的时域波形较为复杂，且当直达波到达钢板边界时，形成很多反射信号。然后对各个焊点位置进行声发射波束形成聚焦，以确定声源的位置。5个焊点位置的阵列能量输出结果直方图如图8-45所示。

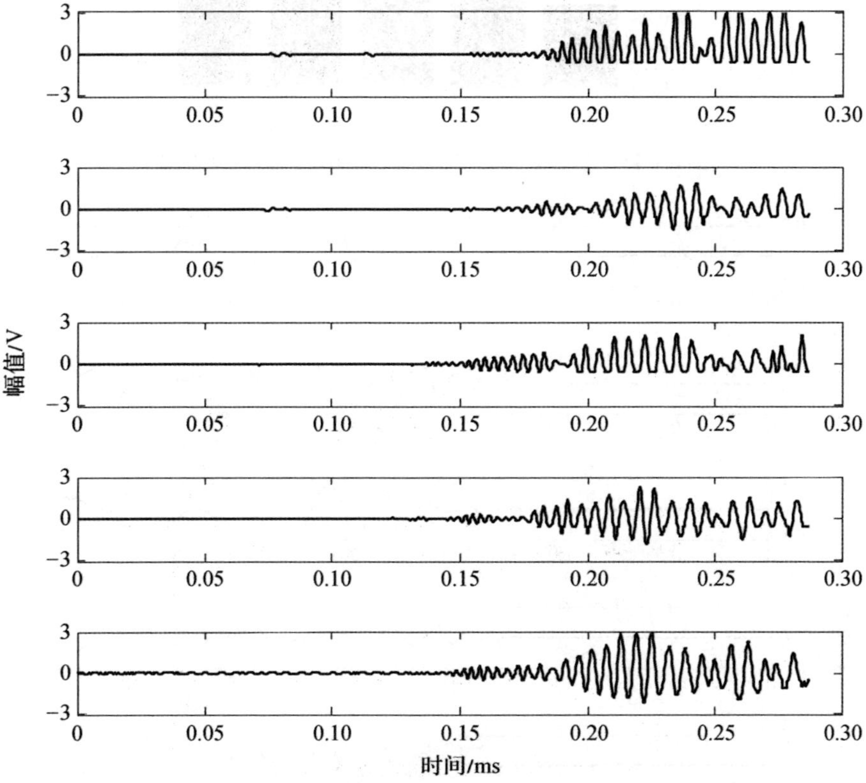

图8-44　断铅实验声发射信号时域波形

从图8-45中可以很明显地看出3#焊点相对于其他4个焊点，输出能量最大。由此可见，本节提出的方法可以很好地识别出该板状结构中的损伤源位置。

3）焊点损伤声发射测试

在激振器的驱动下使焊点连接的两块板振动，开裂焊点发生碰摩，从而产生声发射信号。该声发射信号携带着关于失效焊点的相关信息，可以用于失效焊点的定位。图8-46是7个传感器分别探测到的声发射信号时域波形。

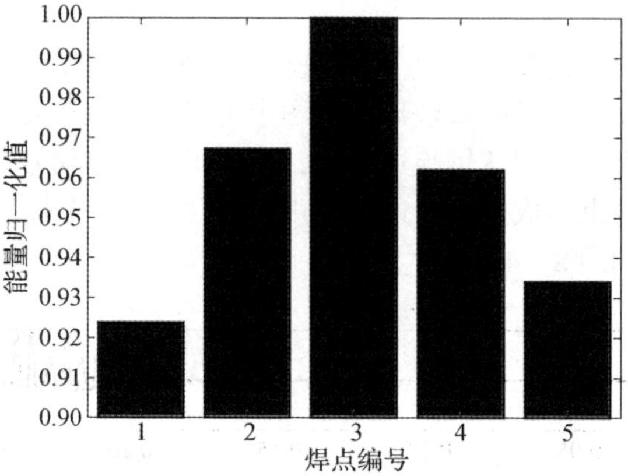

图 8 - 45　基于断铅信号的声发射源定位结果直方图

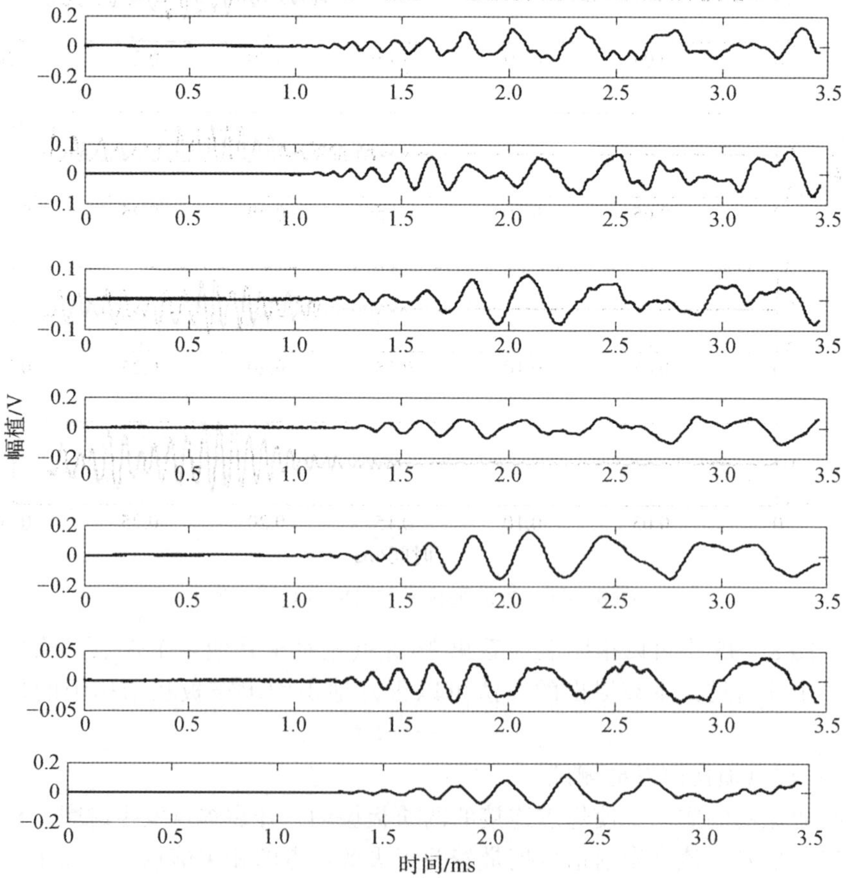

图 8 - 46　焊点碰摩声发射信号时域波形

与断铅实验类似，直接基于声发射波束形成的源定位方法对失效焊点进行定位，以20mV为门限选取数据。选取的焊点碰摩声发射信号时域波形如图8－47所示，波形不一致，低频信号能量很大。以该数据段直接进行定位，得到的归一化阵列输出结果直方图如图8－48所示。可以看出5个焊点的阵列输出之间的差异大，也就是说该信号不能直接用于声发射波束形成。

4）信号预处理

定位偏差的原因与焊点碰摩过程紧密相关，主要原因如下。

（1）信号复杂，干扰大。对焊点碰摩声发射信号进行频谱分析，结果如图8－49所示。可以看出低频成分、高频成分都很多。

（2）两板结合面低频摩擦声发射信号占了主要能量，由于其传播频散大，导致定位失效。如图8－49所示，波形畸变大，难以直接用于定位。

（3）传播特性的影响。薄板中的声发射信号具有多模态和频散特性，特别是频散特性使得信号变得十分复杂，导致后续的数据解析困难。

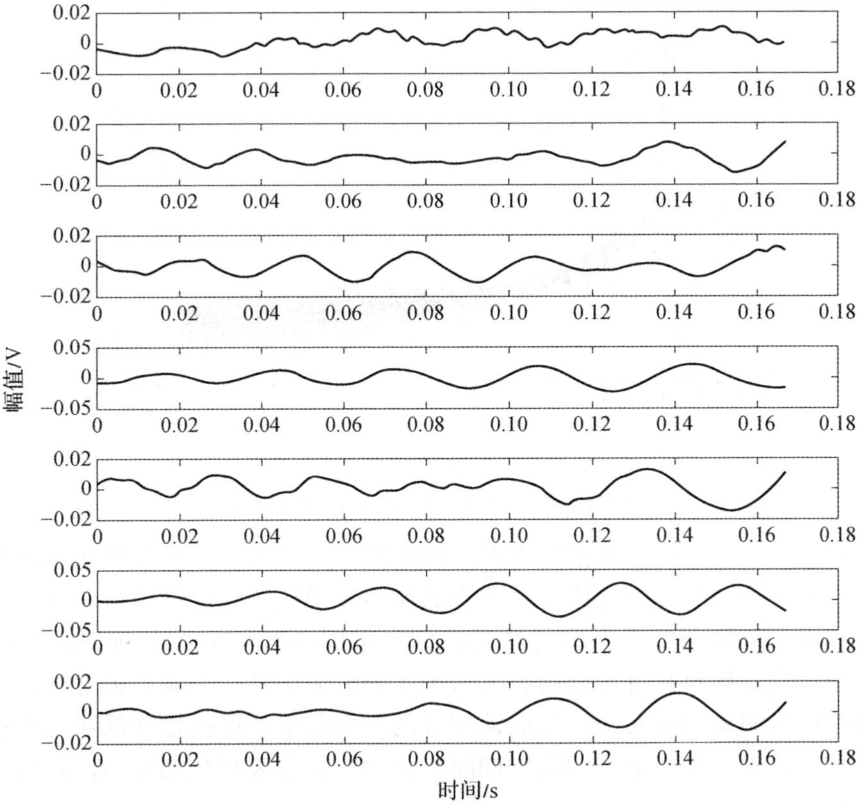

图8－47　以20mV为门限选取的声发射信号时域波形

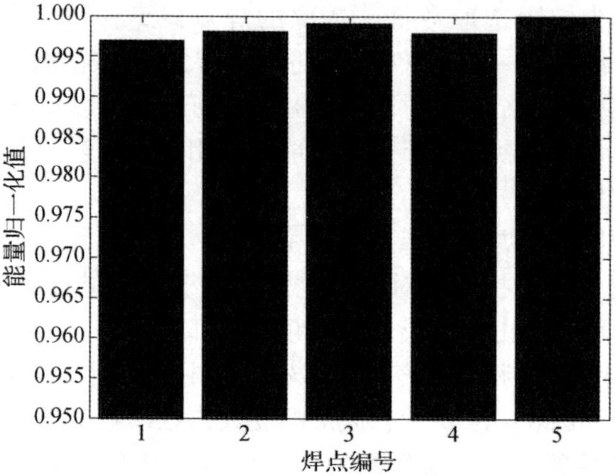

图 8-48　基于焊点碰摩信号直接定位的结果直方图

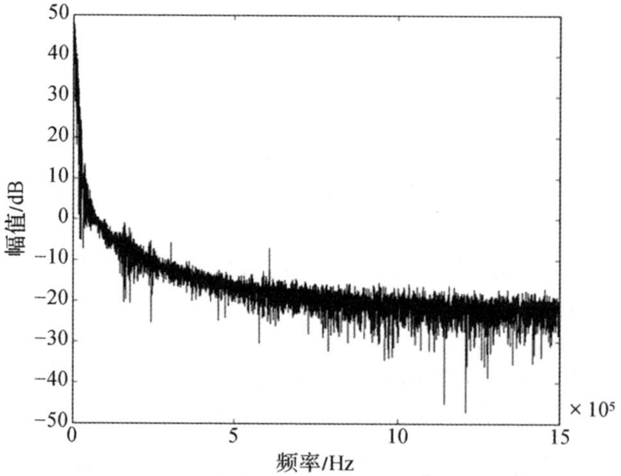

图 8-49　焊点碰摩声发射信号频谱结构

根据第 4 章提出的高精度声发射源定位方法可知，小波变换可以很好地用于声发射信号的频带选取。从焊点碰摩声发射信号频谱结构可知该声发射信号频谱成分复杂，而声发射信号的频率范围一般是 100 ~ 200kHz，因此，对利用小波变换对其进行分解，并取第 4 频段的信号。小波分解之后的信号时域波形如图 8-50 所示。选取该频段的声发射信号可以排除低频的摩擦噪声，并将高频的噪声适当滤波；同时，该频段的声发射信号中 A_0 和 S_0 频散均较小。

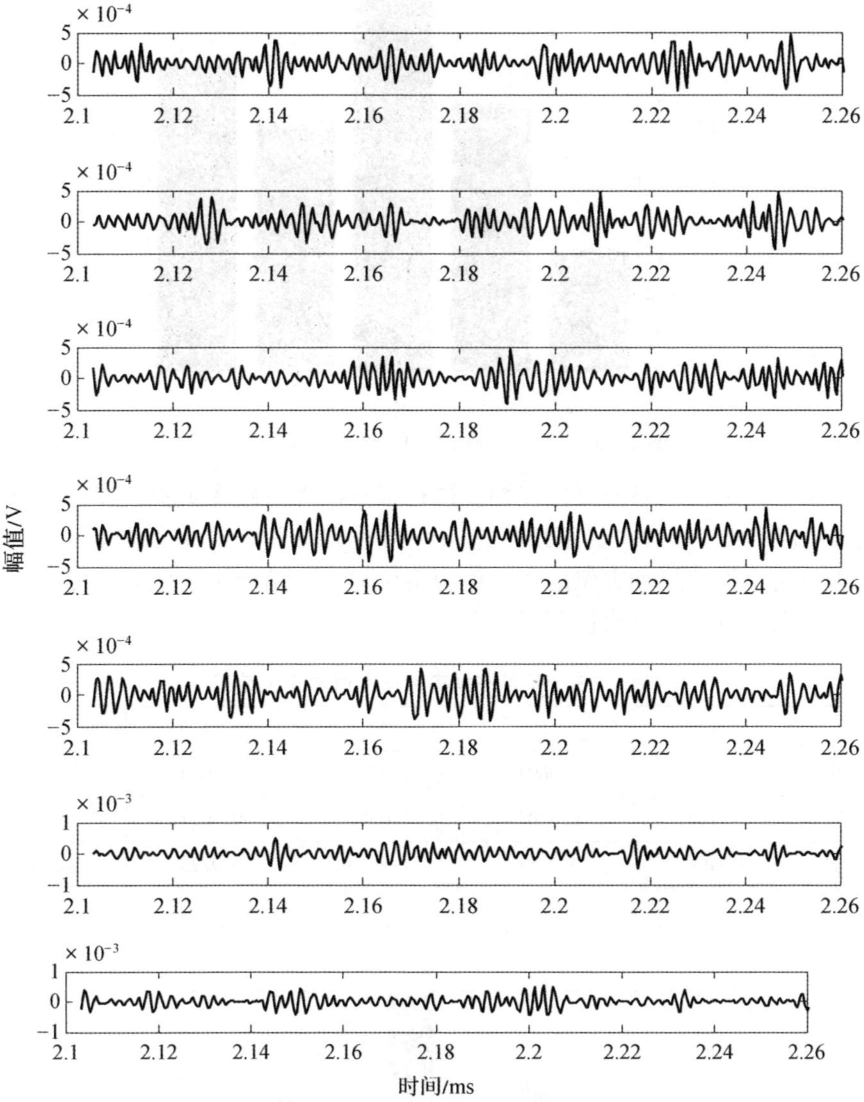

图 8－50　小波变换之后的焊点碰摩声发射信号

5）实验结果分析及结论

以该声发射信号进行开裂焊点定位，得到的归一化阵列输出结果直方图如图 8－51 所示。可以看出 3#焊点的阵列能量输出结果明显高于其他 4 个焊点。因此，利用小波包进行分解之后的声发射信号可以较好地用于声发射源定位。

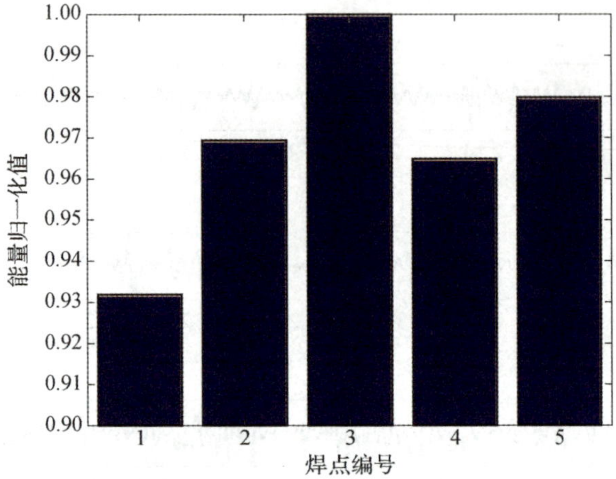

图 8－51　小波变换之后的定位的结果直方图

为了验证定位结果的可重复性，进行了三次焊点碰摩实验，阵列输出结果如表 8－5 所列。对三次定位结果进行标准偏差分析，结果如图 8－52 所示。可以看出用于失效焊点定位的声发射源定位方法，结合小波理论，可以较好地对失效焊点的位置进行辨识和定位。

表 8－5　焊点碰摩实验声发射源定位结果

	1#	2#	3#	4#	5#
第一次	0.9319	0.9695	1.0000	0.9650	0.9798
第二次	0.9282	0.9707	1.0000	0.9657	0.9677
第三次	0.9464	0.9763	1.0000	0.9726	0.9375

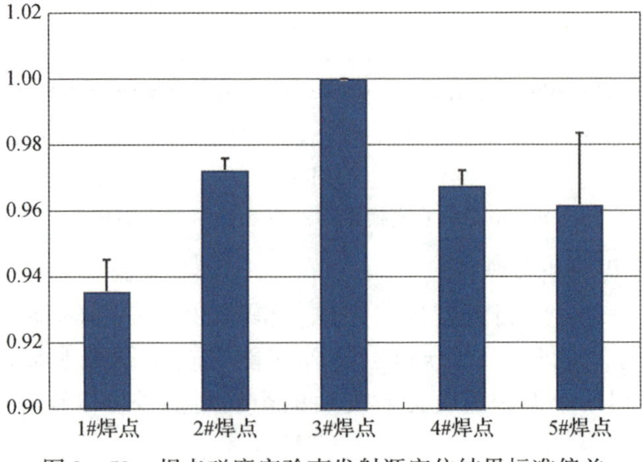

图 8－52　焊点碰摩实验声发射源定位结果标准偏差

8.3 小结

本章将波束形成声发射源定位方法应用到碰摩和板状结构焊点开裂声发射信号的处理，为旋转机械碰摩定位和焊点开裂定位提供一种简便、可行的方法。

（1）通过构建转静件碰摩声发射传播有限元模型获得碰摩声发射波在机匣结构中的传播特性。在此基础上，确定传感器阵列形式及布置方案，改进了阵列形式，制定了定位流程，建立了转静件碰摩声发射波速形成定位方法，并通过声发射测试表明了提出的声发射波波速形成定位方法可以实现对碰摩故障的准确定位。

（2）波束形成法能通过较小区域内布置传感器实现较大区域的声发射源定位，适合于具有较多焊点的板类结构的焊点损伤监测。进行波束形成聚焦时只需对准各个焊点，可大大减少计算量，提高定位速度。

（3）开裂焊点碰摩声发射信号复杂，难以直接基于声发射波束形成法对失效焊点进行有效的定位。结合小波分解理论，选取适合频段的声发射信号，排除低频的摩擦噪声，并将高频的噪声适当滤波，可以较好地对失效焊点的位置进行定位。

参考文献

[1] 艾延廷，费成巍，王志．航空发动机整机振动故障模糊信息熵诊断方法［J］．推进技术，2011，(3)：407－411．

[2] 张文斌，唐贵基，王维珍．大型汽轮机动静碰摩故障的分析和处理［J］．东方电气评论，2004，(4)：231－234．

[3] 邓艾东．基于声发射的旋转机械碰摩故障诊断基础问题研究［D］．南京：东南大学，2008．

[4] 于海生．旋转机械转静件碰摩故障的声发射波束形成定位方法研究［D］．北京：北京航空航天大学，2015．

[5] 何超波．汽车白车身焊点质量超声波检测系统研究［D］．长沙：湖南大学，2013．

[6] 陈勇．基于焊点疲劳寿命的某轿车B柱焊点布置研究［D］．长春：吉林大学，2013．

[7] 肖登红．板状结构损伤声发射定位理论及方法研究［D］．北京：北京航空航天大学，2014．

[8] Gorman M R. Plate wave acoustic emission [J]. The Journal of the Acoustical Society of America, 1991, 90 (1): 358－364.

[9] Hamstad M A, Ogallagher A, Gary J. Effects of lateral plate dimensions on acoustic emission signals from dipole sources [J]. Journal of Acoustic Emission, 2001, 19: 258－274.

[10] Sause M, Horn S. Simulation of acoustic emission in planar carbon fiber reinforced plastic specimens [J]. Journal of Nondestructive Evaluation, 2010, 29 (2): 123－142.

内 容 简 介

本书系统介绍声发射波束形成定位理论和方法，主要内容有：声发射定位技术发展现状，板结构中声发射波的传播特性及仿真方法，声发射波束形成法的原理及影响参数，基于板波理论和时频分析的高精度波束形成定位方法，同时双声发射源定位的 SVD－波束形成法和频域权陷波波束形成法，面向在线实时定位的快速波束形成定位算法，声发射波束形成伪定位源辨识与消除，以及声发射波束形成法在转静件碰摩和开裂焊点定位方面的应用。

本书融入了作者在声发射定位领域多年的科研成果和经验，可作为无损探伤、结构健康监测和设备维修等领域相关人员的参考书，亦可作为航空航天、机械、土木等专业本科、研究生的辅助教材。

This book presents a systematic introduction to the theory and method of acoustic emission beamforming localization. The main contents of the book include the following: the current development status of acoustic emission localization technology, the propagation characteristics and simulation methods of acoustic emission waves in plate structures, the principles and influential parameters of acoustic emission beamforming method, the high – precision beamforming localization method based on plate wave theory and time – frequency analysis, the SVD – beamforming method and frequency – domain notch – weighted beamforming method for dual acoustic emission source localization, the fast beamforming algorithm for online real – time localization, the identification and elimination of acoustic emission beamforming pseudo – location sources, and the application of acoustic emission beamforming method in rotor – stator rubbing and cracking solder spot localization.

This book integrates the author's extensive scientific research achievements and experience in the field of acoustic emission localization. It can serve as a reference book for professionals in the field of non – destructive testing, structural health monitoring, and equipment maintenance. Additionally, it can be used as supplementary teaching material for undergraduate and graduate students majoring in aerospace, machinery, civil engineering, and other related disciplines.